U0309513

航天科工出版基金资助出版

吸气式发动机气动热力学

于守志　何勇攀　陈静敏　著

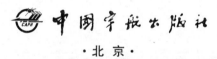

中国宇航出版社

·北京·

图书在版编目（CIP）数据

吸气式发动机气动热力学／于守志，何勇攀，陈静
敏著．－－北京：中国宇航出版社，2015.4
ISBN 978 - 7 - 5159 - 0893 - 9

Ⅰ．①吸… Ⅱ．①于… ②何… ③陈… Ⅲ．①航空发
动机-气动传热-研究 Ⅳ．①V231.3

中国版本图书馆 CIP 数据核字（2015）第 027090 号

责任编辑 侯丽平
责任校对 祝延萍　　　　　　　**封面设计** 文道思

出　版
发　行　**中国宇航出版社**

社　址　北京市阜成路 8 号　　　　邮　编　100830
　　　　（010）60286808　　　　（010）68768548
网　址　www.caphbook.com
经　销　新华书店
发行部　（010）60286888　　　　（010）68371900
　　　　（010）60286887　　　　（010）60286804（传真）
零售店　读者服务部
　　　　（010）68371105
承　印　北京画中画印刷有限公司
版　次　2015 年 4 月第 1 版　　　2015 年 4 月第 1 次印刷
规　格　880×1230　　　　　　　开　本　1/32
印　张　13.5　　　　　　　　　　字　数　392 千字
书　号　ISBN 978 - 7 - 5159 - 0893 - 9
定　价　128.00 元

深研细究
融汇贯通

鲍克明

总结提升

凝炼规律

指导实践

助力创新

王礼恒

序

　　高性能吸气式发动机设计始终面对的一个重要问题就是气动热力问题。解决好这个问题，首先要求设计者必须具有扎实和深厚的气动热力理论基础，同时要求具有一套系统和高效的计算程序作为设计分析工具。

　　本书深入浅出地解析了能量守恒定律在热化学中的应用，针对多种燃料混合燃烧后的气体成分及燃烧效率进行分析，创造性地提出了燃气虚构分析方法，系统性地总结和完善了吸气式发动机变比热容计算的应用方法，并详细说明了相似定律在吸气式发动机研究过程中的应用，给出了一套完整的发动机研究过程中应用到的大气和气动物理参数。

　　本书是于守志同志根据自己 50 多年吸气式发动机科研成果和设计实践经验，从基本概念和定律出发，推导、总结和归纳出的一套系统的吸气式发动机气动热力分析基础知识，是一本有理论、有实践，实用性和针对性都很强的工程性参考资料，特别是对吸气式发动机初级设计者尽快进入工作状态具有很好的指导意义。

魏毅寅

2014 年 10 月

前　言

　　本书为从事吸气式发动机研制者而编，主要内容是有关的气动热力学知识。本书的特点是从基本概念和基本定律出发，导出可直接应用的一系列关系式。随着信息时代的发展，加上材料工艺的进步，发动机的研制揭开了新的一页。计算技术的发展，打开了变比热容气动热力过程和三维流场计算的大门。本书对变比热容的气动热力过程作了详细的论述，并提出了相应的计算方法和计算程序框图。

　　本书的亮点有：

　　•给出了任意固、液燃料的热值，理论空气量的通用表达式；

　　•提出了虚构燃气的概念，给出了任意燃料虚构燃气焓值多项式的计算方法；

　　•在定比热容气动函数中，给出了各气动函数之间的关系；

　　•给出了各种已知参数下计算变比热容斜激波参数的方法和程序框图；

　　•给出了变比热容锥形激波求解流程；

　　•提出了一维流场与三维流场接轨的基本概念和计算方法；

　　•给出了模拟试验和空中飞行燃烧室截面参数的计算流程；

　　•绘制了可供工程应用的燃烧室截面参数的微分和差分表达式；

　　•提出了计算超燃发动机热力喉道的程序框图；

　　•提出了变比热容气动函数的计算流程图；

• 提出了模型吹风和足尺寸模拟进气的非相似性和修正的方法。

本书部分内容可作为工具书使用，部分内容可作为设计平台使用。本书的论述可供有关专业培训参考。

邵文清研究员等专家对本书进行了认真评审，对此表示衷心感谢。

由于作者的水平有限，错误在所难免。恳请专家和读者提出具体意见，以便今后修改、充实和完善本书内容。

作　者

2014 年 7 月

于北京动力机械研究所

目　录

第 1 章　连续介质与气动热力定律

飞行器的动力装置——吸气式发动机，是一个"等压加热"的热力机械。以冲压发动机为例，来流空气通过进气道压缩后，与燃料在燃烧室内燃烧产生热能，再通过喷管使燃气膨胀并排入大气从而产生推力。其工作过程常用一元流计算各特征截面的参数，各截面参数的关系都是由气动和热力的基本定律得来的。

1.1　连续介质[1-2]

流动的和静止的气体都是由分子组成的，当分子的平均自由程 λ 远远小于发动机任何部分的最小尺寸 l 时，就可以将其视为连续均匀流动的介质。据参考文献 [2] 介绍，当气体的克努森数 $K_n = \dfrac{\lambda}{l} <$ 0.03 时，即可视为连续介质，除非在很高的高空，气体分子非常稀薄，分子平均自由程可以与飞行器的最小尺寸相比较时，才考虑稀薄气体的动力学问题。在本书研究的吸气式发动机工作范围内，无论是进气道的来流空气流动还是燃烧室、尾喷管的燃气流动都可作为连续介质。由于流体是连续介质，所以就可以用气动热力学的参数进行运算，而不需考虑某空间、时间瞬时的分子运动特性。如密度 ρ 就可定义为 $\lim\limits_{\delta V \to \delta V_{\min}} \delta m / \delta V$，即某一瞬间某点的单位体积的质量（$\delta V_{\min}$ 可视为连续介质的最小容积），而流体的速度即可认为是某点瞬间微气团的速度。在湍流中该点还存在一个微团的脉动速度。钱学森建议附面层厚度要大于分子平均自由程 100 倍，才可视为连续介质。

1.2　气动热力定律

吸气式发动机工质的流动和燃烧反应等都必须满足气体动力学和热力学定律。这些定律是质量守恒定律、牛顿第一、二、三定律和热力学的第零、一、二、三定律。

质量守恒定律：在不必考虑爱因斯坦的相对论及其物理效应的前提条件下，一个确定系统的质量不变。

牛顿第一定律：在无外力作用时，任何物体（含流体）保持不变的匀速直线运动。速度为零的静止物，保持永恒的静止状态。

牛顿第二定律：在质量守恒的前提条件下，质点运动的加速度与物体所受合力成正比，加速度的方向与合力方向相同。外力相同时，物体的加速度与质量成反比。质量是表示物体惯性大小的标量。质点动力学的基本方程为

$$\boldsymbol{F} = \sum \boldsymbol{F}_i = m\boldsymbol{a} \qquad (1-1)$$

式中　$\boldsymbol{F}_i$，$\boldsymbol{F}$——分别表示物体所受的第 i 种矢量力和所有矢量力的
　　　　　　合力，$\boldsymbol{a}$ 表示加速度矢量，m 为质量。

牛顿第三定律：除两个运动的带电粒子间的磁力和两个电流之间的相互作用外，两个物体间的作用力总是成对产生，且大小相等，方向相反，作用在同一条直线上。

热力学第零定律[3]：均相系统中两个客观热平衡的物体分别与第三个热平衡物体处于热平衡，它们彼此之间也一定互相为热平衡状态。也可简述为，如果两个物体的温度分别与第三个物体的温度相等，则它们的温度也相等。

热力学第一定律：自然界的一切物质，都含有不同形式的能量。能量从一种形式转化为另一种形式时，能量的总和不变。热力学第一定律又称为能量守恒定律。能量守恒定律的量化关系为：外界加入体系的热量 Q，等于体系向外界作的功 W，加上总能量的增量 ΔE。即

$$Q = W + \Delta E \qquad (1-2)$$

上述关系式对实际气体或完全气体、对可逆过程或不可逆过程、对流动气体或静止气体都是适用的。

热力学第二定律：不可能制造一个循环工作的机器，只有一个热源以连续不断的方式输出正功。即功变为热能是自发进行的，是不可逆的。而热能转变为功是有条件的。热力学第二定律还可陈述为，对可逆过程孤立系统的熵不变，对不可逆过程熵必增加。

热力学第三定律：不可能使一个物体达到绝对零度。

在进行发动机气动热力计算时，上述八大定律都要满足。其中牛顿第一定律、热力学第零定律、热力学第二定律和热力学第三定律并不直接参与量值计算，而是自动满足的。热力学第二定律的熵增原理还应用于燃烧的热离解计算。牛顿第三定律在发动机作用力、尤其是推力和气流剪切应力计算中有所应用。而质量守恒定律、牛顿第二定律、热力学第一定律，在气动热力计算中起着支配作用。

第 2 章　状态参数与状态方程

2.1　状态参数

连续介质的热力系统在某一瞬间所处的物理状态称为系统的状态。用以描述系统所处状态的一系列宏观物理量称为状态参数。系统工质的状态是通过状态参数确定的。状态参数单值地取决于状态。状态变化时,至少有一个状态参数产生了变化。状态参数的变化只取决于起始和变化后的状态,而与变化的历程无关。

气体的压力 p、温度 T、密度 ρ 是三个可直接测量的基本状态参数。由这三个状态参数可导出给定气体的所有需要的其他状态参数。原则上,气体的状态参数有无数个,凡是由这三个状态参数的函数组合成的参数都可称为状态参数。发动机气动热力计算能用的状态参数为压力 p、温度 T、密度 ρ、定压比热容 c_p、比焓 h、比熵 s,自由比焓 (Gibbs 自由能) 等。对均相平衡体系,只需一个含有适当宏观量的物态方程,就可以将全部热力学性质推导出来。决定状态的变量 (状态参数) 只有两个。当两个独立的状态参数确定后,该状态即被确定,其他所有状态参数也随之被确定。

2.2　状态方程

状态方程是描述基本状态参数 p,T,ρ 之间定量关系的基本方程,在发动机的气动热力计算中处处都要应用。

2.2.1　完全气体

若忽略气体分子的体积和分子之间的作用力，则状态方程满足克拉贝龙方程，这种气体被称为完全气体。常用的状态方程为

$$p = \rho RT \tag{2-1}$$

式中　R——气体常数，$R = \overline{R}/\mu$，$\overline{R}$ 为通用气体常数，$\overline{R} = 8\,314.3$ J/（kmol·K），μ 为分子量。

早期式（2-1）是由试验方法得到的，后来又从气体分子运动论的基本方程导出。当气体的压力不太大、温度不太低时，完全气体能较真实地反映气体的性质。在发动机的实际工作压力和温度范围内，利用完全气体的状态方程已成为公认的合理假设。

2.2.2　实际气体

在发动机模拟试验时，特别是高飞行马赫数的模拟试验，常在高压常温或在较低温度（加入液氧）下测取来流流量，完全气体的假设可能带来较大的偏差。在这种情况下就应该考虑气体分子的体积和分子之间的吸引力。范德瓦尔于 1873 年提出了范德瓦尔状态方程，即

$$\left(p + a\rho^2 \right)\left(\frac{1}{\rho} - b \right) = RT \tag{2-2}$$

式中，a，b 称为范德瓦尔常数，取决于气体的性质。其中 $a\rho^2$ 修正分子之间的吸引力；b 修正气体分子的体积。a，b 都是正值。该方程在临界区附近仍有相当大的偏差，后又有学者提出更多的状态方程。

根据气体临界点的压力 p_c 和温度 T_c 的特点，可导出 a、b 与临界点参数的关系如下[4]

$$a = \frac{27}{64} \frac{R^2 T_c^{\,2}}{p_c} \tag{2-3}$$

$$b = \frac{RT_c}{8p_c} \tag{2-4}$$

几种常见气体的 T_c ，p_c 和相对应的 a ，b 值见表 2-1。

表 2-1　几种常见气体的临界参数（p_c，T_c）和范德瓦尔常数 a，b

物质	T_c/K	$p_c/$ $(10^5\mathrm{Pa})$	$V_{mc}/$ $(\mathrm{m}^3/\mathrm{kmol})$	$Z_c=\dfrac{p_c V_{mc}}{\overline{R}T_c}$	范德瓦尔常数	
					$a/[10^5\mathrm{Pa}\cdot$ $(\mathrm{m}^3/\mathrm{kmol})^2]$	$b/$ $(\mathrm{m}^3/\mathrm{kmol})$
空气	133	37.7	0.082 9	0.284	1.358	0.036 4
一氧化碳	133	35.0	0.092 8	0.294	1.463	0.039 4
正丁烷	425.2	38.0	0.257	0.274	13.80	0.119 6
氟利昂 12	385	40.1	0.214	0.270	10.78	0.099 8
甲烷	190.7	46.4	0.099 1	0.290	2.285	0.042 7
氮	126.2	33.9	0.089 7	0.291	1.361	0.038 5
乙烷	305.4	48.8	0.221	0.273	5.575	0.065 0
丙烷	370	42.7	0.195	0.276	9.315	0.090 0
二氧化硫	431	78.7	0.124	0.268	6.837	0.056 8

处理实际气体的另一种方法是按对比定律（热力学相似）得到的压缩性曲线。此时状态方程为

$$p = Z\rho RT \tag{2-5}$$

式中，Z 称为压缩因子。经验证明实际气体的压缩因子 Z 是对比温度 $\overline{T}_r = T/T_c$ 和对比压力 $\overline{p}_r = p/p_c$ 的函数，即在相同的对比状态下，多种气体偏离完全气体的程度基本相同。可以证明，在临界状态的压缩因子

$$Z_c = \frac{3}{8} = 0.375 \tag{2-6}$$

根据工质的实验数值绘制出压缩因子 Z 与对比状态参数 $\overline{T}_r$，$\overline{p}_r$ 的曲线，如图 2-1 所示。此图线的计算精度比范德瓦尔方程计算的精度高。

实际气体的另一个状态方程是 1949 年由 Redlich 和 Kwong 提出的，方程式为

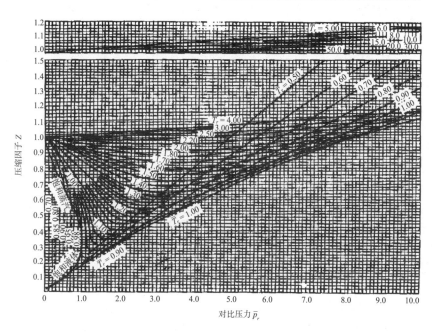

图 2-1　压缩因子 Z 随对比状态参数 $\overline{T}_r$，$\overline{p}_r$ 的变化规律

$$p = \frac{RT}{\frac{1}{\rho} - b} - \frac{a}{T^{0.5} \frac{1}{\rho} \left(\frac{1}{\rho} + b \right)} \qquad (2-7)$$

式中，a，b 分别为

$$a = \frac{0.427\ 48 R^2 T_c^{2.5}}{p_c} \qquad (2-8)$$

$$b = \frac{0.086\ 64 R T_c}{p_c} \qquad (2-9)$$

$$Z_c = 0.333 \qquad (2-10)$$

该方程对内压项作了修正，计算精度有较大的提高，应用也很方便，简称 R-K 方程。利用该方程，可导出压缩因子 Z 的三次方程，即

$$Z^3 - Z^2 - (B^2 + B - A)Z - AB = 0 \qquad (2-11)$$

式中

$$A = \frac{0.427\ 48\ \overline{p}_r}{\overline{T}_r^{2.5}} \qquad (2-12)$$

$$B = \frac{0.086\ 647\ \overline{p}_r}{\overline{T}_r} \qquad (2-13)$$

　　以上实际气体状态方程都是对比态二参数法，即 $Z = f(\overline{p}_r, \overline{T}_r)$。还有对比态三参数法，即 $Z = f(\overline{p}_r, \overline{T}_r, Z_c)$，分别以 $Z_c = 0.23$，0.25，0.27 和 0.29 四个值作通用压缩因子图表供使用。对特殊的气体还有专用的经验关系式。

2.3　实际气体的定压比热容、比热比和等熵指数 k[5]

　　实际气体的摩尔定压比热容 c_p 不仅是温度的函数，也是压力的函数。c_p 可写做

$$c_p = c_{pi} + F_{rp} \qquad (2-14)$$

式中　　c_{pi}——压缩因子等于 1.0 的摩尔定压比热容，$c_{pi} = c_{pi}(T)$；

　　　　F_{rp}——比热容的压力修正项，$F_{rp} = F_{rp}(\overline{p}_r, \overline{T}_r)$，如图 2 - 2 所示。

　　比热比 $\dfrac{c_p}{c_v}$ 为

$$\frac{c_p}{c_v} = \frac{c_p}{c_p - \overline{R}F_{rR}} \qquad (2-15)$$

式中　　$\overline{R}$——通用气体常数；

　　　　F_{rR}——摩尔比热容的修正系数，$F_{rR} = F_{rR}(\overline{p}_r, \overline{T}_r)$，如图2 - 3 所示。

　　等熵指数 k 为

$$k = \frac{c_p}{c_v}F_k \qquad (2-16)$$

式中　　F_k——等熵指数修正系数，$F_k = F_k(\overline{p}_r, \overline{T}_r)$，如图 2 - 4 所示。

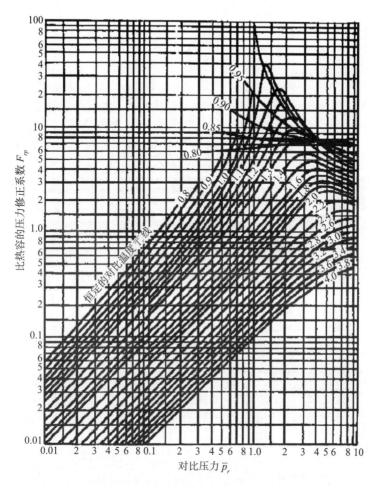

图 2-2　摩尔比热容的压力修正系数

在高压常温或低温下测量质量流量时，即可用上述参数关系式得到节流装置在实验气体的条件下所测的质量流量[5]。

真实气体的声速

$$a = \sqrt{k\,\frac{p}{\rho}} = \sqrt{kZRT} \qquad (2-17)$$

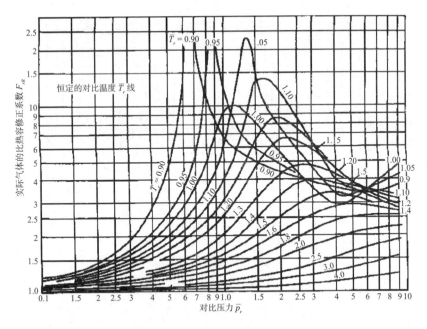

图 2-3　摩尔比热容的修正系数

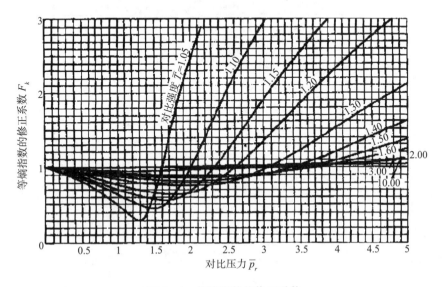

图 2-4　等熵指数的修正系数

2.4　常用完全气体的状态参数

在吸气式发动机的工作领域内，从进气道、燃烧室到喷管的流动气体都可以视为完全气体，这给发动机的气动热力计算带来了方便。

2.4.1　比内能和比焓

对于完全气体，分子间无作用力、无位能。因此，体系的比内能 u 和定容比热容 c_v 仅是温度的函数，即 $\left(\dfrac{\partial u}{\partial v}\right)_T = 0$

$$u = \int_{T_0}^{T} c_v \mathrm{d}T \qquad (2-18)$$

比焓 h 定义为

$$h = u + pv \qquad (2-19)$$

等压加热 $\mathrm{d}q = \mathrm{d}u + p\mathrm{d}v = \mathrm{d}(u + pv) = \mathrm{d}h = c_p\mathrm{d}T$，得 $h = \int_{T_0}^{T} c_p \mathrm{d}T$。

式中　v ——比容；

　　　T_0 ——基准温度。

对完全气体有

$$h = u + RT \qquad (2-20)$$

由式（2-20）可知，比内能只是温度的单值函数，比焓也只是温度的单值函数。

2.4.2　定压比热容、比热比和声速

由式（2-18）和式（2-20）知，比内能与比焓的微分关系为

$$c_v\mathrm{d}T + R\mathrm{d}T = c_p\mathrm{d}T \qquad (2-21)$$

即

$$c_p = c_v + R \qquad (2-22)$$

式中　c_p，c_v——定压比热容和定容比热容，它们都是温度 T 的单值
函数。

由式（2 - 22）知比热比 γ 为

$$\gamma = \frac{c_p}{c_v} = \frac{1}{1 - \dfrac{R}{c_p}} \qquad (2 - 23)$$

可见，γ 也是温度 T 的单值函数。

声速 a 为小扰动压力波在工质中的传播速度。利用一维的连续
方程和动量方程可导出

$$a = \sqrt{\left(\frac{\partial p}{\partial \rho}\right)_s} \qquad (2 - 24)$$

由完全气体的熵微分方程

$$\mathrm{d}s = c_v \frac{\mathrm{d}p}{p} + c_p \frac{\mathrm{d}v}{v} \qquad (2 - 25)$$

得声波的等熵传播过程为

$$\left(\frac{\partial p}{\partial v}\right)_s = -\gamma \frac{p}{v} \qquad (2 - 26)$$

而

$$\left(\frac{\partial p}{\partial \rho}\right)_s = \left(\frac{\partial p}{\partial v}\right)_s \frac{\mathrm{d}v}{\mathrm{d}\dfrac{1}{v}} = -v^2 \left(\frac{\partial p}{\partial v}\right)_s \qquad (2 - 27)$$

将式（2 - 26）和式（2 - 27）代入式（2 - 24），得

$$a = \sqrt{\gamma \frac{p}{\rho}} = \sqrt{\gamma R T} \qquad (2 - 28)$$

式中　γ——温度为 T 时的比热比。

从推导过程得知，以上公式对变比热容和定比热容都适用。

2.4.3　比熵

熵是状态参数，即两个状态的熵的变化与过程无关。微元比熵
定义为

$$\mathrm{d}s = \frac{\mathrm{d}q}{T} \qquad (2 - 29)$$

式中　dq——外界对体系中单位质量加入的热量。

在可逆过程中，由热力学第一定律可知

$$dq = du + pdv = dh - vdp = c_p dT - vdp$$

因此

$$ds = c_p \frac{dT}{T} - \frac{vdp}{T} = c_p \frac{dT}{T} - R \frac{dp}{p} \qquad (2-30)$$

积分上式，得

$$s = \int_{T_0}^{T} c_p \frac{dT}{T} - R\ln \frac{p}{p_0} = s^0(T) - R\ln \frac{p}{p_0} \qquad (2-31)$$

式中　p_0，T_0——基准压力和基准温度，即 $p = p_0$ 和 $T = T_0$ 时 s = 0 。

对发动机的燃烧计算，一般取 $T_0 = 298.15$ K，$p_0 = 101\ 325$ Pa；$s^0(T)$ 称为熵函数，或称为标准熵，即 $p = p_0$ 时的比熵。当孤立系统从非平衡状态（温度不均）达到平衡状态（温度均匀）时，其熵值达到最大。

对于等熵过程（$\Delta s = 0$），从状态 1 到状态 2，由式（2-31）得

$$\Delta s = s_2 - s_1 = 0 = \left[s^0(T_2) - R\ln \frac{p_2}{p_0} \right] - \left[s^0(T_1) - R\ln \frac{p_1}{p_0} \right]$$

$$(2-32)$$

即

$$R\ln \frac{p_2}{p_1} = s^0(T_2) - s^0(T_1) \qquad (2-33)$$

由式（2-25），等熵过程可写为

$$\frac{dp}{p} + \gamma \frac{dv}{v} = 0 \qquad (2-34)$$

式（2-34）的积分形式为

$$\ln \frac{p_2}{p_1} + \int_{v_1}^{v_2} \gamma \frac{dv}{v} = 0 \qquad (2-35)$$

按积分中值定理，取 γ 为积分中值 $\overline{\gamma}$，得

$$\ln \frac{p_2}{p_1} = \overline{\gamma}\ln \frac{v_1}{v_2} = \ln \left(\frac{v_1}{v_2} \right)^{\overline{\gamma}} \qquad (2-36)$$

由式（2 - 36），得

$$p_1 v_1^{\overline{\gamma}} = p_2 v_2^{\overline{\gamma}} \qquad (2-37)$$

式中　$\overline{\gamma}$——起始和终止状态的函数。

式（2 - 37）在工程计算变比热容等熵过程中用途不大，取而代之的是式（2 - 33）。只有起始与终止之间是小扰动状态时，如声音的传播过程式（2 - 37）才好用。

2.4.4　比自由焓

自由焓 G（亦称为 Gibbs 函数）定义为

$$G = H - TS \qquad (2-38)$$

由状态参数组合的任意参数都是状态参数，所以自由焓 G 也是状态参数。它的比状态参数——比自由焓 g 为

$$g = h - Ts \qquad (2-39)$$

由热力学第二定律的熵增原理，对与外界有热交换的体系

$$\mathrm{d}s \geqslant \frac{\mathrm{d}q}{T} \qquad (2-40)$$

由 $\mathrm{d}q = \mathrm{d}u + p\mathrm{d}v$ 和 $h = u + pv$，得

$$\mathrm{d}g \leqslant v\mathrm{d}p - s\mathrm{d}T \qquad (2-41)$$

对定压定温过程，由式（2 - 41）可知，$\mathrm{d}g \leqslant 0$。即不可逆的自发过程，熵增而自由焓减小。最小的自由焓即为化学热平衡状态。在等温体系中，对完全气体的可逆过程，由式（2 - 41），得

$$\mathrm{d}g = v\mathrm{d}p = RT \frac{\mathrm{d}p}{p} \qquad (2-42)$$

积分上式，得

$$g = g_0 + RT \ln \frac{p}{p_0} \qquad (2-43)$$

式中　g_0——$p = p_0$ 时的 g 值；

p_0——标准状态的压力，$p_0 = 101\,325\ \mathrm{Pa}$。

式（2 - 43）也常写为

$$\mu = \mu_0 + \overline{R}T \ln \frac{p}{p_0} \qquad (2-44)$$

式中　μ——单位千摩尔的自由焓，亦称化学势，$\mu = gm$，m 为分
　　　子量。

g 和 μ 都是广延量，当发动机的燃烧过程需要考虑热离解时，自由焓最小是求解离解成分和热力参数的基本要求。其中标准自由焓 μ_0 可由手册中查到。μ_0 的基准温度是 298.15 K。

第3章　能量守恒定律在热化学中的应用

热力学的能量守恒定律在发动机性能计算和实验数据处理中被广泛地应用，特别是在燃烧过程化学反应的始点和终点的计算中是不可缺少的。

3.1　总焓和标准比生成焓

3.1.1　赫斯定律

无论化学反应是一步完成，还是多步完成，反应的热效应是相等的。这是赫斯 1840 年由大量的实际反应总结出来的。能量守恒定律确定后，赫斯定律即为能量守恒定律的必然结果。

3.1.2　标准比生成焓（标准生成热）

取标准状态为压力 101 325 Pa、温度 25 ℃（298.15 K），规定化学单质的标准生成焓为零。以此为基准，得到其他物质的标准生成焓。参考文献 [6] 列出了多种物质的标准生成焓，其中标准生成焓为零的单质有：

气体：Ar，Cl_2，F_2，H_2，He，Kr，N_2，Ne，O_2，Pm，Rn，Xa，Xe；

液体：Br_2，Hg；

结晶体：Ac，Ag，Al，As（灰），Au，B（斜方形），Ba，Be，Bi，C（石墨），Ca，Ce，Cd，Co，Cr，Cs，Cu，Dy，Eu，Fe，Fr，Ga，Ge，Gd，Hf，Ho，I_2，In，Ir，K，La，Li，Lu，Mg，Mr，Mn，Mo，Nb，Nd，Ni，Os，P，Pa，Pb，Pd，Pm，Pr，

Pt，Ra，Rb，Re，Rh，Ru，S（斜方形），Sb，Sc，Se，Si，Sn（白色），Sm，Sr，Ta，Tb，Tc，Te，Th，Ti，T_1，Tm，U，V，W，Y，Yb，Zn，Zr；

水溶液：H^+。

参考文献［7］提出的 50 余种原始物质中还包括离子气体（electron gas）和重氢。

工质的标准比生成焓 h_f^0 定义为单位质量的工质，在标准状态下，由标准生成焓为零的单质生成该物质所吸收的热量。

3. 1. 3 比总焓

物质的内能包括两部分，一部分是物理内能，即前面所述的物质的热能，另一部分是化学能。对于完全气体，物理内能取决于温度，而化学能取决于物质的分子结构和物态，与物质的压力、温度无关。

对可逆过程，按热力学第一定律，对每千克工质而言，外界加入的微分热量 dq 等于内能微分增量 du 和工质向外界作的微分功 pdv，即

$$dq = du + pdv = dh - vdp \qquad (3-1)$$

等压加热时，由上式积分，得

$$q = h_2 - h_1 \qquad (3-2)$$

即对闭口系统等压加入的热量等于焓升。对绝热系统，有 $h_2 = h_1 = $ 常数。对有化学反应的系统，比内能和比焓代表比总内能和比总焓。它们可以写为

$$h = 常数 = h_f^0 = h_\phi \qquad (3-3)$$

式中 h_ϕ——以 25 ℃ 为基准的比物理焓，或称比显焓；

h_f^0——标准比生成焓。

在发动机性能计算和试验数据处理时，常习惯用物理焓。有时为书写方便将 h_ϕ 写成 h。由式（3-3），得

$$h_{\phi 1} + h_{f1}^0 = h_{\phi 2} + h_{f2}^0$$

或

$$h_{\phi2} - h_{\phi1} - h_{f1}^0 - h_{f2}^0 \qquad (3-4)$$

或由赫斯定律，得

$$h_{f1}^0 - h_{f2}^0 = q_r^0 \qquad (3-5)$$

即绝热闭口系统中在标准状态单位质量工质化学反应放出的热 q_r^0 等于比物理焓升，等于标准比生成焓降。

3.2　热值与理论空气量

3.2.1　热值

对燃料与氧燃烧而言，标准状态下每千克燃料放出的热量即为热值 H_u。如图 3-1 所示，按赫斯定律得

$$H_u = h_{f1}^0 - (1 + L_{O_2})h_{f2}^0 \qquad (3-6)$$

式中　　L_{O_2}——燃料的理论氧气量。

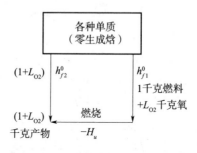

图 3-1　等温 25 ℃反应

利用式（3-6）可以计算得出实际的多组分的燃料的热值。也可以分别计算出生成气相产物部分燃料的热值和生成凝聚相部分燃料的热值。计算中水的物态取为气态，即所谓的低热值。在发动机燃烧室内和喷管内水始终处于气态，故燃烧效率的计算中取低热值。而液态水形式的高热值在燃烧室内实际是无法存在的。

对已知的多组分构成的燃料，由广延量性质可得其标准生成焓

h_{f1}^0 为

$$h_{f1}^0 = \sum_{i=1}^{N} g_i h_{fi}^0 \qquad (3-7)$$

式中　N——燃料的组分总数；

　　　g_i——第 i 种组分的质量分数。

燃料的组分和各组分的质量分数都是已知的，由多组分的分子式和相态，查手册得到 $\bar{h}_{fi}^0$（单位千摩尔的标准生成焓），$h_{fi}^0 = \dfrac{\bar{h}_{fi}^0}{\mu_i}$，$\mu_i$ 为 i 组分的分子量。

为计算燃料与氧燃烧生成稳定产物的标准比生成焓，将燃料写成质量守恒的 分子式，例如

$$\mathrm{C}_n\mathrm{H}_m\mathrm{O}_l\mathrm{N}_k\mathrm{Cl}_a\mathrm{Mg}_b\mathrm{Al}_c\mathrm{B}_d\mathrm{Li}_e\mathrm{F}_f\mathrm{Fe}_g\mathrm{K}_h + x\mathrm{O}_2 \rightarrow$$

$$n\mathrm{CO}_2 + \frac{m+h-a}{2}\mathrm{H}_2\mathrm{O} + \frac{k}{2}\mathrm{N}_2 + (a-h)\mathrm{HCl} + b\mathrm{MgO} + \frac{c}{2}\mathrm{Al}_2\mathrm{O}_3 +$$

$$\left(\frac{d}{2} - \frac{f}{6}\right)\mathrm{B}_2\mathrm{O}_3 + \frac{f}{3}\mathrm{BF}_3 + \frac{e}{2}\mathrm{Li}_2\mathrm{O} + \frac{g}{2}\mathrm{Fe}_2\mathrm{O}_3 + h\mathrm{KCl} \quad (3-8)$$

燃烧产物的标准比生成焓 h_{f2}^0 为

$$h_{f2}^0 = \frac{\displaystyle\sum_{j=1}^{M} n_j \bar{h}_{fj}^0}{(1+L_{\mathrm{O}_2})\mu_f} \qquad (3-9)$$

式中　M——燃烧产物的物质总数；

　　　n_j——式（3-8）中第 j 种燃烧产物的摩尔数；

　　　μ_f——燃料假定分子式的分子量。

将式（3-7）和式（3-9）代入式（3-6），得

$$H_u = \sum_{i=1}^{N} g_i \frac{\bar{h}_{fi}^0}{\mu_i} - \frac{1}{\mu_f}\sum_{j=1}^{M} n_j \bar{h}_{fj}^0 \qquad (3-10)$$

计算时，水的 $\bar{h}_{f\mathrm{H}_2\mathrm{O}}^0$ 取水蒸气的值，即得低热值 H_u。$\bar{h}_{fi}^0$、$\bar{h}_{fj}^0$ 由参考文献［6］中查得。在发动机燃烧室的热力计算中，有时需要将燃料分为燃烧产物为气相部分的燃料和燃烧产物为凝聚相部分的燃料两部分，分别计算其热值。例如式（3-8）可分别写为

$$C_n H_m O_l N_k Cl_a F_f K_h B_{\frac{f}{3}} + x_g O_2 \rightarrow n\, CO_2 + \frac{k}{2} N_2 + \frac{f}{3} BF_3 +$$

$$hKCl + (a-h)HCl + \frac{m+h-a}{2} H_2O\,(气相产物) \quad (3-11)$$

和

$$Mg_b Al_c B_{d-\frac{f}{3}} Li_e Fe_g + x_s O_2 \rightarrow bMgO + \frac{c}{2} Al_2O_3 +$$

$$\left(\frac{d}{2} - \frac{f}{6}\right) B_2O_3 + \frac{g}{2} Fe_2O_3 + \frac{e}{2} Li_2O\,(凝聚相产物)\,(3-12)$$

然后由式（3-10）即可分组计算出产物为气相部分燃料的热值 H_{ug} 和产物为凝聚相部分燃料的热值 H_{us} 。显然，$H_u = \varepsilon' H_{us} + (1-\varepsilon')H_{ug}$ ，ε' 为生成凝聚相部分燃料占总燃料的质量分数。

3.2.2　理论空气量

理论空气量 L 是燃料的一个常用物理参数。L 定义为单位质量的燃料经恰当混合并完全燃烧生成稳定的燃烧产物所需要的标准干空气的质量。燃料确定后，理论空气量即被确定。

利用化学反应质量平衡方程（3-8）计算恰当混合燃料的 x 值。对式（3-8）的燃料，由等式两边氧守恒，得

$$x = \frac{1}{4}(4n + m - 2l - a + 2b + 3c + 3d + e - f + 3g + h)$$

$$(3-13)$$

燃料的理论氧量 L_{O_2} 为

$$L_{O_2} = \frac{2\mu_O x}{\mu_f} = \frac{31.9988 x}{\mu_f} \qquad (3-14)$$

对 $C_n H_m O_l$ 燃料，则有

$$L_{O_2} = \frac{2\mu_O\left(n + \dfrac{m}{4} - \dfrac{l}{2}\right)}{n\mu_C + m\mu_H + l\mu_O} \qquad (3-15)$$

燃料的理论空气量 L 为

$$L = \frac{x}{r_{O_2}} \frac{\mu_a}{\mu_f} = \frac{L_{O_2}}{g_{O_2}} = 4.321 L_{O_2} = 138.28 \frac{x}{\mu_f} \qquad (3-16)$$

式中　r_{O_2} ——空气中 O_2 的体积分数，$r_{O_2} = 0.209\,495$ ；

　　　μ_a ——标准空气的分子量，$\mu_a = 28.964\,4$ ；

　　　g_{O_2} ——标准空气中氧的质量分数，$g_{O_2} = 0.231\,4$ 。

对 $C_n H_m O_l$ 燃料，则有

$$L = 138.28 \times \frac{n + \dfrac{m}{4} - \dfrac{l}{2}}{n\mu_C + m\mu_H + l\mu_O} \qquad (3-17)$$

依同法，可由式（3-11）、式（3-12）分别计算生成气态产物部分燃料的理论空气量 L_g 和生成凝聚相产物部分燃料的理论空气量 L_s。显然 $L = \varepsilon' L_s + (1 - \varepsilon') L_g$ 。

在发动机地面模拟试验时，常用直接加热补氧来模拟发动机来流总温，并保证氧的摩尔分数大体等于纯空气的摩尔分数。在这种情况下，进入主燃烧室的气体并不是纯空气。为了研究分析发动机燃烧室的浓度分布对燃烧规律的影响，有时需给出主燃烧室内模拟状态的真实余气系数 α 值，并定义

$$\alpha = \frac{q_m}{q_f L_m} \qquad (3-18)$$

式中　q_m ——进入发动机的工质的质量流量；

　　　L_m ——每千克发动机燃料恰当混合时所需的该工质的质量。

单位质量来流工质的氧含量为

$$
\begin{aligned}
g_{O_2 m} &= \frac{\left[q_{O_2} + (q_{ma} - L_j q_{jf} \eta_{rj}) g_{O_2} \right] - (1 - \eta_{rj}) q_{jf} L_j g_{O_2}}{q_{ma} + q_{O_2} + q_{jf} + q_{H_2O}} \\
&= \frac{f_{O_2} + (1 - L_j f_j) g_{O_2}}{1 + f_{O_2} + f_j + D}
\end{aligned}
$$

$$(3-19)$$

式中　$f_{O_2} = q_{O_2}/q_{ma}$ ；

　　　$f_j = q_{jf}/q_{ma}$ ；

　　　D ——空气中的含湿量；

　　　L_j ——加热器燃料的理论空气量；

　　　η_{rj} ——加热器的燃烧效率；

q_{O_2} ——补氧质量流量;

q_{jf} ——加热器燃料质量流量;

q_{H_2O} ——来流空气中的水蒸气质量流量;

q_{ma} ——来流纯空气的质量流量。

式（3-19）的导出是假设加热器未完全燃烧部分燃料，进入发动机完全燃烧并夺走相应的氧气，在计算主燃烧余气系数时，就不必再考虑这部分燃料的燃烧。

按 L_m 的定义，$L_m g_{O_2 m} = L_{O_2}$ ，因此得

$$L_m = \frac{L_{O_2}}{g_{O_2 m}} = \frac{1 + f_{O_2} + f_j + D}{f_{O_2} + (1 - L_j f_j) g_{O_2}} L_{O_2} \qquad (3-20)$$

对多种燃料燃烧体系，按理论空气量的定义

$$L = \sum_{i=1}^{w} g_i L_i \qquad (3-21)$$

式中　w ——燃料种类数;

L_i ——第 i 种燃料的理论空气量;

g_i ——第 i 种燃料的质量分数。

3.3　混气和燃烧产物的性质

符合完全气体状态方程的混合气体的广延量都具有相加性。用 Y 表示混合气体的某参数（压力、质量、容积、摩尔数、内能、焓、熵、自由焓等），则

$$Y = \sum_{i=1}^{n} y_i \qquad (3-22)$$

式中　y_i ——混合气体中第 i 种组分的 y 值;

n ——混气（混合气体）的组分数。

3.3.1　摩尔分数与质量分数

若已知混气的摩尔分数 r_i ，则混气的质量分数 g_i 为

$$g_i = \frac{r_i \mu_i}{\sum_{i=1}^{n} r_i \mu_i} \qquad (3-23)$$

若已知混气的质量分数 g_i，则混气的摩尔分数 r_i 为

$$r_i = \frac{\dfrac{g_i}{\mu_i}}{\sum_{i=1}^{n} \dfrac{g_i}{\mu_i}} \qquad (3-24)$$

式中　　μ_i ——第 i 种组分的分子量。

计算燃烧化学反应生成物时，直接表示的是摩尔数的关系。而燃烧室热力计算时常用比参数（如比热容、比焓等）。燃烧室用气体分析测试时也要用到摩尔数的关系，因此 r_i 和 g_i 的转换公式是常用的。

3.3.2　分压、分容积和分密度定律

所谓分压是指混气中在相同的容积 V 和温度 T 时，只有第 i 种物质存在的压力 p_i。对完全气体，分子之间的距离很大，每一种气体在容器内的运动就与同其他气体不存在时的运动是相同的。

由完全气体的状态方程

$$p_i V = m_i \overline{R} T \qquad (3-25)$$

式中　　m_i ——第 i 种工质的摩尔数；

　　　　$\overline{R}$ ——通用气体常数。

由式（3-25），得

$$V \sum_{i=1}^{n} p_i = \overline{R} T \sum_{i=1}^{n} m_i = m \overline{R} T \qquad (3-26)$$

式中　　m ——混气的总摩尔数；

　　　　n ——混气中的物质总数。

而混气的状态方程为

$$p V = m \overline{R} T \qquad (3-27)$$

由式（3-26）和式（3-27）得

$$p = \sum_{i=1}^{n} p_i \qquad\qquad (3-28)$$

式（3-28）即分压定律，亦称为道尔顿定律。

所谓分容积 V_i，即在相同的压力 p 和温度 T 时，第 i 种工质所占有的容积。

由

$$p_i V = m_i \overline{R} T = p V_i \qquad\qquad (3-29)$$

得

$$V \sum_{i=1}^{n} p_i = p \sum_{i=1}^{n} V_i \qquad\qquad (3-30)$$

$$V p = p \sum_{i=1}^{n} V_i \qquad\qquad (3-31)$$

即

$$V = \sum_{i=1}^{n} V_i \qquad\qquad (3-32)$$

式（3-32）即分容积定律，亦称阿麦加定律。由式（3-27）和式（3-29），得

$$\frac{V_i}{V} = \frac{m_i}{m} = r_i \qquad\qquad (3-33)$$

式中，r_i 为混气的分容积比，等于摩尔分数，亦称容积分数。

所谓分密度 ρ_i，是指单位容积内，第 i 种物质的质量 M_i。即

$$\sum_{i=1}^{n} \rho_i = \sum_{i=1}^{n} \frac{M_i}{V} = \frac{M}{V} = \rho \qquad\qquad (3-34)$$

也就是分密度之和等于混气的总密度，这实际上是质量守恒定律。

分压力 p_i 与全压力 p 的关系为

$$\frac{p_i}{p} = \frac{m_i \overline{R} T}{m \overline{R} T} = \frac{m_i}{m} = r_i \qquad\qquad (3-35)$$

即混气的分压比等于摩尔分数，等于容积比，分压与分容积成正比。

3.3.3　混气的参数

计算混气参数时，常用比参数计算。广延量的比参数具有广延

量特性，同时具有强度量的特性。c_p，h，s 等都是广延量参数。广延量还可分为质量的广延量和摩尔数的广延量。

（1）分子量

按质量守恒，混气的平均分子量 μ 为

$$\mu = \sum_{i=1}^{n} r_i \mu_i \qquad (3-36)$$

或

$$\mu = \frac{1}{\displaystyle\sum_{i=1}^{n} \frac{g_i}{\mu_i}} \qquad (3-37)$$

由式（3-36）可知，分子量是摩尔数的广延量。

（2）气体常数

气体常数 R 按定义为

$$R = \frac{\overline{R}}{\mu} = \frac{\overline{R}}{\displaystyle\sum_{i=1}^{n} r_i \mu_i} \qquad (3-38)$$

由式（3-37），得

$$R = \frac{\overline{R}}{\mu} = \overline{R} \sum_{i=1}^{n} \frac{g_i}{\mu_i} = \sum_{i=1}^{n} g_i R_i \qquad (3-39)$$

由式（3-39）可知，气体常数是质量的广延量。

（3）其他广延量参数

以 y 表示质量广延量比参数。混气的比参数 y 为

$$y = \sum_{i=1}^{n} g_i y_i \qquad (3-40)$$

式中　y —— R，c_p，c_v，u，h，s^0 等。

对完全气体，除了 R 是常值外，y_i 都是温度 T 的单值函数。

用 y_m 表示摩尔广延量，则混气的比摩尔参数为

$$y_m = \sum_{i=1}^{n} r_i y_{mi} \qquad (3-41)$$

式中　y_m ——混气的比摩尔参数；

　　　　y_{mi} ——第 i 种气体的比摩尔参数。

显然比摩尔广延量包括分子量。

（4）质量广延量参数的另一种表示法

在发动机燃烧室气动热力计算时，常习惯用来流单位空气或单位混气质量来计量混气的质量广延量参数。每千克空气的混气质量为 $\sum\limits_{i=1}^{n} f_i$，$f_i$ 为第 i 种气体组分的质量流量与空气质量流量之比。空气作为一种混气，其 f_i 为 1.0。则

$$g_i = \frac{q_i}{\sum\limits_{i=1}^{n} q_i} = \frac{\dfrac{q_i}{q_{ma}}}{\sum\limits_{i=1}^{n} \dfrac{q_i}{q_{ma}}} = \frac{f_i}{\sum\limits_{i=1}^{n} f_i} \qquad (3-42)$$

若采用来流单位混气来计量，则式（3-42）为

$$g_i = f_{im} \qquad (3-43)$$

将式（3-42）和式（3-43）代入式（3-40）得混气的比参数 y 为

$$y = \frac{\sum\limits_{i=1}^{n} f_i y_i}{\sum\limits_{i=1}^{n} f_i} = \sum\limits_{i=1}^{n} f_{im} y_i \qquad (3-44)$$

（5）燃烧产物的混气参数

1 千克燃料与 L 千克干空气完全燃烧生成 $(1+L)$ 千克燃气，可写成 $1_{燃料} + L_{空气} \xrightarrow{\text{燃烧}} (1+L)_{\alpha=1}$。此式的代数关系为 1 千克燃料完全燃烧变成 1 千克 $[(1+L)_{\alpha=1} - L_{空气}]$ "燃气"，称之为虚构燃气。

1 千克干空气与油气比 f 千克燃料完全燃烧，其中 f 千克燃料有足够的氧气（即 $\alpha \geqslant 1$）燃烧生成 CO_2 和 H_2O。燃烧产物可视为 $f(1+L)$ 千克恰当混合（$\alpha=1$）的燃烧产物和 $1-fL$ 千克空气之和。即

$$1_a + f_{燃料} \xrightarrow{\text{燃烧}} (1+f)_{产物} \equiv f(1+L)_{\alpha=1} + (1-fL)_a$$
$$\equiv 1_a + f[(1+L)_{\alpha=1} - L_a]$$
$$\equiv 1_a + f_{虚构燃气}$$
$$(3-45)$$

式中，下标 a 和 $\alpha=1$ 分别表示空气和 $\alpha=1$ 时的燃烧产物。由式

（3 -45）可知，单位质量的燃料完全燃烧后生成了单位质量的虚构燃气。即

$$1_a + f_{燃料} \xrightarrow{\ 燃烧\ } 1_a + f_{虚构燃气} \qquad (3-46)$$

实际上，式（3 - 46）中不一定是 1 千克空气，只要含有足够氧气的混气都是正确的。即 1 千克混气与 f 千克燃料燃烧，生成 1 千克混气和 f 千克虚构燃气。即

$$1_m + f_{燃料} \xrightarrow{\ 燃烧\ } 1_m + f_{虚构燃气} \qquad (3-47)$$

换言之，单位质量的燃料与混气（也可以是纯氧气）完全燃烧后生成单位质量的虚构燃气。虚构燃气的物理意义为单位质量的燃料与 L_m 千克（L_m 可以是 L，也可以是 L_{O_2}）混气完全燃烧的产物 $(1+L_m)_{a=1}$ 与 L_m 千克混气的反物质之和。换言之，虚构燃气即燃料借助足够的氧（或空气）燃烧的产物，再将借来的氧（或空气）等量地换走后所产生的混合气体。

虚构燃气与恰当混合的燃气的共同点是它们的比参数都是温度的单值函数，不同点是恰当混合的燃气成分与参加燃烧的气体性质有关，计算 $a=1$ 的比参数时要规定参加燃烧的气体是空气、氧气或其他含氧气体。而由式（3 - 47）可知，对给定的燃料，虚构燃气的燃烧成分与参加燃烧的气体性质无关，每千克燃料经燃烧形成同质量的虚构燃气。虚构燃气的比参数 y_e 只与燃料的组成有关。用 y_{em} 和 y_{eO_2} 分别表示混气 m 与燃料燃烧和氧气与燃料燃烧，则有

$$y_e = y_{em} = y_{eO_2} \qquad (3-48)$$

式（3 - 48）给燃烧产物的混气比参数计算带来了方便。对多种燃料的燃烧系统，虚构燃气的比参数也是质量的广延量，具有相加性质。即

$$y_e = \frac{\sum\limits_{i=1}^{k} f_i y_{ei}}{\sum\limits_{i=1}^{k} f_i} \qquad (3-49)$$

式中　k ——燃料种类总数。

式（3-45）和式（3-46）的质量和气体性质可写为燃烧产物 y 的关系式

$$(1 + f)y = y_a + f y_e \qquad (3-50)$$

$$y_e = (1 + f)y_{a=1} - L y_a \qquad (3-51)$$

给出燃料的假想分子式，由式（3-13）和式（3-16）计算 L。$\alpha = 1$ 的混气成分由式（3-8）计算。

对一个来流为混气的燃烧系统，其中有 k 种燃料，$n-k$ 种气体。由式（3-44），燃烧产物混气的比参数 y 为

$$y = \frac{\sum_{i=1}^{k} f_i y_{ei} + \sum_{i=k+1}^{n} f_i y_i}{\sum_{i=1}^{k} f_i + \sum_{i=k+1}^{n} f_i} = \frac{\sum_{i=1}^{k} f_i y_{ei} + \sum_{i=k+1}^{n} f_i y_i}{\sum_{i=1}^{n} f_i} = \sum_{i=1}^{k} f_{im} y_{ei} + \sum_{i=k+1}^{n} f_{im} y_i$$

$$(3-52)$$

式（3-52）为燃烧后混气比参数 y 的通用关系式。例如冲压发动机高空模拟试验，为达到预定的进气模拟参数（如模拟来流总压、总温等，由模拟原理给出），计算进入该系统的干空气质量流量 q_{ma}、空气中水蒸气质量 $D q_{ma}$、直接加热的燃料质量流量 q_{mfj}、补氧质量流量 q_{O_2} 和进入被试发动机的混气工质、发动机液态燃料供油质量流量 q_{mf}、固态燃料质量流量 q_s。则完全燃烧产物的广延量比参数 y 为

$$y = \frac{q_{ma} y_a + q_{ma} D y_{H_2O} + q_{O_2} y_{O_2} + q_{mfj} y_{ej} + q_{mf} y_e + q_s y_{es}}{q_{ma} + q_{ma} D + q_{O_2} + q_{mfj} + q_{mf} + q_s}$$

即

$$y = \frac{y_a + D y_{H_2O} + f_{O_2} y_{O_2} + f_j y_{ej} + f y_e + f_s y_{es}}{1 + D + f_{O_2} + f_j + f + f_s} \qquad (3-53)$$

进入发动机的来流 y_m 值为

$$y_m = \frac{y_a + D y_{H_2O} + f_{O_2} y_{O_2} + f_j y_{ej}}{1 + D + f_{O_2} + f_j} \qquad (3-54)$$

若以试验发动机来流流量 q_m 计量，由质量守恒

$$q_m = (1 + D)q_{ma} + q_{O_2} + q_{mfj}$$

得

$$f_m = \frac{q_{mf}}{q_m} = \frac{q_{mf}}{q_{ma}} \cdot \frac{q_{ma}}{q_m} = \frac{f}{1 + D + f_{O_2} + f_{ej}} \qquad (3-55)$$

和

$$f_{sm} = \frac{f_s}{1 + D + f_{O_2} + f_{ej}} \qquad (3-56)$$

将式（3-54）和式（3-55）代入式（3-53），得

$$y = \frac{y_m + f_m y_e + f_{sm} y_{es}}{1 + f_m + f_{sm}} \qquad (3-57)$$

式（3-53）~式（3-57）中，D，f_{O_2}，f_j，f，f_s 分别为该燃烧系统的来流空气的含湿量、补氧流量与干空气流量之比、加热器供油流量与干空气流量之比、主燃烧室液态燃料流量与干空气流量之比和主燃烧室固态燃料流量与干空气流量之比；下标 "a"、"H_2O"、"O_2"、"ej"、"e"、"es" 分别表示干空气、水蒸气、氧气、加热器燃料燃烧的虚构燃气、主燃烧室液态燃料燃烧的虚构燃气和固态燃料燃烧的虚构燃气。对液态燃料冲压发动机，$f_s = 0$；对纯固态燃料冲压发动机，$f = 0$。

对液态燃料冲压发动机，燃烧室出口混气的比参数为

$$y = \frac{y_a + D y_{H_2O} + f_{O_2} y_{O_2} + f_j y_{ei} + f y_e}{1 + D + f_{O_2} + f_j + f} \qquad (3-58)$$

若以发动机来流流量 q_m 计量，式（3-57）在冲压发动机模拟试验的数值处理过程中经常用到，并且对涡喷发动机、高超冲压发动机都适用。对固液冲压发动机或固体燃料冲压发动机，在发动机燃烧计算和模拟试验数据处理中，需要将燃烧产物的气相部分和凝聚相部分分开计量，因为凝聚相不产生压力，内能与焓相等。在这种情况下，如同式（3-11）和式（3-12）将固态燃料分为燃烧生成气相物质的部分燃料和与氧反应生成凝聚相的部分燃料，则气相的比参数 y_g 对应式（3-53），有

$$y_g = \frac{y_a + D y_{H_2O} + f_j y_{ej} + f y_e + f_{sg} y_{esg} + (f_{O_2} - f_{ss} L_{ssO_2}) y_{O_2}}{1 + D + f_j + f + f_{sg} + f_{O_2} - f_{ss} L_{ssO_2}}$$

$$(3-59)$$

凝聚相的比参数 y_s 为

$$y_s = \frac{\sum_{i=1}^{E} x_i \mu_i y_i}{\sum_{i=1}^{E} x_i \mu_i} = y_{ssa_{O_2}=1} \qquad (3-60)$$

式中，E 为产物中凝聚相的组分数。总的比参数 y 为

$$y = (1-\varepsilon)y_g + \varepsilon y_s \qquad (3-61)$$

其中

$$\varepsilon = \frac{f_{ssm}(1+L_{ssO_2})}{1+f_{sm}+f_m} = \frac{f_{ss}(1+L_{ssO_2})}{1+D+f_j+f_{O_2}+f_s+f} \qquad (3-62)$$

对来流为纯空气的冲压发动机

$$\varepsilon = \frac{f_{ss}(1+L_{ssO_2})}{1+f+f_s}$$

式中　f_{sg}，f_{ss}——固态燃料燃烧生成气态产物部分的燃料质量流量
　　　　　　　与空气质量流量之比和生成凝聚相产物部分的燃
　　　　　　　料质量流量与空气质量流量之比，显然 $f_{sg}+f_{ss}=$
　　　　　　　f_s；

　　　　y_{esg}——固态燃料燃烧生成气态产物部分的虚构燃气的 y 值；

　　　　L_{ssO_2}——固态燃料与氧燃烧生成凝聚相部分燃料 q_{ss} 的理论氧

　　　　　　　气量，$L_{ssO_2} = \sum_{i=1}^{M} g_i L_{iO_2}/\varepsilon'$，$\varepsilon' = q_{ss}/q_s$；

　　　　M——燃烧生成凝聚相的燃料组分数；

　　　　x_i，μ_i，y_i——生成凝聚相的第 i 种组分的摩尔数〔见式（3-
　　　　　　　12）〕、分子量和比参数；

　　　　$y_{ssa_{O_2}=1}$——生成凝聚相部分燃料在 $\alpha_{O_2}=1$ 的恰当混合比下燃
　　　　　　　烧的凝聚相燃烧产物的比参数；

　　　　ε——固体燃料富氧混合燃烧时产物中的凝聚相质量分数，即
　　　　　　　燃烧产物中凝聚相质量流量与燃烧产物总质量流量
　　　　　　　之比；

　　　　f_{sm}，f_m——固态燃料质量流量 q_s 与来流混气流量 q_m 之比和

液态燃料质量流量 q_{mf} 与 q_m 之比；

f_{ssm} ——固态燃料中生成凝聚相部分燃料质量流量 q_{ss} 与 q_m 之比。

$$f_{sm} = f_s/(1 + f_j + f_{O_2} + D)，f_m = f/(1 + f_j + f_{O_2} + D)，f_{ssm} = f_{ss}/(1 + f_j + f_{O_2} + D)。$$

必须提及的是，上述计算比参数的关系式，都基于所论及的燃烧系统的余氧系数大于或等于 1.0。当燃烧系统的氧不足以使燃料燃烧生成最稳定的燃烧产物时，上述各种关系式已不复存在。当然，从工程角度，当余氧系数 >0.9 时，还可近似使用。

（6）混气比参数的计算

对于完全气体，前面已经论述，比参数只是温度的函数。为计算式（3-53）、式（3-59）和式（3-60）的 y，y_g 和 y_s，除已知混气的成分 D，f_j，f，f_{sg}，y_{O_2} 和 f_{ss} 等，还要给出空气、水蒸气、氧气和虚构燃气的比参数。y_a，y_{H_2O}，y_{O_2} 和 f_{ej}，f_e，f_{es}，f_{esg} 随混气温度变化的函数关系，空气、水蒸气和氧气比参数随温度的变化关系已有现成的拟合指数多项式。由式（3-51）得知，欲得到 $y_e = y_e(T)$ 的指数多项式关系，必须得到 $y_{a=1}$ 随温度变化的多项式。为此，写出某生成气态燃烧产物的燃料与空气在恰当混合（$\alpha = 1$）下燃烧的化学反应方程式类同式（3-11），有

$$C_n H_m O_l N_k Cl_a F_f K_h B_{\frac{f}{3}} \cdots + x_g(O_2 + \gamma N_2 + \beta CO_2 + \delta Ar)$$

$$\rightarrow (n + x_g\beta)CO_2 + \frac{m + h - a}{2}H_2O + \left(\frac{k}{2} + x_g\gamma\right)N_2 + \frac{f}{3}BF_3 +$$

$$hKCl + (a - h)HCl + x_g\delta Ar + \cdots \qquad (3-63)$$

标准空气的氧、氮、氩、二氧化碳的摩尔数分别为 0.209 495，0.780 881，0.009 324 和 0.000 300。由此计算得 γ，β，δ 分别为 3.727 44，0.044 51 和 0.001 432。由式（3-63）两边氧守恒，得

$$x_g = \frac{1}{4}(4n + m + h - a - 2l) \qquad (3-64)$$

由式（3-40）计算恰当混合的燃料与空气的比参数 $y_{a=1}$。对式（3-63）表示的燃料有

$$y_{a=1} = \frac{1}{\mu'_f(1+L)}\Big[(n+x_g\beta)\mu_{CO_2}y_{CO_2} + \frac{m+h-a}{2}\mu_{H_2O}y_{H_2O} +$$

$$\Big(\frac{k}{2}+x_g\gamma\Big)\mu_{N_2}y_{N_2} + \frac{f}{3}\mu_{BF_3}y_{BF_3} + h\mu_{KCl}y_{KCl} + (a-h)\mu_{HCl}y_{HCl} + x_g\delta\mu_{Ar}y_{Ar}\Big]$$

$$(3-65)$$

式中的下标表示气体的种类。

由虚构燃气的定义，将式（3-65）代入式（3-51），得

$$y_e = (1+L)y_{a=1} - Ly_a = \frac{1}{\mu_f}\big[(n+x_g\beta)\mu_{CO_2}y_{CO_2} +$$

$$\frac{m+h-a}{2}\mu_{H_2O}y_{H_2O} + \Big(\frac{k}{2}+x_g\gamma\Big)\mu_{N_2}y_{N_2} + \frac{f}{3}\mu_{BF_3}y_{BF_3} +$$

$$h\mu_{KCl}y_{KCl} + (a-h)\mu_{HCl}y_{HCl} + x_g\delta\mu_{Ar}y_{Ar}\big] - Ly_a \qquad (3-66)$$

上式的 Ly_a 可写成

$$Ly_a = \frac{x_g}{\mu_f}(\mu_{O_2}y_{O_2} + \gamma\mu_{N_2}y_{N_2} + \beta\mu_{CO_2}y_{CO_2} + \delta\mu_{Ar}y_{Ar}) \quad (3-67)$$

将式（3-67）代入式（3-66），得

$$y_e = \frac{1}{\mu_f}\Big[n\mu_{CO_2}y_{CO_2} + \frac{m+h-a}{2}\mu_{H_2O}y_{H_2O} + \frac{k}{2}\mu_{N_2}y_{N_2} +$$

$$\frac{f}{3}\mu_{BF_3}y_{BF_3} + h\mu_{KCl}y_{KCl} + (a-h)\mu_{HCl}y_{HCl} - x_g\mu_{O_2}y_{O_2}\Big]$$

$$(3-68)$$

对燃烧生成气态产物的燃料，$y_e = y_{esg}$。

对碳氢氧燃料 $C_nH_mO_l$（如酒精），由式（3-64）和式（3-68），得

$$y_e = \frac{n\mu_{CO_2}y_{CO_2} + \frac{m}{2}\mu_{H_2O}y_{H_2O} - \Big(n+\frac{m}{4}-\frac{l}{2}\Big)\mu_{O_2}y_{O_2}}{n\mu_C + m\mu_H + l\mu_O}$$

$$(3-69)$$

对碳氢燃料 C_nH_m 有

$$y_e = \frac{n\mu_{CO_2}y_{CO_2} + \frac{m}{2}\mu_{H_2O}y_{H_2O} - \Big(n+\frac{m}{4}\Big)\mu_{O_2}y_{O_2}}{n\mu_C + m\mu_H} \qquad (3-70)$$

式 (3-68) 再次证实，虚构燃气的比参数 y_e 只是燃料的组成和温度的函数，与参加燃烧的含氧混气的组分无关。实际上，可由式 (3-11)，根据虚构燃气的物理意义直接导出式 (3-68)。

上面多项式中单一工质的比参数 y_i 对完全气体都可以拟合为温度的指数多项式。同样可以由式 (3-65) 和式 (3-66) 导出比参数 $y_{a=1}$ 和 y_e 随温度变化的指数多项式。对单工质和燃烧产物中某种工质的比参数 $y(h, c_p, s^0$ 等) 为

比焓 $$h = 10^3 \sum_{i=0}^{n} a_i \tau^i \quad [\text{J/kg}] \tag{3-71}$$

定压比热容 $$c_p = \sum_{i=1}^{n} i a_i \tau^{i-1} \quad [\text{J/(kg·K)}] \tag{3-72}$$

标准比熵 $$s^0 = a_1 \ln\tau + \sum_{i=2}^{n} \frac{i}{i-1} a_i \tau^{i-1} + s_0^0 \quad [\text{J/(kg·K)}] \tag{3-73}$$

式中，$\tau = 10^{-3} T$；n 为多项式中温度的最高指数，取 $n = 10$；s_0^0 为积分常数。

对碳氢氧燃料 $C_n H_m O_l$，虚构燃气的比焓 h_e 为

$$
\begin{aligned}
h_e &= \frac{10^3 \left[\sum\limits_{i=0}^{n} n\mu_{CO_2} a_{iCO_2} \tau^i + \sum\limits_{i=0}^{n} \frac{m}{2} \mu_{H_2O} a_{iH_2O} \tau^i - \sum\limits_{i=0}^{n} \left(n + \frac{m}{4} - \frac{l}{2} \right) \mu_{O_2} a_{iO_2} \tau^i \right]}{n\mu_C + m\mu_H + l\mu_O} \\
&= \frac{10^3 \sum\limits_{i=0}^{n} \left[n\mu_{CO_2} a_{iCO_2} + \frac{m}{2} \mu_{H_2O} a_{iH_2O} - \left(n + \frac{m}{4} - \frac{l}{2} \right) \mu_{O_2} a_{iO_2} \right] \tau^i}{n\mu_C + m\mu_H + l\mu_O}
\end{aligned}
\tag{3-74}
$$

由上式得虚构燃气的多项式系数 a_i 为

$$a_i = \frac{n\mu_{CO_2} a_{iCO_2} + \frac{m}{2} \mu_{H_2O} a_{iH_2O} - \left(n + \frac{m}{4} - \frac{l}{2} \right) \mu_{O_2} a_{iO_2}}{n\mu_C + m\mu_H + l\mu_O} \tag{3-75}$$

由式 (3-69) 得虚构燃气的气体常数 R_e 为

$$R_e = \frac{n\mu_{CO_2} R_{CO_2} + \frac{m}{2} \mu_{H_2O} R_{H_2O} - \left(n + \frac{m}{4} - \frac{l}{2} \right) \mu_{O_2} R_{O_2}}{n\mu_C + m\mu_H + l\mu_O}$$

$$= \frac{\left(\dfrac{m}{4} + \dfrac{l}{2}\right)\bar{R}}{n\mu_C + m\mu_H + l\mu_O} \tag{3-76}$$

对碳氢燃料 $C_n H_m$

$$a_i = \frac{n\mu_{CO_2}a_{iCO_2} + \dfrac{m}{2}\mu_{H_2O}a_{iH_2O} - \left(n + \dfrac{m}{4}\right)\mu_{O_2}a_{iO_2}}{n\mu_C + m\mu_H} \tag{3-77}$$

$$R_e = \frac{n\mu_{CO_2}R_{CO_2} + \dfrac{m}{2}\mu_{H_2O}R_{H_2O} - \left(n + \dfrac{m}{4}\right)\mu_{O_2}R_{O_2}}{n\mu_C + m\mu_H} = \frac{\dfrac{m}{4}\bar{R}}{n\mu_C + m\mu_H} \tag{3-78}$$

同样可导出燃烧生成气态产物的燃料［例如式（3-11）］的比焓多项式系数和气体常数如下

$$a_i = \frac{1}{\mu_f}\left[n\mu_{CO_2}a_{iCO_2} + \frac{m+h-a}{2}\mu_{H_2O}a_{iH_2O} + \frac{k}{2}\mu_{N_2}a_{iN_2} + \frac{f}{3}\mu_{BF_3}a_{iBF_3} + \right.$$
$$\left. h\mu_{KCl}a_{iKCl} + (a-h)\mu_{HCl}a_{iHCl} - \frac{1}{4}(4n+m+h-a-2l)\mu_{O_2}a_{iO_2} \right] \tag{3-79}$$

$$R_{eg} = \frac{1}{\mu_f}\left[n\mu_{CO_2}R_{CO_2} + \frac{m+h-a}{2}\mu_{H_2O}R_{H_2O} + \frac{k}{2}\mu_{N_2}a_{iN_2} + \frac{f}{3}\mu_{BF_3}R_{BF_3} + \right.$$
$$\left. h\mu_{KCl}R_{KCl} + (a-h)\mu_{HCl}R_{HCl} - \frac{1}{4}(4n+m+h-a-2l)\mu_{O_2}R_{O_2} \right]$$
$$= \frac{\left(\dfrac{m}{4} + \dfrac{n}{2} + \dfrac{3a}{4} + \dfrac{k}{2} + \dfrac{f}{3} - \dfrac{h}{4} + \dfrac{l}{2}\right)\bar{R}}{\mu_f} \tag{3-80}$$

表 3-1 列出了前人做出的常见工质的比焓多项式系数 a_i 和 s_0^0。表中还列出了按式（3-69）和式（3-70）计算得到的航空煤油、某高密度烃燃料和酒精虚构燃气比焓 h_e 的温度指数多项式系数 a_i 和 s_0^0。相应的气体常数以及航空煤油和高密度烃的理论空气量也列入其中。

为避免迭代，还拟合了干空气的温度随比焓变化的多项式，即

$$T = \sum_{j=0}^{10} a_j \left(\frac{h}{1\,000}\right)^j = 297.843\,57 + 998.372\,61\,\frac{h}{1000} -$$

$$27.752\,19\left(\frac{h}{1\,000}\right)^2 - 189.634\,21\left(\frac{h}{1\,000}\right)^3 +$$

$$264.982\,18\left(\frac{h}{1\,000}\right)^4 - 192.385\,03\left(\frac{h}{1\,000}\right)^5 +$$

$$86.803\,28\left(\frac{h}{1\,000}\right)^6 - 25.055\,08\left(\frac{h}{1\,000}\right)^7 +$$

$$4.500\,58\left(\frac{h}{1\,000}\right)^8 - 0.458\,27\left(\frac{h}{1\,000}\right)^9 + 0.020\,2\left(\frac{h}{1\,000}\right)^{10}$$

$$(3-81)$$

式中，h 的单位为 kJ/kg（基准温度为 25 ℃），T 的单位为 K。

（7）混气黏度

参考文献 [5] 介绍，混气的动力黏度 η_m 按下式计算

$$\eta_m = \frac{\sum\limits_{i=0}^{n} r_i \eta_i \mu_i^{\frac{1}{2}}}{\sum\limits_{i=0}^{n} r_i \mu_i^{\frac{1}{2}}} \qquad (3-82)$$

参考文献 [8] 介绍，η_m 按下式计算

$$\eta_m = \frac{1}{\sum\limits_{i=0}^{n} \dfrac{g_i}{\eta_i}} \qquad (3-83)$$

式中　μ——分子量；

　　　n——混气成分数；

　　　r_i，g_i——第 i 种成分的摩尔分数和质量分数。

下标 i 为混气中第 i 种气体；参考文献 [8] 指出完全气体的动力黏度与压力无关，动力黏度与温度的关系为

$$\eta = \eta_0\,\frac{273+C}{T+C}\left(\frac{T}{273}\right)^{\frac{3}{2}} \qquad (3-84)$$

式中　η_0——0 ℃的气体动力黏度；

　　　C——与气体有关的常数，参考文献 [8] 有表可查。

表 3-1　比焓多项式系数、气体常数

组分　　系数	N_2	O_2	CO_2	H_2O	干空气	$h_e\text{-}C_{10}H_{16}$	$h_e\text{-}C_{10}H_{19.5}$	$h_e\text{-}C_2H_5OH$
a_0	−312.823	−272.038	−201.83	−553.104	−301.304	−342.579	−404.2	−467.636 5
a_1	1 085.412	938.039 8	479.413 8	1 883.446	1 043.76	456.636 5	682.045	1 170.932 3
a_2	−203.18	−232.515	761.802 6	−242.185	−206.916	2 969.305	2 886.309	1 655.899 1
a_3	316.601 5	646.863 5	−340.711	588.107 7	388.667	−2 605.55	−2 536.72	−1 308.936 4
a_4	−116.774	−571.491	25.414 42	−305.031	−220.448	1 638.632	1 642.953	881.558 5
a_5	−33.653 9	239.073 5	67.247 86	82.981 3	29.945 57	−481.117	−498.149	−272.337 1
a_6	44.313 31	−28.894 3	−43.873 6	−12.640 5	26.759 92	−60.089 7	−55.635 9	−38.446 3
a_7	−16.334 5	−15.213 5	13.728 61	0.992 211	−15.851 3	95.424 79	96.287 79	59.095 4
a_8	2.885 684	7.148 912	−2.392 01	−0.029 55	3.832 86	−31.266 1	−31.9157	−19.501 5
a_9	−0.229 53	−1.202 88	0.218 563	0	−0.451 65	4.661 443	4.784 761	2.924 1
a_{10}	0.004 88	0.075 448	−0.007 93	0	0.021 144	−0.273 73	−0.281 93	−0.172 4
s_0^0 (J/kg · K)	8.233 168	7.612 075	5.025 764	12.830 19	8.039 992	4.777 518	6.026 129	8.792 4
R (J/kg · K)	296.798	259.832	188.919	461.514	287.053	244.115	290.003	360.952
L	—	—	—	—	—	14.209	14.716	9.004

3.4　燃料浓度的表示方法

燃料的浓度常用无因次量表示。常用的无因次量为油气比 f、余气系数 α 和当量比 ϕ。模拟试验时，来流可能由于直接加热补氧形成混气。一般情况，对来流是混气，有

$$f_m = \frac{q_{mf}}{q_m} \qquad\qquad (3-85)$$

$$\alpha_m = \frac{q_m}{L_m q_{mf}} = \frac{1}{f_m L_m} \qquad\qquad (3-86)$$

$$\phi_m = \frac{q_{mf}}{q_{mf0}} = \frac{q_{mf}}{q_m/L_m} = \frac{1}{\alpha_m} = f_m L_m \qquad (3-87)$$

式中　q_{mf}、q_m、q_{mf0} ——燃料质量流量、来流气体质量流量和恰当
　　　　　　　　　　混合（$\alpha_m = 1$）所需的燃料质量流量。

当来流气体是干空气时，上面各式写为

$$f = \frac{q_{mf}}{q_{ma}} = \frac{1}{\alpha L} \qquad\qquad (3-88)$$

$$\alpha = \frac{q_{ma}}{L q_{mf}} = \frac{1}{f L} \qquad\qquad (3-89)$$

$$\phi = \frac{1}{\alpha} = f L \qquad\qquad (3-90)$$

在发动机的热力计算中，有时用油气比 f 较为方便。余气系数和当量比根据工程人员的习惯只用一种即可。

第4章 气体动力学基础知识

4.1 研究流体运动的方法

研究流体的运动规律有两种方法。

(1) 拉格朗日法：此方法即质点动力学方法。研究流体微元体的空间坐标 (x,y,z) 和气动热力参数随时间的变化。

(2) 欧拉法：该法是固定空间位置点，研究确定该点的气动热力参数随时间 τ 的变化。例如压力 p，有 $p = p(x,y,z,\tau)$。对稳态流动，气动热力参数只是空间坐标的函数，与时间 τ 无关，则有 $p = p(x,y,z)$。对所有其他参数皆如此。

对流动参数的变化必然有（以压力 p 为例）

$$\mathrm{d}p = \frac{\partial p}{\partial x}\mathrm{d}x + \frac{\partial p}{\partial y}\mathrm{d}y + \frac{\partial p}{\partial z}\mathrm{d}z + \frac{\partial p}{\partial \tau}\mathrm{d}\tau \tag{4-1}$$

对稳态流动

$$\mathrm{d}p = \frac{\partial p}{\partial x}\mathrm{d}x + \frac{\partial p}{\partial y}\mathrm{d}y + \frac{\partial p}{\partial z}\mathrm{d}z \tag{4-2}$$

对于连续介质，欧拉法非常适用。在冲压发动机的气动热力计算时即用欧拉法，计算各固定截面的参数。流场计算（CFD）的基本方程即欧拉方程都是欧拉法。

拉格朗日法在冲压发动机研制中也有应用。各质点弹道计算、燃烧室内油滴和其他凝聚相与气体相对运动，都使用拉格朗日法。

4.2 常用的气动参数

前面已述及了热力参数，在流动气体部分还有如下参数经常应用。

（1）Ma——马赫数

气体以速度 v 流动，v 与当地工质声速 a 之比定义为马赫数 Ma。对完全气体

$$Ma = \frac{v}{a} = \frac{v}{\sqrt{\gamma RT}} \qquad (4-3)$$

式中，比热比 γ 为温度 T 时的比热比。在绝热条件下，随着速度的增加，温度 T 相应地减小，马赫数 Ma 可从零增至无限。

（2）λ——速度系数

定义

$$\lambda = \frac{v}{a_{cr}} \qquad (4-4)$$

式中　a_{cr}——临界声速，即气体的速度在等熵条件下加速或减速至当地声速即临界声速。

该状态相应的温度、压力、密度和截面积称为临界温度 T_{cr}、临界压力 p_{cr}、临界密度 ρ_{cr} 和临界截面积 A_{cr}。

由于气流的能量是有限的，速度是有限的，λ 有个最大值 λ_M，对应的马赫数为无穷大。

（3）滞止参数

将速度等熵减速至零时的压力、温度、密度、比焓和标准熵等，分别用 p_t，T_t，ρ_t，h_t 和 s_t^0 表示。h_t 表示气流所含能量的大小，实际上，焓的滞止不一定等熵，绝热滞止即可。p_t 表示相同的气流能量时作功能力的大小。因为 p_t 越大，膨胀到外界压力所转化的气流动能越大，该动能即作功的能力。即总压可以看做气流能量可利用的量度。在发动机内流中总压损失小，意味着推力大。

4.3　一维气体动力学基本方程

常用的气体动力学方程是流量方程、能量方程、冲量方程和滞止过程的标准熵方程。

4.3.1　流量方程

对一维流动，气体的质量流量 q_m 等于截面积 A、密度 ρ 和速度 v 之乘积，即

$$q_m = A\rho v \qquad (4-5)$$

由完全气体的状态方程和马赫数 Ma 的定义，上式可写为

$$q_m = Ap\sqrt{\frac{\gamma}{RT}}Ma \qquad (4-6)$$

4.3.2　能量方程

在开口系统中取一维流动流管任意两截面 1—1 和 2—2（见图 4—1）。外界对每千克工质加入的热量为 q_{1-2}。不计气体位能的小量，流过流管一千克工质，从 1—1 截面进入的能量为内能 u_1、动能 $\frac{v_1^2}{2}$ 和流动中对气体所作的功 $p_1 A_1 v_1 \tau$。假设 1—1 到 2—2 之间没有机械能输入或输出。能量守恒方程为

$$q_{1-2} + u_1 + \frac{v_1^2}{2} + p_1 A_1 v_1 \tau = u_2 + \frac{v_2^2}{2} + p_2 A_2 v_2 \tau \qquad (4-7)$$

式中　A——流管截面积；

τ——流进 1 千克工质所需的时间。

$$\tau = \frac{1}{A_1 \rho_1 v_1} = \frac{1}{A_2 \rho_2 v_2} \qquad (4-8)$$

将式（4-8）代入式（4-7），并由完全气体的状态方程 [式（2-1）] 和比焓的定义式（2-20），得

$$q_{1-2} + h_1 + \frac{v_1^2}{2} = h_2 + \frac{v_2^2}{2} \qquad (4-9)$$

令总比焓 $h_t = h + \frac{v^2}{2}$，即绝热条件下，将速度 v 滞止至零的比焓。则上式可写为

$$q_{1-2} = h_{t2} - h_{t1} \qquad (4-10)$$

以上公式的推导基于能量守恒，所以总比焓和比焓都包括化学

能在内。即 $h_t = h_f^0 + h_\phi + \dfrac{v^2}{2}$ [参见式（3-3）]。对管流内无化学反应，工质组分不变，则 $h_f^0 =$ 常数，上式即为

$$q_{1-2} = h_{t2\phi} - h_{t1\phi} \qquad (4-11)$$

在无化学反应时，经常将下脚标 ϕ 省去，但仍表示物理总比焓和物理比焓。绝能管流中 $q_{1-2} = 0$，得

$$h_{t2} = h_{t1} \qquad (4-12)$$

在有化学反应的绝能管流中，由式（3-3），式（4-9）写为

$$h_{\phi1} + \frac{v_1^2}{2} + h_{f1}^0 = h_{\phi2} + \frac{v_2^2}{2} + h_{f2}^0 \qquad (4-13a)$$

或

$$h_{f1}^0 - h_{f2}^0 = h_{t2\phi} - h_{t1\phi} \qquad (4-13b)$$

在冲压发动机燃烧室内，燃料以 25 ℃ 加入，比焓为零，忽略燃料喷入的动能，完全燃烧的能量方程为

$$(1 + f_m)h_{t2\phi} - h_{t1\phi} = f_m H_u \qquad (4-14)$$

式中　　f_m——燃油质量流量与来流混气质量流量之比。

上式的滞止物理总比焓 $h_{t2\phi}$、$h_{t1\phi}$ 均以 25 ℃ 为基准。当燃料温度不等于 25 ℃ 时，上式要计入燃料的 25 ℃ 为基准的物理焓值。当燃烧不完全时，则上式右边应乘以燃烧效率 η_r。

总物理焓的常用表达式（省略下角标"ϕ"）为

$$h_t = h + \frac{v^2}{2} = h + \frac{\gamma R T}{2} Ma^2 \qquad (4-15)$$

4.3.3　冲量方程

对开口系统的流体运动，利用牛顿第二定律得到动量定律。即系统的动量对时间的变化率等于作用于该开口体系的所有外力之合力 $\boldsymbol{F}'_\Sigma$。由牛顿第三定律，流体对外界的作用力 $\boldsymbol{F}_\Sigma = -\boldsymbol{F}'_\Sigma$。

如图 4-1 所示，任意取定常管流的两个垂直于气流的截面 1-1 和 2-2。经 dt 时间，两个截面分别移到 $1'-1'$ 和 $2'-2'$。1-1 到 2-2 截面之间存在着重力、惯性力等质量力和控制体内各种物件的摩擦

力和压差阻力等表面力。控制体内还可以输入或输出一定的某工质的质量流量。

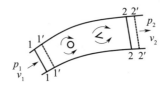

图 4-1　控制体流管图

在定常流动中 $1'-1'$ 到 $2-2$ 部分的流动是不变的，动量没有变化。因此，按动量定律，有

$$\boldsymbol{F}_{\sum} = -\boldsymbol{F'}_{\sum} = \frac{\boldsymbol{v}_1 \mathrm{d}m_1 - \boldsymbol{v}_2 \mathrm{d}m_2}{\mathrm{d}t} = q_{m_1}\boldsymbol{v}_1 - q_{m_2}\boldsymbol{v}_2 \quad (4-16)$$

式中　q_{m1}、q_{m2}——通过 $1-1$ 截面和 $2-2$ 截面流进和流出的质量流量；

$\boldsymbol{v}_1$、$\boldsymbol{v}_2$——流进和流出的速度矢量。

将控制体所受的外力分为两部分，即 $1-1$ 和 $2-2$ 截面与速度同向的力 pA（A 为截面面积）和 $1-1$ 到 $2-2$ 截面内部气流所受的多种力的合力 $\boldsymbol{F'}$，则

$$\boldsymbol{F'} = \boldsymbol{F'}_{\sum} - \boldsymbol{p}_1 A_1 + \boldsymbol{p}_2 A_2 \quad (4-17)$$

由式（4-16）和式（4-17）得气体作用于控制体物件上的合力 $\boldsymbol{F}$ 为

$$\boldsymbol{F} = -\boldsymbol{F'} = (\boldsymbol{p}_1 A_1 + q_m \boldsymbol{v}_1) - (\boldsymbol{p}_2 A_2 + q_{m2}\boldsymbol{v}_2) \quad (4-18)$$

令冲量 $\phi = pA + q_m\boldsymbol{v}$，则上式为

$$\boldsymbol{F} = \boldsymbol{\phi}_1 - \boldsymbol{\phi}_2 \quad (4-19)$$

上式即为冲量定律：控制体内气流作用于构件的合力 $\boldsymbol{F}$ 等于进口冲量 $\boldsymbol{\phi}_1$ 与出口冲量 $\boldsymbol{\phi}_2$ 之矢量差。不难看出，对控制体有多个进口和多个出口，按上述分析可得

$$\boldsymbol{F} = \sum \boldsymbol{\phi}_1 - \sum \boldsymbol{\phi}_2 \quad (4-20)$$

在冲压发动机流道中，有的设计多个进气道并联；燃烧室进口

可能有预燃室与主气流并联；固体火箭冲压发动机有燃气发生器出口与主气流并联；驱动供油泵空气涡轮的进、排气与主气流并联；进气道吸除附面层与主气流并联；发动机排气也可能有内外涵道并联。这些情况都应满足式（4-20）的冲量定律。用式（4-19）和式（4-20）可以计算各部件和发动机的受力情况。

在飞行器和发动机受力计算中，往往将压力取为绝对压力和环境压力 p_0 之差来计算推力，以避免由于进出口截面积不同，在静止条件（$v = 0$）计算得到的推力不为 0。因此计算推力 F_Δ 常用下面的公式

$$F_\Delta = \sum (\boldsymbol{\phi}_1 - \boldsymbol{p}_0 A_1) - \sum (\boldsymbol{\phi}_2 - \boldsymbol{p}_0 A_2) \qquad (4-21)$$

运算过程中冲量 ϕ 常用下面的形式表示

$$\phi = q_m v + Ap = A\rho v^2 + Ap = \frac{A p v^2}{RT} + Ap = Ap(1 + \gamma Ma^2)$$

$$(4-22)$$

和

$$\phi = q_m \left(v + \frac{Ap}{q_m} \right) = q_m \left(\sqrt{\gamma RT} Ma + \frac{p}{\rho v} \right) = q_m \sqrt{\gamma RT} \left(Ma + \frac{1}{\gamma Ma} \right)$$

$$(4-23)$$

还有其他表达形式，见表 4-5。

4.3.4　总、静压关系

等熵滞止得到总压 p_t 和总温 T_t（总温滞止只要绝热即可）。由式（2-33），得

$$R\ln \frac{p_t}{p} = s^0(T_t) - s^0(T) \qquad (4-24)$$

如果工质为混气，可按混气比参数计算的有关公式计算 R，$s^0(T_t)$，$s^0(T)$。

在变比热容的一维流动计算中，最常用的方程为式（4-6）的流量方程；式（4-15）的总比焓方程；式（4-22）和式（4-23）的冲量方程和式（4-24）的总静压之比的方程。

4.4　定比热容气体动力学函数

对理想气体，比热容为常数，速度变换为无因次的 Ma 和 λ，可以导出无因次的气体动力学函数。这给气动热力计算和定性分析参数的影响规律带来了方便。尤其在流动马赫数较低时，比热容在静温和在总温之间的变化较小，工程上较为实用。

4.4.1　气动函数 τ、π、ε 的 Ma 函数

由式（4 - 15），得

$$c_p T_t = c_p T + \frac{\gamma R T}{2} Ma^2$$

由式（2 - 23），得

$$\frac{R}{c_p} = \frac{\gamma - 1}{\gamma}$$

由上两式，得

$$\frac{T}{T_t} = \tau = \left(1 + \frac{\gamma - 1}{2} Ma^2\right)^{-1} \tag{4 - 25}$$

由等熵关系

$$\frac{p}{p_t} = \left(\frac{T}{T_t}\right)^{\frac{\gamma}{\gamma - 1}}$$

和

$$\frac{\rho}{\rho_t} = \left(\frac{T}{T_t}\right)^{\frac{1}{\gamma - 1}}$$

得

$$\frac{p}{p_t} = \pi = \left(1 + \frac{\gamma - 1}{2} Ma^2\right)^{-\frac{\gamma}{\gamma - 1}} \tag{4 - 26}$$

和

$$\frac{\rho}{\rho_t} = \varepsilon = \left(1 + \frac{\gamma - 1}{2} Ma^2\right)^{-\frac{1}{\gamma - 1}} \tag{4 - 27}$$

由式（4 - 25）～式（4 - 27）可知，当 $Ma = 1$ 时得临界参数与滞止

参数的关系

$$
\begin{cases}
\left(\dfrac{a_{cr}}{a_t}\right)^2 = \dfrac{T_{cr}}{T_t} = \dfrac{2}{\gamma+1} \\[3mm]
\dfrac{p_{cr}}{p_t} = \left(\dfrac{2}{\gamma+1}\right)^{\frac{\gamma}{\gamma-1}} \\[3mm]
\dfrac{\varrho_{cr}}{\rho_t} = \left(\dfrac{2}{\gamma+1}\right)^{\frac{1}{\gamma-1}}
\end{cases}
\tag{4-28}
$$

4.4.2　λ 和 Ma 的关系

按 λ 和 Ma 的定义

$$
\lambda = \frac{v}{a_{cr}} = \frac{v}{a} \cdot \frac{v}{a_t} \cdot \frac{a_t}{a_{cr}} = Ma\sqrt{\tau}\sqrt{\frac{\gamma+1}{2}} = Ma\sqrt{\frac{\gamma+1}{2+(\gamma-1)Ma^2}}
\tag{4-29}
$$

和

$$
Ma = \frac{v}{a} = \frac{v}{a_{cr}} \cdot \frac{a_{cr}}{a_t} \cdot \frac{a_t}{a} = \lambda\sqrt{\frac{2}{(\gamma+1)-(\gamma-1)\lambda^2}}
\tag{4-30}
$$

式中，下标"t"表示滞止参数、"cr"表示临界参数，λ 与 Ma 的关系曲线如图 4-2 所示。当 $Ma < 1$ 时，$\lambda > Ma$；当 $Ma > 1$ 时，$\lambda < Ma$；当 $Ma = 1$ 时，$\lambda = 1$。

4.4.3　τ、π、ε 的 λ 函数

将式（4-30）代入式（4-25）～（4-27），得

$$
\tau = 1 - \frac{\gamma-1}{\gamma+1}\lambda^2
\tag{4-31}
$$

$$
\pi = \left(1 - \frac{\gamma-1}{\gamma+1}\lambda^2\right)^{\frac{\gamma}{\gamma-1}}
\tag{4-32}
$$

$$
\varepsilon = \left(1 - \frac{\gamma-1}{\gamma+1}\lambda^2\right)^{\frac{1}{\gamma-1}}
\tag{4-33}
$$

按 Ma 和 λ 的定义，由以上各式可知，当内能完全转化为动能时，声速 $a \to 0$，$Ma \to \infty$。由于气流的能量是有限的，所以 λ 有个最大值，由式（4-29）可导出，$\lambda_{\max} = \sqrt{(\gamma+1)/(\gamma-1)}$。$\tau$、$\pi$、$\varepsilon$

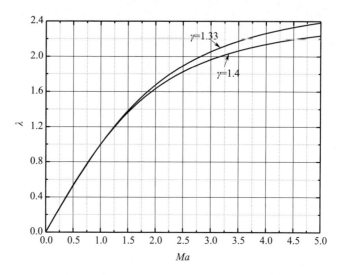

图 4 - 2　λ 与 Ma 的关系曲线

随 Ma 和 λ 的变化曲线分别如图 4 - 3 和图 4 - 4 所示。

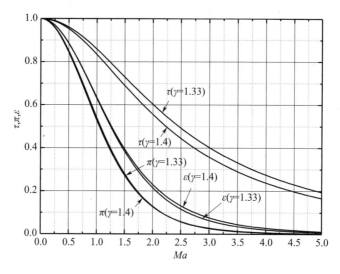

图 4 - 3　τ，π，ε 随 Ma 变化曲线

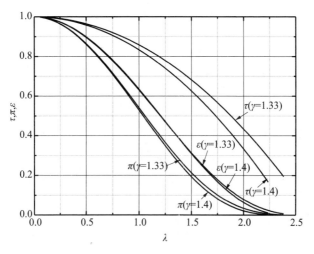

图 4 - 4　τ，π，ε 随 λ 变化曲线

4.4.4　与冲量有关的气体动力学函数

（1）z

定义 z 为

$$z = \frac{2\phi}{\phi_{cr}} \tag{4-34}$$

式中　ϕ_{cr} ——临界状态的冲量。

由式（4-23）和式（4-34），得

$$z = \frac{2\phi}{\phi_{cr}} = 2\sqrt{\frac{T}{T_{cr}}}\frac{Ma + \dfrac{1}{\gamma Ma}}{1 + \dfrac{1}{\gamma}}$$

上式的 $\dfrac{T}{T_{cr}}$ 为

$$\frac{T}{T_{cr}} = \frac{T}{T_t}\frac{T_t}{T_{cr}} = \frac{\gamma + 1}{2}\tau$$

由以上两式，得

$$z = \sqrt{\frac{2}{\gamma + 1}}\frac{1 + \gamma Ma^2}{Ma\sqrt{1 + \dfrac{\gamma - 1}{2}Ma}} \tag{4-35}$$

将式（4-35）中的 Ma 由式（4-30）变换成 λ，得

$$z = \lambda + \frac{1}{\lambda} \qquad (4-36)$$

在式（4-23）中取 $Ma = 1$，及 $T_{cr} = T_t[2/(\gamma+1)]$，得

$$\phi_{cr} = \sqrt{\frac{2(\gamma+1)}{\gamma}RT_t}q_m$$

冲量的表达式为

$$\phi = \frac{\phi_{cr}}{2}z = \sqrt{\frac{\gamma+1}{2\gamma}RT_t}q_m z(\lambda) \qquad (4-37)$$

（2）f

定义 f 为

$$f = \frac{\phi}{Ap_t} \qquad (4-38)$$

将式（4-22）代入上式中，并由式（4-26），得

$$f = \frac{Ap(1+\gamma Ma^2)}{Ap_t} = \frac{1+\gamma Ma^2}{\left(1+\dfrac{\gamma-1}{2}Ma^2\right)^{\frac{\gamma}{\gamma-1}}} \qquad (4-39)$$

将式（4-39）中的 Ma 变换成 λ，得

$$f = (1+\lambda^2)\left(1-\frac{\gamma-1}{\gamma+1}\lambda^2\right)^{\frac{1}{\gamma-1}} \qquad (4-40)$$

则冲量的表达式为

$$\phi = Ap_t f \qquad (4-41)$$

（3）r

定义 r 为

$$r = \frac{pA}{\phi} \qquad (4-42)$$

由式（4-22）得

$$r = \frac{1}{1+\gamma Ma^2} \qquad (4-43)$$

将式（4-30）代入上式，得

$$r = \frac{1-\dfrac{\gamma-1}{\gamma+1}\lambda^2}{1+\lambda^2} \qquad (4-44)$$

冲量的表达式为

$$\phi = \frac{Ap}{r} \qquad (4-45)$$

z，f，r 随 Ma 和 λ 的变化曲线分别如图 4-5 和图 4-6 所示。

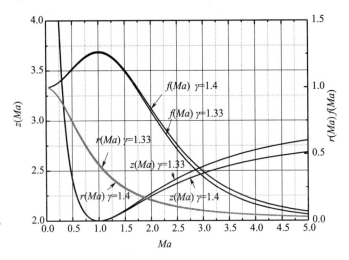

图 4-5　z，f，r 随 Ma 变化曲线

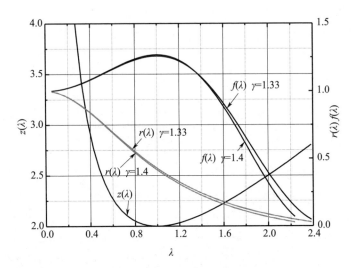

图 4-6　z，f，r 随 λ 变化曲线

4.4.5　与流量有关的气体动力学函数

（1）q

定义 q 为

$$q = \frac{A_{cr}}{A} \tag{4-46}$$

式中，A_{cr} 为 A 截面参数等熵加速或减速到声速的截面积，称为 A 截面的临界面积。

由质量流量守恒，得

$$q = \frac{\rho v}{\rho_{cr} a_{cr}} = \frac{\rho}{\rho_t} \cdot \frac{\rho_t}{\rho_{cr}} \lambda = \varepsilon(\lambda) \left(\frac{\gamma+1}{2} \right)^{\frac{1}{\gamma-1}} \lambda$$

将式（4-33）代入上式，得

$$q = \left(\frac{\gamma+1}{2} \right)^{\frac{1}{\gamma-1}} \lambda \left(1 - \frac{\gamma-1}{\gamma+1} \lambda^2 \right)^{\frac{1}{\gamma-1}} \tag{4-47}$$

以 Ma 表示的气动函数 q 为

$$q = Ma \left[\frac{2}{\gamma+1} \left(1 + \frac{\gamma-1}{2} Ma^2 \right) \right]^{-\frac{\gamma+1}{2(\gamma-1)}} \tag{4-48}$$

质量流量 q_m 为

$$q_m = A_{cr} \rho_{cr} a_{cr} = Aq \frac{\rho_{cr}}{\rho_t} \rho_t \frac{a_{cr}}{a_t} a_t$$

将式（4-28）代入上式，并由状态方程 $\rho_t = \dfrac{p_t}{RT_t}$ 得

$$q_m = \sqrt{\frac{\gamma}{R}} \left(\frac{2}{\gamma+1} \right)^{\frac{\gamma+1}{2(\gamma-1)}} \frac{p_t Aq}{\sqrt{T_t}} \tag{4-49}$$

（2）y

定义 y 为

$$y = \frac{A_{cr}}{A} \cdot \frac{p_t}{p} = \frac{q}{\pi} \tag{4-50}$$

将气动函数 q 和 π 随 Ma 和 λ 的关系代入上式，分别得

$$y = \left(\frac{\gamma+1}{2} \right)^{\frac{1}{\gamma-1}} \lambda \left(1 - \frac{\gamma-1}{\gamma+1} \lambda^2 \right)^{-1} \tag{4-51}$$

和

$$y = \left(\frac{\gamma+1}{2}\right)^{\frac{\gamma+1}{2(\gamma-1)}} Ma \sqrt{1 + \frac{\gamma-1}{2}Ma^2} \qquad (4-52)$$

q 和 y 随 Ma 和 λ 的变化曲线分别如图 4-7 和图 4-8 所示。

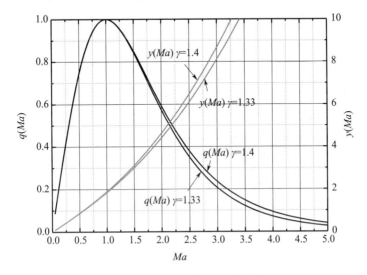

图 4-7　q 和 y 随 Ma 变化曲线

不难得出

$$q_m = \sqrt{\frac{\gamma}{R}} \left(\frac{2}{\gamma+1}\right)^{\frac{\gamma+1}{2(\gamma-1)}} \frac{pAy}{\sqrt{T_t}} \qquad (4-53)$$

4.4.6　摩擦管气动函数

凡无因次参数可以写为 Ma 的单值函数者都可称为气动函数。固体火箭冲压发动机的燃料在燃气发生器中经初步燃烧喷入冲压发动机主燃烧室内。由于结构需要，常设有长尾管，长尾管为亚声速等截面绝热摩擦管流[9]。

定义摩擦系数 f 为摩擦剪应力 τ 除以不可压动压头，即

$$f = \frac{\tau}{\frac{\rho v^2}{2}} \qquad (4-54)$$

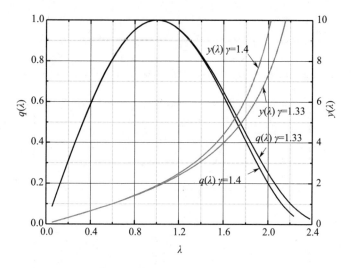

图 4-8　q 和 y 随 λ 变化曲线

取微元长度 $\mathrm{d}x$，微分形式的冲量方程为

$$\mathrm{d}\phi = -\tau\pi D\,\mathrm{d}x = -f\frac{\varrho v^2}{2}\pi D\,\mathrm{d}x \qquad (4-55)$$

由式（4-37），对绝热等流量管流的微分表达式为

$$\mathrm{d}\phi = \sqrt{\frac{\gamma+1}{2\gamma}RT_t}\,q_m\mathrm{d}[z(\lambda)] = -f\frac{\varrho v^2}{2}\pi D\,\mathrm{d}x \qquad (4-56)$$

上式的 $\varrho v^2/2$ 可以写为

$$\frac{\varrho v^2}{2} = \frac{q_m v}{2A} = \frac{2q_m\lambda}{\pi D^2}\sqrt{\frac{2\gamma}{\gamma+1}RT_t} \qquad (4-57)$$

将上式代入式（4-56）得

$$\frac{\mathrm{d}[z(\lambda)]}{\lambda} = -\frac{\gamma}{\gamma+1}\frac{4}{D}f\,\mathrm{d}x$$

将上式积分，并取摩擦系数的平均值 $\overline{f}$ 得

$$\left(\frac{1}{2\lambda^2}+\ln\lambda\right)_1 - \left(\frac{1}{2\lambda^2}+\ln\lambda\right)_2 = \frac{\gamma}{\gamma+1}\frac{4\overline{f}l}{D} \qquad (4-58)$$

式中，D 为管径；l 为管长。

令

$$t = \frac{1}{2\lambda^2} + \ln\lambda \qquad (4-59)$$

t 称为直管摩擦气动函数，如图 4 - 9 所示。由式 (4 - 29) 的 Ma 代替 λ 得到 t 的 Ma 表达式为

$$t = \left(\frac{\gamma - 1}{2(\gamma + 1)} + \frac{1}{(\gamma + 1)Ma^2} \right) + \ln\left(Ma \sqrt{\frac{\gamma + 1}{2 + (\gamma - 1)Ma^2}} \right)$$

$$(4-60)$$

由式 (4 - 58)，当 $\lambda_2 = 1$ 时可得最大摩擦管长 l_{max}

$$\frac{\gamma}{\gamma + 1} \frac{4\overline{f}l_{max}}{D_r} = \frac{1}{2\lambda_1^2} + \ln\lambda_1 - \frac{1}{2} = t_1 - \frac{1}{2} \qquad (4-61)$$

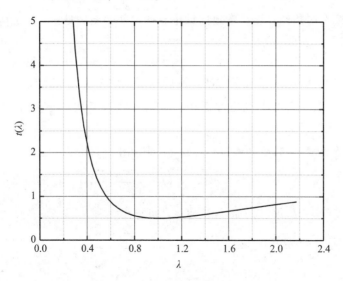

图 4 - 9　直管摩擦气动函数曲线

4.4.7　超声速二次喉道的气动函数

在冲压发动机混合式进气道的内压部分，必须保证喉道尺寸在给定的飞行马赫数下能够顺利起动；在超声速风洞和试车台上，为提高模拟高空的能力，减少排气的激波损失，提高反压，常设有二次喉道，需要保证二次喉道的起动，以保证超声速自由射流的建立。

起动的条件是超声速来流马赫数建立。如图 4 - 10 所示，如在 A_0 处形成正激波，此时喉道为声速，在必要的反压条件下，激波才能顺利经二次喉道 A'_{cr} "吞食"进入排气系统。由式（4 - 37），正激波前后的冲量相等，即 $z(\lambda)$ 相等，得正激波后的速度系数为 $1/\lambda$。

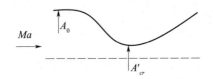

图 4 - 10　喉道起动示意图

按上述条件，二次喉道的最小起动尺寸必须满足

$$\frac{A'_{cr}}{A_0} \geqslant q\left(\frac{1}{\lambda}\right) = \frac{q(Ma)}{\sigma(Ma)} = \frac{A'_{cr\,\min}}{A_0} = \psi \qquad (4 - 62)$$

即当 A_0 截面形成正激波，波后速度系数为 $1/\lambda$，此时 A'_{cr} 处为声速，$A'_{cr\,\min}$ 为最小喉道截面积。$q(1/\lambda)$ 称为二次喉道起动的气动函数。

由式（4 - 62）和式（4 - 47）不难导出

$$\psi = \left(\frac{\gamma + 1}{2}\right)^{\frac{1}{\gamma - 1}} \frac{1}{\lambda} \left(1 - \frac{\gamma - 1}{(\gamma + 1)\lambda^2}\right)^{\frac{1}{\gamma - 1}} \qquad (4 - 63)$$

再由式（4 - 29），用 Ma 数代替 λ，可导出

$$\psi = \sqrt{\frac{\gamma - 1}{\gamma + 1}} \left(\frac{2\gamma}{\gamma + 1}\right)^{\frac{1}{\gamma - 1}} \sqrt{1 + \frac{2}{(\gamma - 1)Ma^2}} \left(1 - \frac{\gamma - 1}{2\gamma Ma^2}\right)^{\frac{1}{\gamma - 1}}$$
$$(4 - 64)$$

当 $\gamma = 1.4$ 时

$$\psi = 0.6 \sqrt{1 + \frac{5}{Ma^2}} \left(1 - \frac{1}{7Ma^2}\right)^{2.5} \qquad (4 - 65)$$

如图 4 - 11 所示，随着 Ma 的增加 ψ 值减少。Ma 从 1 增加至无穷大，ψ 从 1.0 减小到 0.6（$\gamma = 1.4$）。当二次喉道已经起动后，二次喉道处为超声速。可以逐渐减少 A'_{cr}，以获得更多等熵压缩的好处，减少排气损失。理想情况可以使二次喉道处压缩至声速。此时二

喉道截面积 A''_{σ} 为

$$\frac{A''_{\sigma}}{A'_{\sigma\min}} = \frac{A''_{\sigma}}{A_0}\frac{A_0}{A_{\sigma\min}} = \frac{q(\lambda)}{q\left(\dfrac{1}{\lambda}\right)} = \sigma_n \qquad (4-66)$$

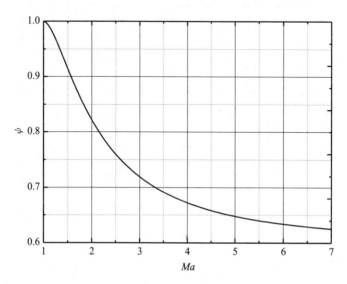

图 4 - 11　ψ 值随 Ma 变化曲线（$\gamma = 1.4$）

将式（4-47）的关系式代入上式得

$$\sigma_n = \lambda^2 \left[\frac{1 - \dfrac{\gamma-1}{\gamma+1}\lambda^2}{1 - \dfrac{\gamma-1}{\gamma+1}\dfrac{1}{\lambda^2}}\right]^{\frac{1}{\gamma-1}} \qquad (4-67)$$

由正激波前后的质量守恒得知，σ_n 就是超声速来流的正激波总压恢复系数。它的马赫数表达形式为

$$\sigma_n = \left(\frac{\gamma+1}{2}\right)^{\frac{\gamma+1}{\gamma-1}} \frac{Ma^{\frac{2\gamma}{\gamma-1}}}{\left(1 + \dfrac{\gamma-1}{2}Ma^2\right)^{\frac{\gamma}{\gamma-1}}\left(\gamma Ma^2 - \dfrac{\gamma-1}{2}\right)^{\frac{1}{\gamma-1}}}$$

$$(4-68)$$

当 $\gamma = 1.4$ 时上式为

$$\sigma_n = 166.9 \frac{Ma^7}{(1 + 0.2Ma^2)^{3.5}(7Ma^2 - 1)^{2.5}} \qquad (4-69)$$

σ_n 与 Ma 的变化曲线如图 $4-12$ 所示。

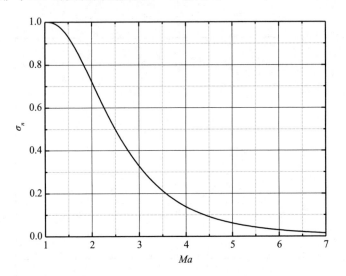

图 $4-12$　　σ_n 值随 Ma 变化曲线（$\gamma = 1.4$）

4.4.8　激波前后参数的变化

（1）正激波

超声速气流在一定条件下能形成突然压缩的正激波。假设忽略气体的黏性和导热，激波没有厚度，压缩为绝热过程。激波前后的冲量相等，质量流量不变，总温不变。由式（$4-37$）知，正激波前后的 $z(\lambda)$ 相等。因此得 $\lambda_2 = 1/\lambda_1$（下标 "1"，"2" 分别表示波前波后），从而得到式（$4-67$）～式（$4-69$），再由气动函数的关系式、质量守恒方程和状态方程得到正激波前后的静压比 p_2/p_1、温度比 T_2/T_1、密度比 ρ_2/ρ_1、激波后总压与激波前静压之比 p_{t2}/p_1 和 Ma_2。

$$\frac{p_2}{p_1} = \frac{2\gamma}{\gamma+1}Ma_1^2 - \frac{\gamma-1}{\gamma+1} = \frac{4\gamma\lambda_1^2}{(\gamma+1)^2 - (\gamma^2-1)\lambda_1^2} - \frac{\gamma-1}{\gamma+1}$$

$$(4-70)$$

$$\frac{T_2}{T_1} = \frac{1}{Ma_1^2} \left(\frac{2}{\gamma+1}\right)^2 \left(\gamma Ma_1^2 - \frac{\gamma-1}{2}\right) \cdot \left(1 + \frac{\gamma-1}{2} Ma_1^2\right)$$

$$= \frac{\gamma-1}{\gamma+1} \cdot \frac{1}{\lambda_1^2} \left[\frac{4\gamma\lambda_1^2}{(\gamma^2-1)-(\gamma-1)^2\lambda_1^2} - 1\right]$$

$$(4-71)$$

$$\frac{\rho_2}{\rho_1} = \frac{(\gamma+1)Ma_1^2}{2+(\gamma-1)Ma_1^2} = \lambda_1^2 \tag{4-72}$$

$$\frac{p_{t2}}{p_1} = \left(\frac{\gamma+1}{2}\right)^{\frac{\gamma+1}{\gamma-1}} \frac{Ma_1^{\frac{2\gamma}{\gamma-1}}}{\left(\gamma Ma_1^2 - \frac{\gamma-1}{2}\right)^{\frac{1}{\gamma-1}}} = \frac{y(\lambda_1)}{q\left(\frac{1}{\lambda_1}\right)} = \frac{\sigma_n(\lambda_1)}{\pi(\lambda_1)}$$

$$(4-73)$$

$$Ma_2 = \left(\frac{1 + \frac{\gamma-1}{2} Ma_1^2}{\gamma Ma_1^2 - \frac{\gamma-1}{2}}\right)^{\frac{1}{2}} = \sqrt{\frac{2}{(\gamma+1)\lambda_1^2 - \gamma + 1}} \quad (4-74)$$

$$\lambda_2 = \left(\frac{2+(\gamma-1)Ma_1^2}{(\gamma+1)Ma_1^2}\right)^{\frac{1}{2}} = \frac{1}{\lambda_1} \tag{4-75}$$

在进行马赫数测量时，可能事先并不知道气流是亚声速还是超声速，若为亚声速流动，则测得的静压和总压之比为 $\frac{p_1}{p_{t1}} = \pi(Ma)$ ；若为超声速流动，则测得的总压为正激波后的总压，此时静压和总压之比为 $\frac{p_1}{p_{t2}} = \frac{\pi(Ma)}{\sigma_n(Ma)}$ ，如图 4 - 13 （b）所示。当测得的静、总压比大于 $\pi(Ma = 1)$ 时为亚声速流；静、总压比小于 $\pi(Ma = 1)$ 时为超声速流，按式（4 - 73）计算马赫数。

（2）斜激波

对理想气体的斜激波，将来流 v_1 分解为垂直于斜激波面的速度 v_{1n} 和平行于斜激波面的切向速度 v_{1t} 。同样斜激波后有 v_{2n} 和 v_{2t} 。

由动量方程知切向速度 $v_{1t} = v_{2t} = v_t$ 。法向速度经压缩减速。能量方程为

$$h_1 + \frac{v_{1n}^2 + v_{1t}^2}{2} = h_2 + \frac{v_{2n}^2 + v_{2t}^2}{2}$$

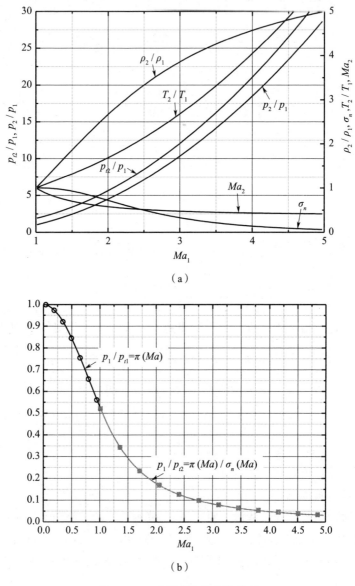

图 4 - 13　正激波前后参数关系

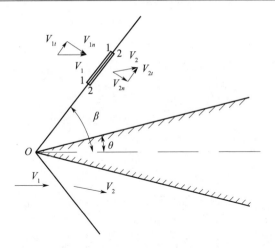

图 4 - 14　斜激波流动示意图

由 $v_{1t} = v_{2t} = v_t$，上式得

$$h_1 + \frac{v_{1n}^2}{2} = h_2 + \frac{v_{2n}^2}{2} \tag{4-76}$$

连续方程和法向动量方程分别为

$$\rho_1 v_{1n} = \rho_2 v_{2n} \tag{4-77}$$

$$p_1 + \rho_1 v_{1n}^2 = p_2 + \rho_2 v_{1n}^2 \tag{4-78}$$

以上三式与正激波的方程完全相同，只要用法向速度 v_n 代替正激波的 v，正激波所导出的无因次参数 p_{t2}/p_{t1}，p_2/p_1，ρ_2/ρ_1，T_2/T_1 的关系在这里完全适用。因此将 $Ma_{1n} = Ma_1 \sin\beta$ 代入正激波的关系式即得斜激波的各无因次参数与来流马赫数 Ma_1 和激波角 β 的关系式。

$$\sigma = \left(\frac{\gamma+1}{2}\right)^{\frac{\gamma+1}{\gamma-1}} \frac{(Ma_1 \sin\beta)^{\frac{2\gamma}{\gamma-1}}}{\left(1 + \frac{\gamma-1}{2}Ma_1^2\sin^2\beta\right)^{\frac{\gamma}{\gamma-1}} \cdot \left(\gamma Ma_1^2\sin^2\beta - \frac{\gamma-1}{2}\right)^{\frac{1}{\gamma-1}}} \tag{4-79}$$

$$\frac{p_2}{p_1} = \frac{2\gamma}{\gamma+1}Ma_1^2\sin^2\beta - \frac{\gamma-1}{\gamma+1} \tag{4-80}$$

$$\frac{T_2}{T_1} = \frac{1}{Ma_1^2\sin^2\beta}\left(\frac{2}{\gamma+1}\right)^2\left(\gamma Ma_1^2\sin^2\beta - \frac{\gamma-1}{2}\right)\left(1 + \frac{\gamma-1}{2}Ma_1^2\sin^2\beta\right) \tag{4-81}$$

$$\frac{\rho_2}{\rho_1} = \frac{(\gamma+1)Ma_1^2\sin^2\beta}{2+(\gamma-1)Ma_1^2\sin^2\beta} \tag{4-82}$$

由激波的绝热流动，总温不变，得

$$\frac{T_2}{T_1} = \frac{\dfrac{T_2}{T_t}}{\dfrac{T_1}{T_t}} = \frac{1+\dfrac{\gamma-1}{2}Ma_1^2}{1+\dfrac{\gamma-1}{2}Ma_2^2} \tag{4-83}$$

由式（4-81）和式（4-83）得

$$Ma_2^2 = \frac{Ma_1^2+\dfrac{2}{\gamma-1}}{\dfrac{2\gamma}{\gamma-1}Ma_1^2\sin^2\beta-1} + \frac{2Ma_1^2\cos^2\beta}{(\gamma-1)Ma_1^2\sin^2\beta+2} \tag{4-84}$$

由式（4-30），将 Ma 变换为 λ 得

$$\lambda_2^2 = \lambda_1^2\cos^2\beta + \frac{1-\dfrac{\gamma-1}{\gamma+1}\lambda_1^2\sin^2\beta}{\lambda_1^2\sin^2\beta} \tag{4-85}$$

由图 4-14 的几何关系和 $v_{1t} = v_{2t}$ 得

$$\frac{v_{2n}}{v_{1n}} = \frac{\tan(\beta-\theta)}{\tan\beta} \tag{4-86}$$

由质量流量连续得

$$\frac{\rho_2}{\rho_1} = \frac{v_{1n}}{v_{2n}} \tag{4-87}$$

由式（4-86）、式（4-87）和式（4-82）得

$$\frac{\tan(\beta-\theta)}{\tan\beta} = \frac{2}{(\gamma+1)Ma_1^2\sin^2\beta} + \frac{\gamma-1}{\gamma+1} \tag{4-88}$$

而

$$\tan(\beta-\theta) = \frac{\tan\beta-\tan\theta}{1+\tan\beta\tan\theta}$$

将上式代入式（4-88）得

$$\tan\theta = \frac{Ma_1^2\sin^2\beta-1}{\left[Ma_1^2\left(\dfrac{\gamma+1}{2}-\sin^2\beta\right)+1\right]\tan\beta} \tag{4-89}$$

通常已知 θ，由式（4-89）计算 β，因此需将上式化为由 θ 计

算 β 的函数。

由三角函数的关系式

$$\sin^2\beta = \frac{\tan^2\beta}{1+\tan^2\beta}$$

将上式代入式（4 - 89）得

$$\frac{\cot\theta}{\tan\beta} = \frac{\dfrac{\gamma+1}{2}Ma_1^2(1+\tan^2\beta)}{Ma_1^2\tan^2\beta - (1+\tan^2\beta)} - 1$$

上式化为

$$\tan^3\beta + a\tan^2\beta + b\tan\beta + c = 0 \qquad (4-90)$$

式中

$$\begin{cases} a = (1-Ma_1^2)c \\ b = \left(1+\dfrac{\gamma+1}{2}Ma_1^2\right)\tau(Ma_1) \\ c = \dfrac{\tau(Ma_1)}{\tan\theta} \end{cases} \qquad (4-91)$$

令 $\tan\beta = x$ 和 $x = y - \dfrac{a}{3}$ ，将式（4 - 90）化为卡尔丹公式，即

$$y^3 + py + q = 0 \qquad (4-92)$$

按对应系数有

$$\begin{cases} p = b - \dfrac{a^2}{3} \\ q = \dfrac{2}{27}a^3 - \dfrac{ab}{3} + c \end{cases} \qquad (4-93)$$

式（4 - 92）的解为

$$y_1 = \omega\sqrt[3]{-\frac{q}{2}+\sqrt{\left(\frac{q}{2}\right)^2+\left(\frac{p}{3}\right)^3}} + \omega^2\sqrt[3]{-\frac{q}{2}-\sqrt{\left(\frac{q}{2}\right)^2+\left(\frac{p}{3}\right)^3}}$$

$$y_2 = \omega^2\sqrt[3]{-\frac{q}{2}+\sqrt{\left(\frac{q}{2}\right)^2+\left(\frac{p}{3}\right)^3}} + \omega\sqrt[3]{-\frac{q}{2}-\sqrt{\left(\frac{q}{2}\right)^2+\left(\frac{p}{3}\right)^3}}$$

$$y_3 = \sqrt[3]{-\frac{q}{2}+\sqrt{\left(\frac{q}{2}\right)^2+\left(\frac{p}{3}\right)^3}} + \sqrt[3]{-\frac{q}{2}-\sqrt{\left(\frac{q}{2}\right)^2+\left(\frac{p}{3}\right)^3}}$$

$$(4-94)$$

式中

$$\begin{cases} \omega = \dfrac{1}{2}(-1 + i\sqrt{3}) \\[2mm] \omega^2 = \dfrac{1}{2}(-1 - i\sqrt{3}) \end{cases} \tag{4-95}$$

$$\beta = \arctan x = \arctan\left(y - \frac{a}{3}\right) \tag{4-96}$$

由已知 Ma_1，θ，直接计算得到 β。

在求解斜激波角 $\beta = \beta(Ma_1, \theta)$ 的计算过程中，$(q/2)^2 + (p/3)^3 \leqslant 0$，$p < 0$，此时，$y_1$，$y_2$，$y_3$ 都是实根。

令

$$\Delta = -\left(\frac{q}{2}\right)^2 - \left(\frac{p}{3}\right)^3 \geqslant 0$$

将上式代入式（4-94）得

$$\begin{cases} y_1 = \omega\left(-\dfrac{q}{2} + \sqrt{\Delta}\,i\right)^{\frac{1}{3}} + \omega^2\left(-\dfrac{q}{2} - \sqrt{\Delta}\,i\right)^{\frac{1}{3}} \\[2mm] y_2 = \omega^2\left(-\dfrac{q}{2} + \sqrt{\Delta}\,i\right)^{\frac{1}{3}} + \omega\left(-\dfrac{q}{2} - \sqrt{\Delta}\,i\right)^{\frac{1}{3}} \\[2mm] y_3 = \left(-\dfrac{q}{2} + \sqrt{\Delta}\,i\right)^{\frac{1}{3}} + \left(-\dfrac{q}{2} - \sqrt{\Delta}\,i\right)^{\frac{1}{3}} \end{cases} \tag{4-97}$$

由复数运算公式

$$-\frac{q}{2} + \sqrt{\Delta}\,i = \sqrt{\left(-\frac{q}{2}\right)^2 + \Delta}\; e^{\arctan\left(\frac{\sqrt{\Delta}}{-\frac{q}{2}}\right)i} = \left(-\frac{p}{3}\right)^{\frac{3}{2}} e^{\arctan\left(\frac{2\sqrt{\Delta}}{-q}\right)i}$$

$$= \left(-\frac{p}{3}\right)^{\frac{3}{2}} e^{-\arctan\left(\frac{2\sqrt{\Delta}}{q}\right)i}$$

$$-\frac{q}{2} - \sqrt{\Delta}\,i = \left(-\frac{p}{3}\right)^{\frac{3}{2}} e^{\arctan\left(\frac{2\sqrt{\Delta}}{q}\right)i}$$

$$\left(-\frac{q}{2} + \sqrt{\Delta}\,i\right)^{\frac{1}{3}} = \left(-\frac{p}{3}\right)^{\frac{1}{2}} e^{-\frac{1}{3}\arctan\left(\frac{2\sqrt{\Delta}}{q}\right)i}$$

$$\left(-\frac{q}{2} - \sqrt{\Delta}\,i\right)^{\frac{1}{3}} = \left(-\frac{p}{3}\right)^{\frac{1}{2}} e^{\frac{1}{3}\arctan\left(\frac{2\sqrt{\Delta}}{q}\right)i}$$

将式（4-95）和上面两式代入式（4-97），并由 $\sin x = \dfrac{\mathrm{e}^{xi} - \mathrm{e}^{-xi}}{2i}$ 和 $\cos x = \dfrac{\mathrm{e}^{xi} + \mathrm{e}^{-xi}}{2}$ ，得

$$y_1 = -2\left(-\frac{p}{3}\right)^{\frac{1}{2}} \sin\left(\frac{1}{3}\arctan\frac{2\sqrt{\Delta}}{q} + 30°\right) \tag{4-98}$$

$$y_2 = 2\left(-\frac{p}{3}\right)^{\frac{1}{2}} \sin\left(\frac{1}{3}\arctan\frac{2\sqrt{\Delta}}{q} - 30°\right) \tag{4-99}$$

$$y_3 = 2\left(-\frac{p}{3}\right)^{\frac{1}{2}} \cos\left(\frac{\arctan\dfrac{2\sqrt{\Delta}}{q}}{3}\right) \tag{4-100}$$

计算和分析表明，上面三个解 y_1 , y_2 , y_3 中总有一个解对应的 $\beta = \arctan(y - a/3) > \pi/2$ ，这是一道突变的膨胀波，$\sigma > 1$, $Ma_2 > Ma_1$, $p_2 < p_1$, $T_2 < T_1$ 。经过这道"突变膨胀波"的熵减小，这违背热力学第二定律的熵增定理，因此这个解没有实际意义，即在有限的时空内是不可能发生的。

在给定 θ 和 Ma_1 的情况下，分别由式（4-91）计算 a , b , c 和由式（4-93）计算 p 和 q 并计算 Δ 。由式（4-98）～式（4-100）计算出合理的两个实根 y 。当 q 为负值时，取第二象限的解，由式（4-96）计算强激波和弱激波对应的 β 值，由式（4-84）计算对应的 Ma_2 值，由式（4-79）～（4-82）分别计算 σ , p_2/p_1 , T_2/T_1 , ρ_2/ρ_1 。改变不同的 θ 和 Ma_1 即可得到定比热容下斜激波参数与 θ 和 Ma_1 的数列和图线（如图 4-15 所示）供使用。

图 4-15（a）中的 $\theta_{\max}$ 虚线可由式（4-89）求导数，并令 $\dfrac{\mathrm{d}\theta}{\mathrm{d}\beta} = 0$ 导出，极值点的 β_0 , $\theta_{\max}$ 与 Ma_1 的关系如下[11]

$$\sin^2\beta_0 = \frac{1}{\gamma Ma_1^2}\left\{\frac{\gamma+1}{4}Ma_1^2 - 1 + \left[(\gamma+1)\left(1 + \frac{\gamma-1}{2}Ma_1^2 + \frac{\gamma+1}{16}Ma_1^4\right)\right]^{1/2}\right\} \tag{4-101a}$$

$$\tan\theta_{\max} = \frac{Ma_1^2\sin^2\beta_0 - 1}{\left[Ma_1^2\left(\dfrac{\gamma+1}{2} - \sin^2\beta_0\right) + 1\right]\tan\beta_0} \tag{4-101b}$$

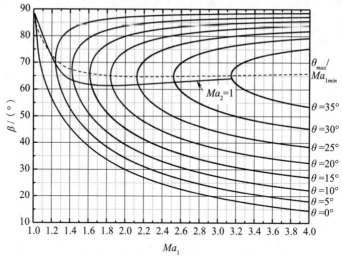

（a）激波角与来流马赫数的变化关系

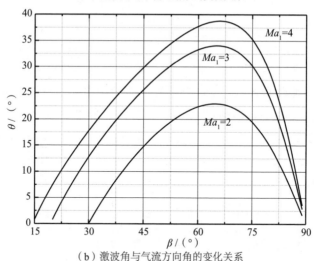

（b）激波角与气流方向角的变化关系

图 4 - 15　激波角与来流马赫数和气流方向角的变化关系

　　由上式求解可以计算得到 $\beta_0 \sim Ma_1$ [见图 4 - 15（a）之虚线]
或数值表。

　　图中还有一条 $Ma_2 = 1$ 的曲线。令 $Ma_2 = 1$，由式（4 - 84）可

导出 $\beta_{Ma_2=1} \sim Ma_1$ 的关系

$$\beta_{Ma_2=1} = \arcsin\sqrt{\frac{B+\sqrt{B^2+4AC}}{2A}} \qquad (4-102)$$

$$A = \frac{\gamma(\gamma-1)}{2}Ma_1^4$$

$$B = \frac{\gamma^2-1}{4}Ma_1^4 - \frac{(\gamma-1)(3-\gamma)}{4}Ma_1^2 \qquad (4-103)$$

$$C = \frac{\gamma-1}{2}$$

从曲线和公式可以看出：

1) 当气流转折角 $\theta = 0$ 时，由式（4-89）得 $Ma_1\sin\beta = 1$ 或 $\cot\beta = 0$；前者气流激波角转化为来流马赫角 μ_1，即 $\sin\beta = 1/Ma_1$ $= \sin\mu_1$，斜激波转化为马赫波，激波消失。后者 $\beta = \pi/2$，斜激波转化为正激波。

2) 对于一定的 $Ma_1(Ma_1 > 1)$，随着 θ 的增加，波后马赫数 Ma_2 减小，存在一个最大的 θ 角，$\theta = \theta_{\max}$，当 $\theta > \theta_{\max}$ 时，斜激波已不能存在，式（4-89）无解，即流量不能完全通过，因此斜激波脱体，形成弓形脱体激波。在中心部分为正激波，波后为亚声速。远离中心部位形成逐渐减弱的斜激波，到远离中心一定位置，波后形成超声速流 $Ma_2 > 1$，最终变为微弱压缩波。脱体波的位置和流动图谱可由 CFD 流场计算得到。同理，对于一定的 θ，随 Ma_1 的降低，仍存在上述情况。

3) 如图 4-14 所示，一般情况下，对于一定的 Ma_1 和 θ，存在两个激波角 β。大 β 对应强斜激波，小 β 对应弱斜激波。在多数情况下，如超声速进气道正常工作时，都呈现弱斜激波，绝大多情况下 $Ma_2 > 1$。但如果斜激波后的反压适应强激波的压力，则强激波即可能存在。此时 $Ma_2 < 1$，但这不是超声进气道的正常工作情况。再例如发动机喷管过度膨胀，就可能存在喷管出口的强斜激波。在发动机喷管设计时，考虑外阻，一般设计为不完全膨胀。有的资料认为在实际工程中，$Ma_2 < 1$ 的情况，亚声速反压可以前传，并使激

波脱体[11]。

4.4.9　等截面摩擦管和燃烧管参数变化

（1）等截面摩擦管

对等截面绝热摩擦管流，已知管长 l 和平均摩擦系数 $\bar{f}$，给定 λ_1（或 λ_2）即可由式（4-58）计算出 λ_2（或 λ_1），并按下面公式计算无量纲参数。

$$\frac{p_{t2}}{p_{t1}} = \frac{q(\lambda_1)}{q(\lambda_2)} \tag{4-104}$$

$$\frac{p_2}{p_1} = \frac{y(\lambda_1)}{y(\lambda_2)} \tag{4-105}$$

$$\frac{T_2}{T_1} = \frac{\tau(\lambda_2)}{\tau(\lambda_1)} \tag{4-106}$$

$$\frac{\rho_2}{\rho_1} = \frac{\lambda_1}{\lambda_2} \tag{4-107}$$

$$\frac{\phi_2}{\phi_1} = \frac{z(\lambda_2)}{z(\lambda_1)} \tag{4-108}$$

由式（4-58）和图 4-9 可知，当 $\lambda < 1$ 时，摩擦气动函数 t 随 λ 的增加而减少；当 $\lambda > 1$ 时，函数 t 随 λ 的增加而增加。因此，在等直摩擦管路中，当 $\lambda < 1$ 时，由于摩擦使 λ 增加；而当 $\lambda > 1$ 时，由于摩擦使 λ 减少。它们的摩擦堵塞状态为摩擦管出口 $\lambda = 1$。由式（4-104）～式（4-108）可得出表 4-1 的定性关系。

表 4-1　绝热等直摩擦管流由摩擦引起的参数变化趋势

增或减 参数 来流马赫数	v	Ma	p	T	ρ	p_t	T_t	S	ϕ
$Ma < 1$	↑	↑	↓	↓	↓	↓	0	↑	↓
$Ma > 1$	↓	↓	↑	↑	↑	↓	0	↑	↓

（2）等截面燃烧管

对等截面绝热燃烧无摩擦管流，由冲量方程得

$$\theta = \frac{T_{t2}}{T_{t1}} = \frac{\gamma_1 + 1}{\gamma_1} \frac{\gamma_2}{\gamma_2 + 1} \frac{R_1}{R_2} \left[\frac{z(\lambda_1)}{z(\lambda_2)} \right]^2 \qquad (4-109)$$

$$\frac{p_{t2}}{p_{t1}} = \frac{f(\lambda_1)}{f(\lambda_2)} \qquad (4-110)$$

和

$$\frac{p_2}{p_1} = \frac{r(\lambda_2)}{r(\lambda_1)} \qquad (4-111)$$

由质量守恒方程

$$\frac{\rho_2}{\rho_1} = \frac{v_1}{v_2} = \frac{\lambda_1}{\lambda_2} \sqrt{\frac{\gamma_1}{\gamma_1 + 1} \frac{\gamma_2 + 1}{\gamma_2} \frac{R_1}{R_2} \frac{T_{t1}}{T_{t2}}} = \frac{\gamma_1}{\gamma_2} \frac{\gamma_2 + 1}{\gamma_1 + 1} \frac{\lambda_1}{\lambda_2} \frac{z(\lambda_2)}{z(\lambda_1)}$$

$$(4-112)$$

温度比

$$\frac{T_2}{T_1} = \frac{T_{t2}}{T_{t1}} \frac{\tau(\lambda_2)}{\tau(\lambda_1)} = \frac{\gamma_1 + 1}{\gamma_1} \frac{\gamma_2}{\gamma_2 + 1} \frac{R_1}{R_2} \left[\frac{z(\lambda_1)}{z(\lambda_2)} \right]^2 \frac{\tau(\lambda_2)}{\tau(\lambda_1)}$$

$$(4-113)$$

式（4-109）～式（4-113）中，如果是实际热流加入，而不是燃烧放热，则 $\gamma_1 = \gamma_2$，$R_1 = R_2$。用于冲压发动机燃烧室内，采取定比热容假设，可取 $\gamma_1 = 1.4$，$\gamma_2 = 1.33$，R_1、R_2 按 3.3 节的有关公式计算。

表 4-2 列出了等直无摩擦加热（散热）管流参数的增或减。当 λ <1 时，加热使总温、速度、马赫数、熵增加，总压、静压、密度减少。当 λ>1 时，加热使总温、静压、静温、密度和熵增加，总压、速度、马赫数减少。当等直管散热时，其定性结果与等直管加热的结果正相反，它们都是单调的变化关系。只有静温在 λ<1 时，若 $Ma < 1/\sqrt{\gamma}$，加热使静温增加，若 $Ma > 1/\sqrt{\gamma}$，加热使静温减少。而在散热时，若 $Ma < 1/\sqrt{\gamma}$，静温减少；若 $Ma > 1/\sqrt{\gamma}$，静温增加。

无论是超声速或亚声速气流，加热使总压下降。亚声速总压的降低与 $\theta - 1$ 和 λ_1^2 几乎成正比例。加热中 $\theta - 1$ 所造成的总压损失与

冷阻局部阻力系数 ζ 相当。

表 4 - 2　等直无摩擦加热管流参数的变化趋势

加热或散热	增或减　参数　来流马赫数	T_t	p_t	p	ρ	v	Ma	S	T
加热	$Ma < 1$	↑	↓	↓	↓	↑	↑	↑	$Ma < 1/\sqrt{\gamma}$ ↑ $Ma > 1/\sqrt{\gamma}$ ↓
	$Ma > 1$	↑	↓	↑	↓	↓	↓	↑	↑
散热	$Ma < 1$	↓	↑	↑	↑	↓	↓	↓	$Ma < 1/\sqrt{\gamma}$ ↓ $Ma > 1/\sqrt{\gamma}$ ↑
	$Ma > 1$	↓	↑	↓	↓	↑	↑	↓	↓

4.4.10　常用气动函数和常用公式

为使用方便，将本章导出的定比热容的气动函数和常用公式分别列于表 4 - 3 和表 4 - 5 中，表 4 - 3 中还列出了 $Ma = 1$ 的气动函数值、反函数值和各气动函数的关系。表 4 - 5 列出了定比热容常用参数的表达式，包括正激波和斜激波的关系式。

表 4 - 4 中列出了比热比 $\gamma = 1.4$ 的气动函数表达式；表 4 - 6 列出了 $\gamma = 1.4$ 常用参数的表达式供使用。

4.5 变比热容参数计算

在理想气体定比热容的计算中，由于比热比是常数，利用气体动力学函数得出无量纲的单值函数关系。这给气动热力计算和解析气动热力过程都带来方便。但是，当马赫数较高时，静温和总温的比热容差别很大，这时，再按定比热容的气体动力学函数计算流动过程，就会给计算带来较大的误差。例如，某试验台自由射流喷管设计和流场校测得 $Ma \approx 6.0$，$T_1 = 1\ 600$ K，而在常温下同一个喷管试验得到的 $Ma \approx 7.0$，这都是由于工质不同温度的比热容的差别造成的。

表 4 – 3　常用气体动力学函数（定比热容）

气动函数	定义	函数	临界值	反函数	关系
Ma	$\dfrac{v}{a}$	$\lambda\sqrt{\dfrac{2}{\gamma+1-(\gamma-1)\lambda^2}}$	1	$\lambda=Ma\sqrt{\dfrac{\gamma+1}{2+(\gamma-1)Ma^2}}$	$\dfrac{v}{\sqrt{\gamma RT}}$
λ	$\dfrac{v}{a_{cr}}$	$Ma\sqrt{\dfrac{\gamma+1}{2+(\gamma-1)Ma^2}}$	1	$Ma=\lambda\sqrt{\dfrac{2}{\gamma+1-(\gamma-1)\lambda^2}}$	$\dfrac{v}{\sqrt{\dfrac{2\gamma R}{\gamma+1}T_t}}$
τ	$\dfrac{T}{T_t}$	$1-\dfrac{\gamma-1}{\gamma+1}\lambda^2$;　$\dfrac{1}{1+\dfrac{\gamma-1}{2}Ma^2}$	$\dfrac{2}{\gamma+1}$	$\lambda=\sqrt{\dfrac{\gamma+1}{\gamma-1}\left(\dfrac{1}{\tau}-1\right)}$	$\dfrac{2}{\gamma+1}\dfrac{\lambda^2}{Ma^2}$;　$\pi^{\frac{\gamma-1}{\gamma}}$; $a-b\ln(A/A_{cr}-c)$, a,b,c 根据使用马赫数范围拟合得到
π	$\dfrac{p}{p_t}$	$\left[1-\dfrac{\gamma-1}{\gamma+1}\lambda^2\right]^{\frac{\gamma}{\gamma-1}}$;　$\left[1+\dfrac{\gamma-1}{2}Ma^2\right]^{-\frac{\gamma}{\gamma-1}}$	$\left(\dfrac{2}{\gamma+1}\right)^{\frac{\gamma}{\gamma-1}}$	$\lambda=\sqrt{\dfrac{\gamma+1}{\gamma-1}\left(1-\pi^{\frac{\gamma-1}{\gamma}}\right)}$	$\tau^{\frac{\gamma}{\gamma-1}}$;　$\dfrac{\pi}{\tau}$;　$\dfrac{1}{\pi^\gamma}$
ε	$\dfrac{\rho}{\rho_t}$	$\left[1-\dfrac{\gamma-1}{\gamma+1}\lambda^2\right]^{\frac{1}{\gamma-1}}$;　$\left[1+\dfrac{\gamma-1}{2}Ma^2\right]^{-\frac{1}{\gamma-1}}$	$\left(\dfrac{2}{\gamma+1}\right)^{\frac{1}{\gamma-1}}$	$\lambda=\sqrt{\dfrac{\gamma+1}{\gamma-1}\left(1-\varepsilon^{\gamma-1}\right)}$;　$Ma=\sqrt{\dfrac{2}{\gamma-1}\left(\varepsilon^{1-\gamma}-1\right)}$	$\dfrac{1}{\tau^{\frac{\gamma}{\gamma-1}}}$;　$\dfrac{\pi}{\tau}$;　$\dfrac{1}{\pi^\gamma}$
z	$2\dfrac{\phi}{\phi_{cr}}$	$\lambda+\dfrac{1}{\lambda}$;　$\dfrac{\sqrt{2}(1+\gamma Ma^2)}{Ma\sqrt{(\gamma+1)\left(1+\dfrac{\gamma-1}{2}Ma^2\right)}}$	2	$Ma=\dfrac{1}{2}\left(z\pm\sqrt{z^2-4}\right)$; $Ma=\sqrt{\dfrac{(\gamma+1)z^2-4\gamma\pm(\gamma+1)z\sqrt{z^2-4}}{4\gamma^2-(\gamma^2-1)z^2}}$	$\left(\dfrac{\gamma+1}{2}\right)^{\frac{1}{\gamma-1}}\dfrac{f}{q}$;　$\left(\dfrac{\gamma+1}{2}\right)^{\frac{1}{\gamma-1}}\dfrac{1}{r\gamma}$; $\dfrac{1-\dfrac{\gamma-1}{2\gamma}\pi}{\sqrt{1-\pi^\gamma}}\cdot\dfrac{2\gamma}{\sqrt{\gamma^2-1}}$

续表

气动函数	定义	函数	临界值	反函数	关系
r	$\dfrac{p}{p+\rho v^2}$ $=\dfrac{pA}{\phi}$	$\dfrac{1-\dfrac{\gamma-1}{\gamma+1}\lambda^2}{1+\lambda^2}$; $(1+\gamma Ma^2)^{-1}$	$1/(\gamma+1)$	$\lambda=\sqrt{\dfrac{1-r}{r+\dfrac{\gamma-1}{\gamma+1}}}$; $Ma=\sqrt{\dfrac{1-r}{\gamma r}}$	π/f；$\tau/(1+\lambda^2)$；$\dfrac{\gamma-1}{2\gamma}\dfrac{\pi^{-\frac{\gamma-1}{\gamma}}}{1-\dfrac{\gamma+1}{2\gamma}\pi^{-\frac{\gamma-1}{\gamma}}}q\varepsilon$
f	$\dfrac{\phi}{Ap_t}=$ $\dfrac{p+\rho v^2}{p_t}$	$(1+\lambda^2)\left(1-\dfrac{\gamma-1}{\gamma+1}\lambda^2\right)^{\frac{1}{\gamma-1}}$; $\dfrac{1+\gamma Ma^2}{\left(1+\dfrac{\gamma-1}{2}Ma^2\right)^{\frac{\gamma}{\gamma-1}}}$	$2\left(\dfrac{2}{\gamma+1}\right)^{\frac{1}{\gamma-1}}$ $=f_{max}$		π/r；$\left(\dfrac{2}{\gamma+1}\right)^{\frac{1}{\gamma-1}}$ $\gamma r q$；$(1+\lambda^2)\varepsilon$；$\dfrac{2\gamma}{\gamma-1}\pi^{1/\gamma}\left(1-\dfrac{\gamma+1}{2\gamma}\pi^{\frac{\gamma-1}{\gamma}}\right)$
q	$\dfrac{A_{cr}}{A}$	$\left(\dfrac{\gamma+1}{2}\right)^{\frac{1}{\gamma-1}}\lambda\left(1-\dfrac{\gamma-1}{\gamma+1}\lambda^2\right)^{\frac{1}{\gamma-1}}$; $Ma\left[\dfrac{2}{\gamma+1}(1+\dfrac{\gamma-1}{2}Ma^2)\right]^{-\frac{\gamma+1}{2(\gamma-1)}}$	1	$\lambda\approx0.659q(\lambda)$，$\gamma=1.4$ $\lambda\approx0.6559q(\lambda)$，$\gamma=1.33$ $(\lambda<0.4)$	$\left(\dfrac{\gamma+1}{2}\right)^{\frac{1}{\gamma-1}}\lambda\varepsilon$；$\pi y$；$\left(\dfrac{\gamma+1}{2}\right)^{\frac{1}{2(\gamma-1)}}\sqrt{\dfrac{2}{\gamma-1}\left(\pi^{\frac{2}{\gamma}}-\pi^{\frac{\gamma+1}{\gamma}}\right)}$

续表

气动函数	定义	函数	临界值	反函数	关系
y	$\dfrac{p_t}{p}\dfrac{A_{cr}}{A}$	$\dfrac{(\frac{\gamma+1}{2})^{\frac{1}{\gamma-1}}\lambda}{1-\frac{\gamma-1}{\gamma+1}\lambda^2}$;　$(\frac{\gamma+1}{2})^{\frac{\gamma+1}{2(\gamma-1)}}Ma\sqrt{1+\frac{\gamma-1}{2}Ma^2}$	$(\frac{\gamma+1}{2})^{\frac{1}{\gamma-1}}$	$\lambda=\dfrac{(\frac{\gamma+1}{2})^{\frac{1}{\gamma-1}}}{\gamma-1}\dfrac{1}{y}\left[\sqrt{1+2(\gamma-1)\left(\frac{2}{\gamma+1}\right)^{\frac{\gamma+1}{\gamma-1}}y^2}-1\right]$;　$Ma=\sqrt{\dfrac{1}{\gamma-1}\left(\sqrt{1+2(\gamma-1)\left(\frac{2}{\gamma+1}\right)^{\frac{\gamma+1}{\gamma-1}}y^2}-1\right)}$	$\dfrac{q}{\pi}$;　$(\frac{\gamma+1}{2})^{\frac{\gamma+1}{2(\gamma-1)}}\dfrac{Ma}{\sqrt{\tau}}$;　$(\frac{\gamma+1}{2})^{\frac{1}{\gamma-1}}\dfrac{\lambda}{\tau}$;　$(\frac{\gamma+1}{2})^{\frac{\gamma+1}{2(\gamma-1)}}\times(\frac{\gamma+1}{2})^{\frac{1}{\gamma-1}}\sqrt{\dfrac{2}{\gamma-1}(\pi^{-\frac{2(\gamma-1)}{\gamma}}-\pi^{-\frac{\gamma-1}{\gamma}})}$
t	$\dfrac{1}{2}+\dfrac{\gamma}{\gamma+1}\times\dfrac{4fl_{max}}{D}$	$\dfrac{1}{2\lambda^2}+\ln\lambda$;　$\dfrac{\gamma-1}{2(\gamma+1)}+\dfrac{1}{(\gamma+1)Ma^2}+\ln\left(Ma\sqrt{\dfrac{\gamma+1}{2+(\gamma-1)Ma^2}}\right)$	$\dfrac{1}{2}$		
ψ	$\dfrac{A'_{cr\,min}}{A_0}$	$(\frac{\gamma+1}{2})^{\frac{1}{\gamma-1}}\dfrac{1}{\lambda}\left(1-\dfrac{\gamma-1}{\gamma+1}\lambda^2\right)^{\frac{1}{\gamma-1}}$;　$\sqrt{\dfrac{\gamma-1}{\gamma+1}\left(\dfrac{2\gamma}{\gamma+1}\right)^{\frac{1}{\gamma-1}}}\sqrt{1+\dfrac{2}{\gamma-1}\dfrac{1}{Ma^2}}\times\left(1-\dfrac{\gamma-1}{2\gamma}\dfrac{1}{Ma^2}\right)^{\frac{1}{\gamma-1}}$	1		$\dfrac{q(Ma)}{\sigma(Ma)}$;　$q(1/\lambda)$

注：$A'_{cr\,min}$ 为最小起动喉道面积；A_0 为来流面积；$\sigma(Ma)$ 为正激波总压恢复系数。

表 4 - 4　常用气体动力学函数（$\gamma = 1.4$）

气动函数	定义	函数	临界值	反函数	关系
Ma	$\dfrac{v}{a}$	$\lambda\sqrt{\dfrac{2}{2.4-0.4\lambda^2}}$	1	$\lambda=Ma\sqrt{\dfrac{2.4}{2+0.4Ma^2}}$	$0.845\,15\dfrac{v}{\sqrt{RT}}$
λ	$\dfrac{v}{a_{cr}}$	$Ma\sqrt{\dfrac{2.4}{2+0.4Ma^2}}$	1	$Ma=\lambda\sqrt{\dfrac{1}{1.2-0.2\lambda^2}}$	$0.054\,6\dfrac{v}{T_t}$
τ	$\dfrac{T}{T_t}$	$1-0.166\,7\lambda^2$; $\dfrac{1}{1+0.2Ma^2}$	0.833 3	$\lambda=\sqrt{6(1-\tau)}$; $Ma=2.236\sqrt{\dfrac{1}{\tau}-1}$	$0.833\,3\dfrac{\lambda^2}{Ma^2}$; $\pi^{0.285\,7}$
π	$\dfrac{p}{p_t}$	$(1-0.166\,7\lambda^2)^{3.5}$; $(1+0.2Ma^2)^{-3.5}$	0.528 3	$\lambda=2.449\,5\sqrt{1-\pi^{0.285\,7}}$; $Ma=2.236\sqrt{\pi^{-3.5}-1}$	$\tau^{3.5}$; $\dfrac{q}{y}$
ε	$\dfrac{\rho}{\rho_t}$	$(1-0.166\,7\lambda^2)^{2.5}$; $(1+0.2Ma^2)^{-2.5}$	0.633 9	$\lambda=2.449\,5\sqrt{1-\varepsilon^{0.4}}$; $Ma=2.236\sqrt{\varepsilon^{-0.4}-1}$	$\tau^{2.5}$; $\dfrac{\pi}{\tau}$; $\pi^{0.714\,3}$

续表

气动函数	定义	函数	临界值	反函数	关系
z	$2\dfrac{\phi}{\phi_{cr}}$	$\lambda + \dfrac{1}{\lambda}$ $\dfrac{\sqrt{2}(1+1.4Ma^2)}{1.5492Ma(1+0.2Ma^2)^{0.5}}$	2	$\lambda = \dfrac{1}{2}(z \pm \sqrt{z^2-4})$ $Ma = \sqrt{\dfrac{2.4z^2 - 5.6 \pm 2.4z\sqrt{z^2-4}}{7.84 - 0.96z^2}}$	$1.5774f/q$; $1.5774\dfrac{1}{ry}$; $2.8577 \cdot \dfrac{1 - 0.8571\pi^{0.2857}}{\sqrt{1-\pi^{0.2857}}}$
r	$\dfrac{p}{p+\rho v^2}$ $= \dfrac{pA}{\phi}$	$\dfrac{1 - 0.1667\lambda^2}{1+\lambda^2}$ $(1+1.4Ma^2)^{-1}$	0.416 7	$\lambda = \sqrt{\dfrac{1-r}{r+0.1667}}$ $Ma = \sqrt{\dfrac{1-r}{1.4r}}$	$\dfrac{\pi}{f}$; $\dfrac{\tau}{1+\lambda^2}$; $0.1429\dfrac{\pi^{0.2857}}{1-0.8571\pi^{0.2857}}$
f	$\dfrac{\phi}{Ap_t} =$ $\dfrac{p+\rho v^2}{p_t}$	$(1+\lambda^2)(1-0.1667\lambda^2)^{2.5}$ $\dfrac{1+1.4Ma^2}{(1+0.2Ma^2)^{3.5}}$	1.267 9 $= f_{max}$		$\dfrac{\pi}{r}$; $0.6339qz$; yrq ; $(1+\lambda^2)\varepsilon$; $7\pi^{0.7143}(1-0.8571\pi^{0.2857})$
q	$\dfrac{A_{cr}}{A}$	$1.5774\lambda(1-0.1667\lambda^2)^{2.5}$ $Ma[0.8333(1+0.2Ma^2)]^{-3}$	1	$\lambda \approx 0.659q(\lambda), \gamma = 1.4$ $\lambda \approx 0.6559q(\lambda), \gamma = 1.33(\lambda < 0.4)$	$1.5774\lambda\varepsilon$; $\dfrac{\pi y}{}$ $3.8639\sqrt{\pi^{1.4286} - \pi^{1.7143}}$
y	$\dfrac{p_t}{p}\dfrac{A_{cr}}{A}$	$1.5774\dfrac{\lambda}{1-0.1667\lambda^2}$ $1.728Ma(1+0.2Ma^2)^{0.5}$	1.892 9	$\lambda = 4.7323\dfrac{1}{y}\Big[\sqrt{1+0.2679y^2} - 1\Big]$ $Ma = 1.5811\sqrt{\sqrt{1+0.2679y^2} - 1}$	$\dfrac{q}{\pi}$; $1.728\dfrac{Ma}{\sqrt{r}}$; $1.5774\dfrac{\lambda}{r}$; $1.5774\dfrac{1}{zr}$; $3.8639\sqrt{\pi^{-0.5714} - \pi^{-0.2857}}$

续表

气动函数	定义	函数	临界值	反函数	关系
t	$\dfrac{1}{2} + \dfrac{\gamma}{\gamma+1} \times \dfrac{4fl_{max}}{D}$	$\dfrac{1}{2\lambda^2} + \ln\lambda$ $0.083\,33 + \dfrac{0.416\,71}{Ma^2} + \ln\left(Ma\sqrt{\dfrac{2.4}{2+0.4Ma^2}}\right)$	$\dfrac{1}{2}$		
ψ	$\dfrac{A'_{cr\,min}}{A_0}$	$1.577\,4\,\dfrac{1}{\lambda}\left(1-0.166\,7\,\dfrac{1}{\lambda^2}\right)^{2.5}$ $0.600\,2\sqrt{1+\dfrac{5}{Ma^2}}\left(1-\dfrac{0.142\,9}{Ma^2}\right)^{2.5}$	1		$q\left(\dfrac{1}{\lambda}\right)$

表 4－5　常用的参数关系式(定比热容)

参数	定义	函数关系
不可压动压头 q_n	$\rho v^2/2$	$\dfrac{\gamma}{2}p Ma^2\pi(Ma)$; $\dfrac{\gamma}{2}p_t Ma^2\pi(Ma)$; $\dfrac{\gamma}{\gamma+1}p\lambda^2\epsilon(\lambda)$; $\dfrac{\gamma}{\gamma+1}p\dfrac{\lambda^2}{\tau(\lambda)}$; $\sqrt{\dfrac{\gamma}{2(\gamma+1)}RT_t}\dfrac{q_m}{A}$
动压头	p_t-p	$p\left(\dfrac{1}{\pi}-1\right)$; $p_t(1-\pi)$; $\dfrac{2q_n}{\gamma Ma^2}\left(\dfrac{1}{\pi}-1\right)$; $q_n\left(1+\dfrac{Ma^2}{4}+\dfrac{Ma^4}{40}+\cdots\right)$ (小 Ma 时)
压力系数	$\dfrac{p-p_0}{\rho_0 v_0^2/2}$	$\dfrac{2}{\gamma Ma^2}\left(\dfrac{p}{p_0}-1\right)$, p_0 为来流静压,p 为某点静压
动量	$q_m v$	$\gamma Ap Ma^2$; $\dfrac{2\gamma}{\gamma+1}Ap\dfrac{\lambda^2}{\tau}$; $\dfrac{2\gamma}{\gamma+1}Ap\lambda^2\epsilon(\lambda)$; $\gamma Ap_t Ma^2\pi(Ma)$; $\dfrac{2\gamma}{\gamma-1}Ap\pi^{\frac{1}{\gamma}}\left(1-\pi^{\frac{\gamma-1}{\gamma}}\right)$; $q_m\lambda\sqrt{\dfrac{2\gamma RT_t}{\gamma+1}}$
密流	ρv	$\sqrt{\dfrac{\gamma}{RT}}pMa$; $\sqrt{\dfrac{\gamma}{RT_t}}p_t\tau^{\frac{\gamma+1}{2(\gamma-1)}}Ma$; $\sqrt{\dfrac{\gamma}{RT_t}}p_t Ma\sqrt{\dfrac{1}{\tau}}$
质量流量 q_m	$\rho v A$	$\sqrt{\dfrac{\gamma}{RT_t}}\left(\dfrac{2}{\gamma+1}\right)^{\frac{\gamma+1}{2(\gamma-1)}}pAq$; $\sqrt{\dfrac{2\gamma}{\gamma+1}\dfrac{1}{RT_t}}\dfrac{pA\lambda}{\tau(\lambda)}$; $\sqrt{\dfrac{\gamma}{RT_t}}pAMa$; $\sqrt{\dfrac{\gamma}{RT_t}}pA\dfrac{Ma}{\sqrt{\tau(Ma)}}$; $\sqrt{\dfrac{\gamma(\gamma+1)}{2RT_t}}p_{cr}A_{cr}$; $\sqrt{\dfrac{2\gamma}{(\gamma-1)RT_t}}p_tA\sqrt{\pi^{\frac{2}{\gamma}}-\pi^{\frac{\gamma+1}{\gamma}}}$
局部阻力总压恢复系数	$\dfrac{p_{t2}}{p_{t1}}$	$1-\dfrac{\gamma}{\gamma+1}\xi\lambda_1^2\epsilon(\lambda_1)$; $1-\dfrac{\gamma}{2}\xi Ma_1^2\pi(Ma_1)$; $1-\dfrac{R}{2}\xi T_t\left(\dfrac{q_m}{Ap_t}\right)^2$ (近似);(定义 $\xi=\dfrac{p_{t1}-p_{t2}}{\rho_1 v_1^2/2}$)
冲量 ϕ	$pA+q_m v$	$\sqrt{\dfrac{\gamma+1}{2\gamma}RT_t}q_{mz}$; Ap_tf ; $\dfrac{Ap}{r}$; $\sqrt{\dfrac{RT}{\gamma}}q_m\dfrac{1+\gamma Ma^2}{Ma}$

续表

注脚 1，2 表示波前、波后

	参数	定义	函数关系
正激波	波后马赫数	Ma_2	$\sqrt{\dfrac{1+\frac{\gamma-1}{2}Ma_1^2}{\gamma Ma_1^2-\frac{\gamma-1}{2}}}\ ;\ \sqrt{\dfrac{2}{(\gamma+1)\lambda_1^2-\gamma+1}}$
	波后速度系数	λ_2	$\sqrt{\dfrac{2+(\gamma-1)Ma_1^2}{(\gamma+1)Ma_1^2}}\ ;\ \dfrac{1}{\lambda_1}$
	总压恢复系数 σ	$\dfrac{p_{t2}}{p_{t1}}$	$\dfrac{\left(\frac{\gamma+1}{2}\right)^{\frac{2}{\gamma-1}}Ma_1^{\frac{2}{\gamma-1}}}{\left(1+\frac{\gamma-1}{2}Ma_1^2\right)^{\frac{1}{\gamma-1}}\left(\gamma Ma_1^2-\frac{\gamma-1}{2}\right)^{\frac{1}{\gamma-1}}}\ ;\ \dfrac{q(\lambda_1)}{q\left(\frac{1}{\lambda_1}\right)}\ ;\ \lambda_1^2\left[\dfrac{1-\frac{\gamma-1}{\gamma+1}\lambda_1^2}{1-\frac{\gamma-1}{\gamma+1}\frac{1}{\lambda_1^2}}\right]^{\frac{1}{\gamma-1}}$
	静压比	$\dfrac{p_2}{p_1}$	$\dfrac{2\gamma}{\gamma+1}Ma_1^2-\dfrac{\gamma-1}{\gamma+1}\ ;\ \dfrac{4\gamma\lambda_1^2}{(\gamma+1)^2-(\gamma^2-1)\lambda_1^2}-\dfrac{\gamma-1}{\gamma+1}$
	静温比	$\dfrac{T_2}{T_1}$	$\left(\dfrac{2}{\gamma+1}\right)^2\dfrac{1}{Ma_1^2}\left(\gamma Ma_1^2-\dfrac{\gamma-1}{2}\right)\left(1+\dfrac{\gamma-1}{2}Ma_1^2\right)\ ;\ \dfrac{\gamma-1}{\gamma+1}\dfrac{1}{\lambda_1^2}\left(\dfrac{4\gamma\lambda_1^2}{\gamma^2-1}-(\gamma-1)^2\lambda_1^2-1\right)$
	密度比	$\dfrac{\rho_2}{\rho_1}$	$\dfrac{(\gamma+1)Ma_1^2}{2+(\gamma-1)Ma_1^2}\ ;\ \dfrac{y(\lambda_1)}{q\left(\frac{1}{\lambda_1}\right)}\ ;\ \lambda_1^2$
		$\dfrac{p_{t2}}{p_1}$	$\dfrac{\left(\frac{\gamma+1}{2}\right)^{\frac{\gamma+1}{\gamma-1}}Ma_1^{\frac{2\gamma}{\gamma-1}}}{\left(\gamma Ma_1^2-\frac{\gamma-1}{2}\right)^{\frac{1}{\gamma-1}}}\ ;\ \dfrac{1}{q\left(\frac{1}{\lambda_1}\right)}\ ;\ \dfrac{\lambda_1^2}{\tau(\lambda_1)}\left[\tau\left(\dfrac{1}{\lambda_1}\right)\right]^{\frac{1}{\gamma-1}}$

续表

参数	定义	函数关系
斜激波 总压恢复系数 σ	$\dfrac{p_{t2}}{p_{t1}}$	$\left(\dfrac{\gamma+1}{2}\right)^{\frac{\gamma+1}{\gamma-1}}\dfrac{(Ma_1\sin\beta)^{\frac{2\gamma}{\gamma-1}}}{\left(1+\dfrac{\gamma-1}{2}Ma_1^2\sin^2\beta\right)^{\frac{\gamma}{\gamma-1}}\left(\gamma Ma_1^2\sin^2\beta-\dfrac{\gamma-1}{2}\right)^{\frac{1}{\gamma-1}}}$
静压比	$\dfrac{p_2}{p_1}$	$\dfrac{2\gamma}{\gamma+1}Ma_1^2\sin^2\beta-\dfrac{\gamma-1}{\gamma+1}$
静温比	$\dfrac{T_2}{T_1}$	$\left(\dfrac{2}{\gamma+1}\right)^2\dfrac{1}{Ma_1^2\sin^2\beta}\left(\gamma Ma_1^2\sin^2\beta-\dfrac{\gamma-1}{2}\right)\left(1+\dfrac{\gamma-1}{2}Ma_1^2\sin^2\beta\right)$
密度比	$\dfrac{\rho_2}{\rho_1}$	$\dfrac{(\gamma+1)Ma_1^2\sin^2\beta}{2+(\gamma-1)Ma_1^2\sin^2\beta}$
波后马赫数	Ma_2	$\dfrac{Ma_1^2+\dfrac{2}{\gamma-1}}{\dfrac{2\gamma}{\gamma-1}Ma_1^2\sin^2\beta-1}+\dfrac{Ma_1^2\cos^2\beta}{\dfrac{\gamma-1}{2}Ma_1^2\sin^2\beta+1}$
气流转角	θ	$\arctan\left(\dfrac{\cot\beta(Ma_1^2\sin^2\beta-1)}{1+Ma_1^2\left(\dfrac{\gamma+1}{2}-\sin^2\beta\right)}\right)$

β 表示激波角；注脚 1，2 表示波前、波后

表 4 - 6　常用的参数关系式（$\gamma = 1.4$）

参数	定义	函数关系
不可压动压头 q_n	$\rho v^2/2$	$0.7pMa^2\pi(Ma)$；$0.7p_tMa^2\pi(Ma)$；$0.583p_t\lambda^2\epsilon(\lambda)$；$0.583p\dfrac{\lambda^2}{\tau(\lambda)}$；$0.540\,62\sqrt{RT_t}\dfrac{q_m\lambda}{A}$
动压头	$p_t - p$	$p\left(\dfrac{1}{\pi}-1\right)$；$p_t(1-\pi)$；$1.429\dfrac{q_m}{Ma^2}\left(\dfrac{1}{\pi}-1\right)$；$q_m\left(1+\dfrac{Ma^2}{4}+\dfrac{Ma^4}{40}+\cdots\right)$（小 Ma 时）
压力系数	$\dfrac{p-p_0}{\rho_0 v_0^{\,2}/2}$	$1.429\dfrac{1}{Ma^2}\left(\dfrac{p}{p_0}-1\right)$，$p_0$ 为来流静压，p 为某点静压
动量	$q_m v$	$1.4ApMa^2$；$1.166\,7Ap\dfrac{\lambda^2}{\tau}$；$1.166\,7Ap\lambda^2\epsilon(\lambda)$；$1.4Ap_t\lambda^2\epsilon(\lambda)$；$1.4Ap_tMa^2\pi(Ma)$；$7Ap_t\pi^{0.714\,3}(1-\pi^{0.285\,7})$；$1.08q_m\lambda$ $\sqrt{RT_t}$
密流	ρv	$1.183\sqrt{\dfrac{1}{T}}pMa$；$1.183\sqrt{\dfrac{1}{T_t}}p_t\tau^3Ma$；$1.183\sqrt{\dfrac{1}{T_t}}pMa\sqrt{\dfrac{1}{\tau}}$
质量流量 q_m	$\rho v A$	$0.684\,7\sqrt{\dfrac{1}{T}}p_tAq$；$0.684\,7\sqrt{\dfrac{1}{T_t}}pAy$；$1.08\sqrt{\dfrac{1}{T_t}}\dfrac{p\lambda}{\tau(\lambda)}$；$1.183\sqrt{\dfrac{1}{T}}p_tA$ $1.183\sqrt{\dfrac{1}{T_t}}pA\dfrac{Ma}{\sqrt{\tau(Ma)}}$；$1.296\,1\dfrac{p_{cr}A_{cr}}{\sqrt{RT_t}}$；$2.465\,75\sqrt{\dfrac{1}{RT_t}}p_tA\sqrt{\pi^{1.428\,6}-\pi^{1.714\,3}}$ ；
局部阻力总压恢复系数	$\dfrac{p_{t2}}{p_{t1}}$	$1-0.583\,3\xi\lambda_1^2\epsilon(\lambda_1)$；$1-0.7\xi Ma_1^2\pi(Ma_1)$，$1-0.5R\xi T_t\left(\dfrac{q_m}{Ap_t}\right)^2$（定义 $\xi = \dfrac{p_{t1}-p_{t2}}{\rho_1 v_1^2/2}$）
冲量 ϕ	$pA + q_m v$	$0.925\,82\sqrt{RT_t}q_{mz}$；$Ap_tf$；$0.845\,2\sqrt{RT}q_m\dfrac{Ap}{r}$；$0.845\,2\sqrt{RT}q_m\dfrac{1+1.4Ma^2}{Ma}$

续表

参数	定义	函数关系	
波后马赫数	Ma_2	$\sqrt{\dfrac{5+Ma_1^2}{7Ma_1^2-1}}$; $\sqrt{\dfrac{2}{2.4\lambda_1^2-0.4}}$	注脚 1, 2 表示波前、波后
波后速度系数	λ_2	$\sqrt{\dfrac{2+0.4Ma_1^2}{2.4Ma_1^2}}$; $\dfrac{1}{\lambda_1}$	
总压恢复系数 σ	$\dfrac{p_{t2}}{p_{t1}}$	$\dfrac{166.9Ma_1^7}{(1+0.2Ma_1^2)^{3.5}(7Ma_1^2-1)^{2.5}}$; $\dfrac{q(\lambda_1)}{q\left(\dfrac{1}{\lambda_1}\right)}$; $\lambda_1^2\left(\dfrac{1-0.166\,7\lambda_1^2}{1-0.166\,7\,\dfrac{1}{\lambda_1^2}}\right)^{2.5}$	
静压比	$\dfrac{p_2}{p_1}$	$1.166\,7Ma_1^2-0.166\,7$; $\dfrac{\lambda_1^2}{1.03-0.17\lambda_1^2}$	
静温比	$\dfrac{T_2}{T_1}$	$0.139\dfrac{1}{Ma_1^2}(7Ma_1^2-1)(1+0.2Ma_1^2)$; $0.166\,7\dfrac{1}{\lambda_1^2}\left(\dfrac{\lambda_1^2}{0.171-0.028\,6\,\lambda_1^2}-1\right)$	
密度比	$\dfrac{\rho_2}{\rho_1}$	$\dfrac{6Ma_1^2}{5+Ma_1^2}$	
	$\dfrac{p_{t2}}{p_1}$	$166.9\dfrac{Ma_1^7}{(7Ma_1^2-1)^{2.5}}$; $\dfrac{y(\lambda_1)}{q\left(\dfrac{1}{\lambda_1}\right)}$; $\dfrac{\lambda_1^2}{\tau(\lambda_1)}\left[\tau\left(\dfrac{1}{\lambda_1}\right)\right]^{2.5}$	

正激波

续表

参数	定义	函数关系	
斜激波			
总压恢复系数 σ	$\dfrac{p_{t2}}{p_{t1}}$	$\dfrac{166.9(Ma_1\sin\beta)^7}{(1+0.2Ma_1^2\sin^2\beta)^{3.5}(7Ma_1^2\sin^2\beta-1)^{2.5}}$	β 表示激波角; 注脚 1,2 表示波前、波后
静压比	$\dfrac{p_2}{p_1}$	$1.1667Ma_1^2\sin^2\beta-0.1667$	
静温比	$\dfrac{T_2}{T_1}$	$0.139\dfrac{1}{Ma_1^2\sin^2\beta}(7Ma_1^2\sin^2\beta-1)(1+0.2Ma_1^2\sin^2\beta)$	
密度比	$\dfrac{\rho_2}{\rho_1}$	$\dfrac{6Ma_1^2\sin^2\beta}{5+Ma_1^2\sin^2\beta}$	
波后马赫数	Ma_2	$\dfrac{Ma_1^2+5}{7Ma_1^2\sin^2\beta-1}+\dfrac{Ma_1^2\cos^2\beta}{0.2Ma_1^2\sin^2\beta+1}$	
气流转角	θ	$\tan^{-1}\left[\dfrac{\cot\beta(Ma_1^2\sin^2\beta-1)}{1+Ma_1^2(1.2-\sin^2\beta)}\right]$	

参考文献［10］列举了两个例子。

例 1. 正激波

高速空气流波前参数为 $p_1 = 12\,112\,\text{Pa}$，$T_1 = 216.65\,\text{K}$，$Ma_1 = 6.269\,1$，分别用定比热容和变比热容计算正激波后的参数，计算结果见表 4 - 7。

表 4 - 7　定比热容和变比热容正激波计算结果比较

波后参数	定比热容	变比热容	相对误差/（%）
p_2/Pa	5.534×10^5	5.669×10^5	-2.38
T_2/K	$1\,859.6$	$1\,700.6$	9.35
$\rho_2/(\text{kg/m}^3)$	$1.036\,6$	$1.161\,4$	-10.75
$v_2/(\text{m/s})$	347.57	310.22	12.04
p_{t1}/Pa	250.75×10^5	308.49×10^5	-18.72
T_{t1}/K	$1\,919.5$	$1\,740.9$	10.26
$\rho_1 v_1/(\text{kg/m}^2 \cdot \text{s})$	359.86	360.3	-0.12

例 2. 斜激波

楔角 30°，$Ma = 6.0$，$p_1 = 1\,696.4\,\text{Pa}$，$T_1 = 273.3\,\text{K}$，$T_{t1} = 2\,000\,\text{K}$，分别用定比热容和变比热容计算激波后的参数和激波角，计算结果见表 4 - 8。

表 4 - 8　定比热容和变比热容斜激波计算结果比较

参数	定比热容	变比热容	相对误差/（%）
$\beta/(°)$	40.79	40.23	1.39
p_2/Pa	$30\,128$	$30\,580$	-1.48
T_2/K	$1\,071.9$	$1\,030.2$	4.05
$\rho_2/(\text{kg/m}^3)$	$0.097\,91$	$0.103\,43$	-5.34
$v_2/(\text{m/s})$	$1\,532.7$	$1\,530.2$	0.16
Ma_2	$2.335\,3$	$2.378\,2$	-1.80

从以上两个例子可以看出，对完全气体，在较高的马赫数下，来流总压、总温和波后气动热力参数的定比热容计算结果，与考虑

比热容随温度变化的实际情况相比，有不可忽略的差别。

例 3. 来流总压、总温

按表 4-9 的飞行马赫数 Ma 和飞行高度 H，分别按定比热容和实际变比热容计算来流的总压和总温（参见附表 3）。

由表 4-9 的数值可以看出，随着飞行马赫数的增加，用定比热容计算来流总压、总温与用变比热容计算的实际总压、总温相比，差别越来越明显，当 $Ma < 3$ 时，定比热容和变比热容的总压、总温可以认为是相同的；当 $Ma > 5$ 时，必须按变比热容计算来流总压、总温等参数。按定比热容计算的总压偏低于实际值，总温偏高于实际值。当 $Ma = 7$ 时，用定比热容计算的来流总压、总温分别偏差－26％和 13％。

4.5.1　正激波参数的计算

密流方程，由式（4-6）得

$$\rho v = p_1 \sqrt{\frac{\gamma_1}{RT_1}} Ma_1 = p_2 \sqrt{\frac{\gamma_2}{RT_2}} Ma_2 \qquad (4-114)$$

冲量方程，由式（4-22）得

$$\frac{\phi}{A} = p_1(1 + \gamma_1 Ma_1^2) = p_2(1 + \gamma_2 Ma_2^2) \qquad (4-115)$$

能量方程，由式（4-15）得

$$h_t = h_1 + \frac{\gamma_1 RT_1}{2} Ma_1^2 = h_2 + \frac{\gamma_2 RT_2}{2} Ma_2^2 \qquad (4-116)$$

等熵滞止方程，由式（4-24）得

$$R\ln \frac{p_{t1}}{p_1} = s^0(T_t) - s^0(T_1) \qquad (4-117a)$$

$$R\ln \frac{p_{t2}}{p_2} = s^0(T_t) - s^0(T_2) \qquad (4-117b)$$

由式（4-114）和式（4-115）得

$$\frac{A\rho v}{\phi} = \frac{\sqrt{\dfrac{\gamma_1}{RT_1}} Ma_1}{1 + \gamma_1 Ma_1^2} = \frac{\sqrt{\dfrac{\gamma_2}{RT_2}} Ma_2}{1 + \gamma_2 Ma_2^2} \qquad (4-118)$$

表 4 - 9　空气定比热容和变比热容来流总压、总温的比较

Ma	H/km	p_t/(Pa) $\gamma = 1.4$	p_t/(Pa) 变比热容	总压相对偏差 $\Delta\overline{p_t}$/(%)	T_t/K $\gamma = 1.4$	T_t/K 变比热容	总温相对偏差 $\Delta\overline{T_t}$/(%)
1	0	191 801.0	191 923.2	−0.064	345.8	345.9	−0.037
	1	170 129.4	170 247.1	−0.069	338.0	338.1	−0.049
2	2	622 054.7	624 207.5	−0.345	495.3	493.9	0.280
	10	207 346.9	207 635.5	−0.139	401.9	402.2	−0.091
3	16	380 287.1	383 039.7	−0.719	606.6	601.9	0.776
	20	203 106.3	204 576.4	−0.719	606.6	601.9	0.776
4	20	839 542.6	869 320.0	−3.425	909.9	883.3	3.010
	24	451 214.7	468 304.7	−3.649	926.4	898.1	3.143
5	23	1 834 279.4	2 020 073.2	−9.197	1 317.4	1 239.8	6.262
	27	994 672.8	1 100 263.9	−9.597	1 341.2	1 260.1	6.441
6	25	4 024 900.8	4 857 773.7	−17.145	1 816.7	1 656.8	9.656
	30	1 889 960.6	2 299 647.5	−17.815	1 857.4	1 690.1	9.897
7	27	7 782 766.8	10 525 894.3	−26.061	2 414.2	2 140.4	12.792
	32	3 680 568.7	5 030 172.8	−26.830	2 467.7	2 183.2	13.033

由上式得

$$Ma_2 = \frac{1 \quad \sqrt{1 - 4\gamma_2 a^2}}{2\gamma_2 a} \tag{4-119}$$

式中

$$a = \frac{\rho v}{\phi/A} \sqrt{\frac{RT_2}{\gamma_2}} \tag{4-120}$$

一般情况，工质为已知成分的混气，按 3.3 节的有关混气（含燃烧产物）的计算公式作为上述基本方程的辅助方程计算质量广延量的比参数（R，c_p，h，s^0 等）。主要计算公式为式（3-40）或式（3-44）、式（3-58）（高空自由射流试验台喷管出口流场校测用）和式（2-23）。质量广延量参数中除气体常数 R 为定值以外，其他广延量和比热比 γ 都只是温度的函数。

在式（4-114）～式（4-117）的基本方程中，共有 ρv，ϕ/A，Ma_1，Ma_2，T_1，T_2，p_1，p_2，p_t，p_{t1}，p_{t2} 11 个独立的变量，因此只要在这 11 个变量中已知 3 个独立变量，其他 8 个变量即可由上述方程中求得。经常遇到的三个已知变量为（Ma_1，p_1，T_1）、（T_t，p_{t2}，p_1）、（T_t，p_{t1}，p_{t2}）和（T_t，p_{t2}，Ma_1）。一定的飞行高度和飞行马赫数，计算激波前后的其他参数用已知（Ma_1，p_1，T_1）。自由射流试验流场校测，直测参数为（T_t，p_{t2}，p_1）或（T_t，p_{t1}，p_{t2}），其中 p_{t1} 是由喷管前的前室测得总压经修正后得到的，而（T_t，p_{t2}，Ma_1）用于发动机供油调节。

现将这四种典型情况列出程序框图如下：

（1）已知来流马赫数 Ma_1、大气静压 p_1 和大气静温 T_1

输入 Ma_1，p_1，T_1、来流气体组分 g_i（或 f_i 或 f_{im}）和相对应的各组分的比焓值的温度 T 的指数多项式系数 [式（3-71）]，计算流程如图 4-16 所示。

T_t 赋初值时，可用定比热容的气动函数。T_2 赋初值时可由定比热容温比 T_2/T_1 给出。

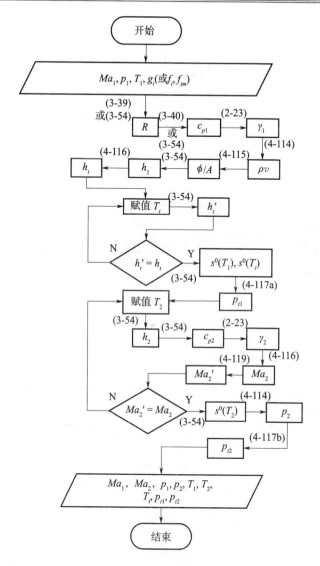

图 4-16　正激波参数计算流程 1

（2）已知来流总温 T_t、来流静压 p_1 和激波后总压 p_{t2}

输入 T_t，p_1，p_{t2}，来流气体组分 g_i（或 f_i 或 f_{im}）和相对应的各组分的比焓值的温度 T 的指数多项式系数［式（3-71）］，计算流程如图 4 - 17 所示。

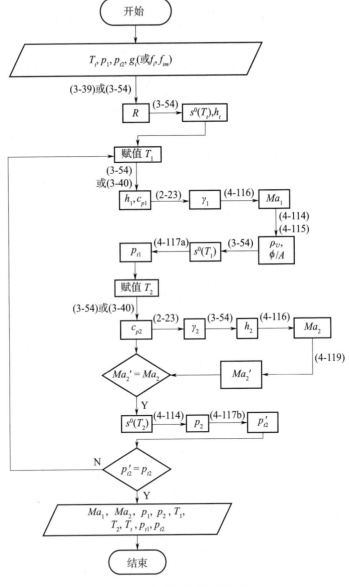

图 4 - 17　正激波参数计算流程 2

T_t 赋初值时，可用定比热容的 p_{t2}/p_1（参见常用公式表 4 - 6）的马赫关系算出 Ma；然后用气动函数计算 $T_1 = T_t\tau_1$；赋值 T_2 时用定比热容的正激波公式（表 4 - 6）$T_2/T_1 = f(Ma_1)$，计算 T_2 初值。

（3）已知来流总温 T_t、来流总压 p_{t1} 和激波后总压 p_{t2}

输入 T_t，p_{t1}，p_{t2}，来流气体组分 g_i（或 f_i 或 f_{im}）和相对应的各组分的比焓值的温度 T 的指数多项式系数［式（3 - 71）］，计算流程如图 4 - 18 所示。

T_t 赋初值时，可用表 4 - 6 中定比热容的 $p_{t2}/p_{t1} = f(Ma_1)$，算得 Ma_1，再由气动函数计算 $T_1 = T_t\tau_1$；赋值 T_2 时，由正激波的 T_2/T_1 公式（表 4 - 6），由初算的 Ma_1，计算 T_2。

（4）已知来流总温 T_t、正激波后总压 p_{t2} 和来流马赫数 Ma_1

输入 T_t，p_{t2}，Ma_1，来流气体组分 g_i（或 f_i 或 f_{im}）和相对应的各组分的比焓值的温度 T 的指数多项式系数［式（3 - 71）］，计算流程如图 4 - 19 所示。

T_t，p_{t2}，Ma_1 也可以作为发动机飞行供油调节的输入参数。飞行时测得 T_t，p_{t2}，飞行器上给出 Ma_1，由以上程序计算出 p_1，T_1。已知 $\phi = \phi(Ma_1)$，由 Ma_1 得出进气道的流量系数 ϕ，从而计算得到进入发动机的空气流量，在给定调节当量比的条件下，计算燃料流量。

由方程（4 - 114）～（4 - 117）可知，如果将压力参数无量纲化，则独立自变量可减少一个。对定比热容的理想气体，无量纲参数只是来流马赫数的函数。在变比热容的完全气体中，无量纲参数是来流马赫数和温度（总温或静温）的函数。即对定比热容理想气体，无量纲参数 $= f(Ma)$，$\gamma =$ 常数；对变比热容的完全气体，无量纲参数 $= f(Ma, T_t) = F(Ma, T)$。

4.5.2　斜激波参数的计算

与正激波的分析相同，对定比热容气体，无量纲参数是来流马赫数的函数（$\theta =$ 常数，$\gamma =$ 常数）；而对变比热容完全气体，无量纲

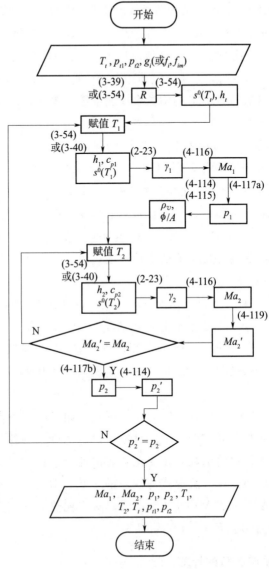

图 4 - 18　正激波参数计算流程 3

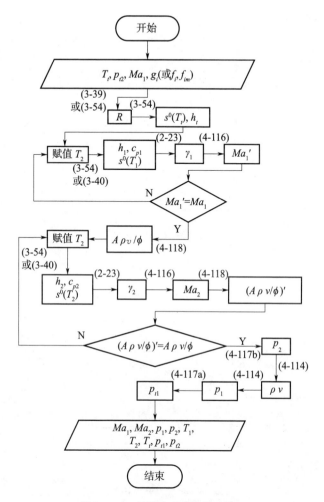

图 4 - 19 正激波参数计算流程 4

参数是来流马赫数和来流总温或静温的函数（$\theta =$ 常数）。

质量守恒方程

$$\rho v_n = p_1 \sqrt{\frac{\gamma_1}{RT_1}} Ma_{1n} = p_2 \sqrt{\frac{\gamma_2}{RT_2}} Ma_{2n} \qquad (4-121)$$

法向冲量方程

$$\phi_n / A = p_1 (1 + \gamma_1 Ma_{1n}^2) = p_2 (1 + \gamma_2 Ma_{2n}^2) \qquad (4-122)$$

能量方程

$$h_{tn} = h_1 + \frac{\gamma_1 RT_1}{2}Ma_{1n}^2 = h_2 + \frac{\gamma_2 RT_2}{2}Ma_{2n}^2 \qquad (4-123)$$

$$h_t = h_1 + \frac{\gamma_1 RT_1}{2}Ma_1^2 = h_2 + \frac{\gamma_2 RT_2}{2}Ma_2^2 \qquad (4-124)$$

标准熵方程

$$R\ln\frac{p_{t1}}{p_1} = s^0(T_t) - s^0(T_1) \qquad (4-125)$$

$$R\ln\frac{p_{t2}}{p_2} = s^0(T_t) - s^0(T_2) \qquad (4-126)$$

由激波切向动量方程

$$v_{1t} = v_{2t} = v_t$$

得

$$v_t = \frac{v_{1n}}{\tan\beta} = \frac{v_{2n}}{\tan(\beta-\theta)}$$

而

$$\frac{v_{2n}}{v_{1n}} = \frac{v_{2n}}{\sqrt{\gamma_2 RT_2}}\frac{\sqrt{\gamma_2 RT_2}}{\frac{v_{1n}}{\sqrt{\gamma_1 RT_1}}\sqrt{\gamma_1 RT_1}} = \frac{Ma_{2n}}{Ma_{1n}}\sqrt{\frac{\gamma_2 T_2}{\gamma_1 T_1}}$$

由上式得

$$\frac{Ma_{2n}}{Ma_{1n}}\sqrt{\frac{\gamma_2 T_2}{\gamma_1 T_1}} = \frac{\tan(\beta-\theta)}{\tan\beta} \qquad (4-127)$$

几何关系

$$Ma_{1n} = Ma_1\sin\beta \qquad (4-128)$$

$$Ma_{2n} = Ma_2\sin(\beta-\theta) \qquad (4-129)$$

式中　Ma_{1n}, Ma_{2n}——激波法向波前和波后马赫数;

v_{1n}, v_{2n}——激波前后法向速度;

h_{tn}——激波法向总比焓。

式(4-121)~式(4-126)、式(4-128)、式(4-129)以及焓温关系式总计 13 个独立方程。变量为 ρv_n, ϕ_n/A, Ma_{1n}, Ma_{2n}, Ma_1, Ma_2, p_1, p_2, T_1, T_2, T_t, h_{tn}, p_{t1}, p_{t2}, β, θ 总计 16 个。

因此必须给定 4 个主变量参数才能计算出其他所有的有量纲参数。如果只计算无量纲参数，则只给定 3 个主变量参数即可。但这 3 个主变量参数中必须有一个是温度（静温或总温）。几种典型已知参数的程序框图如下。

为计算方便，类同式（4-119）、式（4-120），由式（4-121）和式（4-122）可导出

$$Ma_{2n} = \frac{1 - \sqrt{1 - 4\gamma_2 a^2}}{2\gamma_2 a} \qquad (4-130)$$

和

$$a = \frac{\rho v_n}{\phi_n / A} \sqrt{\frac{RT_2}{\gamma_2}} \qquad (4-131)$$

（1）已知 Ma_1，p_1，T_1 和 β 的程序框图

输入 Ma_1，p_1，T_1 和 β、来流组分 g_i（或 f_i 或 f_{im}）和相对应各组分的比焓的温度 T 的指数多项式系数［式（3-71）］，计算流程如图 4-20 所示。

（2）已知 Ma_1，p_1，T_1 和 θ 的程序框图

输入 Ma_1，p_1，T_1，θ，来流组分 g_i（或 f_i 或 f_{im}）和相对应各组分的比焓的温度 T 的指数多项式系数［式（3-71）］，计算流程如图 4-21 所示。

（3）已知 T_t，p'_{t2}，p_2，θ 的程序框图

在模拟发动机飞行条件的自由射流试验台上，通过常规的流场校测后，有时在自由射流出口核心流某区域内，设置二元楔角为 θ 的楔面装置。试验时测量 T_t，楔面中心部位的静压 p_2 和来流正激波后总压 p'_{t2}。经换算可得来流的马赫数 Ma_1，计算流程如图 4-22（T'_2，p'_2，Ma'_2 分别为正激波后的温度、压力和马赫数）所示。

测定 T_t，p'_{t2}，p_2 的方法也可用于冲压发动机供油调节。由以上程序，计算出的 Ma_1，T_1，p_1 和已知的进气道的流量系数 φ 与 Ma_1 和 T_t 的关系，就可以计算来流进入发动机的空气流量，从而在给定调节当量比（或余气系数 α）的条件下，调节给定的燃料流量。

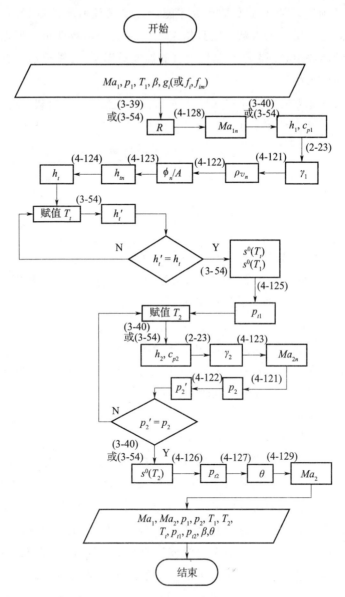

图 4 - 20　斜激波参数计算流程 1

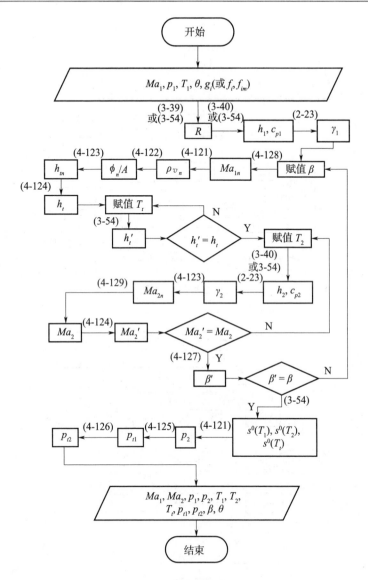

图 4-21　斜激波参数计算流程 2

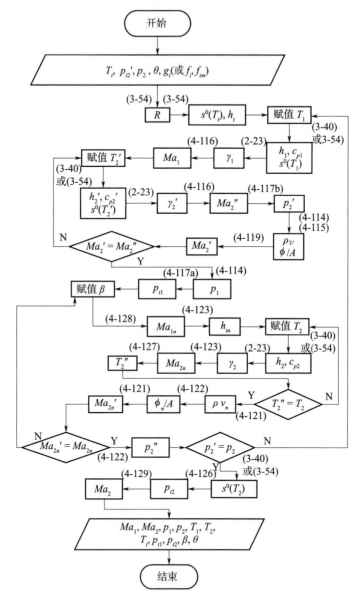

图 4 - 22　斜激波参数计算流程 3

4.5.3　锥形激波与锥形流

　　超声速流经过轴对称的圆锥体，来流流动方向与锥的轴线平行（即攻角等于零），即可形成锥形激波。锥形激波也必然与锥体同轴线。在超声速冲压发动机具有中心锥体的进气道的绕流和锥形激波后的锥形流，以及超声速飞行器的前锥体的锥形激波和激波后的绕流都属于这种流动。锥面激波示意图如图 4-23 所示。

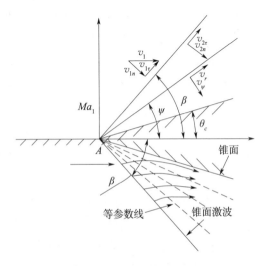

图 4-23　锥面激波示意图

　　所谓锥形流可定义为圆锥超声速定常绕流。由于锥角的母线是直线，按锥形激波理论，锥形激波是锥形面。由于激波厚度可以忽略，不难得知，当来流马赫数 Ma_1 和激波角 β 相同时，激波后的参数对平面激波和锥形激波是完全相同的。它们的激波前面所采用的质量、动量、能量方程完全相同。但是楔面的二元激波流和锥形流的波后流场完全不同。

　　1）平面激波后的流场均匀，一次完成熵增压缩，波后气流方向与楔角 θ 一致。而锥形流中，紧贴激波后的流动也是均匀的，它们都是无旋流动，但由于锥形流的流通面积逐渐增大，经过锥形流激波后的气流转角小于半锥角（$\theta_s < \theta_c$），激波后的流线必须向锥面靠拢，继续等熵压缩，流速逐渐降低，压力逐渐升高，总压不变，直至锥面。从这个角度看，锥形流的压缩包含一部分等熵压缩，给进气道的性能带来好处。

2）由1）的分析，相同的来流马赫数和平面斜激波的楔角 θ 与锥形激波的半锥角 θ_c 相等时，锥形激波的激波角 β_c 小于平面斜激波的激波角，即锥形激波比平面激波弱。如果二者来流马赫数相等，产生相同的激波角时，平面激波的楔角小于锥形激波的半锥角。同样，圆锥激波脱体时的半锥角 θ_{max} 大于平面激波脱体时的楔角，即锥形激波比平面斜激波较难脱体。

3）在锥形激波存在的条件下，即 $\theta_c < \theta_{max}$，锥形激波仍然存在强解和弱解。强解的波后马赫数为亚声速，波后还要满足亚声速流场要求，而圆锥的长度和与圆锥相接的部分都不可能完全满足压力分布的要求，反压必然前传，破坏锥形激波，使之脱体。因此虽然强解锥形激波理论上可以存在，但实际上难以实现。

对于弱解，锥形激波有三种情况。即锥形激波后全为亚声速，波后为超、亚声速混合流和波后全为超声速流。前两种情况的弱解与前面所述的强解类似，通常只发生脱体波。因此工程上有实际意义的锥形激波为波后全为超声速流。

4）有攻角的锥形超声速定常绕流，只要激波不脱体，仍然能够满足锥形流条件。即 $\partial / \partial r = 0$，但 $\partial / \partial \varepsilon \neq 0$，式中 ε 为通过圆锥轴线的二面角。当攻角为零时，由于流动的轴对称性，得 $\partial / \partial \varepsilon = 0$。

4.5.4　锥形流的数值解

参考文献［11］介绍了 Taylor - Maccoll 锥形流零攻角定比热容的数值解。本节利用前面所述的变比热容斜激波的基本方程组求锥形激波比热容的数值解。对称的锥形流满足

$$\frac{\partial}{\partial r} = \frac{\partial}{\partial \varepsilon} = v_\varepsilon = 0$$

式中，v_ε 为垂直于二面角子午面的速度。

球坐标（r，ε，ψ）的质量守恒方程为

$$q_m = \pi \rho v_\psi r^2 \sin\psi = 常数$$

上式的微分形式为

$$\frac{\mathrm{d}\rho}{\rho} + \frac{\mathrm{d}v_\psi}{v_\psi} + \frac{\mathrm{d}r^2}{r^2} + \frac{\mathrm{d}\sin\psi}{\sin\psi} = 0$$

上式化为

$$\frac{v_\psi}{\rho}\frac{\mathrm{d}\rho}{\mathrm{d}\psi} + \frac{\mathrm{d}v_\psi}{\mathrm{d}\psi} + \left(2\frac{\mathrm{d}r}{r\mathrm{d}\psi} + \cot\psi\right)v_\psi = 0 \qquad (4-132)$$

由相似三角形得

$$\frac{\mathrm{d}r}{r\mathrm{d}\psi} = \frac{v_r}{v_\psi}$$

将上式代入式（4-132）得

$$2v_r + \frac{\mathrm{d}v_\psi}{\mathrm{d}\psi} + v_\psi\frac{\mathrm{d}\rho}{\rho\mathrm{d}\psi} + v_\psi\cot\psi = 0 \qquad (4-133)$$

锥面激波求解示意图如图 4-24 所示。

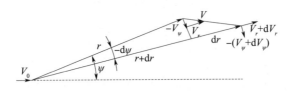

图 4-24 锥面激波求解示意图

无旋条件[1]：一般激波后为有旋流动，然而激波引起的旋流度很小。这里分析的是轴对称激波，激波强度处处相等，因此波后流场是无旋的。由无旋条件可得

$$\frac{\mathrm{d}v_r}{\mathrm{d}\psi} - v_\psi = 0 \qquad (4-134)$$

由 $-\dfrac{\mathrm{d}p}{\rho} = v\mathrm{d}v = \dfrac{\mathrm{d}v^2}{2} = \dfrac{\mathrm{d}(v_r^2 + v_\psi^2)}{2} = v_r\mathrm{d}v_r + v_\psi\mathrm{d}v_\psi$ 和上式得

动量方程

$$v_\psi \left(\frac{\mathrm{d}v_\psi}{\mathrm{d}\psi} + v_r \right) = -\frac{1}{\rho} \frac{\mathrm{d}p}{\mathrm{d}\psi} \qquad (4-135)$$

能量方程

$$h_t = h(T) + \frac{1}{2}(v_r^2 + v_\psi^2) \qquad (4-136)$$

将上述方程组的式（4-133）～式（4-135），消去 v_ψ，并由 $a^2 = \dfrac{\mathrm{d}p}{\mathrm{d}\rho}$ 得

$$\left[1 - \frac{\left(\dfrac{\mathrm{d}v_r}{\mathrm{d}\psi} \right)^2}{a^2} \right] \frac{\mathrm{d}^2 v_r}{\mathrm{d}\psi^2} + \cot\psi \frac{\mathrm{d}v_r}{\mathrm{d}\psi} - \frac{v_r \left(\dfrac{\mathrm{d}v_r}{\mathrm{d}\psi} \right)^2}{a^2} + 2v_r = 0$$

$$(4-137)$$

式中

$$a^2 = \gamma RT \qquad (4-138)$$

由式（4-134）和式（4-136）得

$$h_t(T_t) = h(T) + \frac{1}{2}\left[v_r^2 + \left(\frac{\mathrm{d}v_r}{\mathrm{d}\psi} \right)^2 \right] \qquad (4-139)$$

式（4-137）为二阶非线性常微分方程。

为计算方便将上面三个公式无因次化，即令

$$\overline{v_r} = \frac{v_r}{v_0}, \ \overline{v_\psi} = \frac{v_\psi}{v_0}, \ \overline{a} = \frac{a}{v_0} \qquad (4-140)$$

则式（4-134）、式（4-137）和式（4-139）可写为

$$\frac{\mathrm{d}\,\overline{v_r}}{\mathrm{d}\psi} - \overline{v_\psi} = 0 \qquad (4-141\mathrm{a})$$

$$\left[1 - \frac{\left(\dfrac{\mathrm{d}\,\overline{v_r}}{\mathrm{d}\psi} \right)^2}{\overline{a}^2} \right] \frac{\mathrm{d}^2\,\overline{v_r}}{\mathrm{d}\psi^2} + \cot\psi \frac{\mathrm{d}\,\overline{v_r}}{\mathrm{d}\psi} - \frac{\overline{v_r} \left(\dfrac{\mathrm{d}\,\overline{v_r}}{\mathrm{d}\psi} \right)^2}{\overline{a}^2} + 2\,\overline{v_r} = 0$$

$$(4-141\mathrm{b})$$

或

$$\frac{\mathrm{d}^2\,\overline{v_r}}{\mathrm{d}\psi^2} = \frac{\dfrac{\overline{v_r}\left(\dfrac{\mathrm{d}\,\overline{v_r}}{\mathrm{d}\psi}\right)^2}{\overline{a}^2} - \dfrac{\mathrm{d}\,\overline{v_r}}{\mathrm{d}\psi}\cot\psi - 2\,\overline{v_r}}{1 - \dfrac{\left(\dfrac{\mathrm{d}\,\overline{v_r}}{\mathrm{d}\psi}\right)^2}{\overline{a}^2}} \tag{4-142}$$

和

$$h(T_t) = h(T) + \frac{v_0^2}{2}\left[\overline{v_r}^2 + \left(\frac{\mathrm{d}\,\overline{v_r}}{\mathrm{d}\psi}\right)^2\right] \tag{4-143}$$

$$\overline{a}^2 = \frac{a^2}{v_0^2} = \frac{\gamma RT}{v_0^2} \tag{4-144}$$

其他相关联的方程为

状态方程

$$p = \rho RT \tag{4-145}$$

标准熵方程

$$R\ln\frac{p_t}{p} = s^0(T_t) - s^0(T) \tag{4-146}$$

比热比

$$\gamma = \frac{1}{1 - \dfrac{R}{c_p}} \tag{4-147}$$

数值计算用差分代替微分，即

$$\overline{v_r}\,|_{\psi-\Delta\psi} - \overline{v_r}\,|_\psi = -\frac{\mathrm{d}\,\overline{v_r}}{\mathrm{d}\psi}\Delta\psi \tag{4-148}$$

$$\frac{\mathrm{d}\,\overline{v_r}}{\mathrm{d}\psi}\bigg|_{\psi-\Delta\psi} - \frac{\mathrm{d}\,\overline{v_r}}{\mathrm{d}\psi}\bigg|_\psi = -\frac{\mathrm{d}^2\,\overline{v_r}}{\mathrm{d}\psi^2}\Delta\psi \tag{4-149}$$

数值计算的基本方法是：给定 β，由斜激波已知 Ma_1，p_1，T_1 和 β，计算激波前后的所有参数。再以差分代替微分，给定 $\Delta\psi_i$ 计算锥形流场参数，从激波角 β 到 n 个 $\Delta\psi$ 差分值，得 $\theta_c = \beta - n\Delta\psi$。当计算到锥面参数时，此时的 v_ψ 应等于零。否则改变 β 值，重新计算，一直到锥面上的 $v_\psi = 0$ 即为求得的流场。

激波面的边界条件为

$$\psi = \beta \tag{4-150a}$$

$$v_{1n} = -v_0 \sin\beta \tag{4-150b}$$

$$v_{2n} = v_\psi \mid_{\psi=\beta} = \left(\frac{\mathrm{d}v_r}{\mathrm{d}\psi}\right)_{\psi=\beta} \tag{4-150c}$$

$$v_{1t} = v_0 \cos\beta = v_{2t} = v_r \mid_{\psi=\beta} \tag{4-150d}$$

$$\frac{v_{2n}}{v_{1n}} = \frac{\tan(\beta-\theta)}{\tan\beta}$$

锥面的边界条件为

$$\psi = \theta_c$$

$$\left(\frac{\mathrm{d}\,\overline{v_r}}{\mathrm{d}\psi}\right)_{\psi=\theta_c} = \overline{v_\psi} \mid_{\psi=\theta_c} = 0 \tag{4-151}$$

化为无因次形式得

$$\overline{v}_{1n} = -\sin\beta \tag{4-152a}$$

$$\overline{v}_{2n} = \overline{v}_\psi \mid_{\psi=\beta} = \left(\frac{\mathrm{d}\,\overline{v}_\gamma}{\mathrm{d}\psi}\right)_{\psi=\beta} \tag{4-152b}$$

$$\overline{v}_{1t} = \overline{v}_{2t} = \cos\beta = \overline{v}_r \mid_{\psi=\beta} \tag{4-152c}$$

$$\frac{\overline{v}_{2n}}{\overline{v}_{1n}} = \frac{\tan(\beta-\theta)}{\tan\beta} \tag{4-152d}$$

式中　θ——在 Ma_1，p_1，T_t 时形成 β 激波角的二元楔角。

锥面上的马赫数 Ma_c 为

$$Ma_c = \frac{v_0\,\overline{v}_r \mid_{\psi=\theta_c}}{a_c} \tag{4-152e}$$

已知 Ma_1（v_0），p_1，T_1 和来流组分以及各组分的比焓多项式系数，计算流程如图 4-25 所示。

通过计算可得如图 4-26 所示的曲线。图中 AB 线以上为强解区，ABCA 为亚声速解区；ACDA 为混合区；AD 以下为超声锥形流区。所谓混合区，即在该区域内，超声速流流经锥形激波后仍为超声速流，但激波后的气流继续等熵压缩减速，使超声速流转化为亚声速流，并形成亚声速流的速度和压力分布。但由于亚声速流的这种压力分布很难由试验模拟得到，因此混合区很难存在。实际上，

当 θ 接近 $\theta_{\max}$ 时，锥形激波在反压的作用下而脱体。

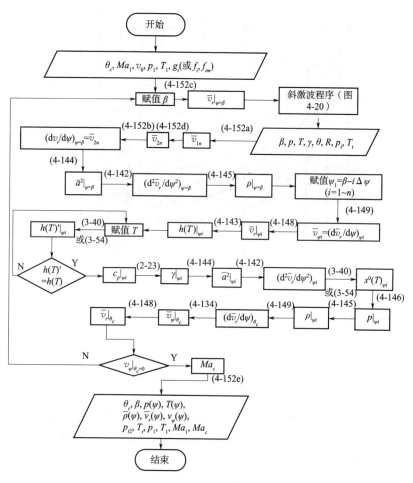

图 4 – 25　锥面激波求解流程

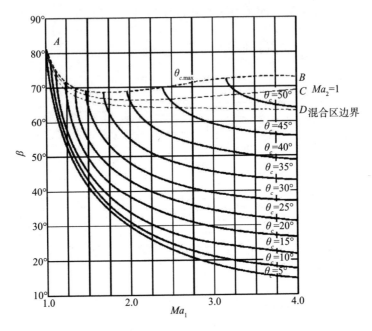

图 4 - 26　锥面激波求解结果

4.6　普朗特-迈耶尔流动

均匀定常超声速气流沿外钝角的流动称为普朗特-迈耶尔流动。如图 4 - 27 所示。经过膨胀波面，由波面方向的动量定理得波面方向的速度

$$v_t = 常数 \tag{4-153}$$

由图 4 - 28 所示的速度三角形可得

$$\tan(\mu + \mathrm{d}\theta) = \tan\mu = \frac{\mathrm{d}v}{v\,\mathrm{d}\theta} \tag{4-154}$$

又因

$$\sin\mu = \frac{1}{Ma}$$

得

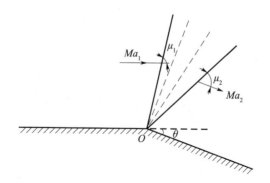

图 4 - 27　普朗特-迈耶尔流动图

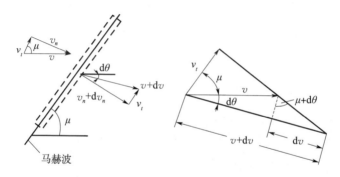

图 4 - 28　膨胀波前后的速度

$$\tan\mu = \frac{\sin\mu}{\sqrt{1-\sin^2\mu}} = \frac{1}{\sqrt{Ma_1^2-1}} \qquad (4-155)$$

又因

$$v = Ma \ \sqrt{\gamma R T}$$

$\gamma =$ 常数时上式微分得

$$\frac{\mathrm{d}v}{v} = \frac{\mathrm{d}Ma}{Ma} + \frac{1}{2}\frac{\mathrm{d}T}{T} \qquad (4-156)$$

在绝热流动中

$$T_t = T\left(1 + \frac{\gamma-1}{2}Ma^2\right)$$

上式微分形式为

$$\frac{\mathrm{d}T}{T} = -\frac{(\gamma-1)Ma}{1+\dfrac{\gamma-1}{2}Ma^2}\mathrm{d}Ma \qquad (4-157)$$

由式（4-156）和式（4-157）得

$$\frac{\mathrm{d}v}{v} = \frac{\mathrm{d}Ma}{Ma}\left[1 - \frac{(\gamma-1)Ma^2}{2+(\gamma-1)Ma}\right] \qquad (4-158)$$

将式（4-158）代入式（4-154）得

$$\mathrm{d}\theta = \frac{\sqrt{Ma^2-1}\,\mathrm{d}Ma^2}{Ma^2\left[1+\dfrac{\gamma-1}{2}Ma^2\right]} \qquad (4-159)$$

上式积分得

$$\theta = \nu(Ma_2) - \nu(Ma_1) \qquad (4-160)$$

式中

$$\nu(Ma) = \sqrt{\frac{\gamma+1}{\gamma-1}}\arctan\sqrt{\frac{\gamma-1}{\gamma+1}(Ma^2-1)} - \arctan\sqrt{Ma^2-1}$$

$$(4-161)$$

$\nu(Ma)$ 称为普朗特-迈耶尔函数。其物理意义为气流由 $Ma=1$ 等熵膨胀至 Ma 时的气流转角角度 $[\nu(Ma=1)=0]$。当 $Ma_1>1$ 时，由上式计算 $\nu(Ma_1)$，再由式（4-160）计算给定绕流角 θ 的 $\nu(Ma_2)$，由此计算得到经外钝角 θ 加速后的马赫数 Ma_2。

经常遇到的外钝角流动如图 4-29 所示，此时外钝角实际是一个凸面。凸面形成的膨胀波既不平行，也不会相交。从推导过程可知，在这种情况下，式（4-160）仍然适用。当气流由声速膨胀加速至马赫数为无穷大，即气流膨胀至静压为零时，由式（4-161）得

$$\nu(\infty) = \frac{\pi}{2}\left(\sqrt{\frac{\gamma+1}{\gamma-1}}-1\right) \qquad （弧度）\quad (4-162)$$

或

$$\nu(\infty) = 90\left(\sqrt{\frac{\gamma+1}{\gamma-1}}-1\right) \qquad （度）\quad (4-163)$$

当 $\gamma=1.4$ 时，最大气流转角 $\theta_{max} = \nu(\infty) = 130.454°$。

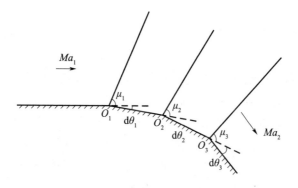

图 4 - 29 膨胀波前后的速度

利用普朗特-迈耶尔流动可以估算超声速局部内流或外流的参数变化。例如，冲压发动机喷管流动未完全膨胀时，已知喷管出口马赫数和静压以及环境大气压，取较合适的 γ 值，即可计算喷管排气总压；将排气等熵膨胀至大气压力，即可算得膨胀后的马赫数，由式（4-160）即可计算喷管排气的膨胀角。再如平板超声速有攻角下的受力情况，一边是普朗特-迈耶尔流动，一边是斜激波，运用这两种流动的方程，即可求出超声速平板的受力和压力。

在冲压发动机模拟试验时，进气道的内流通道内存在一个激波串，平衡整个发动机的工作状态。当供油量逐渐减小时激波向下游移动。由于结构布局的需要，进气道的内流通道往往存在局部转弯的扩张通道。在大加热比时，结尾激波串处于上游，转弯扩张通道为亚声速流，则局部转弯大的一面逆压梯度较大，压力也较该截面的另一侧为高。当加热比较小，引起结尾激波串下移，使该转弯段处于超声速流状态，则转弯大的一面加速快而静压比对面小。试验时能够发现，随着发动机供油量的不断减小，先是转弯面压力高于对面压力，而后转向转弯面压力小于对面压力，这就是超声速与亚声速流基本的特性造成的。

4.7　截面参数

冲压发动机性能计算和冲压发动机试验的数据处理，经常将发动机各截面的参数作为一元流处理。即通过截面上各点的参数测量，以一定的平均方法，将流动参数处理成一元流的参数。例如，通道内总压的测量，经常以面积律布置总压测点，其算术平均值即视为该截面的一元流平均总压。必须指出，这些常用的处理方法，虽然可行，但并不是严格意义的一元流参数。

4.7.1　独立的截面参数和其他参数的计算

发动机的任一截面，如果没有外界约束条件，其独立变量有三个。意即任何截面只要给出了三个独立的参数，其他参数全都被确定。例如已知 p，v，T，则 p_t，T_t，q_m，Ma 等全都可以通过基本守恒方程求出。又如已知（q_m，p_t，T_t）；（p，p_t，T_t）；（q_m，p，Ma）；（q_m，p，p_t）等不论是定比热容还是变比热容，均可通过守恒方程运算得到截面所有其他参数。对超声速流，通过测量正激波后总压 p_t' 和静压 p 及流量 q_m，即（q_m，p_t'，p），也可计算得到该截面的其他参数，只不过计算中还需要利用正激波的守恒方程。

如果某截面参数有约束条件，则约束条件加独立变量数等于 3 即可求解。例如，冲压发动机燃烧室出口的参数，受喷管喉道临界条件的约束，因此燃烧室出口只要测得两个独立变量（例如流量和总压），即可求得该截面的所有气动热力参数。如果约束条件加独立变量参数大于 3，则可以任取三个变量组合进行数据处理，从而获得两个以上的数据处理结果，供互相校对用。考虑变比热容的截面参数计算方程为流量方程（4-6），能量方程（4-15），冲量方程（4-22）或（4-23）以及总静参数关系式（4-24），这四个基本方程在发动机试验和性能计算中经常应用。具体计算时，还要利用广延量参数关系，焓温多项式，以及计算比热比的公式等。

举例：已知某截面为超声速流，流量 q_m，测得正激波后的总压 p_{t2} 和截面静压 p_1，绘出截面的其他参数计算程序框图。

质量流量方程（4-6）为

$$q_m = Ap \sqrt{\frac{\gamma}{RT}} Ma \qquad (4-164)$$

能量方程（4-15）为

$$h_t = h + \frac{\gamma RT}{2} Ma^2 \qquad (4-165)$$

冲量方程（4-22）为

$$\phi = Ap(1 + \gamma Ma^2) \qquad (4-166)$$

总静压比方程（4-24）为

$$R\ln \frac{p_t}{p} = s^0(T_t) - s^0(T_1) \qquad (4-167)$$

比热比 γ 公式（2-23）为

$$\gamma = \frac{1}{1 - \dfrac{R}{c_p}} \qquad (4-168)$$

质量广延量比参数 y 公式（3-58）为

$$y = \frac{y_a + Dy_{H_2O} + f_{O_2} y_{O_2} + f_j y_{ej} + fy_e}{1 + D + f_{O_2} + f_j + f} \qquad (4-169)$$

常用单工质燃料燃烧虚构燃气的 h_e 随温度的变化关系式见表3-1。

比焓

$$h = 10^3 \sum_{i=0}^{10} a_i \tau^i \quad (\text{J/kg}) \qquad (4-170)$$

定压比热容

$$c_p = \sum_{i=0}^{10} i a_i \tau^{i-1} \quad [\text{J/(kg·K)}] \qquad (4-171)$$

标准比熵

$$s^0 = a_1 \ln\tau + \sum_{i=2}^{10} \frac{i}{i-1} a_i \tau^{i-1} + s_0 \quad [\text{J/(kg·K)}] \qquad (4-172)$$

由于该截面为超声速流，测得的总压 p_{t2} 是该截面正激波后的总压，为此需要应用正激波前后参数变化关系式。

正激波方程为：

流量方程

$$\rho v = p_1 \sqrt{\frac{\gamma_1}{R_1 T_1}} Ma_1 = p_2 \sqrt{\frac{\gamma_2}{R T_2}} Ma_2 \qquad (4-173)$$

冲量方程

$$\frac{\phi}{A} = p_1 (1 + \gamma_1 Ma_1^2) = p_2 (1 + \gamma_2 Ma_2^2) \qquad (4-174)$$

由以上两式得

$$Ma_2 = \frac{B - \sqrt{B^2 - 4\gamma_2}}{2\gamma_2} \qquad (4-175)$$

$$B = \sqrt{\frac{\gamma_2}{\gamma_1} \frac{T_1}{T_2}} \frac{1 + \gamma_1 Ma_1^2}{Ma_1} \qquad (4-176)$$

能量方程

$$h_t = h_1 + \frac{\gamma_1 R T_1}{2} Ma_1^2 = h_2 + \frac{\gamma_2 R T_2}{2} Ma_2^2 \qquad (4-177)$$

等熵滞止方程

$$R\ln \frac{p_{t2}}{p_2} = s^0(T_t) - s^0(T_2) \qquad (4-178)$$

在冲压发动机模拟试验时，气流加热往往用直接加热和补氧来模拟总温。因此来流气体可以视为空气、水蒸气、氧气、直接加热虚构燃气和发动机燃烧虚构燃气的混合气体，其质量广延量按（4-169）计算。如果是飞行试验，式（4-169）中取 $D = f_{O_2} = f_j = 0$，如果是纯空气则 $y = y_a$。

截面参数计算流程如图 4-30 所示。

由于数据处理前可能不知道是超声速还是亚声速流，因此先按亚声速流计算，如果计算结果确是亚声速，则不必再用正激波的函数关系。如果计算结果证明是超声速流，则温度 T 必然比按亚声速流算得的 T 还低，则用正激波的各关系式继续迭代计算，最终得到超声速流的截面参数。实际上，可先用如图 4-13 所示的关系，用测

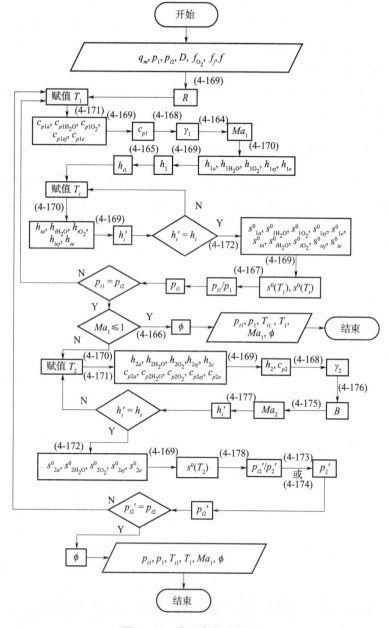

图 4 - 30　截面参数计算流程

得的静压和总压，当静压与总压比值大于 $\pi(1)$ 时为亚声速流，其比值小于 $\pi(1)$ 时为超声速流，然后按上述程序计算。如果是亚声速流，则按上述程序中的亚声速流计算；如果是超声速流，则按超声速流的程序计算。

如果计算的是燃烧室出口截面，由已求得的 T_t，可由能量方程计算得到燃烧效率。

4.7.2　一维流与三维流场的接轨

实际发动机各截面参数都不是均匀的，都存在压力、温度和速度的分布。作为严格意义上的一元流，应与实际的三维流场具有相同的流量、冲量和能量。即在某一截面，将其流场在绝能的情况下变成该截面的均匀一元流参数，该参数才是实际流场下该截面的一元流截面参数。很显然，三维流场一元化中已包含了流场均化的混合损失在内。

质量流量

$$q_m = \int_A \rho v \, dA = \frac{pvA}{RT} \tag{4-179}$$

冲量

$$\phi = \int_A (v \, dq_m + p \, dA) = q_m v + pA \tag{4-180}$$

总焓

$$h_t = \frac{1}{q_m} \int_A \left(h + \frac{v^2}{2} \right) dq_m = h + \frac{v^2}{2} \tag{4-181}$$

上面各等式的左边由三元流场计算或截面参数测量得到，即 q_m，ϕ，h_t 皆为已知，等式右边为与三维流接轨的一元流参数。由这三个基本方程即可将一元流的截面参数 p，v，T 求出。如果考虑变比热容的计算，则需要迭代求解如下有了截面的基本参数，截面的其他参数都可很容易计算出来。

超声速进气道模型吹风时，可以得到进气道临界状态的总压恢复系数和流量系数。具体测试方法是在进气道亚声段通过总压耙和静压测点测量总压、静压。测进气道的总压恢复系数时，通常利用总压流量加权算得平均总压，计算进气道的总压恢复系数。严格地讲，应当按照测得的流场与一元流接轨，由上面的守恒方程计算总压。

4.8　一般的一维流

由以下原因，需要考虑一般的一维流动：

1）冲压发动机燃烧室特别是超声速燃烧的燃烧室不一定是等截面积；

2）当燃烧室内流速高时（如超声速燃烧），燃气流与壁面的摩擦不能忽略；

3）燃烧室通过对流热交换和热辐射的热流不可忽略；

4）对高超声速冲压发动机，燃料的喷射可能是沿途进行的；

5）燃烧室内可能设有浸入气流中的物体。

由于上述原因，燃烧室内的截面积、温度和压力、质量流量、冲量和能量等都随燃烧室截面的变化而变化。为了研究整个燃烧室内喷入燃料分布和相应的燃烧过程和流态的影响，需要通过试验获取燃烧效率、气动热力参数等随燃烧室截面的变化规律。通常的测试方法是在燃烧室出口测定该截面平均静压、总压（或超燃中正冲波后的总压）和来流的质量流量三个参数。通过质量、能量守恒方程，即可计算得到燃烧室出口的所有一维流动的平均参数，诸如燃烧效率、马赫数 Ma 、平均总温 T_t 、冲量 ϕ 等。与此同时，测量静压沿燃烧室轴向的分布，通过静压分布和流量分布，再加上燃烧室出口已经获得的气动热力参数这三个条件，即可从燃烧室出口往上游通过质量、冲量、能量守恒计算得到燃烧室各截面包括燃烧效率在内的所有一维气动热力参数。由于静压沿轴向测量的单点静压误差较大，在数据处理前，须对静压沿燃烧室轴向测得的压力分布通过最小二乘法部分消除静压分布曲线的误差。

4.8.1　发动机来流气动热力参数的计算

已测得燃烧室出口的平均静压、总压，同时测得模拟试验时来流干空气质量流量、含湿量 D、加热器燃料质量流量、补氧的质量流量。对自由射流模拟试验，在喷管和加热器联合调试中可以得到以下无因次参数

$$a_p = \frac{p_0}{p_{tm}} \qquad (4-182)$$

$$a_T = \frac{T_0}{T_{tm}} \qquad (4-183)$$

式中　　p_0，T_0——自由射流喷管出口核心流的平均静压和静温；

　　　　p_{tm}，T_{tm}——自由射流喷管进口（一般即为加热器出口）的平均总压和总温。

压比 a_p 和温比 a_T 通过试验调试得到。

进入自由射流喷管的质量流量为

$$q_c = q_{fj} + q_{O_2} + q_{ma}(1+D) \qquad (4-184)$$

式中　　q_{fj}，q_{O_2}，q_{ma}——加热器燃料质量流量、补氧质量流量和纯空气质量流量。

这些参数全部由试验测量给出。q_c 也可由自由射流喷管进口测得的平均总温 T_{tm}，总压 p_{tm} 和喷管喉道尺寸进行计算，即

$$q_c = \psi_c A_{cr} p_{cr} \sqrt{\frac{\gamma_{cr}}{R_0 T_{cr}}} \qquad (4-185)$$

式中　　ψ_c——喷管喉道的面积系数，由经验给出；

　　　　A_{cr}——喷管喉道截面积；

　　　　p_{cr}，T_{cr}——喷管喉道静压和静温；

　　　　R_0 和 γ_{cr}——来流工质的气体常数和喷管喉道处的比热比。

按广延量叠加原理

$$y = \frac{y_a + f_j y_{ej} + f_{O_2} y_{O_2} + D y_{H_2O}}{1 + f_j + f_{O_2} + D} \qquad (4-186)$$

$$R_0 = \frac{R_a + f_j R_{ej} + f_{O_2} R_{O_2} + D R_{H_2O}}{1 + f_j + f_{O_2} + D} \qquad (4-187)$$

$$c_{p_{cr}} = \left(\frac{c_{p_a} + f_j c_{p_{ej}} + f_{O_2} c_{pO_2} + D c_{pH_2O}}{1 + f_j + f_{O_2} + D} \right)_{cr} \qquad (4-188)$$

$$\gamma_{cr} = \frac{1}{1 - \dfrac{R_0}{c_{pcr}}} \qquad (4-189)$$

$$\gamma_0 = \frac{1}{1 - \dfrac{R_0}{c_{p0}}} \qquad (4-190)$$

喷管喉道的总焓 h_{tm} 为

$$h_{tm} = h_{cr} + \frac{\gamma_{cr} R T_{cr}}{2} \qquad (4-191)$$

熵函数方程为

$$R_0 \ln \frac{\sigma_{cr} p_{tm}}{p_{cr}} = s^0(T_{tm}) - s^0(T_{cr}) \qquad (4-192)$$

式中　σ_{cr}——自由射流喷管收缩段总压恢复系数。

由式（4-186）～式（4-192），通过迭代可得 p_{cr} 和 T_{cr}，由式（4-185）算出 q_c。即赋值 T_{cr}，计算 $s^0(T_{cr})$，h_{cr}，c_{pcr}，R，h_{tm}，$s^0(T_{tm})$；由式（4-189）计算 γ_{cr}；由式（4-191）计算得到 h'_{tm}。通过迭代，当 $h'_{tm} = h_{tm}$ 时即为所得的 T_{cr}，再由式（4-192）计算 p_{cr}。

进入被试发动机的质量流量 q_{m_0} 按下式计算

$$q_{m_0} = \varphi A_1 a_p p_{tm} \sqrt{\frac{\gamma_0}{R_0 T_{tm} a_T}} Ma_0 \qquad (4-193)$$

式中　φ——试验状态（Ma_0、污染空气和 T_{tm}）进气道的流量系数；

A_1——1-1'进口截面面积；

γ_0——温度 T_0 时污染空气的比热比，由式（4-190）计算得到；

Ma_0——核心流的马赫数，由模拟调试测得。

进入发动机的质量流量分数 $\bar{q}$ 为

$$\bar{q} = \frac{q_{m0}}{q_c} \tag{4-194}$$

对直连试验，$1 - \bar{q}$ 为迷宫漏气系数，q_{m0} 直接由模拟喉道的测量参数得到。

4.8.2　燃烧室出口气动热力参数的计算

有了上面计算的 q_{m0}，$\bar{q}$，即可计算燃烧室出口的总温、燃烧效率和冲量等参数。以燃烧室出口为超声速流为例，已测得出口平均静压 p，正激波的波后总压 p'_t。其守恒方程为：

流量方程

$$\frac{q_m}{A} = \frac{q_{m0} + q_{mf}}{A} = p\sqrt{\frac{\gamma}{RT}}Ma \tag{4-195}$$

$$\frac{q_m}{A} = \frac{q_{m0} + q_{mf}}{A} = p'\sqrt{\frac{\gamma'}{RT'}}Ma' \tag{4-196}$$

能量方程

$$h(T_t) = h(T) + \frac{\gamma RT}{2}Ma^2 = h(T) + \frac{1}{2}\left(\frac{RTq_m}{Ap}\right)^2 \tag{4-197}$$

$$h(T_t) = h(T') + \frac{\gamma'RT'}{2}Ma'^2 = h(T') + \frac{1}{2}\left(\frac{RT'q_m}{Ap'}\right)^2 \tag{4-198}$$

冲量方程

$$\frac{p'}{p} = \frac{1 + \gamma Ma^2}{1 + \gamma'Ma'^2} \tag{4-199}$$

$$\phi = Ap(1 + \gamma Ma^2) \tag{4-200}$$

标准熵方程

$$\frac{p_t}{p} = e^{\frac{s^0(T_t) - s^0(T)}{R}} \tag{4-201}$$

$$\frac{p'_t}{p'} = \mathrm{e}^{\frac{s^0(T_t)-s^0(T')}{R}} \tag{4-202}$$

由上两式得

$$\frac{p'_t}{p} = \frac{p'}{p} \cdot \frac{p'_t}{p'} = \frac{p'}{p}\mathrm{e}^{\frac{s^0(T_t)-s^0(T')}{R}} \tag{4-203}$$

辅助方程为 $\gamma = \dfrac{1}{1-\dfrac{R}{c_p}}$，$\gamma' = \dfrac{1}{1-\dfrac{R}{c'_p}}$ 和广延量参数的温度多项式。

上述 8 个方程，即式（4-195）～式（4-202），再加上 η'_r 方程 ［参见式（4-210）或式（4-214）］和 h_t 方程 ［参见式（4-213）或式（4-215）］可迭代求解 10 个未知量（Ma，Ma'，T，T'，T_t，p'，p_t，h_t，ϕ，η'_r）。其中有"$'$"的参数为正激波后的参数。

相关的方程中质量广延量 y 的恒等式，可采用下式

$$y = \frac{y_a + f_j y_{ej} + f_{o_2} y_{o_2} + D y_{H_2 o} + f y_e}{1 + f_j + f + f_{o_2} + D} \tag{4-204}$$

上式使用的条件是燃烧效率足够高（如 $\eta_r > 0.5$），而一维流的计算中总是从 $\eta_r = 0$ 开始，因此分别给出喷入液态燃料和气态燃料的能量守恒方程，并用燃烧分数 η'_r 的广延量公式求解。

（1）喷入液态燃料

喷入液态燃料时，能量守恒方程为

$$\eta'_r[f_m H_u + (1-\eta_{rj})f_{jm}H_{uj}] - f_m(l_0 + H_{f_0})(1-\eta'_r) - Q$$
$$= (1+f_m)h_t - h_{tm} - c_f f_m(t_f - 25) \tag{4-205}$$

$$f_{jm} = \frac{q_{mfj}}{q_{m0}}\bar{q} \tag{4-206}$$

式中　H_u，H_{uj} ——发动机用燃料和加热器用燃料的热值；

　　　η'_r，η_{rj} ——发动机燃料的燃烧分数和加热器的燃烧效率；

　　　f_m，f_{jm} ——发动机燃料质量流量 q_{mf} 和加热器进入发动机内部的燃料质量流量 $q_{mfj}\bar{q}$ 与进入发动机气体的质量流量 q_{m0} 之比；

　　　h_t，h_{tm} ——发动机燃烧室出口总比焓和发动机来流总比焓

（25 ℃为基准）；

c_f，t_f ——喷入发动机燃料的比热容和摄氏温度；

l_0 ——发动机燃料 25 ℃的汽化潜热；

H_{f0} ——燃料汽化后，25 ℃时每千克燃料裂解吸收的热量；

Q ——单位质量流量 q_{m0} 通过湍流热交接和热辐射向燃烧室外散走的热量。

由壁面摩擦产生的热量已加入燃气内，以上方程中没有摩擦功项。

（2）喷入气态燃料

喷入气态燃料时，能量守恒方程为

$$\eta'_r[f_m H_u + (1 - \eta_{rj})f_{jm}H_{uj}] - f_m(1 - \eta'_r)H_{f0} - Q$$
$$= (1 + f_m)h_t - h_{tm} - f_m h_{tg0} \qquad (4-207)$$

式中　h_{tg0} ——喷入发动机气态燃料的总比焓（以 25 ℃为基准）；

H_u ——喷入气态燃料的气态热值；

H_{f0} ——喷入的每千克气态燃料在 25 ℃裂解所吸收的热量。

不论喷入液态或气态燃料，燃烧室的总物理比焓 h_t 均为

$$(1 + f_j + f + f_{O_2} + D)h_t =$$
$$h_{ta} + f_j h_{tej} + f_{O_2}h_{tO_2} + Dh_{tH_2O} + \eta'_r f h_{te} + f(1 - \eta'_r)h_{tf}$$
$$(4-208)$$

式中　h_{tf} ——未燃烧部分发动机燃料裂解气态产物的总物理比焓。

可参考有关资料给出裂解的小分子成分，并给出比焓随温度变化的函数。

η'_r 一定且当燃烧室内有足够的氧进行燃烧时，式（4-208）为质量广延量恒等式，即

$$(1 + f_j + f + f_{O_2} + D)y =$$
$$y_a + f_j y_{ej} + f_{O_2}y_{O_2} + Dy_{H_2O} + fy_f + f\eta'_r(y_e - y_f)$$
$$(4-209)$$

上式的物理含义为 1 千克干空气、f_j 千克 加热器燃料完全燃烧产物、f_{O_2} 千克加入氧、D 千克来流水蒸气和 f 千克发动机燃料组成

燃烧系统，发动机燃料的燃烧分数为 η'_r，其燃烧产物为 1 千克干空气、f_j 千克加热器燃料的虚构气体、f_{O_2} 千克补氧量、D 千克水蒸气、$f\eta'_r$ 千克完全燃烧的发动机燃料的虚构气体和未燃烧的发动机燃料 $f(1-\eta'_r)$ 千克裂解气体的混合物。

喷入液态燃料时，由式（4-205）和式（4-208），消去 h_t，再由 $1+f_j+f+f_{O_2}+D=\dfrac{f}{f_m}(1+f_m)$，得喷入发动机液态燃料的关系式为

$$\eta'_r = \frac{h_{ta} + f_j h_{tej} + f_{O_2} h_{tO_2} + Dh_{tH_2O} + fh_{tf} - fh'_{tm}}{f(H'_u + h_{tf} - h_{te})}$$

$$(4-210)$$

$$h'_{tm} = \frac{h_{tm}}{f_m} + c_f(t_f - 25) - l_0 - H_{f0} - \frac{Q}{f_m} \qquad (4-211)$$

$$H'_u = H_u + \frac{(1 - \eta_{rj}) f_{jm} H_{uj}}{f_m} + l_0 + H_{f0} \qquad (4-212)$$

由式（4-208）和式（4-210）得

$$h_t = \frac{H'_u(h_{ta} + f_j h_{tej} + f_{O_2} h_{tO_2} + Dh_{tH_2O} + fh_{tf}) + f(h_{tf} - h_{te})h'_{tm}}{(1 + f_j + f + f_{O_2} + D)(H'_u + h_{tf} - h_{te})}$$

$$(4-213)$$

喷入气态燃料时，由式（4-207）和式（4-208），依照同样的方法得

$$\eta'_r = \frac{h_{ta} + f_j h_{tej} + f_{O_2} h_{tO_2} + Dh_{tH_2O} + fh_{tf} - fh''_{tm}}{f(H''_u + h_{tf} - h_{te})}$$

$$(4-214)$$

和

$$h_t = \frac{H''_u(h_{ta} + f_j h_{tej} + f_{O_2} h_{tO_2} + Dh_{tH_2O} + fh_{tf}) + f(h_{tf} - h_{te})h''_{tm}}{(1 + f_j + f + f_{O_2} + D)(H''_u + h_{tf} - h_{te})}$$

$$(4-215)$$

式中

$$h''_{tm} = \frac{h_{tm}}{f_m} + h_{tg0} - \frac{Q}{f_m} - H_{f0} \qquad (4-216)$$

$$H''_u = H_u + (1 - \eta_{rj}) \frac{f_{jm}}{f_m} H_{uj} + H_{f0} \qquad (4-217)$$

$$\frac{f}{f_m} = 1 + f_j + f_{O_2} + D \qquad (4-218a)$$

$$f_m = \frac{q_{mf}}{q_{m0}} \qquad (4-218b)$$

$$f_j = \frac{q_{mfj}}{q_{ma}} = \frac{q_{mfj}(1+D)}{\dfrac{q_{m0}}{\bar{q}} - q_{mfj} - q_{O_2}} \qquad (4-218c)$$

$$f_{O_2} = \frac{q_{O_2}}{q_{ma}} \qquad (4-218d)$$

$$f_{jm} = \frac{q_{mfj}\bar{q}}{q_{m0}} \qquad (4-218e)$$

q_{m0} 为进入发动机的工质质量流量，发动机燃烧室的总质量流量 $q_m = q_{m0} + q_{mf}$。式中的燃烧分数 η'_r 与燃烧效率 η_r 不同。燃烧效率 η_r 要考虑未燃部分燃料裂解所吸收的热量。

喷入气态燃料时

$$\eta_r H_u = \eta'_r H_u - (1 - \eta'_r) H_{f0}$$

得

$$\eta_r = \eta'_r - (1 - \eta'_r) \frac{H_{f0}}{H_u} \qquad (4-219)$$

超燃燃烧室出口气动热力参数计算程序如图 4 - 31 所示。

对亚声速燃烧，$p'_t = p_t$，不存在正激波的守恒方程，因此程序可以简化，按程序框图计算到 Ma 时，由式（4 - 201）计算 p（已知 p_t），如果 p 不等于测得的 p 值，重新赋值 T_t，直到满足判断条件为止，即输出参数。程序框图中计算燃烧室出口冲量 ϕ 的目的是为试验测得的沿轴向的静压分布计算燃烧室各截面的参数（含燃烧效率）使用。

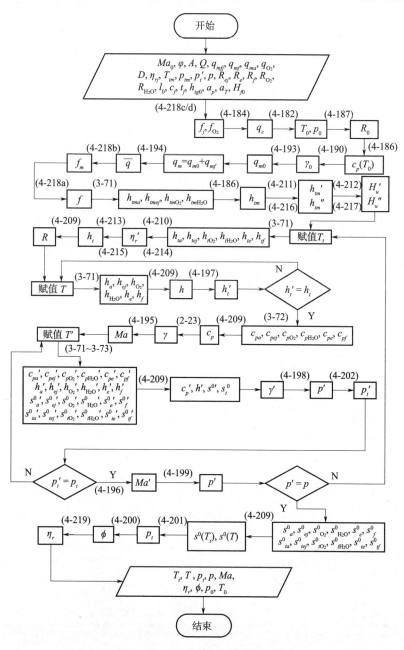

图 4-31　燃烧室出口参数计算流程

4.8.3　燃烧室截面参数的计算

（1）模拟试验

燃烧室出口的一维气动热力参数由 4.8.2 节得到，然后按守恒方程，从燃烧室出口前的第一个截面（燃烧室出口截面为 n 截面，则此截面为 $n-1$ 截面）开始，逐段向前计算燃烧室轴向截面 i 的气动热力参数。i 截面的已知条件为质量流量、静压和第 $i+1$ 截面的参数。有了这三个条件，即可由守恒方程计算出第 i 截面的所有气动热力参数。依此，向前逐截面计算，即可获得燃烧室各截面的气动热力参数。第 i 到 $i+1$ 截面流动简图如图 4-32 所示。

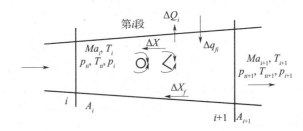

图 4-32　燃烧室截面流动简图

①能量方程

对任意 i 截面，其燃烧分数 η'_r 的方程为：

喷入液态燃料时

$$f_{mi}\eta_{ri}{}'\left[H_u+\frac{(1-\eta_{rj})f_{jm}}{f_{mi}}H_{uj}\right]-Q_i-f_{mi}(1-\eta_{ri}{}')(l_0+H_{f0})=$$
$$(1+f_{mi})h_{ti}-h_{tm}-c_f f_{mi}(t-25) \qquad (4-220)$$

喷入气态燃料时

$$f_{mi}\eta'_{ri}\left[H_u+\frac{(1-\eta_{rj})f_{jm}}{f_{mi}}H_{uj}\right]-Q_i-f_{mi}(1-\eta_{ri}{}')H_{f0}=$$
$$(1+f_{mi})h_{ti}-h_{tm}-f_{mi}h_{tg0} \qquad (4-221)$$

式中　　f_{mi}——燃烧室进口至第 i 截面的总供油流量 q_{mfi} 与来流工质流量 q_{m0} 之比，即 $f_{mi}=q_{mfi}/q_{m0}$；

Q_i ——单位质量来流在 i 截面之前燃烧室的总散热量。

由上两式可以看出已作的假设为:

1) 燃烧室的燃料沿途喷射时,在高温气流里,快速瞬间汽化(液态燃料)和裂解为小分子气体,每千克燃料裂解吸收的热量为 H_{f0}(25 ℃时的分解热);

2) 在燃烧室的各截面,未燃部分的分子成分相同,即 $H_{f0i} = H_{f0} =$ 常数。

上述两个能量方程与燃烧室出口的能量方程(4-205)、(4-207)完全相同,只是多了个下脚标 i。同样总比焓方程和所有质量广延量 y 的方程也是相同的,即

$$(1 + f_j + f_i + f_{O_2} + D)y$$
$$= y_a + f_j y_{ej} + f_{O_2} y_{O_2} + D y_{H_2O} + f_i y_f + f_i \eta_{ri}'(y_e - y_f)$$
$$(4-222)$$

依上节同样的方法,并由 $1 + f_j + f_i + f_{O_2} + D = \dfrac{f_i}{f_{mi}}(1 + f_{mi})$ 可导出第 i 截面的燃烧分数 η_{ri} 和总比焓 h_{ti} 的公式。

喷入液态燃料(第 i 截面)时

$$\eta_{ri}' = \frac{h_{ta} + f_j h_{tej} + f_{O_2} h_{tO_2} + D h_{tH_2O} + f_i h_{tf} - f_i h'_{tmi}}{f_i (H_u' + h_{tf} - h_{te})_i} \tag{4-223}$$

$$h_{ti} = \frac{H_{ui}'(h_{ta} + f_j h_{tej} + f_{O_2} h_{tO_2} + D h_{tH_2O} + f_i h_{tf}) + f_i (h_{tf} - h_{te})_i h_{tmi}'}{(1 + f_j + f_i + f_{O_2} + D)(H_u' + h_{tf} - h_{te})_i} \tag{4-224}$$

式中

$$h'_{tmi} = \frac{h_{tm}}{f_{mi}} + c_f(t_j - 25) - l_0 - H_{f0} - \frac{Q_i}{f_{mi}} \tag{4-225}$$

$$H'_{ui} = H_u + \frac{(1 - \eta_{rj}) f_{jm} H_{uj}}{f_{mi}} + l_0 + H_{f0} \tag{4-226}$$

喷入气态燃料时

$$\eta'_{ri} = \frac{h_{ta} + f_j h_{tej} + f_{O_2} h_{tO_2} + Dh_{tH_2O} + f_i h_{tf} - fh''_{tmi}}{f_i \left(H''_u + h_{tf} - h_{te}\right)_i}$$

$$(4-227a)$$

$$h_{ti} = \frac{H''_{ui}\left(h_{ta} + f_j h_{tej} + f_{O_2} h_{tO_2} + Dh_{tH_2O} + f_i h_{tf}\right) + f_i \left(h_{tf} - h_{te}\right)_i h''_{tmi}}{\left(1 + f_j + f_i + f_{O_2} + D\right)\left(H''_u + h_{tf} - h_{te}\right)_i}$$

$$(4-227b)$$

式中

$$h''_{tm} = \frac{h_{tm}}{f_{mi}} + h_{tg0} - \frac{Q_i}{f_{mi}} - H_{f0} \qquad (4-228)$$

$$H''_u = H_u + (1 - \eta_{rj})H_{uj}\frac{f_{jm}}{f_{mi}} + H_{f0} \qquad (4-229)$$

上式中的 η'_{ri} 为第 i 截面的燃烧分数。计及燃料未燃烧部分裂解的能量，第 i 截面的化学反应燃烧效率 η''_{ri} 由下式确定

$$\eta''_{ri} H_u = \eta_{ri}' H_u - (1 - \eta_{ri}')(H_{f0} + l_0) \text{（喷液态燃料）} \quad (4-230)$$

$$\eta''_{ri} H_u = \eta_{ri}' H_u - (1 - \eta_{ri}')H_{f0} \text{（喷气态燃料）} \quad (4-231)$$

即

$$\eta_{ri}'' = \eta_{ri}' - (1 - \eta_{ri}')\frac{H_{f0} + l_0}{H_u} = \eta_{ri}'\left(1 + \frac{H_{f0} + l_0}{H_u}\right) - \frac{H_{f0} + l_0}{H_u} \text{（喷液态燃料）}$$

$$(4-232)$$

$$\eta_{ri}'' = \eta_{ri}'\left(1 + \frac{H_{f0}}{H_u}\right) - \frac{H_{f0}}{H_u} \text{（喷气态燃料）} \qquad (4-233)$$

如按整个燃烧室的供油量计算第 i 截面的燃烧效率 η_{ri} ，由

$$f_{mi}\eta''_{ri} = f_m \eta_{ri}$$

得

$$\eta_{ri} = \frac{f_{mi}}{f_m}\eta_{ri}'' = \frac{f_i}{f}\eta_{ri}'' \qquad (4-234)$$

通过试验数据处理得到 η_{ri}' ， η''_{ri} 和 η_{ri} 沿燃烧室轴向的变化规律，有助于分析燃烧室供油分布和燃烧的优劣。

②流量方程

$$q_{mi} = q_{mi+1} - \Delta q_{fi} = A_i p_i \sqrt{\frac{\gamma_i}{R_i T_i}} Ma_i \qquad (4-235)$$

$$f_{mi} = f_{mi+1} - \Delta f_{mi} \tag{4-236}$$

式中　Δq_{fi} —— i 到 $i+1$ 截面喷入的燃料质量流量；

$\Delta f_{mi} = \dfrac{\Delta q_{fi}}{q_{m0}}$ 。

③总比焓方程

$$h_{ti} = h_i + \frac{\gamma_i R_i T_i}{2} M_{ai}^2 = h_i + \frac{1}{2}\left(\frac{R_i T_i q_{mi}}{A_i p_i}\right)^2 \tag{4-237}$$

④冲量方程

i 截面的冲量为

$$\phi_i = A_i p_i (1 + \gamma_i Ma_i^2) \tag{4-238}$$

由式（4-19），沿燃烧室轴线方向的投影，有

$$\Delta q_{fi} v_{fi} \cos r + \phi_i - \phi_{i+1} = F_{xi} = \Delta X_{fi} + \Delta X_i - \frac{p_i + p_{i+1}}{2} \Delta A_i$$

$$\tag{4-239}$$

式中　v_{fi} ——第 i 段喷射的燃料的速度；

　　　r ——喷射方向与轴线方向的夹角；

　　　ϕ_i，ϕ_{i+1} ——第 i 截面和第 $i+1$ 截面的冲量；

　　　F_{xi} ——第 i 段（第 i 截面到第 $i+1$ 截面）气流作用于控制体

　　　　　和物件上的合力沿轴线的投影；

　　　ΔX_{fi} 和 ΔX_i ——第 i 段管壁表面的摩擦力和控制体界面内浸

　　　　　在气流中的物体的轴向阻力；

　　　ΔA_i ——第 i 段出口与进口截面积的差，$\Delta A_i = A_{i+1} - A_i$ 。

$$\Delta X_f = \tau_f \Delta S = f_0 \frac{\rho v^2}{2} \Delta S = f_0 \frac{\rho v^2}{2} \pi D_m \Delta x = \frac{4A f_0 \Delta x}{D_m} \cdot \frac{\rho v^2}{2}$$

$$\Delta X = C_x \Delta A' \frac{\rho v^2}{2}$$

由 $\rho v^2 = \gamma p Ma^2$ ，得

$$\Delta X_f + \Delta X = \frac{\gamma p Ma^2}{2} A\left(\frac{4 f_0 \Delta x}{D_m} + C_x \Delta \overline{A'}\right) \tag{4-240}$$

式中　ΔS ——壁表面面积；

　　　τ_f ——摩擦剪切应力；

f_0 ——摩擦系数；

Δx ——管长；

D_m ——管路的水力直径，$D_m = \dfrac{4A}{l}$，l 为周长；

$\Delta \overline{A'} = \dfrac{\Delta A'}{A}$；

C_x ——浸入气流中物体的阻力系数。

在超声速燃烧时，C_x 取亚声速的阻力系数，速度 v 和密度 ρ 取正激波后的速度 v' 和密度 ρ'，即

$$\Delta X = C_x \Delta A' \frac{\rho v^2}{2} \left(\frac{\rho' v'^2}{\rho v^2} \right)$$

$$= C_x \Delta A' \frac{\rho v^2}{2} \cdot \frac{v'}{v} \approx C_x \Delta A' \frac{\rho v^2}{2} \cdot \frac{1}{\lambda^2}$$

$\Delta A'$ 为物件的物理截面积，$\Delta A'$ 取值与 C_x 直接相关。

在计算第 i 段的 ΔX_{fi} 和 ΔX_i 时，物理参数取 i 截面和 $i+1$ 截面的算术平均参数。

因此有

$$(\Delta X_f + \Delta X)_i =$$

$$\frac{(\gamma p Ma^2)_i + (\gamma p Ma^2)_{i+1}}{4} \left(\frac{A_i + A_{i+1}}{2} \right) \left(\frac{8 f_0 \Delta x}{D_{mi} + D_{mi+1}} + C_{x_i} \Delta \overline{A'_i} \right) \tag{4-241}$$

将上式代入式（4-239）得

$$\phi_i = \phi_{i+1} + \left[(\gamma p Ma^2)_i + (\gamma p Ma^2)_{i+1} \right] (A_i + A_{i+1})$$

$$\left(\frac{f_0 \Delta x_i}{D_{mi} + D_{mi+1}} + \frac{C_{xi}}{8} \Delta \overline{A'_i} \right) - \Delta q_{fi} v_{fi} \cos r - \frac{p_i + p_{i+1}}{2} \Delta A_i \tag{4-242}$$

⑤标准熵方程

参照式（4-24），有

$$\left(\frac{p_i}{p} \right)_i = e^{\frac{s^0(T_{ti}) - s^0(T_i)}{R_i}} \tag{4-243}$$

在计算第 i 截面的气动热力参数时，第 $i+1$ 截面的所有气动热

力参数已知，其他已知参数为：

H_u , H_{uj} , η_{ri} , $\bar{q}$, Q_i , l_0 , H_{f0} , A_i , q_{mfj} , q_{mfi} , q_{mf} , q_{ma} , q_{O_2} , q_{m0} , D_m , h_{tm} , p_{tm} , p_i , R_{ej} , R_e , R_f , R_{O_2} , R_{H_2O} , c_f , t_f （液态燃料）, h_{tg0} （气态燃料）, H_{f0} , Δq_{fi} , v_{fi} , r_i , f_0 , Δx_i , D_{mi} , C_{xi} , $\Delta \overline{A'_i}$ 。

程序框图如图 4 - 33 所示。

依照以上的程序框图，即可获得下列参数随燃烧室轴向坐标 x 变化的曲线

$$\begin{cases} T = T(x) \\ T_t = T_t(x) \\ p_t = p_t(x) \\ \eta'_r = \eta'_r(x) \\ \eta''_r = \eta''_r(x) \\ \eta_r = \eta_r(x) \\ Ma = Ma(x) \end{cases} \tag{4-244}$$

在编程计算时，可以把燃烧室出口参数的计算程序和上述燃烧室各截面参数的计算程序结合在一起，编成一个完整的计算程序。

（2）飞行状态

上述计算为地面模拟试验所用，对超声速燃烧和亚声速燃烧都是适用的。飞行状态的燃烧室气动热力计算是根据试验得到的 $\eta_r = \eta_r(x)$，通过分析确定飞行状态（即无补氧和直接加热）纯空气在 Ma 、H 下的 $\eta_r = \eta_r(x)$，来计算燃烧室各截面的参数。再加上喷管流动的计算，最终计算推力、比冲等。对亚声速燃烧，计算是从燃烧室出口开始，计算燃烧室出口的所有气动热力参数；然后向前逐段计算，得到燃烧室进口的气动热力参数，加上燃烧室与进气道之间的激波串特性，计算出发动机的超临界裕度。从燃烧室出口向喷管方向计算，得出推力和比冲。

对于超声速燃烧，从燃烧室进口到燃烧室出口都是超声速流，进气道和激波串的流动状态与燃烧室的超声速燃烧过程无关。在这种情况下，程序计算是从进气道——激波串后开始，给定 $\eta_r = \eta_r(x)$，逐段

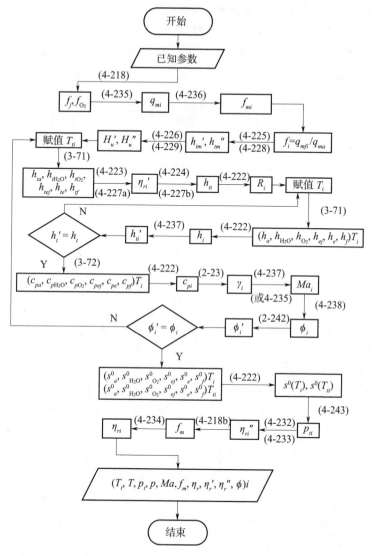

图 4-33　燃烧室任意截面参数计算流程

计算燃烧室各截面的参数，一直计算到燃烧室出口，再计算喷管流动，最终得到发动机的推力和比冲。如果在燃烧室内有热力喉道，则要先迭代算出热力喉道的位置，从热力喉道分别向前向后计算。

由于工质是纯空气，所以 $f_j = f_{jm} = f_{O_2} = D = 0$；$f_i = f_{im}$；$f = f_m$（$f$ 为总油气比）；$R = R_a$（R 为燃烧室进口气体常数）；$h_{tm} = h_{ta0}$（来流空气的总比焓），对应式（4 - 223）～式（4 - 229）为：

喷入液态燃料时

$$\eta_{ri}{}' = \frac{(h_{ta} + f_i h_{tf})_i - f_i h'{}_{tmi}}{f_i (H'{}_u + h_{tf} - h_{te})_i} \qquad (4 - 245)$$

$$h_{ti} = \frac{H'{}_u (h_{ta} + f_i h_{tf})_i + f_i (h_{tf} - h_{te})_i h'{}_{tmi}}{(1 + f_i)(H'{}_u + h_{tf} - h_{te})_i} \qquad (4 - 246)$$

$$h'{}_{tmi} = \frac{h_{ta0}}{f_i} + c_f (t_f - 25) - l_0 - H_{f0} - \frac{Q_i}{f_i} \qquad (4 - 247)$$

$$H'{}_u = H_u + l_0 + H_{f0} \qquad (4 - 248)$$

喷入气态燃料时

$$\eta_{ri}{}' = \frac{(h_{ta} + f_i h_{tf})_i - f_i h''{}_{tmi}}{f_i (H'{}_u + h_{tf} - h_{te})_i} \qquad (4 - 249)$$

$$h_{ti} = \frac{H''{}_u (h_{ta} + f_i h_{tf})_i + f_i (h_{tf} - h_{te})_i h''{}_{tmi}}{(1 + f_i)(H''{}_u + h_{tf} - h_{te})_i} \qquad (4 - 250)$$

$$h''{}_{tmi} = \frac{h_{ta0}}{f_i} + h_{tg0} - \frac{Q_i}{f_i} - H_{f0} \qquad (4 - 251)$$

$$H''{}_u = H_u + H_{f0} \qquad (4 - 252)$$

广延量方程式（4 - 222）写为

$$(1 + f_i)y = y_a + f_i y_f + f_i \eta_{ri}{}'(y_e - y_f) \qquad (4 - 253)$$

流量方程（4 - 235）改写为

$$q_{mi} = q_{mi-1} + \Delta q_{fi} = A_i p_i \sqrt{\frac{\gamma_i}{R_i T_i}} Ma_i \qquad (4 - 254)$$

和

$$f_i = f_{i-1} + \Delta f_i \qquad (4 - 255)$$

式中　Δq_{fi}——$i - 1$ 截面到 i 截面喷入的燃料质量流量；

$\Delta f_i = \dfrac{\Delta q_{fi}}{q_{ma}}$。

冲量方程（4 - 242）改写为

$$\phi_i = \phi_{i-1} - \left[(\gamma p Ma^2)_{i-1} + (\gamma p Ma^2)_i \right] (A_{i-1} + A_i)$$

$$\left(\frac{f_0 \Delta x_i}{D_{mi-1} + D_{mi}} + \frac{C_{xi}}{8} \Delta \overline{A'}_i \right) + \Delta q_{fi} v_{fi} \cos r_i + \frac{p_{i-1} + p_i}{2} \Delta A_i$$

$$(4-256)$$

式中　$\Delta A_i = A_i - A_{i-1}$ 。

总比焓方程（4-237）和标准熵方程（4-243）与前面地面模拟试验数据处理所用的方程相同。η_{ri}'' 和 η_{ri} 仍分别按式（4-232）、式（4-233）和式（4-234）计算（ $f_{mi} = f_i$ ，$f_m = f$ ）。超声速燃烧的性能计算从燃烧室进口开始，逐次向燃烧室下游计算。这里的第 i 段是指第 $i-1$ 截面到第 i 截面。

对飞行超声速燃烧状态第 i 截面的性能计算，已知条件为：

第 $i-1$ 截面的所有气动热力参数，H_u ，Q_i ，l_0 ，H_{f0} ，A_i ，q_{mfi} ，q_{mf} ，q_{ma} ，h_{ta0} ，T_{t0}（进气总温），η_{ri}' ，R_a ，R_e ，R_f ，c_f 和 t_f（液态燃料），h_{tgo}（气态燃料），H_{f0} ，$\Delta q_{fi}(\Delta f_i)$ ，f_{0i} ，Δx_i ，D_{mi} ，C_{xi} ，$\Delta \overline{A'}_i$ ，v_{fi} ，γ_i 。

亚声速燃烧计算从燃烧室出口或气动喉道开始，超声速燃烧从燃烧室进口开始，计算流程如图 4-34 所示。

上面的计算中假设摩擦系数 f_0 已知，在没有更好的摩擦系数经验关系时，可考虑用参考文献 [1] 所介绍的绝热平板的关系式（ $0 < Ma < 4$ ），即

$$f_0 = \frac{0.472 \left(1 - \dfrac{1.12}{\ln Re} \right)}{(\ln Re)^{2.58} \left(1 + \dfrac{\gamma - 1}{2} Ma^2 \right)^{0.467}} \qquad (4-257)$$

式中，Re 为

$$Re = \frac{\rho v D_m}{\eta} = \frac{4 q_m}{\pi D_m \eta} \qquad (4-258)$$

上式的 D_m 为该截面的水力直径，对圆截面即管径，对其他截面 D_m 等于 4 倍截面面积除以截面周长；动力黏性系数 η 按式（3-82）～式（3-84）计算。为计算 f_0 ，程序中必须计算随温度变化的 η 值。

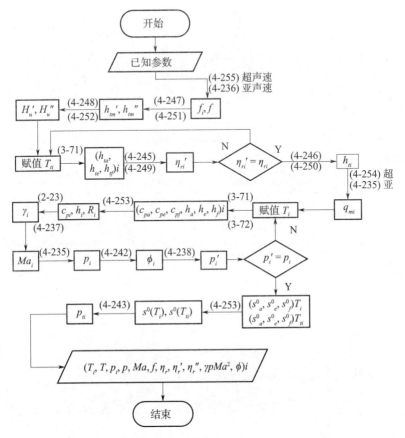

图 4-34 亚声速或超声速燃烧截面参数计算流程

4.8.4 燃烧室截面参数的微分表达式

冲压发动机燃烧室各截面参数的计算，也可以用微分形式表达，尤其对超声速冲压发动机燃烧室的计算有实用价值。

与前节相同，燃烧室为变截面，沿途加入燃料，燃烧室壁存在不可忽视的摩擦力，燃烧室内设有浸入气流中的物件，燃烧室通过传热和辐射向外界散热。

（1）燃烧分数和总物理比焓的微分方程

对喷入液态燃料，式（4-210）取对数，然后微分，得

$$\frac{\mathrm{d}\eta'_r}{\eta'_r} + \frac{\mathrm{d}f}{f} + \frac{\mathrm{d}(H'_u + h_{tf} - h_{te})}{c} = \frac{B\mathrm{d}T_t + (h_{tf} - b)\mathrm{d}f + a\mathrm{d}Q}{A - fh_{tm}'}$$

$$(4-259)$$

和

$$B = c_{pta} + f_j c_{ptej} + f_{O_2} c_{ptO_2} + Dc_{ptH_2O} + fc_{ptf} \qquad (4-260)$$

$$A = h_{ta} + f_j h_{tej} + f_{O_2} h_{tO_2} + Dh_{tH_2O} + fh_{tf} \qquad (4-261)$$

$$c = H'_u + h_{tf} - h_{te} \qquad (4-262)$$

$$b = c_f(t_f - 25) - l_0 - H_{f0} \qquad (4-263)$$

$$a = 1 + f_j + f_{O_2} + D = \frac{f}{f_m} \qquad (4-264)$$

式（4-212）微分，得

$$\mathrm{d}H'_u = \delta\mathrm{d}\left(\frac{1}{f_m}\right) = \delta\mathrm{d}\left(\frac{a}{f}\right) = \frac{-a\delta}{f^2}\mathrm{d}f \qquad (4-265)$$

式中

$$\delta = (1 - \eta_{rj})H_{uj}f_{jm} \qquad (4-266)$$

将式（4-265）代入式（4-259），得

$$\frac{\mathrm{d}\eta'_r}{\eta'_r} + \left(\frac{1}{f} - \frac{a\delta}{cf^2} - \frac{h_{tf} - b}{A - fh'_{tm}}\right)\mathrm{d}f +$$

$$\left(\frac{c_{ptf} - c_{pte}}{c} - \frac{B}{A - fh'_{tm}}\right)\mathrm{d}T_t - \frac{a}{A - fh'_{tm}}\mathrm{d}Q = 0 \quad (4-267)$$

依同样的方法，式（4-213）取对数，然后微分，得

$$\frac{\mathrm{d}h_t}{h_t} + \frac{\mathrm{d}f}{a + f} + \frac{1}{c}\left[(c_{ptf} - c_{pte})\mathrm{d}T_t - \frac{a\delta}{f^2}\mathrm{d}f\right]$$

$$= \frac{-\dfrac{a\delta}{f^2}A\mathrm{d}f + BH'_u\mathrm{d}T_t + H'_u h_{tf}\mathrm{d}f + \Delta_1\mathrm{d}T_f + (h_{tf} - h_{te})\mathrm{d}(fh'_{tm})}{AH'_u + \Delta_2}$$

$$(4-268)$$

式中

$$\Delta_1 = f(c_{ptf} - c_{pte})h'_{tm} \qquad (4-269)$$

$$\Delta_2 = f(h_{tf} - h_{te})h'_{tm} \qquad (4-270)$$

由式（4 - 225）和式（4 - 264）得

$$\mathrm{d}(fh'_{tm}) = \mathrm{d}\left(\frac{f}{f_m}h_{tm}\right) + \mathrm{d}(fb) - \mathrm{d}\left(f\frac{Q}{f_m}\right) = b\mathrm{d}f - a\mathrm{d}Q \qquad (4-271)$$

将上式代入式（4 - 268）得

$$\frac{\mathrm{d}h_t}{h_t} + \left(\frac{c_{ptf} - c_{pte}}{c} - \frac{H_u'B + \Delta_1}{H_u'A + \Delta_2}\right)\mathrm{d}T_t +$$

$$\left[\frac{-H'_u h_{tf} + \dfrac{a\delta}{f^2}A + b(h_{tf} - h_{te})}{AH'_u + \Delta_2} + \frac{1}{a+f} - \frac{a\delta}{cf^2}\right]\mathrm{d}f -$$

$$\frac{a(h_{tf} - h_{te})}{AH'_u + \Delta_2}\mathrm{d}Q = 0 \qquad (4-272)$$

对喷入气态燃料，式（4 - 214）取对数，然后微分，整理得

$$\frac{\mathrm{d}\eta'_r}{\eta'_r} + \left(\frac{1}{f} - \frac{a\delta}{c_g f^2} - \frac{h_{tf} - h_{tg0} + H_{f0}}{A - fh''_{fm}}\right)\mathrm{d}f +$$

$$\left(\frac{c_{ptf} - c_{pte}}{c_g} - \frac{B}{A - fh''_{tm}}\right)\mathrm{d}T_t - \frac{a}{A - fh''_{tm}}\mathrm{d}Q = 0 \quad (4-273)$$

式中

$$c_g = H''_u + h_{tf} - h_{te} \qquad (4-274)$$

依同样的方法，式（4 - 215）取对数，然后微分，整理得

$$\frac{\mathrm{d}h_t}{h_t} + \left(\frac{c_{ptf} - c_{pte}}{c_g} - \frac{H''_u B + \Delta'_1}{H''_u A + \Delta'_2}\right)\mathrm{d}T_t +$$

$$\left[\frac{-H''_u h_{tf} + \dfrac{a\delta}{f^2}A - (h_{tg0} - H_{f0})(h_{tf} - h_{te})}{AH''_u + \Delta'_2} + \frac{1}{a+f} - \frac{a\delta}{c_g f^2}\right]\mathrm{d}f +$$

$$\frac{a(h_{tf} - h_{te})}{AH''_u + \Delta'_2}\mathrm{d}Q = 0 \qquad (4-275)$$

式中

$$\Delta'_1 = f(c_{ptf} - c_{pte})h''_{tm} \qquad (4-276)$$

$$\Delta'_2 = f(h_{tf} - h_{te})h''_{tm} \qquad (4-277)$$

将式（4 - 272）、式（4 - 275）写成通式，即

$$dh_t = EdT_t + Fdf + KdQ \tag{4-278}$$

式中

喷液态燃料
$$\begin{cases} E = h_t\left(\dfrac{H'_u B + \Delta_1}{H'_u A + \Delta_2} - \dfrac{c_{ptf} - c_{pte}}{c}\right) & (4-279) \\[4mm] F = h_t\left[\dfrac{H'_u h_{tf} - \dfrac{a\delta}{f^2}A - b(h_{tf} - h_{te})}{AH'_u + \Delta_2} - \dfrac{1}{a+f} + \dfrac{a\delta}{cf^2}\right] & (4-280) \\[4mm] K = -h_t\dfrac{a(h_{tf} - h_{te})}{AH'_u + \Delta_2} & (4-281) \end{cases}$$

喷气态燃料
$$\begin{cases} E = h_t\left(\dfrac{H''_u B + \Delta'_1}{H''_u A + \Delta'_2} - \dfrac{c_{ptf} - c_{pte}}{c_g}\right) & (4-282) \\[4mm] F = h_t\left[\dfrac{H''_u h_{tf} - \dfrac{a\delta}{f^2}A + (h_{tg0} - H_{f0})(h_{tf} - h_{te})}{AH''_u + \Delta'_2} - \dfrac{1}{a+f} + \dfrac{a\delta}{c_g f^2}\right] & (4-283) \\[4mm] K = -h_t\dfrac{a(h_{tf} - h_{te})}{(AH''_u + \Delta'_2)} & (4-284) \end{cases}$$

由式（4-15）

$$h_t = h + \frac{v^2}{2} = h + \frac{\gamma RT}{2}Ma^2 \tag{4-285}$$

即

$$h_t - h = \frac{\gamma}{2}RTMa^2 \tag{4-286}$$

上式取对数，然后微分得

$$\frac{dh_t}{c_p T} = \left(1 + \frac{\gamma-1}{2}Ma^2\right)\frac{dT}{T} + \frac{\gamma-1}{2}Ma^2\left(2\frac{dMa}{Ma} + \frac{dR}{R} + \frac{d\gamma}{\gamma}\right) \tag{4-287}$$

由式（4-278）和式（4-287）得

$$EdT_t + Fdf + KdQ - \left(1 + \frac{\gamma-1}{2}Ma^2\right)c_p dT - \frac{\gamma-1}{2}$$

$$Ma^2 c_p T\left(2\frac{dMa}{Ma} + \frac{dR}{R} + \frac{d\gamma}{\gamma}\right) = 0 \tag{4-288}$$

（2）冲量的微分方程

由式（4-239）和式（4-240）得

$$\mathrm{d}\phi = v_f \mathrm{cos}r \mathrm{d}q_f \mp \mathrm{d}X_f \mp \mathrm{d}X + p\mathrm{d}A \tag{4-289}$$

上式 X_f 和 X 项有"$\mp$"号，其中负号表示顺流计算，正号表示逆流计算。

$$\mathrm{d}X_f + \mathrm{d}X = \frac{A\gamma p}{2}Ma^2 \left[\frac{4f_0 \mathrm{d}x}{D} + \frac{\mathrm{d}X}{\dfrac{A\gamma p}{2}Ma^2} \right] \tag{4-290}$$

因此得

$$\mathrm{d}\phi = v_f \mathrm{cos}r \mathrm{d}q_f + p\mathrm{d}A \mp \frac{A\gamma p}{2}Ma^2 \mathrm{d}Y \tag{4-291}$$

$$\mathrm{d}Y = \frac{4f_0}{D}\mathrm{d}x + \frac{\mathrm{d}X}{\dfrac{A\gamma p}{2}Ma^2} \tag{4-292}$$

式中

$$\mathrm{d}q_f = q_{ma}\mathrm{d}f = q_{m0}\mathrm{d}f_m \tag{4-293}$$

又因

$$\phi = Ap(1 + \gamma Ma^2) \tag{4-294}$$

上式取对数，然后微分得

$$\frac{\mathrm{d}\phi}{\phi} = \frac{\mathrm{d}A}{A} + \frac{\mathrm{d}p}{p} + \frac{\gamma Ma^2}{1 + \gamma Ma^2}\left(\frac{\mathrm{d}\gamma}{\gamma} + 2\frac{\mathrm{d}Ma}{Ma}\right) \tag{4-295}$$

或

$$\mathrm{d}\phi = Ap(1 + \gamma Ma^2)\left(\frac{\mathrm{d}A}{A} + \frac{\mathrm{d}p}{p}\right) + Ap\gamma Ma^2\left(\frac{\mathrm{d}\gamma}{\gamma} + 2\frac{\mathrm{d}Ma}{Ma}\right) \tag{4-296}$$

由式（4-291）和式（4-296），得

$$\pm \frac{\gamma pA}{2}Ma^2 \mathrm{d}Y - v_f q_{ma}\mathrm{cos}r\mathrm{d}f + \gamma pMa^2 \mathrm{d}A +$$

$$(1 + \gamma Ma^2)A\mathrm{d}p + ApMa^2\mathrm{d}\gamma + 2Ap\gamma Ma\mathrm{d}Ma = 0 \tag{4-297}$$

（3）质量流量的微分方程

流量方程

$$q_m = Ap\sqrt{\frac{\gamma}{RT}}Ma \tag{4-298}$$

上式取对数，然后微分得

$$\frac{\mathrm{d}q_m}{q_m} = \frac{\mathrm{d}q_f}{q_m} = \frac{\mathrm{d}q_f}{q_{ma}}\frac{q_{ma}}{q_m} = \frac{\mathrm{d}f}{a} = \frac{\mathrm{d}A}{A} + \frac{\mathrm{d}p}{p} + \frac{\mathrm{d}Ma}{Ma} + \frac{1}{2}\left[\frac{\mathrm{d}\gamma}{\gamma} - \frac{\mathrm{d}R}{R} - \frac{\mathrm{d}T}{T}\right]$$

$$(4-299)$$

式中，$a = 1 + f_j + f_{O_2} + D$。

（4）气体常数、比热比 γ 和定压比热容 c_p 的微分方程

由 c_p、γ、R 的关系式，对完全气体为

$$(\gamma - 1)c_p = \gamma R \tag{4-300}$$

上式取对数，然后微分得

$$\frac{\mathrm{d}\gamma}{\gamma - 1} + \frac{\mathrm{d}c_p}{c_p} = \frac{\mathrm{d}\gamma}{\gamma} + \frac{\mathrm{d}R}{R} \tag{4-301}$$

即

$$\frac{\mathrm{d}\gamma}{\gamma} = (\gamma - 1)\left(\frac{\mathrm{d}R}{R} - \frac{\mathrm{d}c_p}{c_p}\right) \tag{4-302}$$

由式（4-209）有

$$(a + f)c_p = c_{pa} + f_j c_{pej} + f_{O_2} c_{pO_2} + D c_{pH_2O} + f c_{pf} + f\eta'_r(c_{pe} - c_{pf}) \tag{4-303}$$

上式取对数，然后微分得

$$\frac{\mathrm{d}f}{a+f} + \frac{\mathrm{d}c_p}{c_p} =$$

$$\frac{\mathrm{d}c_{pa} + f_j\mathrm{d}c_{pej} + f_{O_2}\mathrm{d}c_{pO_2} + D\mathrm{d}c_{pH_2O} + f\mathrm{d}c_{pf} + c_{pf}\mathrm{d}f + f\eta'_r(c_{pe} - c_{pf})\left[\frac{\frac{\mathrm{d}\eta'_r}{\eta_r}}{ } + \frac{\mathrm{d}f}{f} + \frac{\mathrm{d}c_{pe} - \mathrm{d}c_{pf}}{c_{pe} - c_{pf}}\right]}{(a+f)c_p}$$

$$(4-304)$$

即

$$\mathrm{d}c_p = \frac{1}{a+f}\{\mathrm{d}G + f(c_{pe} - c_{pf})\mathrm{d}\eta'_r + [\eta'_r(c_{pe} - c_{pf}) + c_{pf} - c_p]\mathrm{d}f + f\eta'_r\mathrm{d}(c_{pe} - c_{pf})\} \tag{4-305}$$

式中

$$\mathrm{d}G = \mathrm{d}c_{pa} + f_j\mathrm{d}c_{pej} + f_{O_2}\mathrm{d}c_{pO_2} + D\mathrm{d}c_{pH_2O} + f\mathrm{d}c_{pf} = F(f,T)\mathrm{d}T \tag{4-306}$$

$$\mathrm{d}(c_{pe} - c_{pf}) = f(T)\mathrm{d}T \tag{4-307}$$

$F(f,T)$ 为已知油气比 f 和温度 T 的函数；$f(T)$ 为温度 T 的已知函数。

将式（4-306）、式（4-307）代入式（4-305），得

$$\mathrm{d}c_p = \frac{1}{a+f}\{[F(f,T)+f\eta'_r f(T)]\mathrm{d}T + f(c_{pe}-c_{pf})\mathrm{d}\eta'_r +$$
$$[\eta'_r(c_{pe}-c_{pf})+c_{pf}-c_p]\mathrm{d}f\} \qquad (4-308)$$

将上式代入式（4-302），得

$$\frac{\mathrm{d}\gamma}{\gamma(\gamma-1)} - \frac{\mathrm{d}R}{R} + \frac{1}{c_p(a+f)}\{[F(f,T)+f\eta'_r f(T)]\mathrm{d}T +$$
$$f(c_{pe}-c_{pf})\mathrm{d}\eta'_r + [\eta'_r(c_{pe}-c_{pf})+c_{pf}-c_p]\}\mathrm{d}f = 0$$
$$(4-309)$$

由式（4-209）

$$(a+f)R = R_a + f_j R_{ej} + f_{O_2} R_{O_2} + DR_{H_2O} + fR_f + f\eta'_r(R_e - R_f)$$
$$(4-310)$$

上式取对数，然后微分得

$$\frac{\mathrm{d}f}{a+f} + \frac{\mathrm{d}R}{R} = \frac{[R_f + (R_e - R_f)\eta'_r]\mathrm{d}f + (R_e - R_f)f\mathrm{d}\eta'_r}{(a+f)R}$$
$$(4-311)$$

即

$$\frac{\mathrm{d}R}{R} = \frac{[R_f + (R_e - R_f)\eta'_r - R]\mathrm{d}f + (R_e - R_f)f\mathrm{d}\eta'_r}{(a+f)R}$$
$$(4-312)$$

将上式分别代入式（4-288）、式（4-299）和式（4-309），并将式（4-309）的 $\mathrm{d}\gamma$ 分别代入式（4-288）、式（4-297）和式（4-299），最终得到表示微分变量的四阶齐次线性方程组。

质量方程，式（4-299）写为

$$-A_1\mathrm{d}f - B_1\mathrm{d}A + C_1\mathrm{d}p + D_1\mathrm{d}\eta'_r + E_1\mathrm{d}Ma + F_1\mathrm{d}T = 0$$
$$(4-313)$$

能量方程，式（4-288）写为

$$-A_2\mathrm{d}f + D_2\mathrm{d}\eta'_r + E_2\mathrm{d}Ma + F_2\mathrm{d}T - G_2\mathrm{d}Q + H_2\mathrm{d}T_t = 0$$

$$(4-314)$$

式（4-267）和式（4-273）写为

$$-A_3\mathrm{d}f + D_3\mathrm{d}\eta'_r - G_3\mathrm{d}Q + H_3\mathrm{d}T_t = 0 \qquad (4-315)$$

冲量方程，式（4-297）写为

$$-A_4\mathrm{d}f - B_4\mathrm{d}A + C_4\mathrm{d}p + D_4\mathrm{d}\eta'_r + E_4\mathrm{d}Ma + F_4\mathrm{d}T - I_4\mathrm{d}Y = 0$$

$$(4-316)$$

上式中的各系数，读者可自己导出。

在冲压发动机燃烧室内，已知的微分量为 $\mathrm{d}f$，$\mathrm{d}A$，$\mathrm{d}Q$，$\mathrm{d}Y$ 和 $\mathrm{d}p$（或 $\mathrm{d}\eta'_r$），（试验数据处理时已知 $\mathrm{d}p$，性能计算时已知 $\mathrm{d}\eta'_r$），微分量用差分变量表示，上式则变成差分变量的四阶非齐次线性方程组，可求解 $\mathrm{d}T_t$，$\mathrm{d}T$，$\mathrm{d}Ma$ 和 $\mathrm{d}p$（或 $\mathrm{d}\eta'_r$），线性方程组变为以下形式

$$C_1\mathrm{d}p + E_1\mathrm{d}Ma + F_1\mathrm{d}T = A_1\mathrm{d}f + B_1\mathrm{d}A - D_1\mathrm{d}\eta'_r$$

$$(4-317a)$$

或

$$D_1\mathrm{d}\eta'_r + E_1\mathrm{d}Ma + F_1\mathrm{d}T = A_1\mathrm{d}f + B_1\mathrm{d}A - C_1\mathrm{d}p$$

$$(4-317b)$$

$$E_2\mathrm{d}Ma + F_2\mathrm{d}T + H_2\mathrm{d}T_t = A_2\mathrm{d}f + G_2\mathrm{d}Q - D_2\mathrm{d}\eta'_r$$

$$(4-318a)$$

或

$$D_2\mathrm{d}\eta'_r + E_2\mathrm{d}Ma + F_2\mathrm{d}T + H_2\mathrm{d}T_t = A_2\mathrm{d}f + G_2\mathrm{d}Q$$

$$(4-318b)$$

$$H_3\mathrm{d}T_t = A_3\mathrm{d}f + G_3\mathrm{d}Q - D_3\mathrm{d}\eta'_r \qquad (4-319a)$$

或

$$D_3\mathrm{d}\eta r' + H_3\mathrm{d}T_t = A\mathrm{d}f + G_3\mathrm{d}Q \qquad (4-319b)$$

$$C_4\mathrm{d}p + E_4\mathrm{d}Ma + F_4\mathrm{d}T = A_4\mathrm{d}f + B_4\mathrm{d}A + I_4\mathrm{d}Y - D_4\mathrm{d}\eta'_r$$

$$(4-320a)$$

或

$$D_4\mathrm{d}\eta'_r + E_4\mathrm{d}Ma + F_4\mathrm{d}T = A_4\mathrm{d}f + B_4\mathrm{d}A + I_4\mathrm{d}Y - C_4\mathrm{d}p$$

$$(4-320b)$$

工程应用时，常以差分代替微分。用上述方程的差分值求解后，即可计算得到 T_t，T，Ma，p（或 η'_r）沿轴向 x 的变化。前面已经

述及，截面参数的独立变量只有三个。因此，其他参数可直接用有关的方程求得。例如，密度沿 x 的变化，由状态方程求得。又如总压沿 x 的变化由式（4-201）求得，η''_r，η_r 分别按式（4-232），式（4-233）和式（4-234）计算。线性方程组的各系数，由有关的关系式求得 c_{pa}，c_{pej}，c_{pe}，c_{pte}，c_{pO_2}，c_{pH_2O}，c_{pf}，c_{ptf} 和 h_{ta}，h_{tej}，h_{te}，h_{tO_2}，h_{tH_2O}，h_{tf}，它们都是温度 T 的已知指数多项式；R，c_p，h 都是质量的广延量，按式（4-209）计算；h'_{tm}，h''_{tm} 和 H'_u，H''_u 分别按式（4-211）、式（4-216）和式（4-212）、式（4-217）计算；γ 按式（2-23）计算。

在计算技术较为发达的情况下，不必按上面导出差分量的四阶非齐次线性方程组计算，可直接由式（4-267）（液态燃料）、式（4-273）（气态燃料）、式（4-278）、式（4-287）、式（4-291）、式（4-296）、式（4-299）、式（4-302）、式（4-308）、式（4-312）组成的关于 9 个差分变量的线性方程组求解。线性方程组中的差分变量为 ΔA，$\Delta\eta'_r$，Δf，Δh_t，ΔT_t，ΔT，ΔQ，Δp，ΔMa，Δc_p，ΔR，$\Delta\gamma$，$\Delta\phi$，ΔY，Δq_f，共 15 个差分变量，已知差分变量为 ΔA，Δf，ΔQ，ΔY，Δq_f，$\Delta\eta'_r$（或 Δp），共 6 个。试验数据处理时已知 Δp，性能计算时已知 $\Delta\eta'_r$，待求的差分变量有 $15-6=9$ 个，由上述的 9 个线性方程即可求解得到 9 个待求的差分变量。使用时，首先从已知所有气动热力参数的截面开始，如燃烧室进口或热力喉道，顺流向下或逆流向上，按上面解析式逐截面计算其各参数的增量，并计算出该截面的气动热力参数，同时按上述有关公式计算得到各差分变量的系数。

计算时，将燃烧室分为 n 个区域，"0-0" 为开始计算的截面，"$n-n$" 为最终计算截面。已知 A，f，Q，Y，q_f，η'_r（或 p）沿燃烧室轴向长度的变化规律和开始计算截面（燃烧室进口或热力喉道）的所有气动热力参数。计算已有的 9 个差分变量的线性方程中各项的系数；由这 9 个方程解出 "1-1" 截面的 9 个差分变量 $[\Delta h_{t1}$，ΔT_{t1}，ΔT_1，ΔMa_1，Δc_{p1}，ΔR_1，$\Delta\gamma_1$，$\Delta\phi_1$，$\Delta\eta'_{r1}$（或 Δp_1）]，用

Δz 表示这 9 个差分变量，则 $z_1 = \Delta z_1$，再由 z_1 计算 9 个方程各差分变量的系数，并解出 Δz_2 和 $z_2 = z_1 + \Delta z_2$，这样依次计算下去，一直到 "$n-n$" 截面。各截面的总压 p_t 按式（4-201）、式（4-203）计算，η''_r 按式（4-232）或式（4-233）计算，η_r 按式（4-234）计算，计算流程见图 4-35 所示。

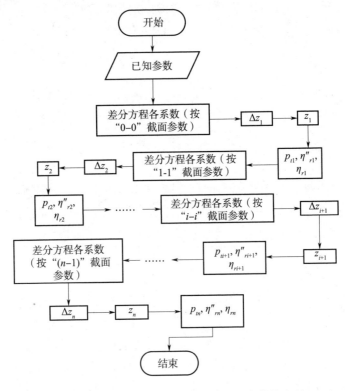

图 4-35　用差分法计算燃烧室各截面参数的流程

一般而言，按本节的方法，用差分代替微分进行数值计算，没有 4.8.3 节的方法准确。例如，摩擦损失项用 4.8.3 节的方法是差分中的平均值，而微分方程只是前差分或后差分之值。再有，当燃烧室内有浸在气流中的物体时，计算式（4-292）中的 dX 时，要作特殊处理。

4.8.5　燃烧室末段实用的微分表达式——分析热力喉道

（1）实用的微分方程

一般在燃烧室末段，燃烧效率已足够大（如 $\eta_r > 0.5$），已经证明，在此情况下，在计算燃烧产物的热力参数时，不必考虑未燃部分燃料的裂解问题。同时，在微分方程的导出过程中，取比热比 γ 和气体常数 R 在此微分段不变，γ 和 R 的变化在计算该微分段后，按有关函数关系式计算，计算和分析都表明，当取差分值较小时，不会带来工程上的偏差，燃烧室末段一般不再喷入燃料，也不存在浸入燃气的物件，按此条件有：

质量守恒微分方程，由式（4-298）得

$$\frac{\mathrm{d}A}{A} + \frac{\mathrm{d}p}{p} + \frac{\mathrm{d}Ma}{Ma} - \frac{1}{2}\frac{\mathrm{d}T}{T} = 0 \qquad (4-321)$$

冲量微分方程由式（4-297）得

$$\begin{aligned}
\frac{\mathrm{d}p}{p} &= -\frac{\gamma Ma^2}{1+\gamma Ma^2}\left(f_f\sqrt{\frac{\pi}{A}}\,\mathrm{d}x + \frac{\mathrm{d}A}{A} + \frac{2\mathrm{d}Ma}{Ma}\right) \\
&= -\frac{\gamma Ma^2}{1+\gamma Ma^2}\left[\left(\frac{f_f}{2\tan\alpha}+1\right)\frac{\mathrm{d}A}{A} + \frac{2\mathrm{d}Ma}{Ma}\right] \qquad (4-322)
\end{aligned}$$

式中　f_f——摩擦系数；

α——燃烧室的扩张半角 $\left(\dfrac{\mathrm{d}A}{2\sqrt{\pi A}\,\mathrm{d}x} = \tan\alpha\right)$，假设为圆形截

面燃烧室。

能量微分方程由式（4-287）得

$$\mathrm{d}h_t = \gamma R\left[\left(\frac{1}{\gamma-1}+\frac{Ma^2}{2}\right)\mathrm{d}T + TMa\,\mathrm{d}Ma\right] \qquad (4-323)$$

由能量守恒得

$$\mathrm{d}\eta_r - \frac{\mathrm{d}Q}{f_m H_u} = \frac{1+f_m}{f_m H_u}\mathrm{d}h_t \qquad (4-324)$$

代式（4-323）入上式得

$$\mathrm{d}\eta_r = \frac{1}{f_m H_u}\left\{\mathrm{d}Q + (1+f_m)\gamma R\left[\left(\frac{1}{\gamma-1}+\frac{Ma^2}{2}\right)\mathrm{d}T + TMa\,\mathrm{d}Ma\right]\right\}$$

$$(4-325)$$

将式（4-321）的 dT 和式（4-322）的 dp 代入式（4-325）得

$$\frac{\mathrm{d}\eta_r}{\mathrm{d}x} = \frac{1}{f_m H_u}\frac{\mathrm{d}Q}{\mathrm{d}x} + \frac{1+f_m}{f_m H_u}2\gamma RT$$

$$\left\{\left[Ma + \frac{1}{(\gamma-1)Ma} - \left(\frac{1}{\gamma-1}+\frac{Ma^2}{2}\right)\frac{2\gamma Ma}{1+\gamma Ma^2}\right]\frac{\mathrm{d}Ma}{\mathrm{d}x} + \right.$$

$$\left.\frac{\frac{1}{\gamma-1}+\frac{Ma^2}{2}}{1+\gamma Ma^2}\sqrt{\frac{\pi}{A}}(2\tan\alpha - f_f\gamma Ma^2)\right\} \qquad (4-326)$$

在燃烧室性能计算时，$\dfrac{\mathrm{d}\eta_r}{\mathrm{d}x}$ 和 α、f_f 都已知，由上式计算 $\dfrac{\mathrm{d}Ma}{\mathrm{d}x}$；

由式（4-322）计算 $\dfrac{\mathrm{d}p}{\mathrm{d}x}$；由式（4-321）计算 $\dfrac{\mathrm{d}T}{\mathrm{d}x}$，则该截面的所

有气动热力参数都可算出，然后由式（4-171）$c_p = \sum_{i=0}^{m}ia_i\tau^{i-1}$，$\mathrm{d}c_p$

$= \sum_{i=2}^{m}i(i-1)a_i\tau^{i-2}\mathrm{d}\tau$ 和 $\mathrm{d}\gamma = -\dfrac{\gamma-1}{\gamma}\dfrac{\mathrm{d}c_p}{c_p}$ 计算该截面的 γ 值。

由式（4-326）可以看出：

1）当燃烧室内某截面由加速变为减速或由减速变为加速时，即

$\dfrac{\mathrm{d}Ma}{\mathrm{d}x}=0$，则必须满足下式

$$\left(\frac{\mathrm{d}\eta_{re}}{\mathrm{d}x}\right)_{\frac{\mathrm{d}Ma}{\mathrm{d}x}=0} = \left(\frac{\mathrm{d}\eta_r}{\mathrm{d}x}\right)_{\frac{\mathrm{d}Ma}{\mathrm{d}x}=0} - \frac{\mathrm{d}Q/\mathrm{d}x}{f_m H_u}$$

$$= \frac{1+f_m}{f_m H_u}2\gamma RT\frac{\frac{1}{\gamma-1}+\frac{Ma^2}{2}}{1+\gamma Ma^2}\sqrt{\frac{\pi}{A}}(2\tan\alpha - f_f\gamma Ma^2)$$

$$(4-327)$$

式中　　η_{re}——扣掉散热损失的有效效率。

在有限长度的燃烧室内存在 $\dfrac{\mathrm{d}\eta_{re}}{\mathrm{d}x} = \left(\dfrac{\mathrm{d}\eta_{re}}{\mathrm{d}x}\right)_{\frac{\mathrm{d}Ma}{\mathrm{d}x}=0}$ 时，即存在加减

速转折点，否则转折点不存在。

2）当燃烧效率 $\eta_r = 1$ 时，$\dfrac{\mathrm{d}\eta_r}{\mathrm{d}x}=0$，忽略散热损失，在这种情况

下，如果 $2\tan\alpha > f_f\gamma Ma^2$ ，则式 (4-326) 大括号内 $\dfrac{\mathrm{d}Ma}{\mathrm{d}x}$ 项必为负

值。由于 $Ma < 1$ 时 $\dfrac{\mathrm{d}Ma}{\mathrm{d}x}$ 的系数大于零，$Ma > 1$ 时 $\dfrac{\mathrm{d}Ma}{\mathrm{d}x}$ 的系数小于

零。因此，亚声速时 $\dfrac{\mathrm{d}Ma}{\mathrm{d}x} < 0$ ，超声速时 $\dfrac{\mathrm{d}Ma}{\mathrm{d}x} > 0$ 。

（2）热力喉道

在燃烧室内，如果存在气动热力喉道，则该截面为声速，将 $Ma = 1$ 代入式 (4-326) 得

$$\left(\frac{\mathrm{d}\eta_{re}}{\mathrm{d}x}\right)_{Ma=1} = \frac{1+f_m}{f_m H_u}\frac{\gamma R T_{cr}}{\gamma-1}\sqrt{\frac{\pi}{A}}(2\tan\alpha - f_f\gamma) \quad (4-328)$$

当燃烧室出口 $\left(\dfrac{\mathrm{d}\eta_{re}}{\mathrm{d}x}\right)_{\bar{x}=1} > \left(\dfrac{\mathrm{d}\eta_{re}}{\mathrm{d}x}\right)_{Ma=1}$ （$\bar{x} = \dfrac{x}{L}$，L 为燃烧室长

度）时，由式 (4-326) 可知，亚声速燃烧时，$Ma < 1$，$\dfrac{\mathrm{d}Ma}{\mathrm{d}x} > 0$，

则热力喉道必向下游移动。但因该截面为燃烧室出口，进入喷管后 α

增大，使 $\left(\dfrac{\mathrm{d}\eta_{re}}{\mathrm{d}x}\right)_{\bar{x}=1} < \left(\dfrac{\mathrm{d}\eta_{re}}{\mathrm{d}x}\right)_{Ma=1}$ ，因此，在反压作用下，燃烧室出

口即热力喉道。而当超声速燃烧时，由式 (4-326) 可知 $Ma > 1$，

$\dfrac{\mathrm{d}Ma}{\mathrm{d}x} < 0$，即该截面燃气继续减速，同样热力喉道向下游移动，但

因该截面为燃烧室出口，喷管内气流继续加速，故不存在热力喉道。

当燃烧室出口 $\left(\dfrac{\mathrm{d}\eta_{re}}{\mathrm{d}x}\right)_{\bar{x}=1} = \left(\dfrac{\mathrm{d}\eta_{re}}{\mathrm{d}x}\right)_{Ma=1}$ 时，燃烧室出口即热力

喉道。

当燃烧室出口 $\left(\dfrac{\mathrm{d}\eta_{re}}{\mathrm{d}x}\right)_{\bar{x}=1} < \left(\dfrac{\mathrm{d}\eta_{re}}{\mathrm{d}x}\right)_{Ma=1}$ 时，由于 $\dfrac{\mathrm{d}\eta_{re}}{\mathrm{d}x}$ 随 $\bar{x}$ 的增加

而减小，故上游必然存在 $\left(\dfrac{\mathrm{d}\eta_{re}}{\mathrm{d}x}\right)_{\bar{x}=1} = \left(\dfrac{\mathrm{d}\eta_{re}}{\mathrm{d}x}\right)_{Ma=1}$ ，说明如果存在热

力喉道，其必在燃烧室出口的上游，并且在燃烧室内 $\bar{x} > \bar{x}_A$ 的下游

段，在反压足够低时，是超声速燃烧，$\left(\dfrac{\mathrm{d}Ma}{\mathrm{d}x}\right)_{\bar{x}=1} > 0$ 。

由于散热损失，相同的绝热燃烧效率 η_r ，使 η_{re} 下降，并因 $\dfrac{\mathrm{d}Q}{\mathrm{d}x}$ 随 x 的增加而增加，致使 $\left(\dfrac{\mathrm{d}\eta_{re}}{\mathrm{d}x}\right)_{\bar{x}=1}$ 下降，同时，由于 η_{re} 下降，致使燃烧室的温度 T 降低，即 $\left(\dfrac{\mathrm{d}\eta_{re}}{\mathrm{d}x}\right)_{Ma=1}$ 降低，其结果因散热损失，使 $\overline{x_A}$ 略增。由于一般散热损失远小于燃烧发热量，故散热损失对热力喉道的影响很小。

当燃烧室的扩张半角增大，管壁摩擦系数减小时，使 $\left(\dfrac{\mathrm{d}\eta_{re}}{\mathrm{d}x}\right)_{Ma=1}$ 增加，如果存在热力喉道，喉道位置向 $\dfrac{\mathrm{d}\eta_{re}}{\mathrm{d}x}$ 增加的方向，即向上游移动。

为了分析油气比 f_m 对 $\left(\dfrac{\mathrm{d}\eta_{re}}{\mathrm{d}x}\right)_{Ma=1}$ 的影响，令 $\mathrm{d}Q=0$ ，采用定比热比，由能量方程

$$f_m\eta_r H_u = (1+f_m)h_t - h_{t0} = (1+f_m)\left(h+\frac{\gamma R T}{2}Ma^2\right)-h_{t0}$$

$$(4-329)$$

式中　　h_{t0} ——燃烧室进口的总比焓。

由 $h = c_p(T-298)$ 和 $c_p = \dfrac{\gamma}{\gamma-1}R$ ，上式化为

$$f_m\eta_r H_u = (1+f_m)\left(\frac{1}{\gamma-1}+\frac{Ma^2}{2}\right)\gamma R T - \left[\frac{298\gamma R}{\gamma-1}(1+f_m)+h_{t0}\right]$$

$$(4-330)$$

由于 $f_m \ll 1$ ，并取 $Ma=1$ ，得热力喉道处关系式

$$\frac{1}{2}\frac{\gamma R T_{cr}}{f_m}\frac{\gamma+1}{\gamma-1} = \eta_r H_u + \frac{1}{f_m}\left(\frac{298\gamma R}{\gamma-1}+h_{t0}\right) \qquad (4-331)$$

将上式代入式（4-328）得

$$\left(\frac{\mathrm{d}\eta_{re}}{\mathrm{d}x}\right)_{Ma=1} = \frac{2(1+f_m)}{\gamma+1}\left[\eta_r+\frac{1}{f_m H_u}\left(\frac{298\gamma R}{\gamma-1}+h_{t0}\right)\right]\sqrt{\frac{\pi}{A}}(2\tan\alpha - f_f\gamma)$$

$$(4-332)$$

在热力喉道处

$$\left(\frac{\mathrm{d}\eta_{re}}{\mathrm{d}x}\right)_{\overline{x}_A} = \left(\frac{\mathrm{d}\eta_{re}}{\mathrm{d}x}\right)_{Ma=1}$$

$$= \frac{2(1+f_m)}{\gamma+1}\left[\eta_{r\overline{x}_A} + \frac{1}{f_m H_u}\left(\frac{298\gamma R}{\gamma-1} + h_{t0}\right)\right]\sqrt{\frac{\pi}{A}}(2\tan\alpha - f_f\gamma)$$

$$(4-333)$$

当燃烧效率 η_{re} 随 $\overline{x}$ 的变化已知时，$\dfrac{\mathrm{d}\eta_{re}}{\mathrm{d}x}$ 随 $\overline{x}$ 的变化也已知，由上式可解出 $\overline{x}_A$ 值。由上式可知，当油气比 f_m 减小，飞行马赫数增加（h_{t0} 增加）时，都使 $\left(\dfrac{\mathrm{d}\eta_{re}}{\mathrm{d}x}\right)_{Ma=1}$ 增加，致使热力喉道趋向上游，使 $\left(\dfrac{\mathrm{d}\eta_{re}}{\mathrm{d}x}\right)_{\overline{x}_A}$ 增加，与此同时 $\eta_{r\overline{x}_A}$ 也下降，最终达到满足 $\left(\dfrac{\mathrm{d}\eta_{re}}{\mathrm{d}x}\right)_{\overline{x}=1} = \left(\dfrac{\mathrm{d}\eta_{re}}{\mathrm{d}x}\right)_{Ma=1}$ 的条件。

一般燃烧效率随 x 的变化规律可用下式描述

$$\eta_{re} = 1 - \mathrm{e}^{-a\overline{x}} \qquad (4-334)$$

式中　a ——系数，取决于飞行状态和燃烧室的设计。

当 $\overline{x}=1$ 时，$\eta_{re} = \eta_{reM}$（最大燃烧效率），代入上式得

$$\eta_{re} = 1 - (1 - \eta_{reM})^{\overline{x}} \qquad (4-335)$$

由上式微分得

$$\frac{\mathrm{d}\eta_{re}}{\mathrm{d}x} = \frac{1}{L}(1 - \eta_{reM})^{\overline{x}}\ln\frac{1}{1-\eta_{reM}} \qquad (4-336)$$

将式（4-335）、式（4-336）代入式（4-333），并由 $L\sqrt{\dfrac{\pi}{A_{\overline{x}_A}}} = \dfrac{1}{\overline{R}_A} = \dfrac{1}{\overline{x}_A\tan\alpha + \overline{R}_0}$ 得

$$\left(\frac{1}{1-\eta_{reM}}\right)^{\overline{x}_A} = \frac{1 + \dfrac{1}{2}\left(\dfrac{\overline{x}_A\tan\alpha + \overline{R}_0}{2\tan\alpha - \gamma f_f}\ln\dfrac{1}{1-\eta_{reM}}\right)\dfrac{\gamma+1}{1+f_m}}{1 + \dfrac{298\gamma R/(\gamma-1) + h_{t0}}{f_m H_u}}$$

$$(4-337)$$

式中　$\overline{R}_A = \dfrac{R_A}{L}$;

　　　$\overline{R}_0 = \dfrac{R_0}{L}$;

　　　R ——管半径；

　　　L ——燃烧室长度。

由上式求出热力喉道 $\overline{x}_A$ 的近似解。准确求解 $\overline{x}_A$ 的程序框图如图 4 - 36 所示。

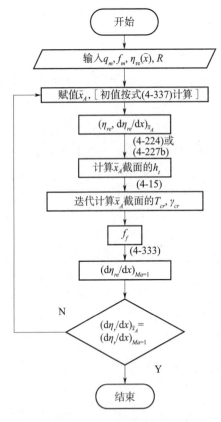

图 4 - 36　计算热力喉道程序框图

计算结果当 $\overline{x}_A \geqslant 1$ 时，热力喉道在燃烧室出口；当 $\overline{x}_A \leqslant 1$ 时，

热力喉道在燃烧室出口上游。

在高超声速冲压发动机燃烧室中，当上述促使 $\overline{x}_A$ 减小的因素继续变化使 $\overline{x}_A$ 继续减小（例如减小油气比 f_m），由于热力喉道之前的加热比逐渐减小，进气道的结尾正冲波必逐渐向燃烧室进口移动。当正冲波移至燃烧室进口，燃烧室进口段开始出现超声速燃烧，并逐渐扩大超燃部分，然后以正激波形式转变为亚声速燃烧，并且由于超燃的加热减速使正激波强度逐渐减弱，直至正激波与热力喉道重合时，正激波消失，热力喉道也消失，此后整个燃烧室都是超声速燃烧，在此阶段为超燃—亚燃—热力喉道—超燃。当 $\overline{x}_A$ 减小的因素向反方向变化时（例如逐渐增加油气比 f_m），如果此时燃烧室为亚燃状态，$\overline{x}_A$ 逐渐增加，使热力喉道前的加热比增大，则进气道的结尾正激波向上游移动，直至热力喉道在燃烧室出口（$\overline{x}_A = 1$），此后，热力喉道不变，结尾正冲波继续向上游移动，并要求在最大油气比时仍存在一定的超临界裕度。如果燃烧室是超声速燃烧，由于该因素的反向变化（例如增大油气比），燃烧室内逐渐减速，首先在某一截面产生热力喉道，热力喉道前后都是超声速燃烧，而后热力喉道逐渐向下游移动（$\overline{x}_A$ 增加），并在热力喉道前某一截面产生正激波，使燃烧室内处于超燃—亚燃—热力喉道后超燃的燃烧模态转变过程。之后，正激波处于燃烧室进口，燃烧模态为亚燃—热力喉道—超燃，再之后，$\overline{x}_A$ 仍逐渐增加，进气道的结尾正激波向上游移动，直至热力喉道达到 $\overline{x}_A = 1$ 时，整个燃烧室都变成亚燃模态。

4.9　黏性流

4.9.1　附面层

气流流经固壁，在壁面上速度为零，否则该点的速度梯度（沿法向）为无穷大，即摩擦应力为无穷大。因此，实际的壁面流动都满足无滑移条件。离管壁远处为自由流，在管壁附近必有速度梯度很大的一层，在这一层中，由于流体黏性力的作用，气流从管壁的零速度，逐渐增大到自由流速度。人为定义，当速度 v 为 $0.99v_0$ 或 $0.995v_0$（v_0 为自由流速度）时的法向厚度称为速度附面层厚度 δ。

来流为均匀比熵、均匀总比焓气流，流经管壁时，产生熵和总焓的不均匀流动。管壁附近的气流由于黏性力的作用被减速升温，并吸收部分外层气流的摩擦功。由气流的热传导作用，高温低速部分气流有向较低温度和较高速度气流传热的趋势。这两方面的作用产生了温度沿法向的梯度。其温度梯度和温度沿法向的分布还取决于固壁的传热条件。如图 4 - 37 和图 4 - 38 所示，图 4 - 37 为绝热壁在温度附面层中静温 T 和总温 T_t 沿法向的变化；图 4 - 38 表示冷热壁对温度附面层温度分布的影响。

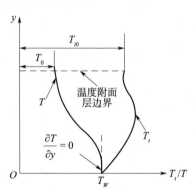

图 4 - 37　绝热壁在温度附面层中静温和总温沿法向分布

从图 4 - 37 中可见，在绝热壁的条件下，温度附面层内，静温 T 大于来流静温 T_0，有一个法向区域 y 总温 T_t 大于来流总温 T_{t0}，而壁面温度 T_w 永小于来流总温 T_{t0}，从图 4 - 38 中可以看出，壁温 T_w 对冷壁（附面层散热）和热壁（附面层吸热）有很大的不同。冷壁的壁面 $\dfrac{\partial T}{\partial y} > 0$，热壁的壁面 $\dfrac{\partial T}{\partial y} < 0$，绝热壁的壁面 $\dfrac{\partial T}{\partial y} = 0$。

参考文献 [1] 介绍，当定压比热容 c_p 和普朗特数 Pr（$Pr = \dfrac{c_p \eta}{\lambda}$，$\lambda$ 为热传导系数，η 为动力黏性系数）均为常数时，可导出附面

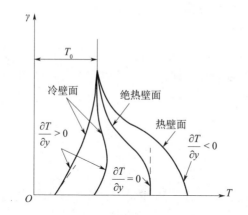

图 4-38　冷热壁对温度附面层温度分布的影响

层在绝热壁条件下为

$$T + Pr \frac{v^2}{2c_p} = 常数 \qquad (4-338)$$

由上式可知，当 $Pr = 1$ 时，绝热附面层内的总温 $T_t = T_{t0} = $ 常数。$Pr = 1$ 意味着黏性剪切功与热传导的热能相等，传热与传质相似。实际气体的普朗特数总是小于 1.0，一般在 0.75 左右，对空气 $Pr \approx 0.72$。绝热壁附面层内的总温总是小于来流总温 T_{t0}。现引入恢复温度系数 R，定义为

$$R = \frac{T_w - T_0}{T_{t0} - T_0} \qquad (4-339)$$

在定比热容的条件下，上式可导出绝热壁温的关系式

$$T_w = T_0 \left(1 + \frac{\gamma - 1}{2} R Ma^2 \right) \qquad (4-340)$$

对层流附面层，理论和实验都得到 $R = \sqrt{Pr}$。对湍流附面层，湍流普朗特数与层流的普朗特数近似相等，$R = \sqrt[3]{Pr}$。对空气而言，近似可取 $R_a = 0.85$（层流）和 $R_a = 0.89$（湍流）。由上式可见，当 $Pr = 1$ 时，绝热壁温 T_w 等于气流的总温 T_{t0}。此时摩擦功与传热能量相等，整个附面层的总温都是系统总温。

一般而言，温度附面层厚度与速度附面层厚度不相等，但相差

不大。表征附面层厚度的方法有以下几种。

（1）位移厚度 δ^*

位移厚度定义为流过相同的流量，由于附面层密流的降低所占有的结构厚度，即黏性流所占据的面积与无黏流所占面积之差。

由上述定义有

$$\rho_0 v_0 \delta^* = \int_0^\delta (\rho_0 v_0 - \rho v) \mathrm{d}y \qquad (4-341)$$

$$\delta^* = \int_0^\delta \left(1 - \frac{\rho v}{\rho_0 v_0}\right) \mathrm{d}y \qquad (4-342)$$

按无黏流设计的型面，为使相同的质量流量恰好流过，则必须将型面外移 δ^* 距离。图 4-39 所示为附面层内的密流分布。

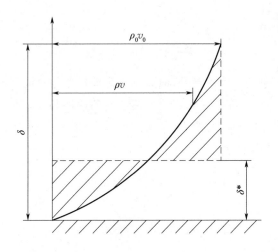

图 4-39　附面层内的密流分布

（2）动量损失厚度 δ^{**}

由于黏性，附面层内的流速降低，从而造成动量降低。动量损失厚度定义为附面层内的动量损失对应的厚度。

$$\rho_0 v_0^2 \delta^{**} = \int_0^\delta \rho v v_0 \mathrm{d}y - \int_0^\delta \rho v^2 \mathrm{d}y \qquad (4-343)$$

即

$$\delta^{**} = \int_0^\delta \frac{\rho v}{\rho_o v_o}\left(1 - \frac{v}{v_o}\right)\mathrm{d}y \qquad (4-344)$$

（3）总焓厚度 δ_{h_t}

附面层内总比焓损失对应的厚度

$$\delta_{h_t} h_{t0} \rho_0 v_0 = \int_0^\delta h_{t0} \rho v \mathrm{d}y - \int_0^\delta h_t \rho v \mathrm{d}y \qquad (4-345)$$

即

$$\delta_{h_t} = \int_0^\delta \frac{\rho v}{\rho_0 v_0}\left(1 - \frac{h_t}{h_{t0}}\right)\mathrm{d}y \qquad (4-346)$$

由能量守恒知，气流通过附面层向外散热的冷壁，$\delta_{h_t} > 0$；气流由固壁加热的热壁 $\delta_{h_t} < 0$；绝热壁的 $\delta_{h_t} = 0$。

（4）静焓厚度 δ_h

静焓厚度定义为附面层内静焓的增量对应的厚度 δ_h

$$\delta_h h_0 \rho_0 v_0 = \int_0^\delta h \rho v \mathrm{d}y - \int_0^\delta h_0 \rho v \mathrm{d}y$$

即

$$\delta_h = \int_0^\delta \frac{\rho v}{\rho_0 v_0}\left(\frac{h}{h_0} - 1\right)\mathrm{d}y \qquad (4-347)$$

式中　h，h_0——附面层内和核心流的物理比焓。

参考图 4-38，对绝热壁和热壁，$\delta_h > 0$；对冷壁，δ_h 随冷却的程度可以大于零或小于零。

（5）动能厚度 δ_v

δ_v 定义为附面层内动能损失的厚度

$$\delta_v (\rho_0 v_0) v_0^2 = \int_0^\delta \rho v (v_0^2 - v^2)\mathrm{d}y$$

或

$$\delta_v = \int_0^\delta \frac{\rho v}{\rho_0 v_0}\left(1 - \frac{v^2}{v_0^2}\right)\mathrm{d}y$$

4.9.2　层流与湍流

气流的流动可分为层流和湍流两种。所谓层流，指流体的宏观属性不随时间变化，流线具有不变的形状。每层流体之间没有宏观掺混，只有分子运动的动量、质量和热交换。而湍流流动的流体属性和速度是脉动的，但其时均属性和时均速度对稳态流动而言却不随时间而变化。对湍流流动，质点的速度产生脉动，瞬间流线具有不确定性，时刻都在变化，并呈现不光滑的样子。通过实际瞬间流线与时均稳定流线的差别实现宏观的时均流线邻域的掺混（质能交换）。如图 4-40 所示，将实际速度 v 分解为

$$v = v_{cp} + v' \tag{4-348}$$

$$v_{cp} = \frac{1}{T} \int_0^T v \, \mathrm{d}\tau$$

式中，T 为一定的时间间隔（如图 4-40 所示），v' 为随机脉动速度，而脉动速度的时均值 $\overline{v'} = 0$，即

$$\int_0^\delta v' \mathrm{d}\tau = 0$$

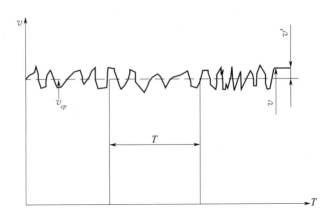

图 4-40　稳态湍流速度随时间的变化

湍流的脉动速度 v'_{cp} 经常用二次均方根值表示，即

$$v'_{cp} = \frac{1}{n} \sqrt{\sum_1^n v'^2} \tag{4-349}$$

式中，n 为测量次数。

湍流强度 ε 为

$$\varepsilon = \frac{v'_{cp}}{v_{cp}} \tag{4-350}$$

对层流和湍流，动量的交换系数——动力黏性系数分别为 η 和 η'，剪切应力分别为

$$\tau \equiv \eta \frac{\partial v}{\partial y} \tag{4-351}$$

$$\tau' \equiv \eta' \frac{\partial v}{\partial y} \tag{4-352}$$

层流与湍流的热传导方程中的热传导系数为 λ 和 λ'，分别由下式定义

$$q = -\lambda \frac{\partial T}{\partial y} \tag{4-353}$$

$$q' = -\lambda' \frac{\partial T}{\partial y} \tag{4-354}$$

上面各式中的 η 与 η' 以及 λ 与 λ' 形式上类似，但 η 和 λ 纯粹是流体物质的一种物理属性，而 η' 和 λ' 是流体动力学特性。在湍流中，$\eta' \gg \eta$，$\lambda' \gg \lambda$。这说明在湍流流动中的质热输送主要是湍流中的大尺度强湍流造成的，而分子的微观无规则运动的质、热输送可以忽略。与定义层流普朗特数 Pr 类同，定义湍流普朗特数 Pr'

$$Pr = \frac{\eta c_p}{\lambda} \tag{4-355}$$

$$Pr' = \frac{\eta' c_p}{\lambda'} \tag{4-356}$$

参考文献 [1] 介绍，湍流普朗特常数 Pr' 对各种流动都接近一个常数，即 $Pr' \approx 0.7$。

此数值与空气的层流普朗特数几乎相等。因此，在工程应用中，可以认为空气动力的层流普朗特数和湍流普朗特数相等。

普朗特论证了湍流脉动速度和脉动温度主要是微小流体质量穿越平均混合长度 l 所进行的横向物质和温度的迁移，并在迁移过程中流体质量近似保持迁移前的属性，即认为温度和速度的混合长度相等，速度和温度的输送过程相同，即 $v'/l \cong \frac{\partial v_{\phi}}{\partial y}$；$\frac{T'}{l} \cong \frac{\partial T_{\phi}}{\partial y}$。由此得出 $Pr' = 1$。参考文献 [1] 认为这只是十分近似的解，Pr' 实际

等于 0.7 左右，产生这种差别的原因是迁移的气团的温度可以在快速湍流中保持不变，但微团的动量一般不能保持。在发动机燃烧室出口的核心流某点进行取气，分析该点的工质成分来计算该点的绝热燃烧效率和总温时，实际已经假设湍流的掺混是气体微团质量穿越平均混合长度时，流体保持迁移前的属性。

4.9.3　附面层内的速度分布[1]

（1）层流

参考文献［1］介绍，层流附面层主要取决于来流马赫数 Ma_∞ 和来流雷诺数，无量纲化的相似关系为

$$\frac{v}{v_\infty} = f\left(Ma_\infty, \frac{y}{x}\sqrt{Re_\infty}\right) \qquad (4-357)$$

当普朗特数增加时，速度附面层加厚，温度附面层减薄，但在 $Pr = 0.5 \sim 1.0$ 之间（所有气体都在此范围内），速度型基本上与普朗特数 Pr 无关。对绝热平板，随着 Ma_∞ 的增加，附面层厚度明显增加，随来流雷诺数 Re_∞ 的增加，附面层厚度相应减小。层流附面层速度分布如图 4-41 所示。

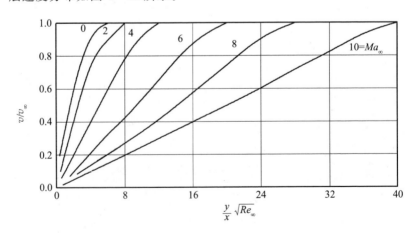

图 4-41　层流附面层速度分布

（2）湍流

实际应用中，附面层多为湍流，所谓湍流附面层，即大部分为

湍流，而靠近壁面处有一层很薄的层流底层。

　　为了应用附面层的动量积分，必须选择速度型，通常习惯用不可压流的幂次律，即

$$\frac{v}{v_\infty} = \left(\frac{y}{\delta}\right)^{\frac{1}{N}} \qquad (4-358)$$

式中，N 为取决于雷诺数的常值，$N = 5 (Re = 10^5)$ 和 $N = 10 (Re = 10^9)$。如在计算位移厚度 δ^* 和动量厚度 δ^{**} 时，N 值的大小对其并不敏感，威尔逊利用上式，取 $N = 7$，并取 $Pr = 1$，即整个附面层的总温为常值并等于来流总温，计算得到 δ^*/δ^{**}，δ/δ^{**} 随来流马赫数 Ma_∞ 的变化，见表 4-10。由表中数值可知，当 $Ma_\infty \leqslant 0.4$ 时，附面层内的温度和密度基本不变，因此式（4-342）积分可得 $\delta/\delta^* = 1 + N$，由表 4-10 可知 $Ma_\infty = 0$ 时，$\delta/\delta^* = 8$，随着 Ma_∞ 的增加，δ/δ^* 减小。

表 4-10　δ^*/δ^{**}、δ/δ^{**} 随来流马赫数 Ma_∞ 的变化

Ma_∞	δ^*/δ^{**}	δ/δ^{**}	Ma_∞	δ^*/δ^{**}	δ/δ^{**}	Ma_∞	δ^*/δ^{**}	δ/δ^{**}
0	1.286	10.286	3.4	6.413	17.517	6.8	21.573	35.825
0.2	1.304	10.314	3.6	7.029	18.319	7.0	22.775	37.205
0.4	1.358	10.399	3.8	70680	19.157	7.2	24.010	38.615
0.6	1.447	10.540	4.0	8.365	20.030	7.4	25.279	40.059
0.8	1.573	10.735	4.2	9.085	20.938	7.6	26.584	41.536
1.0	1.734	10.984	4.4	9.839	21.881	7.8	27.922	43.046
1.2	1.930	11.282	4.6	10.627	22.858	8.0	29.295	44.589
1.4	2.163	11.634	4.8	11.451	23.869	8.2	30.702	46.165
1.6	2.430	12.031	5.0	12.308	24.914	8.4	32.144	47.774
1.8	2.733	12.475	5.2	13.200	25.993	8.6	33.620	49.416
2.0	3.071	12.963	5.4	14.126	27.105	8.8	35.130	51.091
2.2	3.444	13.494	5.6	15.091	28.259	9.0	36.675	52.799
2.4	3.852	14.067	5.8	16.082	29.431	9.2	38.254	54.539
2.6	4.294	14.680	6.0	17.112	30.644	9.4	39.867	56.313
2.8	4.770	15.328	6.2	18.175	31.889	9.6	41.515	58.119
3.0	5.284	16.023	6.4	19.273	33.168	9.8	43.197	59.959
3.2	5.831	16.752	6.6	20.400	34.471	10.0	44.914	61.832

4.9.4　流动的转捩与附面层分离

（1）转捩

黏性流体有两种流态，即层流和湍流。附面层也有层流附面层和湍流附面层。试验表明，均匀来流经过物体前缘，壁面先形成层流附面层，而后由于惯性力和黏性力的相互作用，层流处于不稳定的状态。当气团的惯性力大于气流的黏性力时，气团产生纵向摆动，并逐渐过渡为湍流附面层。如图 4 - 42 所示为平板的附面层变化。0→A 为层流附面层，A→B 为转捩段，B 以后为湍流附面层。转捩点的距离 x_A 取决于该点的雷诺数 Re_σ。

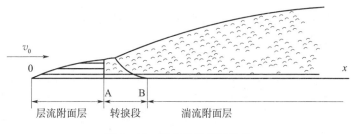

图 4 - 42　平板的附面层变化

对平板

$$Re_\sigma = \frac{v_0 x_A}{v} = 5 \times 10^5 \sim 3 \times 10^6$$

式中　v——运动黏度系数。

对于管道内的流动，取雷诺数为 $Re = \dfrac{\rho v d}{\mu}$（$\mu$ 为动力黏性系数，d 为管道直径，对非圆形管道 $d = 4A/S$，A 为截面积，S 为周长），当雷诺数较小时，流动为稳定的层流。随着雷诺数 Re 的逐渐增大，流动出现不稳定现象，这种不稳定现象与管壁的粗糙度和入口管道的形状有关。管道粗糙，进口形状不光滑容易转为湍流。但出现湍流的条件主要是 Re，出现湍流的雷诺数称为临界雷诺数 Re_σ。试验表明，对工程应用而言，$Re_\sigma = 2\ 300$，$Re > Re_\sigma$ 即为湍流，$Re < Re_\sigma$

为层流。雷诺数表征为流体质点惯性力与黏性力之比。惯性力越大，容易使流体变为湍流；黏性力越大容易使流体保持层流状态。上述的附面层转捩是对均匀的来流而言，飞行器在飞行中，来流可视为均匀的不扰动的流体。进气道在风洞中吹风时，来流要严格控制其湍流强度 ε 的大小（一般 ε < 1%），以免偏离飞行状态。但在发动机的地面模拟试验时，来流的湍流强度可能很大，在这种情况下实际是不存在转捩情况的，全部流动都是湍流，不存在层流附面层状态。

对湍流附面层，由于壁面附近的速度很小，故也有极薄的一层层流附面层。

（2）附面层分离

当流体沿曲面扩压（亚声速）流动时，$\partial p / \partial x > 0$，即流体是在逆压梯度下的流动，速度沿 x 方向逐渐降低。另外，在壁面附近，由于黏性摩擦的作用，动能损失显著。由以上两方面的作用，有可能在壁面某点 A 的附面层法向邻域处速度为 0，并且 $(\partial v / \partial y)_{y=0} = 0$，自 A 点的下游继续扩压即产生逆流，A 点即分离点，如图 4-43 所示。一旦产生附面层分离，附面层厚度很快增加，形成分离区。附面层的分离给气流带来损失，即熵增和平均总压下降。同时导致流场不均匀。在冲压发动机亚声内流通道型面设计时，必须考虑这一流动过程，确保整个流道气流不产生此类分离现象。

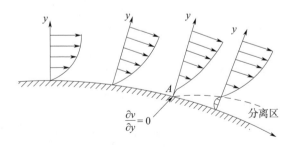

图 4-43　扩压流的分离

值得提及的是，如图 4-44 所示，来流如果是超声速流，气流流过外凸面的流动，气流沿途不是减速增压，而是增速降压。在这种情况下，因为没有逆压梯度，故气流永远不会分离，并且壁面压力低于法向其他邻域的压力；而在亚声流时，正相反，由于速度转化为压力，壁面压力将大于法向其他邻域的压力，在冲压发动机亚声速燃烧的转弯进气道内，当加热比小时，转弯通道为超声速流，因此外凸部分压力小于其他部分的压力；而当加热比大时，转弯通道变为亚声流，此时凸面部分的压力大于法向邻域其他部分的压力。在冲压发动机模拟试验时经常可以遇到这种流场的畸变。

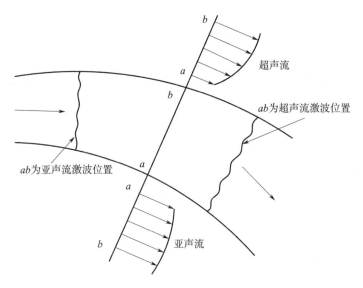

图 4 - 44　超声流与亚声流流场畸变示意图

4.9.5　激波的反射和相交[2]

（1）激波的反射

在管道内，超声速流所产生的激波系是非常复杂的。先以无附面层的典型激波相互反射为例。

如图 4 - 45 （c）所示为激波在固壁上的正常反射。超声速来流 Ma_1 经入射波向壁面方向转一角度 θ 并减速到 Ma_2，为使气流重新沿壁方向运动，产生了一个反射波，波后马赫数由 Ma_2 减到 Ma_3。

如图 4 - 45（a）所示，当超声速流经过楔角 θ 时，产生斜激波 AB，气流方向转一 θ 角度。该波后的速度方向与上管壁也呈现 θ 角。于是 B 点必产生反射的激波 BC，使气流转为来流方向，并与楔面相交于 C 点。而 C 点又产生 θ 楔角引起的斜激波。依次下去产生一系列反射波，直到反射脱体，形成亚声速流。

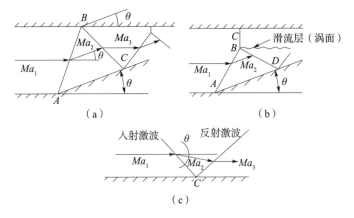

图 4 - 45　激波在固壁上的反射

当图 4 - 45（a）中的波后马赫数 Ma_2 所允许的最大转角 $\theta_{\max}$ 小于 θ 时，B 点必产生脱体激波，如图 4 - 45（b）所示的脱体波 CB，B 点为脱体波 CB 与斜激波 AB 的交点。BD 为反射激波。反射激波的角度和相对应的压力和速度方向，由壁面产生的脱体波——经压缩或膨胀的马赫波，使后方气流与 BD 反射波后的压力和速度方向相等来确定。由于这两股流动的熵增不同，速度和温度各不相同，故在 B 点之后必形成滑流层，滑流层的速度梯度很大，形成一个涡面。实际上，按图 4 - 45（a）所示的流动，如果这样的流动延续下去，由于马赫数逐渐降低，总会出现如图 4 - 45（b）所示的马赫波和滑流涡层，在超声速局部内压进气道的流动常呈现此种流动。

（2）两侧激波相交

超声速气流通过收缩壁面，各产生一道斜激波。这两道激波在通道内相交。如图 4-46（a）所示，相交点为 C。由于两侧的激波后速度方向不相同，因此必在 C 点产生反射波 CD 和 CE。反射波的角度由两道反射波 CD、CE 后的气流压力相等和速度方向相同来决定。由于 CD 和 CE 激波后的速度、温度不同，熵增不同，因此必然产生强剪切应力的滑流涡层。

当楔角 θ_1、θ_2 增大时（或 Ma_1 降低），反射激波即无法满足上述正常反射的条件，出现类似如图 4-45（b）的马赫反射情况，如图 4-46（b）所示，产生 CE 和 DF 两道斜激波和 DC 近似于正激波，并在交点 D 和 C 各产生一道滑流涡层，分别使这两点后方的速度方向相同，压力相等。

当楔角再增大时，DC 的区域不断增大，最终形成如图 4-46（c）所示的曲线激波。

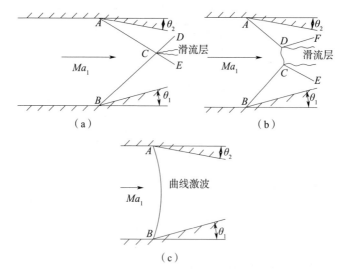

图 4-46　两侧激波相互作用示意图

（3）同侧激波相交

如图 4 - 47 所示，超声速气流先后经过 θ_1，θ_2 楔角压缩，分别形成 AC，BC 两道斜激波，两道斜激波交于 C 点。在 C 点上方，两个同侧斜激波流相交合成一道较强的激波 CD。CD 的激波位置取决于 D 点下方的气流参数。如果 BC 波后的参数不再变化，则 DC 激波后的速度方向即被确定，DC 激波的强度即被确定，其静压也被确定。然而，在一般情况下，这个确定的压力与 BC 波后确定的压力不相等，从而达不到 BC 和 DC 波后压力相等的平衡条件，因此在 D 点下游必然产生一定强度的压缩波或膨胀波，使 D 点后滑流层两边的压力相同，速度方向相同。实际上，D 点后的反射膨胀波或压缩波很弱，可以忽略其影响，直接认为图中的 Ma_4 的方向与 Ma_3 的方向相同。但它们的速度是不相等的，D 点后的滑流涡层必然产生。

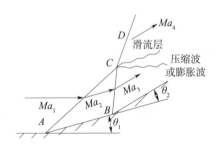

图 4 - 47　同侧激波相交示意图

4.9.6　激波与附面层的相互作用[1]

当斜激波打到带有附面层的壁面时，使附面层附加了一个压力梯度，致使激波后增压，在附面层的激波入射点通过亚声速、附面层前传，压力升高。压力的升高导致附面层加厚。如图 4 - 48 所示，加厚的附面层使外流流线变曲，而在入射激波的入射点上游产生压缩波系，这个压缩波系合并成一道斜激波。如果入射点上游的反压梯度足够大，该处的附面层可能发生分离，从而加强了第一道反射波的强度。由反射激波与附面层干扰产生的附面层加厚的凸出点，由于气流的绕流转向壁面，入射波的反射呈现普朗特-迈耶尔膨胀波的流动，使气流的附面层重新贴壁。再往下流动，为使气流转向壁面方向，从而产生第二道反射激波。如果来流的附面层为层流，则第二道反射激波下游即变为湍流附面层。

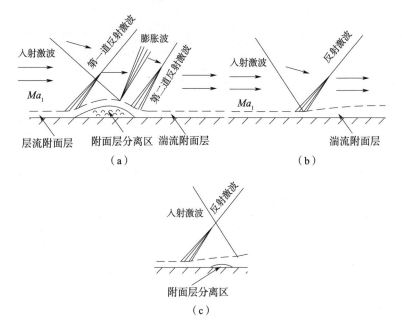

图 4 - 48　激波与附面层的相互作用

层流附面层与湍流附面层的重要区别在于湍流附面层的湍流动量交换，能够更好地克服入射激波与附面层干扰产生的逆压梯度，从而使附面层增厚和入射激波与附面层的干扰程度大大减小。在这种情况下，激波与对附面层的干扰常呈现如图 4 - 48（b）（c）所示的状况。情况（b）激波对下游的影响范围很小，接近于无附面层的正常反射。情况（c）类似情况（a）的前两道激波，膨胀波系和第二道反射波几乎消失，此情况附面层也有小的分离区。在这种情况下，叉形激波交叉点紧贴附面层。

超声速流经楔角时[12]，与前面分析入射激波与平板附面层的干扰类似。斜激波引起附面层的局部增压、前传，使附面层加厚并分离。在附面层分离区前缘，大体 $\theta/2$ 转角形成第一道斜激波系，并组成第一道斜激波。在附面层分离区后缘又转折近 $\theta/2$，形成第二道斜激波系，构成第二道斜激波。这两道斜激波相交于如图 4-49 所示的 A 点。来流马赫数形成 AB 斜激波，AB 激波因其波后的压力和速度方向有对应关系，不可能使压力和速度方向同时满足 AD 波后的压力和速度方向。因此在 A 点必然要在 AD 波后产生弱压缩波或膨胀波，使两股气流的压力和速度方向相同，并且在两股气流中间形成滑流涡层。滑流涡层邻域速度和温度不相等，形成涡的剪切应力和较强的混合。

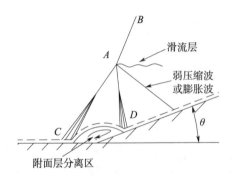

图 4-49　有楔角的激波与附面层的相互作用

当 AB 波在转折 θ 角时的波后压强大于 AD 波后压强时，AD 波后形成压缩波，AB 波倾斜度略微减小，气流转折角略小于 θ。反之，当 AB 波在转折 θ 角时的波后压强小于 AD 波后压强时，AB 波略增加斜度，使 AD 波后气流产生膨胀波，使气流转折角略大于 θ。

对以上所有讨论的附面层和激波的干扰，厚附面层比薄附面层干扰厉害，层流附面层比湍流附面层干扰厉害。

4.9.7　激波串[1,13]

（1）正激波串

在超声速进气道的亚声速扩压器内的某个位置，总是存在一个结尾正激波，使整个发动机满足质量、能量守恒的匹配。在高超声速进气道内的亚燃模态也同样存在一个结尾正激波。然而，由于实际的黏性流动，超声速气流经外压后进入内部管道流动，由于附面层的作用，所谓的正激波都是一系列波系组成的激波串。其在激波串区域，气流并不像正激波那样突然压缩，而呈现压力在一定的沿途距离内完成压缩，如图 4-50 所示。由试验和分析可知[1]，激波串的最终压力与一道正激波的压力基本相等。

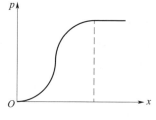

图 4-50　正激波串的长度

激波串是由一系列复杂激波组成的，由前面的分析可知，激波串区域内，由于激波和附面层的相互干扰，使整个激波串区域的附面层形成相互贯通的气流分离通道。如图 4-51 所示，(a) 为来流薄附面层，在附面层附近，由于激波与附面层的干扰，如前面所述的局部附面层分离，正激波在两端形成分叉的端部，但总体而言，基本上是一道正激波；图中 (b) 为来流附面层较厚时，叉形激波的区域变宽，并形成一系列两端分叉的正激波，并且正激波部分越来越短，直到完全形成亚声速流，此时由于湍流的作用，亚声速流充满整个管道，分离区消逝；图中 (c) 表示，来流附面层更厚，附面层和激波的干扰区加大，叉形激波区加大，致使多层正激波部分消失，激波系延伸更长的距离转化为亚声速流。当反压较小时，情况 (a) 正激波后的压力相应变化，正激波位置也自动做相应的改变；对情况 (b) 和情况 (c) 反压改变通过贯通的分离通道传递压力，使激波串的位置自动和激波系形状做相应调整。

在等直管道内，正激波串的相对长度 L/D 取决于来流马赫数和附面层的厚度。当附面层很厚时，波前马赫数为 1.8 时，$\dfrac{L}{D} \approx 8$；波前马赫数为 4.2 时，$\dfrac{L}{D} \approx 13$[1]。

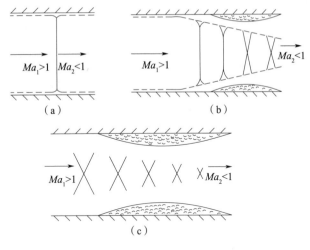

图 4 - 51　管道内的正激波系

（2）斜激波串[13]

在等直管道或略带扩张的管道内，来流马赫数 Ma_1 较高（例如 $Ma_1 = 2 \sim 3$），且进口附面层较厚时，在一定的反压条件下，即可产生斜激波串。斜激波串起因于来流激波与附面层干扰而分离成起始的斜激波。起始斜激波在边界层反射为膨胀波，这样反复压缩、膨胀形成斜激波串。激波串沿途，在斜激波区压力升高，在膨胀波区域压力保持不变，甚至降低。总的趋势是气流随波系的发展而增压减速。在激波串内的斜激波区，由于激波的作用而逐渐加厚，在膨胀波区域附面层减薄，在整个激波串区域内附面层分离区构成一个通道，通过此通道可以传递来自下游的反压，进而自动调整波系的结构位置。激波串随反压 p_e 的变化如图 4 - 53 所示。由于轴向相近的分离附面层的存在，与正激波相似，反压可以通过分离的附面层通道影响到激波串的前缘，从而构成如图 4 - 52 所示的情况，随着反压的变化，斜激波串从前缘即开始调整激波串的结构，使之达到新的平衡状态。斜激波串内压力分布如图 4 - 53 所示。

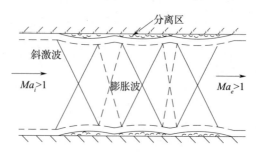

图 4 - 52　斜激波串示意图

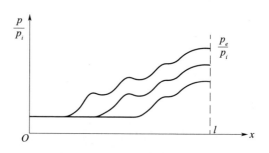

图 4 - 53　斜激波串内压力分布

（3）激波串出口参数的估算

假设激波串某一截面由分离流和主流两部分组成。分离流区速度为零，压力沿法向不变。主流也为一元流，压力、速度等气动热力参数不变。如图 4 - 54 所示，在等直管道内，分离流与壁面摩擦可以忽略。

由进口、出口冲量相等，得

$$p_2(1 + \gamma Ma_2^2)A_2 = p_3(1 + \gamma Ma_3^2)A'_3 + (A_2 - A'_3)p_3$$
$$= p_3 A_2 \left(1 + \frac{A'_3}{A_2}\gamma Ma_3^2\right)$$

$$(4 - 359)$$

由质量守恒得

$$A'_3\rho_3 v_3 = A_2\rho_2 v_2 \qquad (4 - 360)$$

式中　ρ_2，ρ_3——2 截面和 3 截面的气流密度；

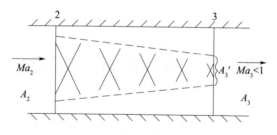

图 4 - 54　激波参数估算示意图

v_2 , v_3 ——两截面气流的速度。

由

$$\rho v = \frac{p}{RT}v = \sqrt{\frac{\gamma}{RT}}pMa = \sqrt{\frac{\gamma}{RT_t}}pMa\sqrt{1+\frac{\gamma-1}{2}Ma^2}$$

(4 - 361)

将上式代入式（4 - 360），得

$$\frac{A'_3}{A_2} = \frac{p_2}{p_3}\frac{Ma_2}{Ma_3}\sqrt{\frac{1+\dfrac{\gamma-1}{2}Ma_2^2}{1+\dfrac{\gamma-1}{2}Ma_3^2}}$$

(4 - 362)

将上式代入式（4 - 359），得

$$Ma_3 = \frac{1}{\left(A-\dfrac{\gamma-1}{2}\right)^{\frac{1}{2}}}$$

(4 - 363)

式中

$$A = \frac{\gamma^2 Ma_2^2\left(1+\dfrac{\gamma-1}{2}Ma_2^2\right)}{1+\gamma Ma_2^2-\dfrac{p_3}{p_2}}$$

(4 - 364)

当 2 截面参数已知时，测得 p_3，则 A 值即可算出，由式（4 - 363）即可计算激波串的核心流马赫数 Ma_3 和整流面积比 $\dfrac{A'_3}{A_2}$。

第5章 变比热容气动函数

定比热容气动函数的导出，基于定比热容（定比热比）的理想气体假设。所有无因次参数在比热比 $\gamma =$ 常数时，仅是马赫数的函数。对变比热容的完全气体，由于 γ 不是常数，比热容和比热比都是温度的单值函数。可以证明，在工质决定后，无因次参数是马赫数和温度的函数，与压力无关。即气动函数 x 为

$$x = x_1(\text{工质}, Ma, T)$$
$$x = x_2(\text{工质}, Ma, T_t)$$
$$x = x_3(\text{工质}, \lambda, T)$$ \hfill (5-1)
$$x = x_4(\text{工质}, \lambda, T_t)$$

4.5 节已给出变比热容的正激波和斜激波等波后参数的数值计算方法。4.8 节给出了一维流动的各种情况的变比热容计算方法。它们都是基于守恒定律和附加气体成分的广延量方程得到的。随着计算技术的普及与发展，定比热容的气动函数的应用有所减少，特别是气动函数表的应用也相应减少。有时希望快速知道一定的飞行马赫数、高度的来流总温和总压等，特别是在高超声速的飞行条件下，定比热容的气动函数会造成工程上不可忽视的误差。因此，变比热容气动函数就有实际的应用需求，并且在发动机进气道和喷管的气动计算中也有应用。

制作变比热容气动函数表的基本思路是按定比热容气动函数的定义，通过守恒定律，计算所有的气动函数［式（5-1）］。因为变比热容的气动函数是基于定比热容气动函数建立的，气动函数主要取决于马赫数，因此采取定比热容气动函数乘以修正因子得到变比热容的气动函数。即

$$x = x_0(1 + \Delta_x) \hfill (5-2)$$

式中　x_0 ——定比热容的气动函数（取 $\gamma_0 = 1.4$）；

　　$\Delta_x = \Delta_{x1}(Ma, T) = \Delta_{x2}(Ma, T_t) = \Delta_{x3}(\lambda, T) = \Delta_{x4}(\lambda, T_t)$。

　　按守恒定律，计算 x 和 Δ_x 随 Ma，T 的变化。给出 Δ_x 的曲线，并可以拟合成二元函数关系供使用。这样处理的好处在于 Δ_x 的计算和拟合误差给 x 带来的误差小，致使对 Δ_x 的数值精度要求可以降低。在绘曲线或列表格时变量的差分值可以增大。

5.1　气动函数的定义和导出方程

　　变比热容气动函数的定义与定比热容气动函数的定义完全相同。本节取标准干空气为工质。

$$\tau = \frac{T}{T_t} = \tau_0(1 + \Delta_\tau) \qquad (5-3)$$

$$\tau_0 = \frac{1}{1 + 0.2Ma^2} \qquad (5-4)$$

$$\pi = \frac{p}{p_t} = \pi_0(1 + \Delta_\pi) \qquad (5-5)$$

$$\pi_0 = \frac{1}{(1 + 0.2Ma^2)^{3.5}} \qquad (5-6)$$

$$\varepsilon = \frac{\rho}{\rho_t} = \varepsilon_0(1 + \Delta_\varepsilon) = \frac{\pi}{\tau} \qquad (5-7)$$

$$\varepsilon_0 = \frac{1}{(1 + 0.2Ma^2)^{2.5}} \qquad (5-8)$$

定义 q 满足质量流量 q_m

$$q_m = \sqrt{\frac{\gamma_0}{R}\left(\frac{2}{\gamma_0 + 1}\right)^{\frac{\gamma_0 + 1}{\gamma_0 - 1}}}\,\frac{Ap_t}{\sqrt{T_t}}q = 0.684\,731\,46\,\frac{Ap_t}{\sqrt{RT_t}}q \qquad (5-9)$$

又

$$q_m = A\rho v = A\frac{p}{RT}v = A\pi p_t Ma\sqrt{\frac{\gamma}{R\tau T_t}} = A\frac{p_t}{\sqrt{T_t}}\sqrt{\frac{\gamma}{R}}Ma\pi\tau^{-\frac{1}{2}} \qquad (5-10)$$

由上两式相等，得

$$q = 1.460\ 426\ 6\sqrt{\gamma}Ma\pi\tau^{-\frac{1}{2}} \qquad (5-11)$$

$$q_0 = \left(\frac{\gamma_0+1}{2}\right)^{\frac{\gamma_0+1}{2(\gamma_0-1)}} Ma\tau_0^{\frac{\gamma_0+1}{2(\gamma_0-1)}} = 1.728Ma\tau_0^3 \qquad (5-12)$$

$$q = q_0(1+\Delta_q) \qquad (5-13)$$

质量流量用气动函数 y 表示时，同样可导出

$$q_m = 0.684\ 731\ 46\frac{Ap}{\sqrt{RT_t}}y \qquad (5-14)$$

$$y = 1.460\ 426\ 6\sqrt{\gamma}Ma\tau^{-\frac{1}{2}} = \frac{q}{\pi} \qquad (5-15)$$

$$y_0 = \frac{q_0}{\pi_0} \qquad (5-16)$$

$$y = y_0(1+\Delta_y) \qquad (5-17)$$

定义 z 满足下式

$$\phi = \sqrt{\frac{\gamma_0+1}{2\gamma_0}RT_t}q_m z = Ap(1+\gamma Ma^2) \qquad (5-18)$$

将式（5-14）代入上式，得

$$z = \left(\frac{\gamma_0+1}{2}\right)^{\frac{1}{\gamma_0-1}}\frac{1+\gamma Ma^2}{y} = 1.577\ 441\frac{1+\gamma Ma^2}{y} \qquad (5-19)$$

$$z_0 = \frac{\sqrt{2}(1+\gamma_0 Ma^2)\tau_0^{\frac{1}{2}}}{(1+\gamma_0)^{\frac{1}{2}}Ma} = 0.912\ 871\frac{(1+1.4Ma^2)\tau_0^{\frac{1}{2}}}{Ma}$$

$$(5-20)$$

$$z = z_0(1+\Delta_z) \qquad (5-21)$$

定义 f 满足下式

$$\phi = Ap_t f \qquad (5-22)$$

则

$$f = \frac{\phi}{Ap_t} = \frac{Ap(1+\gamma Ma^2)}{Ap/\pi} = \pi(1+\gamma Ma^2) \qquad (5-23)$$

$$f_0 = (1+\gamma_0 Ma^2)\tau_0^{\frac{\gamma_0}{\gamma_0-1}} = (1+1.4Ma^2)\tau_0^{3.5} \qquad (5-24)$$

$$f = f_0(1+\Delta_f) \qquad (5-25)$$

定义 r 满足下式

$$\phi = \frac{Ap}{r} \tag{5-26}$$

则

$$r = \frac{Ap}{\phi} = \frac{Ap}{Ap(1+\gamma Ma^2)} = \frac{1}{1+\gamma Ma^2} = \frac{\pi}{f} \tag{5-27}$$

$$r_0 = \frac{1}{1+\gamma_0 Ma^2} = \frac{1}{1+1.4Ma^2} = \frac{\pi_0}{f_0} \tag{5-28}$$

$$r = r_0(1+\Delta_r) \tag{5-29}$$

按上面导出的变比热容气动函数，τ，π，ε，q，y，z，f，r 公式依次为式（5-3）、式（5-5）、式（5-7）、式（5-13）、式（5-17）、式（5-21）、式（5-25）、式（5-29）。列出表格和曲线，即可用定比热容公式的形式，计算温度、压力、密度、质量流量和冲量，它们的计算公式依次为式（5-3）、式（5-5）、式（5-7）、式（5-9）、式（5-14）、式（5-18）、式（5-22）、式（5-26）。定比热容的气动函数 $q_0 = (A_{cr}/A)_0$，而在变比热容中，上面定义的 q 是由质量流量方程导出的，称 q 为流量函数，$q \neq A_{cr}/A$。由质量守恒得 $A_{cr}/A = \rho v / \rho_{cr} v_{cr}$。

由式（5-9）可得 $A_{cr} q_{cr} = Aq$，结合式（5-11）得

$$\frac{A_{cr}}{A} = \frac{q}{q_{cr}} = \sqrt{\frac{\gamma}{\gamma_{cr}}} Ma \frac{\pi}{\pi_{cr}} \left(\frac{\tau_{cr}}{\tau}\right)^{\frac{1}{2}} \tag{5-30}$$

$$\frac{A_{cr}}{A} = \left(\frac{A_{cr}}{A}\right)_0 (1+\Delta_{\frac{A_{cr}}{A}}) = q_0(1+\Delta_{\frac{A_{cr}}{A}}) \tag{5-31}$$

式中，q_{cr} 为 $Ma = 1$ 时的 q 值。变比热容气动函数 q 和 A_{cr}/A 为两个独立的气动函数，数值虽然很接近，但是并不完全相等。

常用的气动函数的参变量为静温 T 和总温 T_t。计算飞行时的来流参数时，常已知大气静温；计算发动机进气道内流时，往往已知总温。本书的计算只给出式（5-1）中的 $x = x_1(Ma, T)$ 和 $x = x_2(Ma, T_t)$，工质为纯干空气。

5.2　基本方程

基本方程即质量、能量守恒方程和总、静压关系的标准熵方程。流量方程已在上节中列出。这里补充 $Ma = 1$ 时的流量函数 q_{σ}。由式（5-11），得

$$q_{\sigma} = 1.460\ 426\ 6\ \sqrt{\gamma_{\sigma}}\pi_{\sigma}\tau_{\sigma}^{-\frac{1}{2}} \tag{5-32}$$

能量方程［见式（4-15）］

$$h_t = h + \frac{v^2}{2} = h + \frac{\gamma RT}{2}Ma^2 \tag{5-33}$$

标准熵方程［见式（4-24）］

$$R\ln\frac{p_t}{p} = s^0(T_t) - s^0(T) \tag{5-34}$$

干空气的气体常数 $R = 287.052\ 87$ ；γ 由下式计算

$$\gamma = \frac{1}{1 - \dfrac{R}{c_p}} \tag{5-35}$$

式中的 h_t，h，c_p 和 s^0 分别由式（3-71）、式（3-72）和式（3-73）计算，即

$$h_t = 10^3 \sum_{i=0}^{10} a_i\tau_t^i \quad （\mathrm{J/kg}）$$

$$\tag{5-36}$$

$$h = 10^3 \sum_{i=0}^{10} a_i\tau^i \quad （\mathrm{J/kg}）$$

$$c_p = \sum_{i=1}^{10} ia_i\tau^{i-1} \quad [\mathrm{J/(kg \cdot K)}] \tag{5-37}$$

$$s^0 = \sum_{i=2}^{10} \frac{i}{i-1}a_i\tau^{i-1} + a_i\ln\tau + s_0^0 \quad [\mathrm{J/(kg \cdot K)}]$$

$$\tag{5-38}$$

$$s_t^{\ 0} = \sum_{i=2}^{10} \frac{i}{i-1}a_i\tau_t^{\ i-1} + a_i\ln\tau_t + s_0^0 \quad [\mathrm{J/(kg \cdot K)}]$$

式中，$\tau = 10^{-3}T$，$\tau_t = 10^{-3}T_t$ ；a_i 的数值见表 3-1。

计算密度用完全气体的状态方程，即

$$\rho = \frac{p}{RT} \tag{5-39a}$$

$$\rho_t = \frac{p_t}{RT_t} \tag{5-39b}$$

由速度系数 λ 和 Ma 的定义导出下式计算 λ

$$\lambda = \sqrt{\frac{\gamma}{\gamma_{cr}} \frac{T}{T_{cr}}} Ma \tag{5-40}$$

$$\lambda_0 = Ma \sqrt{\frac{\gamma_0 + 1}{2 + (\gamma_0 - 1)Ma^2}} = Ma \sqrt{\frac{2.4}{2 + 0.4Ma^2}} \tag{5-41}$$

$$\lambda = \lambda_0 (1 + \Delta_\lambda) \tag{5-42}$$

式中　γ_{cr} , T_{cr} —— $Ma = 1$ 时的比热比和温度。

5.3　计算程序框图

应用较广泛的是 $x = x_1(Ma, T)$ 和 $x = x_2(Ma, T_t)$，工质为纯干空气。假设滞止状态无热分解。按上述方程，计算流程如下。

（1）$x = x_1(Ma, T)$ 程序框图

给定 Ma 和 T 时，给出计算域 $T_{min} \sim T_{max}$，$Ma_{min} \sim Ma_{max}$，流程框图如图 5-1 所示。

（2）$x = x_2(Ma, T_t)$ 程序框图

给定 Ma 和 T_t 时，给出计算域 $T_{tmin} \sim T_{tmax}$，$Ma_{min} \sim Ma_{max}$，流程框图如图 5-2 所示。

通过程序计算得到的 x 和 Δ_x 如附图 2 和附图 3 所示。

当 $Ma = 0$ 时，$\Delta_x = 0$，当 Ma 增加时，Δ_x 有的是正值，有的是负值。在 Ma 较小时，Δ_x 很小，只有 Ma 较高时，$|\Delta_x|$ 才明显增加。

计算算例：计算 $Ma = 6.0$，$H = 28$ km （静压为 $p_s = 1\ 616$ Pa，静温为 $T_s = 224.5$ K），标准大气飞行的总压 p_t 和总温 T_t，并与定比热比的计算结果比较。

解：1）定比热比 $\gamma = 1.4$ 时，$\pi_0 = 0.000\ 633$，$\tau_0 = 0.121\ 95$，

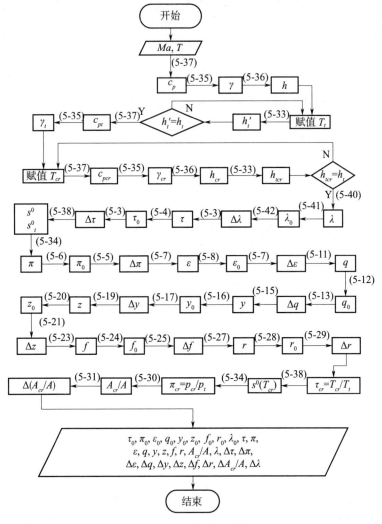

图 5-1　变比热容气动函数计算流程图 1

总压 $p_{t0} = \dfrac{p_s}{\pi_0} = 2.55$ MPa，$T_{t0} = \dfrac{T_s}{\tau_0} = 1\,841$ K。

2）查附图 1 得 $Ma = 6.0$，$H = 28$ km 时，$\Delta_{\pi} = -0.175$，$\Delta_{\tau} =$

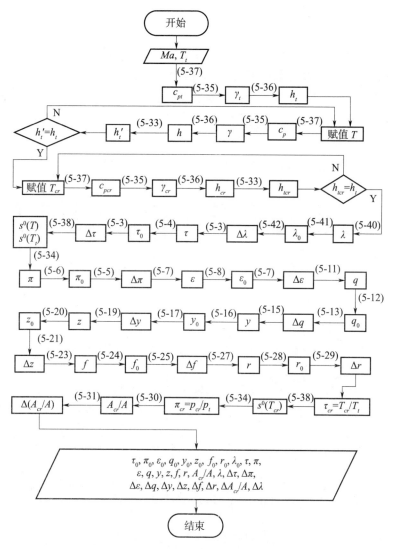

图 5-2　变比热容气动函数计算流程图 2

0.098，总压 $p_t = \dfrac{p_s}{\pi_0(1 + \Delta_\pi)} = 3.094$ MPa，$T_t = \dfrac{T_s}{\tau_0(1 + \Delta_\tau)} = 1\,676.6$ K。

3）直接由附表 3 查得，变比热容总压 $p_t = 3.095$ MPa，$T_t = 1\,676.8$ K。

由以上可见，利用查附图的方法求得总压和总温的数据与变比热容计算的附表的数据相等，但是与定比热比计算结果差别较大。对 $Ma = 6$，$H = 28$ km 的飞行状态，总温偏差约 10%，总压偏差约 21%。

5.4　变比热容空气的正激波气动函数

工质一定时，变比热容正激波的气动函数（无因次参数）仍然有 $x = x_1(Ma, T)$ 和 $x = x_2(Ma, T_t)$ 等形式（x 表示无因次参数，例如 p_2/p_1，T_2/T_1，p_{t2}/p_{t1} 等）。

4.4 节中已导出定比热容的正激波前后的无因次参数，并用下脚标 0 表示，这里重新写出，并写出 $\gamma = 1.4$ 的无因次参数表达式

$$\left(\frac{p_{t2}}{p_{t1}}\right)_0 = \left(\frac{\gamma+1}{2}\right)^{\frac{\gamma+1}{\gamma-1}} \frac{Ma_1^{\frac{2\gamma}{\gamma-1}}}{\left(1 + \frac{\gamma-1}{2}Ma_1^2\right)^{\frac{\gamma}{\gamma-1}} \left(\gamma Ma_1^2 - \frac{\gamma-1}{2}\right)^{\frac{1}{\gamma-1}}}$$

$$= 166.9 \frac{Ma_1^7}{(1 + 0.2Ma_1^2)^{3.5}(7Ma_1^2 - 1)^{2.5}}$$

$$\text{(5－43)}$$

$$\left(\frac{p_2}{p_1}\right)_0 = \frac{2\gamma}{\gamma+1}Ma_1^2 - \frac{\gamma-1}{\gamma+1} = \frac{1}{6}(7Ma_1^2 - 1) \quad \text{(5－44)}$$

$$\left(\frac{T_2}{T_1}\right)_0 = \left(\frac{2}{\gamma+1}\right)^2 \frac{\left(\gamma Ma_1^2 - \frac{\gamma-1}{2}\right)\left(1 + \frac{\gamma-1}{2}Ma_1^2\right)}{Ma_1^2}$$

$$= \frac{25}{36} \frac{(1.4Ma_1^2 - 0.2)(1 + 0.2Ma_1^2)}{Ma_1^2}$$

$$\text{(5－45)}$$

$$\left(\frac{\rho_2}{\rho_1}\right)_0 = \frac{(\gamma+1)Ma_1^2}{2 + (\gamma-1)Ma_1^2} = \frac{6Ma_1^2}{5 + Ma_1^2} \quad \text{(5－46)}$$

$$\left(\frac{p_{t2}}{p_1}\right)_0 = \left(\frac{\gamma+1}{2}\right)^{\frac{\gamma+1}{\gamma-1}} \frac{Ma_1^{\frac{2\gamma}{\gamma-1}}}{\left(\gamma Ma_1^2 - \frac{\gamma-1}{2}\right)^{\frac{1}{\gamma-1}}} = 1.2^6 \frac{Ma_1^7}{(1.4Ma_1^2 - 0.2)^{2.5}}$$

$$(5-47)$$

$$(Ma_2)_0 = \left(\frac{1 + \frac{\gamma-1}{2}Ma_1^2}{\gamma Ma_1^2 - \frac{\gamma-1}{2}}\right)^{\frac{1}{2}} = \left(\frac{5 + Ma_1^2}{7Ma_1^2 - 1}\right)^{\frac{1}{2}} \qquad (5-48)$$

式中，下脚标 1，2 分别表示波前和波后。

变比热容的正激波方程见 4.5 节。在作无因次参数计算时，方程写为：

质量守恒方程

$$\frac{p_2}{p_1} = \sqrt{\frac{\gamma_1}{\gamma_2} \cdot \frac{T_2}{T_1}} \frac{Ma_1}{Ma_2} \qquad (5-49)$$

冲量方程

$$\frac{p_2}{p_1} = \frac{1 + \gamma_1 Ma_1^2}{1 + \gamma_2 Ma_2^2} \qquad (5-50)$$

能量守恒方程

$$h_t = h_1 + \frac{\gamma_1 RT_1}{2} Ma_1^2 \qquad (5-51)$$

$$h_t = h_2 + \frac{\gamma_2 RT_2}{2} Ma_2^2 \qquad (5-52)$$

等熵滞止方程

$$R\ln\frac{p_{t1}}{p_1} = s^0(T_t) - s^0(T_1) \qquad (5-53)$$

$$R\ln\frac{p_{t2}}{p_2} = s^0(T_t) - s^0(T_2) \qquad (5-54)$$

上两式的导出方程为

$$R\ln\frac{p_2/p_1}{p_{t2}/p_{t1}} = s^0(T_2) - s^0(T_1) \qquad (5-55)$$

正激波后总压与激波前静压之比

$$\frac{p_{t2}}{p_1} = \frac{p_{t2}}{p_{t1}} \cdot \frac{p_{t1}}{p_1} \tag{5-56}$$

状态方程

$$\frac{\rho_2}{\rho_1} = \frac{p_2}{p_1} \cdot \frac{T_1}{T_2} \tag{5-57}$$

令

$$\frac{p_{t2}}{p_{t1}} = \left(\frac{p_{t2}}{p_{t1}}\right)_0 (1 + \Delta_\sigma) \tag{5-58}$$

$$\frac{p_2}{p_1} = \left(\frac{p_2}{p_1}\right)_0 (1 + \Delta_p) \tag{5-59}$$

$$\frac{T_2}{T_1} = \left(\frac{T_2}{T_1}\right)_0 (1 + \Delta_\tau) \tag{5-60}$$

$$\frac{\rho_2}{\rho_1} = \left(\frac{\rho_2}{\rho_1}\right)_0 (1 + \Delta_\rho) \tag{5-61}$$

$$\frac{p_{t2}}{p_1} = \left(\frac{p_{t2}}{p_1}\right)_0 (1 + \Delta_t) \tag{5-62}$$

$$Ma_2 = (Ma_2)_0 (1 + \Delta_M) \tag{5-63}$$

编制下述两种程序框图，工质为纯干空气。

(1) $x = x_1 (Ma_1, T_1)$ 程序框图

给定 Ma_1 和 T_1，流程图如图 5 - 3 所示。

(2) $x = x_2 (Ma_1, T_t)$ 程序框图

给定 Ma_1 和 T_t，流程图如图 5 - 4 所示。

在计算变比热容气动函数时，常有已知 h_t 迭代计算 T_t 的过程。为计算方便，可将式（5 - 36）$h_t = 10^3 \sum\limits_{i=0}^{10} a_i \tau_t^i$，通过拟合得到反函数 $\tau_t = \sum\limits_{j=0}^{10} A_j h_t^j$。即可通过此式直接由 h_t 计算 T_t ［详见式（3 - 81）］。

通过计算，可以给出以下参数：

$$\frac{p_{t2}}{p_{t1}} = \sigma_1 (Ma_1, T_1)；\frac{p_2}{p_1} = p_1 (Ma_1, T_1)；$$

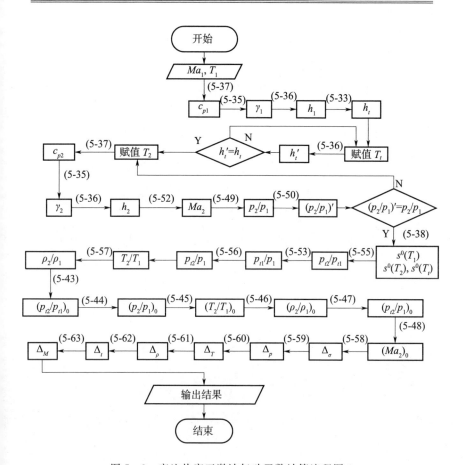

图 5-3 变比热容正激波气动函数计算流程图 1

$$\frac{T_2}{T_1} = T_1(Ma_1, T_1) \;;\; \frac{\rho_2}{\rho_1} = \rho_1(Ma_1, T_1) \;;$$

$$\frac{p_{t2}}{p_1} = t_1(Ma_1, T_1) \;;\; Ma_2 = M_1(Ma_1, T_1) \;;$$

$$\frac{p_{t2}}{p_{t1}} = \sigma_2(Ma, T_t) \;;\; \frac{p_2}{p_1} = p_2(Ma_1, T_t)$$

$$\frac{T_2}{T_1} = T_2(Ma_1, T_t) \;;\; \frac{\rho_2}{\rho_1} = \rho_2(Ma_1, T_t)$$

$$\frac{p_{t2}}{p_1} = t_2(Ma_1, T_t) \;;\; Ma_2 = M_2(Ma_1, T_t)$$

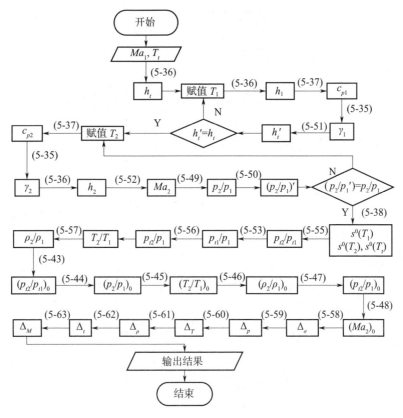

图 5 - 4　变比热容正激波气动函数计算流程图 2

和

$$\Delta_\sigma = \Delta_{\sigma_1}(Ma_1, T_1) \ ; \ \Delta_p = \Delta_{p_1}(Ma_1, T_1) \ ; \ \Delta_T = \Delta_{T_1}(Ma_1, T_1) \ ;$$

$$\Delta_\rho = \Delta_{\rho_1}(Ma_1, T_1) \ ; \ \Delta_t = \Delta_{t_1}(Ma_1, T_1) \ ; \ \Delta_M = \Delta_{M_1}(Ma_1, T_1) \ ;$$

$$\Delta_\sigma = \Delta_{\sigma_2}(Ma_1, T_t) \ ; \ \Delta_p = \Delta_{p_2}(Ma_1, T_t) \ ; \ \Delta_T = \Delta_{T_2}(Ma_1, T_t) \ ;$$

$$\Delta_\rho = \Delta_{\rho_2}(Ma_1, T_t) \ ; \ \Delta_t = \Delta_{t_2}(Ma_1, T_t) \ ; \ \Delta_M = \Delta_{M_2}(Ma_1, T_t) \ 。$$

　　按上述程序框图编程，其计算结果见附图 2 和附图 3。从各图线可以看出，Ma_1 越高，用定比热容计算的各无因次参数比变比热容算的各无因次参数的偏差越大。例如 $T_t = 1\,500\,\text{K}$，$Ma_1 = 6$，总压恢复系数 p_{t2} / p_{t1} 的偏差达到 13%。

第6章　相似原理

对发动机的某些气体动力学和传热学的研究，总是离不开试验。有两种问题需要通过相似律来解决：一是缩尺，通过对小模型的试验，得到足尺寸的性能参数；二是通过试验参数的无量纲化，减少试验次数，提高理论分析的能力。对已经建立了数学模型的物理过程，通过无量纲化得出相似参数；对未建立数学模型的物理过程，由量纲理论分析，找出相似参数。因此，相似原理所研究的是相似物理现象之间的关系。在相对应的时刻和相对应的空间坐标点上与物理现象有关的物理量一一对应成比例，则称这两个物理现象彼此相似。很显然，当两个物理现象相似时，第一个物理现象上任意两点物理量之比与第二个物理现象上对应的两点之比相等。

6.1　相似概念

两个物理现象之间，如果几何参数、运动学参数、动力学参数和传热学参数能满足一定的相似关系，就称为动力学相似和传热学相似。

（1）几何相似

两个与物理量有关的几何尺寸中，它们任意对应的线性长度都成比例，则称两个几何图形相似——几何相似。几何相似的图形轮廓对应角度必然相等。

严格讲，几何相似还应包含流动表面光洁度（粗糙度）的完全相似。完全相似的粗糙度是无法做到的，但应适当考虑平均的粗糙度，或用经验方法估计粗糙度的影响。另外，物体之间的间隙有时很难保证相似。

（2）运动相似

对应的时间，在任意对应的几何相似点上，速度的方向彼此相同，速度的大小成相同的比例，即称两个流动的速度场相似——运动相似。相似的速度场，模型上任意两点的速度比值与原尺寸的对应两点的速度比值是相等的。

在湍流中，速度场相似还应保证来流的湍流度相等，一般情况湍流度相等的试验也是很难做到的。飞行器在空中飞行时来流湍流度基本为零，而风洞吹风时，尽量减小湍流度（多控制为 1% 以内）。

（3）动力相似

对应的时间，在任意对应的几何相似点上，流体的微元体所受的外力方向彼此相同，外力大小成相同的比例，即称两个流动的动力学相似——动力相似。同样，模型上任意两点的任意方向的力的比值与原尺寸的对应的两点的矢量力之比是相等的。因此，它们的无量纲力彼此相等。如飞行器的升力、阻力和发动机的推力与模型的升力、阻力、推力的无量纲力升力系数 C_y、阻力系数 C_X 和推力系数 C_F 彼此相等。当然，对发动机而言，要保证动力相似，首要的条件即燃烧效率要相等，但是难以实现的是燃烧过程相似。因此，发动机都是足尺寸全参数模拟的试验，难以用相似原理进行模拟试验。

（4）几个相似准则

在上述几何相似、运动相似和动力相似的条件下，下列几个无量纲相似准则经常用到。

① 马赫数 Ma 和欧拉数 Eu

不考虑黏性，动量方程表征压缩性的特征，即

$$\mathrm{d}p = -\rho v \,\mathrm{d}v \tag{6-1}$$

由几何相似、运动相似和动力相似，上式的量纲关系为

$$p \sim \rho v^2 \tag{6-2}$$

声速 a 的公式为

$$a = \sqrt{\frac{\gamma p}{\rho}} \tag{6-3}$$

由式（6-2）和式（6-3）得量纲关系为

$$a^2 \sim \gamma v^2 \qquad (6-4)$$

即

$$\gamma_1 Ma_1^2 = \gamma_2 Ma_2^2 \qquad (6-5)$$

对同一种工质，若工质温度相近，$\gamma_1 = \gamma_2$，则考虑气流压缩性的准则为马赫数。式（6-5）中的 $1/\gamma Ma^2 = p/\rho v^2 = Eu$，称为欧拉数。$Ma$ 和 $1/Eu$ 都表示惯性力与压力量级之比。

②雷诺数 Re

在动力相似的条件下，黏性力和惯性力及其量纲分别为

$$黏性力 = \eta \frac{\partial v}{\partial l} \Delta l^2 \sim \eta v l \qquad (6-6)$$

和

$$惯性力 = \rho \Delta l^3 \frac{\Delta v}{\Delta \tau} \sim \rho l^2 v^2 \qquad (6-7)$$

由式（6-7）和式（6-6）相除，得

$$\frac{\rho v^2 l^2}{\eta v l} = \frac{\rho v l}{\eta} = Re \qquad (6-8)$$

上式说明，两个流场的黏性力相似，对应点的雷诺数 Re 必然相等。即雷诺数是流体黏性力相似的相似准则。它表征惯性力和黏性力量级之比。

③努赛尔数 Nu、贝克来数 Pe 和普朗特数 Pr

流体与固壁表面（界面）的对流换热，其基本方程为

$$\alpha = -\frac{\lambda}{\Delta t} \frac{\partial t}{\partial y}\Big|_{y=0} \qquad (6-9)$$

在动力相似的条件下，上式的量纲关系为

$$\frac{\alpha l}{\lambda} = Nu \qquad (6-10)$$

上式说明，努赛尔数 Nu 是对流热交换的相似准则参数。相似的对流换热现象，努赛尔数必相等。努赛尔数表示对流换热壁面的无量纲温度梯度。

对二维、稳态、无内热源的边界层能量守恒方程[14]为

$$u \frac{\partial t}{\partial x} + v \frac{\partial t}{\partial y} = a \frac{\partial^2 t}{\partial y^2} \tag{6-11}$$

式中　　a——导温系数（热扩散系数），$a = \lambda/(\rho c_p)$。

　　在流动和动力相似的条件下，上式的量纲关系为

$$\frac{vl}{a} = Pe \tag{6-12}$$

　　上式说明，在动力相似的条件下，两个热量传递现象相似，它们的贝克来数 Pe 必相等。由上式可见，当 $Pe \to 0$ 时，对流热量为零，热传导是主要热交换方式。当 $Pe \to \infty$ 时，传导热量可以忽略。

　　由式（6-8）和式（6-12），得

$$Pr = \frac{Pe}{Re} = \frac{\dfrac{vl}{a}}{\dfrac{\rho vl}{\eta}} = \frac{\eta}{\rho a} = \frac{c_p \eta}{\lambda} \tag{6-13}$$

　　层流普朗特数是流体的物理属性，对单原子、双原子、三原子和多原子气体，Pr 分别约等于 0.67，0.73，0.8，1.0。Pr 随温度、压力的变化很小。在相似参数应用时，对黏性流的传热，利用 Re 和 Pe 与利用 Re 和 Pr 是等价的。

　　④格拉晓夫数 Gr

　　对于自然对流，在重力加速度作用下，体积力或浮力不可忽略。适合自然对流的动量微分方程[14]为

$$u \frac{\partial v}{\partial x} + v \frac{\partial v}{\partial y} = g\alpha \Delta t + v \frac{\partial^2 v}{\partial y^2} \tag{6-14}$$

式中，α 为流体的膨胀系数，在流动和动力相似的条件下，上式的量纲关系为

$$\frac{v^2}{l} \sim g\alpha \Delta t + \frac{\eta}{\rho} \frac{v}{l^2}$$

上式无量纲化后，得

$$Re^2 \sim \frac{g\alpha \Delta t l^3}{(\eta/\rho)^2} + Re$$

上式说明，两个相似流动，要保证雷诺数 Re 与格拉晓夫数 Gr 均

相等。

$$Gr = \frac{g\alpha\,\Delta t l^3}{(\eta/\rho)^2} \qquad (6-15)$$

式中，$\Delta t = t_w - t_\infty$；$t_w$ 为壁温；t_∞ 为环境温度。Gr 表示浮力和黏性力之比的一种度量。

⑤弗劳德数 Fr

在有限空间液体的流动，必须考虑重力的作用。以流体的惯性力和重力比较，可得出重力相似的准则参数。

$$惯性力 \sim \rho\,l^3\,\frac{v}{\tau} \sim \rho\,l^2 v^2$$

$$重力 \sim \rho\,l^3 g$$

由上两式得

$$\frac{v^2}{gl} = Fr \qquad (6-16)$$

当满足重力相似时，两个流场对应的弗劳德数 Fr 必相等。Fr 表示作用于流体微团的惯性力与重力量级之比。对气体动力学，Fr 值很大，气体的重力可以忽略。

⑥毕渥数 Bi 和傅里叶数 Fo

在固体的非稳态导热过程中，典型的情况有两种：一种是固壁突然由内流的热交换而升温，直至平衡为止；另一种是固壁温度周期性的变化。前者用于冲压发动机利用热源短时间模拟试验时，发动机壳体被动防护的温升过程。后者为导弹春夏秋冬及昼夜值勤时的温度循环。

无内热源的非稳态导热微分方程为

$$\frac{\partial t}{\partial \tau} = a\left(\frac{\partial^2 t}{\partial x^2} + \frac{\partial^2 t}{\partial y^2} + \frac{\partial^2 t}{\partial z^2} \right) \qquad (6-17)$$

在相似的条件下，上式的量纲关系为

$$\frac{t}{\tau} \sim a\,\frac{t}{l^2}$$

即

$$\frac{a\tau}{l^2} = Fo \qquad\qquad (6-18)$$

上式说明，在动力相似的条件下，非稳态传热傅里叶数 Fo 必然相等，Fo 表示非稳态过程的无量纲时间。

在非稳态传热中，影响过程的是两个热阻，一个是固体热传导的热阻，用 l/λ_s 表示；另一个是对流换热的热阻，用 $1/\alpha$ 表示。这两种热阻的比值构成一个无因次参数 Bi

$$\frac{l\alpha}{\lambda_s} = Bi \qquad\qquad (6-19)$$

式中　　λ_s ——固体的热传导系数。

Bi 的表面形式与 Nu 相当，只是这里是 λ_s，而 Nu 中的 λ 是流体的导热系数。

在冲压发动机燃烧室被动冷却的非稳态传热计算中用到上述准则参数。

⑦斯坦顿数 St

定义

$$St = \frac{Nu}{RePr} \qquad\qquad (6-20)$$

将 Nu、Re 和 Pr 的公式代入上式，得

$$St = \frac{\alpha}{\rho v c_p} = \frac{\alpha\Delta t}{\rho v c_p \Delta t} \qquad\qquad (6-21)$$

由上式可知，St 的物理意义为流体的实际换热热流密度（单位面积的热流量）与可能传递的最大热流密度之比（上式 Δt 是主流温度与壁温之差）。

⑧斯特劳哈尔数 Sr

在非稳态运动过程中，两个运动现象相似还应包含过程的相似，在满足几何相似、运动相似和动力相似的条件下，要满足任意对应时间都相似，则必须满足

$$\left(\frac{l/v}{\tau}\right)_1 = \left(\frac{l/v}{\tau}\right)_2$$

$$\frac{l}{v\tau} = Sr \qquad\qquad (6-22)$$

不难看出对稳态流动，自然满足 $Sr_1 = Sr_2$。

常见相似准则及其物理意义见表 6-1。

表 6-1　常见相似准则及其物理意义

准则名称	定义	物理意义
马赫数 Ma	$\dfrac{v}{a}$（a 为声速）	惯性力与压力之比的一种度量
欧拉数 Eu	$\dfrac{1}{\gamma Ma^2}$ 或 $\dfrac{p}{\rho v^2}$	
雷诺数 Re	$\dfrac{\rho v l}{\eta}$	惯性力与黏性力之比的一种度量
努赛尔数 Nu	$\dfrac{al}{\lambda}$	对流换热壁面上的无因次温度梯度
贝克来数 Pe	$\dfrac{vl}{a}$（a 为导温系数）	对流热量与传导热量之比的一种度量
普朗特数 Pr	$\dfrac{c_p\eta}{\lambda} = \dfrac{\eta}{a\rho}$（$a$ 为导温系数）	动量扩散与热扩散之比的一种度量
格拉晓夫数 Gr	$\dfrac{g\alpha\Delta t l^3}{v^2}$	浮力与黏性力之比的一种度量
弗劳德数 Fr	$\dfrac{v^2}{gl}$	惯性力与重力之比的一种度量
毕渥数 Bi	$\dfrac{l\alpha}{\lambda_s}$	固面导热热阻与界面换热热阻之比的一种度量
傅里叶数 Fo	$\dfrac{a\tau}{l^2}$（a 为导热系数）	非稳态换热的无量纲时间
斯坦顿数 St	$\dfrac{Nu}{RePr}$	流体的实际换热热流密度与流体最大可能的热流密度之比
斯特劳哈尔数 Sr	$\dfrac{l}{v\tau}$	非稳态流动的时间准则

6.2　量纲分析及其应用[11]

在对气动热力传热对象的物理本质进行深入的分析的基础上，用量纲理论处理气动热力和传热问题有重要的意义。

6.2.1　基本量纲和导出量纲

目前国际和国内规定的基本物理量纲，在气动热力范围内的基本物理量纲见表 6-2。

表 6-2　气动热力范围内的基本物理量纲

基本物理量	量纲
长度 l	m（米）
质量 m	kg（千克）
温度 T	K（开尔文）
时间 τ	s（秒）

　　所有物理量的量纲都可以用基本量纲的指数幂乘积的形式表示，这些物理量的量纲即称为导出量纲。常用的物理量的导出量纲见表 6-3。

表 6-3　导出量纲

物理量名称	量纲
速度 v	l/τ　（m/s）
加速度 a	l/τ^2　（m/s²）
力 F	Ml/τ^2　（kg·m/s²≡N）
压力、应力、动量 $\rho v^2/2$	$M/(l\tau^2)$　[kg/(ms²)≡Pa]
密度 ρ	M/l^3　（kg/m³）
面积 A	l^2　（m²）
质量流量 q_m	M/τ　（kg/s）
能量 W	Ml^2/τ^2　（kg·m²/s²≡J）
功率 N	Ml^2/τ^3　（kg·m²/s³≡W）
比热容 c_p 和 c_v、气体常数 R、比熵 s	$l^2/(\tau^2 T)$　[m²/(s²K)≡J/(kg·K)]
比焓 h	l^2/τ^2　（m²/s²≡J/kg）
动力黏性系数 η	$M/(l\tau)$　（kg/ms≡Pa·s）
运动黏性系数 ν	l^2/τ　（m²/s）
热传导系数 λ	$Ml/(T\tau^3)$　[kg·m/(Ks³)≡W/(m·K)]
热交换系数 α	$M/(\tau^3 T)$　[kg/(s³·K)]
冲量 ϕ	Ml/τ^2　（kg·m/s²≡Pa·m²）
转动惯量 J	Ml^2　（kg·m²）
比冲 I	l/τ　（m/s≡N·s/kg）

很显然，基本量纲与其对应的导出量纲是相对的。理论上，可以任选四种独立量纲作为基本量纲，由基本量纲的物理意义导出其他的量纲作为导出量纲。例如，选用压力、速度、长度、时间为基本量纲，由此导出的其他物理量为导出量纲。可将物理量分为有量纲的量与无量纲的量，即我们通常所说的有因次量和无因次量。显然有量纲的物理量其大小取决于所用单位，而无量纲的物理量与所取用的单位无关。

在描述物理现象的物理量中，凡其量纲不能用导出量纲的方法表示的物理量的量纲为量纲独立量。反之，如果能用导出量纲表示的物理量称为量纲不独立量。量纲独立量与量纲不独立量也是相对的。原则上，可以先选定某物理量为量纲独立量，其他量则为量纲不独立量。在应用时，一般选基本量纲为量纲独立量，导出量纲为量纲不独立量。

6.2.2　π 定理

π 定理是 1914 年白金汉（E·Buckingham）提出的。π 定理基于以下事实。

1）要研究的某一物理量 b，它是 n 个有量纲的量和 s 个无量纲的量的函数，即

$$b = f(a_1, a_2, a_3, \cdots, a_n, a_{n+1}, a_{n+2}, \cdots, a_{n+s}) \qquad (6-23)$$

上式的确定函数关系可以是已知的确定函数，也可以是暂且未知的物理模型，但上述确定的物理量之间的关系是必然存在的，并且这种必然存在的规律不因度量单位的不同而改变。

2）如果将上式物理量 b 无量纲化，则所有的自变量必然都被无量纲化。由于自变量中有 l 个是量纲独立的（$l \leqslant k$，k 为基本量纲的个数，对力学问题 $k=4$），它们之间不可能组合成无量纲量。因此，n 个有量纲的自变量只能经无量纲化组合成 $n-l$ 个无量纲自变量。

3）π 定理：由上所述，如果将某个因变量 b 无量纲化，则量纲化的自变量只与 $(n+s)-l$ 个无量纲自变量有关。这就是 π 定理，即

$$\pi_b = F(\pi_1, \pi_2, \cdots, \pi_{n-l}, \pi_{n+1}, \pi_{n+2}, \cdots, \pi_{n+s}) \qquad (6-24)$$

π 定理表明，b 量无纲量化为 π_b 后，自变量的个数减少了 l 个。这对工程上带来方便。而上式的 π_b，π_1，π_2，$\cdots$，π_{n-l} 都是相似参数。相似参数相等的物理过程是相似的。

π 定理是完全无量纲化的定理，有时式（6 - 23）左边含有部分经验关系式，致使不能完全无量纲化为式（6 - 24），而是部分参数无量纲化，还有一部分参数有量纲。例如，前面所述变比热容的气动函数，压力项得到了无量纲关系，而温度仍然是有量纲的，此时 $l = 1$。即有量纲的气动参数 $= f_1(p, p_t, T)$〔或 $= f_2(Ma, T, p)$〕，经部分无量纲化后，压力项变为 p/p_t，即可得无量纲的气动函数 $= f_3(Ma, T) = f_4(Ma, T_t)$。

6.2.3　π 定理的应用举例

（1）管流特性

无限长的管内稳定流动，已知管内任意点的速度 v 是管壁粗糙度 Δ、管径 d、流体密度 ρ、流体平均速度 v_{cp}、流质动力黏度 η 和该点的半径 r 的函数。管壁的切向应力 τ 是 Δ，d，ρ，v_{cp} 和 η 的函数，即

$$v = v(r, \Delta, d, \rho, v_{cp}, \eta) \qquad (6-25)$$

和

$$\tau = \tau(\Delta, d, \rho, v_{cp}, \eta) \qquad (6-26)$$

将上两式无量纲化，得

$$\bar{v} = \bar{v}(\bar{r}, \bar{\Delta}, Re) \qquad (6-27)$$

和

$$f = \frac{\tau}{\dfrac{\rho v_{cp}^2}{2}} = f(\bar{\Delta}, Re) \qquad (6-28)$$

式中，$\bar{r} = r/d$；$\bar{\Delta} = \Delta/d$；$Re = \rho d v_{cp}/\eta$，$\bar{v} = v/v_{cp}$，f 为摩擦系数。由 π 定理可知，$l = 3$，即自变量减少了 3 个。通过试验，可以得到上两式的相似准则关系，完全满足式（6 - 25）和式（6 - 26）的函

数关系。

（2）泵的通用特性

经分析得知，液体离心泵的压头 H、效率 η_l、功率 N 具有下面所列的函数关系

$$H = H(q_v, n, D, \rho, \eta) \tag{6-29}$$

$$\eta_l = \eta(q_v, n, D, \rho, \eta) \tag{6-30}$$

$$N = N(q_v, n, D, \rho, \eta) \tag{6-31}$$

式中　q_v —— 容积流量；

n —— 转速；

D —— 表征尺寸（为叶轮外径）；

ρ —— 流体密度；

η —— 流体的动力黏性系数。

在叶轮进口没有汽蚀的情况下，几何相似的泵族中的 D 可表示任意流动通道的尺寸。将自变量和因变量无量纲化之后，因上述关系中的基本量纲 $l = 3$，所以上面各式的自变量减少 3 个，无量纲化后得

$$\frac{gH}{n^2 D^2} = f_H\left(\frac{q_v}{nD^3}, Re\right) \tag{6-32}$$

$$\frac{N}{\rho n^3 D^5} = f_N\left(\frac{q_v}{nD^3}, Re\right) \tag{6-33}$$

$$\eta_l = f_\eta\left(\frac{q_v}{nD^3}, Re\right) \tag{6-34}$$

式中，雷诺数 $Re = \rho D^2 n/\eta = \rho Du/\eta$，取 D 为叶轮外径，则 u 为叶轮外圈的切线速度。当 Re 很大时，雷诺数得到自模化，则上式可近似写为

$$\frac{gH}{n^2 D^2} = f_n\left(\frac{q_v}{nD^3}\right) \tag{6-35}$$

$$\frac{N}{\rho n^3 D^5} = f_N\left(\frac{q_v}{nD^3}\right) \tag{6-36}$$

试验表明，η_l 随 Re 有较显著的变化。实际上，上述关系也可直

接由守恒方程导出。从上式可知，同一台泵，同一种工质，即 D，g，ρ 不变，若都保持在设计状态，即 η_l 不变，转速增加一倍，容积流量也增加一倍，压头与 n^2 成正比，功率与 n^3 成正比。对一组几何相似的泵，转速不变，尺寸增加一倍，同样的设计工况，容积流量 q_v 增加至 $2^3 = 8$ 倍；压头增加至 $2^2 = 4$ 倍；功率 N 增加至 $2^5 = 32$ 倍。

（3）翼面升、阻特性和某点压力

对黏性定常可压缩流，机翼的升力 Y、阻力 X 和翼上某点压力 p 可写成如下函数关系

$$Y = Y(\rho_\infty, v_\infty, p_\infty, c, \alpha, \eta_\infty, \eta, R, c_{p\infty}, c_p) \qquad (6-37)$$

$$X = X(\rho_\infty, v_\infty, p_\infty, c, \alpha, \eta_\infty, \eta, R, c_{p\infty}, c_p) \qquad (6-38)$$

$$p = p(\rho_\infty, v_\infty, p_\infty, c, \alpha, \eta_\infty, \eta, R, c_{p\infty}, c_p) \qquad (6-39)$$

式中　v ——速度；

　　c ——特征长度（如弦长或表征截面面积对应的直径）；

　　α ——攻角；

　　η ——动力黏度；

　　R ——气体常数；

　　c_p ——定压比热容；

　　下标"∞"——表示来流。

将上面各式无量纲化

$$C_y = \frac{Y}{\frac{1}{2}\rho_\infty v_\infty^2 c^2} \qquad (6-40)$$

$$C_x = \frac{X}{\frac{1}{2}\rho_\infty v_\infty^2 c^2} \qquad (6-41)$$

主变量的无量纲参数为

$$\pi_1 = \frac{p_\infty}{\rho_\infty v_\infty^2} = \frac{1}{\gamma_\infty Ma_\infty^2} \qquad (6-42)$$

$$\pi_2 = \frac{\rho_\infty c v_\infty}{\eta_\infty} = R_{e\infty} \qquad (6-43)$$

$$\pi_3 = \frac{R}{c_{p\infty}} = \frac{\gamma_\infty - 1}{\gamma_\infty} \tag{6-44}$$

$$\pi_4 = \frac{R}{c_p} = \frac{\gamma - 1}{\gamma} \tag{6-45}$$

$$\pi_5 = \frac{\eta}{\eta_\infty} \tag{6-46}$$

以上 5 个主变量无量纲参数，包含了式 (6-37) ～式 (6-39) 的所有 9 个有量纲的主变量。即无量纲化以后参数减少了 $9-5=4$ 个独立量纲。并由以上 5 个主变量无量纲参数得

$$C_y = C_y(Ma_\infty, \alpha, \gamma_\infty, \gamma, Re_\infty, \eta/\eta_\infty) \tag{6-47}$$

$$C_x = C_x(Ma_\infty, \alpha, \gamma_\infty, \gamma, Re_\infty, \eta/\eta_\infty) \tag{6-48}$$

$$\frac{p}{p_\infty} = p(Ma_\infty, \alpha, \gamma_\infty, \gamma, Re_\infty, \eta/\eta_\infty) \tag{6-49}$$

由于升力、阻力都是翼面上压力分布的积分值，因此式 (6-47)、式 (6-48) 中的 γ 应视为翼面流动的各点的平均比热比。

对于无黏流或核心流或认为雷诺数自模化，在超声速或高超声速流中，将攻角视为几何相似的基本要求，则上面各式可近似写为

$$C_y = C_y(Ma_\infty, \gamma_\infty, \gamma) \tag{6-50}$$

$$C_x = C_x(Ma_\infty, \gamma_\infty, \gamma) \tag{6-51}$$

$$\frac{p}{p_\infty} = p(Ma_\infty, \gamma_\infty, \gamma) \tag{6-52}$$

式中的 p/p_∞ 也可用 $p/p_{t\infty}$ 或 $p/p'_{t\infty}$ 等来表示（$p'_{t\infty}$ 表示来流正激波后的总压）

分析以上三式可知，对变比热容的完全气体（一定的来流工质），γ 是温度的单值函数。如果模型试验的工质与实际飞行的工质（空气）不同时，满足 γ_∞，Ma_∞ 相等，由于比热比是温度和工质种类的函数，γ 值无法相等。意即对不同工质的相似模拟实际是不可能的或者是近似的。如果工质相同，满足 γ_∞，Ma_∞ 相等的相似条件，流场得到模拟，则 γ 值自然得到模拟。从能量方程也可以证明此结论。

由 $h_t = h(T) + \dfrac{\gamma R T}{2} Ma^2$，对来流由 $\gamma_\infty = \gamma_\infty(T_\infty)$，给定 Ma_∞ 时 h_t

即得到模拟，仍由此式，翼上任一点的 Ma 得到模拟，则该点的温度比也得到模拟，γ 即得到了模拟。因此式（6－50）～式（6－52）可写为

$$C_y = C_y(Ma_\infty, \gamma_\infty) \qquad\qquad (6-53)$$

$$C_x = C_x(Ma_\infty, \gamma_\infty) \qquad\qquad (6-54)$$

$$\frac{p}{p_\infty} = p(Ma_\infty, \gamma_\infty) \qquad\qquad (6-55)$$

很显然，为计算和使用方便，上述三式可以写为部分相似的函数关系，用 T_∞ 或 $T_{t\infty}$ 代替 γ_∞，因此得

$$C_y = C_{y1}(Ma_\infty, T_\infty) = C_{y2}(Ma_\infty, T_{t\infty}) \qquad (6-56)$$

$$C_x = C_{x1}(Ma_\infty, T_\infty) = C_{x2}(Ma_\infty, T_{t\infty}) \qquad (6-57)$$

$$\frac{p}{p_\infty} = p_1(Ma_\infty, T_\infty) = p_2(Ma_\infty, T_{t\infty}) \qquad (6-58)$$

对变比热容的气动函数，从变比热容的正、斜激波计算都可以看出以上三式的存在，上式说明，对超声速和高超声速进气道，气动相似的条件是来流马赫数相等和来流温度（或总温）相等。当 Ma_∞ 不是太高（如 $Ma_\infty < 3$）时，$T_{t\infty}$ 的影响较小。满足这两条件，高超声速流场就相似，即对应点的无因次压力和无因次温度都相等。

（4）冲压发动机内流

发动机的推力 F 与 ρ_∞，v_∞，p_∞，A，α，θ，f，R，R_r，c_p，$c_{p\infty}$，c_{pr}，η，η_∞ 有关，即

$$F = F(\rho_\infty, v_\infty, p_\infty, A, \alpha, \theta, f, R, R_r, c_p, c_{p\infty}, c_{pr}, \eta, \eta_\infty) \quad (6-59)$$

式中　A——某一表征截面积，可取作发动机最大截面积；

　　　θ——加热比；

　　　f——油气比；

　　　R_r，c_{pr}——燃烧产物的气体常数和定压比热容；

　　　其他参数与第 3 章相同。

将上式无量纲化

$$C_F = \frac{F}{\dfrac{1}{2}\rho_\infty v_\infty^2 A} \qquad\qquad (6-60)$$

主变量的无量纲参数为

$$\pi_1 = \frac{p_\infty}{\rho_\infty v_\infty^2} = \frac{1}{\gamma_\infty Ma_\infty^2}$$

$$\pi_2 = \frac{\rho_\infty D v_\infty}{\eta_\infty} = Re_\infty \quad (D \text{ 为直径})$$

$$\pi_3 = \frac{R}{c_{P\infty}} = \frac{\gamma_\infty - 1}{\gamma_\infty}$$

$$\pi_4 = \frac{R}{c_P} = \frac{\gamma - 1}{\gamma}$$

$$\pi_5 = \frac{R}{R_r}$$

$$\pi_6 = \frac{R_{r\gamma}}{c_{pr}} = \frac{\gamma_r - 1}{\gamma_r}$$

$$\pi_7 = \frac{\eta}{\eta_\infty}$$

上式共有 11 个有量纲的参数，3 个无量纲参数（α，θ，f）。无量纲化后 11 个有量纲的参数组成了 $11-4=7$ 个无量纲参数，包含了所有 11 个有量纲的参数。分析上述无量纲的自变量可以将式（6-59）写成

$$C_F = C_F (Ma_\infty, \alpha, \theta, f, \gamma_\infty, \gamma, \gamma_r, Re_\infty, \eta/\eta_\infty, R/R_r) \quad (6-61)$$

认为 Re_∞ 已自模化，对同一种工质，与前面的分析相同，γ 与 γ_∞ 并不独立，由于 γ_∞（即 γ）得到了模拟，则温度得到了模拟，而 η 是温度的函数，故 η/η_∞ 也自动满足。因此上式可写为

$$C_F = C_F (Ma_\infty, \alpha, \theta, f, \gamma_\infty, \gamma_r, R/R_r) \quad (6-62)$$

参考冲压发动机性能计算，可导出上式在给定攻角 α 时为

$$C_F = \frac{A_1}{A} \varphi(Ma_\infty) \left[\sqrt{\frac{(\gamma_\infty + 1)}{\gamma_\infty} \frac{(\gamma_r + 1)R_r}{\gamma_r R}} (1+f)\sqrt{\theta} \frac{z(\lambda_5)}{\lambda_\infty} - 2 \right] - \frac{2A_5}{A\gamma_\infty Ma_\infty^2}$$

$$(6-63)$$

（5）管内对流换热的相似

管内流体与管壁的热交换系数 α 与管内平均流速 v，管径 d，流体的导热系数 λ，动力黏度 η，密度 ρ 和定比热容 c_p 有关，即

$$\alpha = \alpha(v, d, \lambda, \eta, \rho, c_p) \qquad (6-64)$$

上式的 6 个自变量和 1 个因变量中包含 4 个基本量纲，通过量纲分析，可得 $7 - 4 = 3$ 个无量纲量，即

$$\pi_0 = \frac{\alpha d}{\lambda} = Nu \qquad (6-65)$$

$$\pi_1 = \frac{\rho v d}{\eta} = Re \qquad (6-66)$$

$$\pi_3 = \frac{\eta c_p}{\lambda} = Pr \qquad (6-67)$$

上述 3 个无量纲量包含了式（6-64）中的所有自变量和因变量，因此式（6-64）可写为

$$Nu = f(Re, Pr) \qquad (6-68)$$

通过大量试验可以找出 $f(Re, Pr)$ 的函数关系，例如

$$Nu = 0.023 Re^{0.8} Pr^n \qquad (6-69)$$

当加热流体时 $n = 0.4$；冷却流体时 $n = 0.3$。

6.3　相似原理的近似性及其修正

6.3.1　近似性

利用相似原理和相应的量纲分析给发动机工程研制带来可喜的好处，尤其对无化学反应的流动。例如，对超声速进气道和喷管工作过程的数值仿真和试验模拟都带来方便。至今，导弹外形和超声速进气道都是用缩尺模拟吹风，取得无量纲参数 C_y、C_x、φ（流量系数），σ_{cr}（临界总压恢复系数）供导弹和发动机足尺寸的特性计算使用。与此同时，必须意识到上述相似原理仍带有近似性，这些近似有下列诸方面：

1）几何相似中的表面粗糙度 Δ，在工程上往往不能满足缩尺模型的要求。转动件的间隙往往也难达到几何相似。为此，在设计缩尺模型时应考虑这种缩尺效应给试验带来的误差。

2）书中所有的相似准则参数，都是基于几何相似、运动相似、动力相似和传热相似的条件下导出的。实际上，在高速气流中，由于比热容随流动过程的温度变化而变化，在来流马赫数得到模拟的前提下，由于来流温度的不同，无法保证模型和足尺寸构件之间对应点的马赫数彼此相等，从而破坏了运动和动力相似条件。由于温度的不相似，致使动力黏度有差别，从而使黏性流中 Re 相等也不能对应满足。随着来流马赫数的增加，流动过程温度变化明显，使运动和动力相似难以保证。在进行弹体和发动机的进气道模拟试验时，特别是在高超声速下，必须在模拟来流马赫数的前提条件下，还要模拟来流总温 $T_{t\infty}$ 才能满足相似条件，这样得到的无量纲参数才能保证模型与足尺寸的彼此相等。此外，还应保证湍流度相等。

3）从对流换热的量纲分析导出的式（6-68），其中 v、λ、η、ρ、c_p 各参数都视为平均管流的参数。实际上，管路截面的速度是不均匀的，并受到来流湍流度的影响。管截面由于管壁热交换（加热或散热），使截面温度分布产生畸变，同时影响管截面的速度分布和相应工质的黏性。以上这些实际情况影响无量纲参数的相似性，即式（6-68）本身就是近似的。为此，许多学者采取附加主变量无量纲量的个数，对式（6-68）进行修正[14]，如

$$Nu = 0.023 Re^{0.8} Pr^n C_t \qquad (6-70)$$

对气体散热 $C_t = 1$；对气体被加热 $C_t = \left(\dfrac{T_f}{T_w}\right)^{0.5}$ [T_f 为流体平均温度（K），T_w 为壁温（K）]。

齐德-泰勒修正公式为

$$Nu = 0.027 Re^{0.8} Pr^{\frac{1}{3}} \left(\frac{\eta_f}{\eta_w}\right)^{0.14} \qquad (6-71)$$

米海耶夫公式为

$$Nu = 0.021 Re^{0.8} Pr^{0.43} \left(\frac{p_{rf}}{p_{rw}}\right)^{0.25} \qquad (6-72)$$

6.3.2　修正

6.3.1 节已说明对湍流热交换相似参数的修正，采取增加一个无

量纲相似参数修正量纲分析所得的结果。

对弹体升力系数 C_y、阻力系数 C_x 和超声冲压发动机（特别是高超声速冲压发动机）的激波角 β、流量系数 φ、临界总压恢复系数 σ_{cr} 等无因次参数，同样可以采用修正的办法进行工程应用。修正的内容是几何尺寸效应、雷诺效应和变比热效应对无量纲参数 C_y、C_x、β、φ、σ_{cr}、p/p_∞ 等的综合影响。修正的方法是利用有粘可压缩、变比热容的三维流场计算（CFD），得到在模拟来流马赫数 Ma_∞ 的条件下的修正差分量。以超声速进气道的流量系数 φ 为例，模型试验得到在一定的姿态（攻角和侧滑角）下的流量系数为

$$\varphi_m = \varphi_m(Ma_\infty) \tag{6-73}$$

在相同的来流马赫数 Ma_∞ 和姿态角的条件下，加上要得到流量系数状态的来流模拟高度 H、温度、压力等，通过 CFD 计算得到该状态足尺寸进气道的流量系数 φ_l。与此同时，通过 CFD 计算，在相同的 Ma_∞ 和姿态角等情况下，按吹风模型的尺寸和表面粗糙度，并按模型吹风的来流温度和压力，计算得到模型吹风条件的流量系数 φ_{lm}。实际足尺寸的进气道在 Ma_∞/H 工况下的流量系数 φ 为

$$\varphi(Ma_\infty, H) = \varphi_m + (\varphi_l - \varphi_{lm}) \tag{6-74}$$

同样有

$$\beta(Ma_\infty, H) = \beta_m + (\beta_l - \beta_{lm}) \tag{6-75}$$

$$\sigma_{cr}(Ma_\infty, H) = \sigma_{crm} + (\sigma_l - \sigma_{lm}) \tag{6-76}$$

$$C_y(Ma_\infty, H) = C_{ym} + (C_{yl} - C_{ylm}) \tag{6-77}$$

$$C_x(Ma_\infty, H) = C_{xm} + (C_{xl} - C_{xlm}) \tag{6-78}$$

$$\frac{p}{p_\infty}(Ma_\infty, H) = \left(\frac{p}{p_\infty}\right)_m + \left[\left(\frac{p}{p_\infty}\right)_l - \left(\frac{p}{p_\infty}\right)_{lm}\right] \tag{6-79}$$

该方法是利用有偏差的试验值，利用理论计算的差分值进行修正。

当上面各式理论计算的无量纲差分值越小时，即实际无量纲量与试验的无量纲量差别越小，此方法越准确。当飞行马赫数很高时，特别是高超声速下，由于比热容的差别可能给上述无量纲量带来的

偏差较大，在这种情况下，该方法仍然适用，只是误差有所增加，但最好利用试车台进行与式（6 - 74）类同的模拟试验，即 $\varphi = \varphi(Ma_\infty, T_t)$ 或 $\varphi = \varphi(Ma_\infty, T_\infty)$ 进行足尺寸模拟试验，其中来流压力可以不模拟（能模拟更好），得到无量纲参数。如果试车台的来流并非纯空气，再按上述流场计算方法加以工质差别的差分修正。由于这种试验比模型的模拟试验更接近实际情况，即计算的无量纲差分值较小，从而使所得的实际无量纲参数更准确。

以上的工程修正方法可以广泛应用于发动机研制中，即用诸多小扰动偏差给试验值带来的偏差，用数值仿真得到这些小扰动给试验结果带来的偏差，如果数值仿真与实际值的系统偏差为 δ，试验模拟值与实际条件下的真值的系统偏差为 δ_0，可以证明以上修正方法得到的结果与真值的偏差为 $-\delta\delta_0$，例如 $\delta = \delta_0 = 10\%$，则修正值的系统偏差只有 $-10\% \times 10\% = -1\%$ 。

第7章 大气参数[15~17]

吸气式发动机所用工质主要是环绕地球大气层的空气。在发动机的研制过程中，发动机性能（如燃烧效率、推力、比冲等）直接与大气的成分和相对应的热力参数有关。大气参数对飞行器设计，优化和分析导弹的弹道都是必须的。

一般而言，大气参数 x（如压力、温度、密度、成分等）是地球上空的空间和时间的函数，即

$$x = x(r, \phi, h, \tau) \tag{7-1}$$

式中 r，ϕ，h，τ——经度、纬度、几何高度和时间。

环绕地球的大气是由氮气，氧气及其他微量气体组成的，其中还包含水蒸气和一定数量的悬浮杂质。这些微量气体在大气中的成分数量都是按上式的函数关系而变化。其中水蒸气的含量变化最大，在高气温时，地球表面的水蒸气浓度可达 4%，并随高度的增加和气温的降低很快下降。实际上，在高度达 90~95 千米时，已无水蒸气，干燥清洁的空气保持不变。

7.1 标准大气

为了使用方便，国际标准 ISO 2533 规定了适合全球可靠性概率较高的大气平均参数作为标准大气的参数。标准大气的压力、温度、密度只与高度有关。标准大气的成分取为干空气（水蒸气含量为 0）。在进行飞行器和发动机的性能计算时，大气中含湿量作为干空气外的附加成分参与计算。ISO 标准大气计算中采用的主要常数见表7-1。

表 7 - 1　标准大气计算常数

名称	海平面标准重力加速度	分子量	海平面大气压	气体常数	标准地面温度	海平面大气密度	比热比	通用气体常数
符号	g_0	u_a	p_0	R_a	T_0	ρ_0	γ_0	$\overline{R}$
单位	m/s²	kg/kmol	Pa	J/(kg · K)	K	kg/m³		J/(kmol · K)
数值	9.806 65	28.964 42	101 325	287.052 87	288.15	1.225	1.4	8 314.32

海平面加速度 g_ϕ 主要取决于纬度，ϕ 越大，g_ϕ 越大。

$$g_\phi = 9.806\ 16 \times (1 - 0.002\ 637\ 3\cos 2\phi + 0.000\ 005\ 9\cos^2 2\phi)$$

$$(7-2)$$

表 7 - 1 中的海平面标准重力加速度 g_0 接近于 $\phi = 45.542\ 5°$ 纬度的海平面重力加速度。

7.1.1　干空气成分

表 7 - 2 中所列成分是接近海平面干燥清洁空气的标准成分。该成分含量符合 0 ～ (90 ～ 95) 千米高度的大气参数。

表 7 - 2　接近海平面干燥清洁空气的标准成分

气体种类		标准大气容积百分数（摩尔百分数）/ %	分子量/（kg/kmol）
氮气 N_2		78.084 (78.088 1)	28.013 4
氧气 O_2		20.9476 (20.949 5)	31.998 8
氩气 Ar		0.934 (0.932 4)	39.948
二氧化碳 CO_2		0.031 4 (0.030)	44.009 95
氖气 Ne		1.818×10^{-3} (0)	20.183
氦气 He		524.0×10^{-6} (0)	4.002 6
氪气 Kr		114.0×10^{-6} (0)	83.80
氙气 Xe		8.7×10^{-6} (0)	131.30
氢气 H_2		50.0×10^{-6} (0)	2.015 94
一氧化二氮 N_2O		50.0×10^{-6} (0)	44.012 8
甲烷 CH_4		0.2×10^{-3} (0)	16.043 03
臭氧 O_3	夏季	$\sim 7.0 \times 10^{-6}$ (0)	47.998 2
	冬季	$\sim 2.0 \times 10^{-6}$ (0)	47.998 2

续表

气体种类	标准大气容积百分数（摩尔百分数）/%	分子量/（kg/kmol）
二氧化硫 SO_2	$\sim 0.1 \times 10^{-3}$（0）	64.062 8
二氧化氮 NO_2	$\sim 2.0 \times 10^{-6}$（0）	46.005 5
碘气 I_2	$\sim 1.0 \times 10^{-6}$（0）	253.808 8
空气	100（100）	28.964 420

从表 7 - 2 可以看出，空气的主要成分为 N_2，O_2，Ar，CO_2。其他成分极微量，工程计算中可以忽略不计，上表中的括号内的数据作为标准干空气即可。有时还可以进一步简化，将 CO_2 和 Ar 也忽略，即将标准干空气视为氧气和氮气等，将氮气的摩尔分数相应地增加。

7.1.2　高度与重力加速度

（1）重力加速度

重力是万有引力（地球对物体的引力）和地球自转造成的大气离心力的矢量和。在标准大气情况下，离心力可以忽略不计。因此由万有引力定律，引力与距离的平方成反比，可以直接得到不同高度的重力加速度 g 为

$$g = g_0 \left(\frac{r}{r+h}\right)^2 = g_0 \left(\frac{1}{1+\dfrac{h}{r}}\right)^2 = g_0 \left(1 - \frac{H}{r}\right)^2 \quad (7-3)$$

式中　r——地球的公称半径，$r = 6\ 356\ 766$ m；

　　　g_0——平均海平面的标准重力加速度，前面已经提及，它相当于纬度 45.542 5° 的真实重力加速度，其值为 9.806 65 m/s²；

　　　H——位势高度 [参式（7 - 5）]；

　　　h——几何高度。

（2）几何高度、位势高度和压力换算高度

几何高度 h 定义为离海平面的垂直距离。

位势即从几何高度为零，到几何高度 h，单位质量所做的功称

为位势 ϕ 。

$$\phi = \int_0^h g(h)\mathrm{d}h \qquad (7-4)$$

位势高度 H 定义为达到几何高度 h 的位势 ϕ 除以海平面的标准重力加速度 g_0 得到的高度，意即以恒定的重力加速度 g_0 达到几何高度的位势所对应的高度。从定义可见位势高度 H 小于几何高度 h 。

将式（7-3）代入式（7-4）积分得

$$H = \frac{rh}{r+h} = \frac{h}{1+\dfrac{h}{r}} \qquad (7-5)$$

或

$$h = \frac{rH}{r-H} = \frac{H}{1-\dfrac{H}{r}} \qquad (7-6)$$

当 $h = 30 \text{ km}$ 时，将 $r = 6\ 356.766 \text{ km}$ 代入上式得 $H/h = 0.995\ 3$。这个数字表明在冲压发动机工作的高度范围内，位势高度与几何高度的差别可以忽略，当 $h > 30 \text{ km}$ 时，位势高度与几何高度应分别计算。

压力换算高度 H_p 定义为在某一几何高度下，以该处的密度和重力加速度对应的位势高度，即

$$H_p \rho g = p = \rho R T$$

因此得

$$H_p = \frac{RT}{g} \qquad (7-7)$$

7.1.3 大气温度随高度的变化

在标准大气中，可分为多层，每层的温度 T 与位势高度 H 呈线性关系，即

$$T = T_b + \beta(H - H_b) \qquad (7-8)$$

式中 T_b，H_b——该层的下限值；

β——该层随位势高度的梯度 $\mathrm{d}T/\mathrm{d}H$ 。

按式（7-8），国际标准大气温度 T 随位势高度 H 的线性变化

见表 7 - 3。

表 7 - 3 标准大气温度、大气压力随位势高度的计算公式

H/km	$\beta/(\mathrm{K/km})$	T/K	p/Pa
$-2\sim11$	-6.5	$288.15-6.5H$	$101\,325\times(1-0.022\,557\,7H)^{5.255\,88}$
$11\sim20$	0	216.65	$22\,632.04\exp[-0.157\,688\,5(H-11)]$
$20\sim32$	1	$196.65+H$	$5\,474.879\times[1+0.004\,615\,74(H-20)]^{-34.163\,22}$
$32\sim47$	2.8	$139.05+2.8H$	$868.016\times[1+0.012\,245\,79(H-32)]^{-12.201\,15}$
$47\sim51$	0	270.65	$110.905\,8\exp[-0.126\,226\,6(H-47)]$
$51\sim71$	-2.8	$413.45-2.8H$	$66.938\,53\times[1-0.010\,345\,46(H-51)]^{12.201\,15}$
$71\sim80$	-2.0	$356.65-2H$	$3.956\,392\times[1-0.009\,317\,494(H-71)]^{17.081\,61}$

7.1.4 大气压力随高度的变化

由静力学方程

$$-\mathrm{d}p = \rho g\,\mathrm{d}h = \rho g_0\,\mathrm{d}H \qquad (7-9)$$

完全气体状态方程

$$p = \rho RT \qquad (7-10)$$

和式 (7 - 8),得

$$\frac{\mathrm{d}p}{p} = \frac{g_0\,\mathrm{d}H}{R[T_b+\beta(H-H_b)]} \qquad (7-11)$$

上式积分,得

$$\ln\frac{p}{p_b} = -\frac{g_0}{R\beta}\ln\left[1+\frac{\beta}{T_b}(H-H_b)\right] \qquad \beta\neq0$$

即

$$\frac{p}{p_b} = \left[1+\frac{\beta}{T_b}(H-H_b)\right]^{-\frac{g_0}{R\beta}} \qquad \beta\neq0 \qquad (7-12)$$

和

$$\frac{p}{p_b} = \exp\left[-\frac{g_0}{RT_b}(H-H_b)\right] \qquad \beta=0 \qquad (7-13)$$

式中,下标 b 表示某层高度的下限值。将 $g_0 = 9.806\,65\ \mathrm{m/s^2}$, $R=$

287.052 87 J/(kg・K)，以及各大气层的 β，H_b，T_b 值代入上式得到各大气层的大气压力随位势高度的变化规律，并列入表 7-3 中（第一层的下限取 $H=0$）。

7.1.5　大气密度随高度的变化

标准大气的密度 ρ 按完全气体的状态方程计算，即

$$\rho = \frac{p}{RT} \tag{7-14}$$

将式（7-8）、式（7-12）[或式（7-13）]代入上式，得

$$\rho = \frac{p_b}{RT_b}\left[1 + \frac{\beta}{T_b}(H - H_b)\right]^{-\frac{g_0}{R\beta}-1} \qquad \beta \neq 0 \tag{7-15}$$

和

$$\rho = \frac{p_b}{RT_b}\exp\left[-\frac{g_0}{RT_b}(H - H_b)\right] \qquad \beta = 0 \tag{7-16}$$

7.1.6　大气的动力黏度

ISO 2533 提供的经验关系式为

$$\eta = \frac{1.458 \times 10^{-6}\,T^{1.5}}{T + 110.4} \qquad (\text{Pa}\cdot\text{s})\ 或\ [\text{kg}/(\text{m}\cdot\text{s})]$$

$$\tag{7-17}$$

上式对非标准大气也适用。

7.1.7　导热系数

ISO 2533 提供的经验关系式为

$$\lambda = \frac{2.648151 \times 10^{-3}\,T^{1.5}}{T + (245.4 \times 10^{-\frac{12}{T}})} \tag{7-18}$$

上式对非标准大气也适用。

工程计算时，一般已知几何高度 h，由式（7-5）计算位势高度 H，由 H 按表 7-3 的公式分别计算标准状态的大气温度和大气压力。大气密度由式（7-15）或式（7-16）计算。大气动力黏度

系数 η、大气导热系数 λ 分别由式（7-17）和式（7-18）计算。

7.2　气候极值[17]

如前所述，大气温度和压力等都随地点和时间在不断变化，例如，1986 年新疆吐鲁番地面温度曾达 47.7 ℃，其他非基本气象站曾测得 50.6 ℃；1969 年黑龙江漠河最低温度为 -52.3 ℃；1952 年新疆吐鲁番地面最高气压曾达到 0.106 79 MPa；1969 年西藏班戈出现过地面最低气压为 0.055 34 MPa（海拔 4 700 m），对于高空也有类似的温度、压力波动过程。

7.2.1　温度、压力统计数值

为了工程应用，从全国气象站记录数据统计，可以得到全国的气候极值随高度的变化。由于是统计数据，必须规定统计数据的时间风险率，所谓时间风险率即某一气象要素（温度、压力等）在严酷月出现超出统计值的时间概率（时间百分数）。GJB 1172 推荐气压和温度用 1% 的时间风险率。

接 GJB 1172 的气压统计数据，拟合成几何高度的经验多项式（$h = 1 \sim 30$ km）

$$p_{\max} = 1.456\ 57 \times 10^{-5}\ (6.951\ 33 - 0.087\ 98h)^{9.331\ 53}$$

$$(7-19)$$

$$p_{\min} = 1.072\ 98 \times 10^{-6}\ (4.163\ 06 - 0.040\ 15h)^{14.476\ 42}$$

$$(7-20)$$

式中　$p_{\max}$，$p_{\min}$——全国最高和最低大气压力（Pa）；

　　　h——几何高度（km）。

由于最高和最低温度变化复杂，不宜拟合成曲线，使用时按表数值线性插值得到某一高度的最高和最低温度数值。GJB 1172.16—1991、GJB 1172.12—1991 统计数据见表 7-4 和表 7-5，相应的曲线如图 7-1 和图 7-2 所示。

表 7 - 4 压力极值

h/km	0	1	2	4	6	8	10	12	14	16	18	20	22	24	26	28	30
$p/10^2\text{Pa}$ 标准值	1 013	899	795	617	472	357	265	194	142	104	76	55	40	30	22	16	12
$p_{\text{max}}/10^2\text{Pa}$	1 070	936	823	642	503	391	301	227	169	124	91	67	49	37	27	20	14
$p_M/10^2\text{Pa}$ 风险率 1%		930	815	641	502	390	300	226	168	123	87	63	47	35	25	18	14
$p_{\text{min}}/10^2\text{Pa}$	920	856	757	569	420	308	226	164	119	86	64	47	34	25	18	13	10
$p_m/10^2\text{Pa}$ 风险率 1%	986.9	871	764	575	425	312	228	167	122	89	65	48	35	25	19	15	11

表 7 - 5　温度极值

h/km	1	2	4	6	8	10	12	14
$T_{max}/℃$	40.3	34.7	23.1	-0.1	-4.8	-13.3	-31	-34
$T_{max}/℃$ 风险率 0.5%	39.1	32.5	22.6	-0.3	-5.6	-13.3	-32.1	-40.4
$T_{max}/℃$ 风险率 1%	38.8	32.3	21.7	-0.3	-9.4	-19.8	-33.9	-41.5
$T_{max}/℃$ 风险率 5%	36.8	30.3	20.4	-0.8	-10.7	-23.5	-37.8	-43.8
$T_{max}/℃$ 风险率 10%	35.5	29.6	19.4	-0.9	-11.4	-24	-38.6	-45.6
$T_{max}/℃$ 风险率 20%	33.6	27.8	17.5	-1.4	-12	-24.9	-39.5	-46.9
h/km	16	18	20	22	24	26	28	30
$T_{max}/℃$	-34.8	-33.9	-34.2	-32.9	-29.5	-29.6	-31.8	-28.2
$T_{max}/℃$ 风险率 0.5%	-37.6	-36.5	-36.9	-34.6	-29.5	-29.8	-31.8	-28.2
$T_{max}/℃$ 风险率 1%	-38.9	-37.8	-37.8	-37	-31.8	-32.7	-34.7	-29.5
$T_{max}/℃$ 风险率 5%	-42.2	-40.6	-40.3	-39.3	-38.7	-36.4	-35.9	-31.3
$T_{max}/℃$ 风险率 10%	-44.1	-42	-42	-41.1	-39.7	-36.6	-40.6	-32.1
$T_{max}/℃$ 风险率 20%	-46.3	-43.2	-43.4	-42.6	-41.8	-39	-42.9	-34.4
h/km	1	2	4	6	8	10	12	14
$T_{min}/℃$	-38.4	-40.2	-49.4	-56.6	-66.6	-71	-74.8	-76.5
$T_{min}/℃$ 风险率 0.5%	-36	-36.7	-44.2	-54.4	-61.9	-68.3	-71.7	-73.4
$T_{min}/℃$ 风险率 1%	-35.7	-35.4	-43.5	-53.4	-60.7	-67.2	-71.3	-72.6

续表

h/km	1	2	4	6	8	10	12	14
$T_{\min}/℃$ 风险率 5%	−32.8	−32.6	−41.1	−51.4	−58.9	−65.5	−68.2	−69.5
$T_{\min}/℃$ 风险率 10%	−31.7	−30.4	−39.1	−49.7	−57.9	−64.4	−67.1	−68.1
$T_{\min}/℃$ 风险率 20%	−29.3	−28.1	−36.9	−47.8	−56.6	−63	−65.1	−66.9

h/km	16	18	20	22	24	26	28	30
$T_{\min}/℃$	−85.2	−86.7	−87.4	−79.6	−71.4	−69	−67.6	−69.9
$T_{\min}/℃$ 风险率 0.5%	−85.1	−85	−84.3	−74	−69.8	−65.9	−61.3	−63
$T_{\min}/℃$ 风险率 1%	−82.9	−84.6	−80	−72.7	−69	−65.7	−59.4	−60.4
$T_{\min}/℃$ 风险率 5%	−80.9	−82.4	−77.1	−70.2	−65.3	−62.2	−57.1	−57.4
$T_{\min}/℃$ 风险率 10%	−79.5	−81.8	−76.2	−69	−62.9	−60.4	−55.7	−56.4
$T_{\min}/℃$ 风险率 20%	−78.1	−80.9	−75.1	−67.9	−62.5	−58.5	−53.7	−55.1

　　由图 7-1 和图 7-2 可知，大气压力的极值与标准大气的相对偏差较大。尤其在高空，例如几何高度 20 km，最高气压相对增量为21%，最低气压相对减少量为 15%。因此，在发动机研制中，必须考虑大气极值条件下发动机和燃烧室工作性能的变化。并且，在建立发动机供油规律的数字模型时，由于飞行时某高度的大气压力和大气温度都不一定为标准大气的压力和温度，因此，如果用高度作为供油的自变量，则供油规律必然失真。

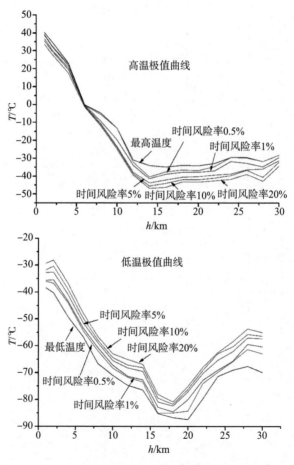

图 7-1　不同高度下的高温和低温极值曲线

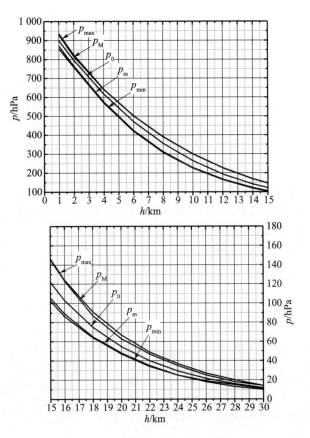

图 7 - 2 不同高度下的压力曲线

（注：p_0，p_{max}，p_{min}，p_M，p_m分别为标准大气压力、最高压力、最低压力、时间风险率为 1% 的最高压力和最低压力）

7.2.2 线性插值

前面已给出大气温度、压力随高度变化的标准大气，以及一定时间风险率的极限温度和压力。发动机的大量试验是在标准大气条件下进行的，但有时也要进行偏离标准大气的试验。

试验状态可写为

$$Ma / H / \overline{\Delta t} / \overline{\Delta p} \qquad (7-21)$$

式中

$$\Delta \bar{t} = \frac{t - t_0}{t_m - t_0} = 常数 \quad (t_m > t > t_0) \qquad (7-22)$$

$$\Delta \bar{t} = \frac{t - t_0}{t_0 - t_m} = 常数 \quad (t_m < t < t_0) \qquad (7-23)$$

$$\Delta \bar{p} = \frac{p - p_0}{p_m - p_0} = 常数 \quad (p_m > p > p_0) \qquad (7-24)$$

$$\Delta \bar{p} = \frac{p - p_0}{p_0 - p_m} = 常数 \quad (p_m < p < p_0) \qquad (7-25)$$

式中　t，p——飞行和模拟试验的大气摄氏温度和大气压力；

$\quad\quad t_0$，p_0——对应几何高度的标准大气摄氏温度和标准大气压力。

很显然，$\Delta \bar{t} = -1 \sim 0 \sim 1$；$\Delta \bar{p} = -1 \sim 0 \sim 1$。当 $\Delta \bar{t} = \Delta \bar{p} = 0$ 时，$t = t_0$；$p = p_0$，即标准大气。当 $\Delta \bar{t} = \Delta \bar{p} = 1$ 时，t 和 p 分别为极值温度和压力。$\Delta \bar{t}$、$\Delta \bar{p}$ 的物理意义分别是在一定的飞行高度下，大气温度和压力偏离标准大气值，与该高度温度和压力极值单边偏离标准大气的绝对值之比。极值大气参数取时间风险率为 1%。

由以上公式，不同飞行高度的大气温度和大气压力分别为

$$t(h) = t_0(h) + \Delta \bar{t}[t_m(h) - t_0(h)] \quad (t > t_0) \quad (7-26)$$

$$t(h) = t_0(h) + \Delta \bar{t}[t_0(h) - t_m(h)] \quad (t < t_0) \quad (7-27)$$

$$p(h) = p_0(h) + \Delta \bar{p}[p_m(h) - p_0(h)] \quad (p > p_0) \quad (7-28)$$

$$p(h) = p_0(h) + \Delta \bar{p}[p_0(h) - p_m(h)] \quad (p < p_0) \quad (7-29)$$

例如，飞行状态为 $Ma/H/\Delta \bar{t}/\Delta \bar{p} = 4/25/-60\%/40\%$。意即飞行马赫数 $Ma = 4$，飞行高度 25 km 时的大气温度与标准大气温度之差为标准温度与极值温度之差的 -60%，飞行高度 25 km 的大气压力与标准大气压力之差为极值大气压力与标准大气压力之差的 40%。查附表 3 得该状态的标准大气 $t_0 = -51.598\,℃$，$p_0 = 2\,549.22\,\text{Pa}$。该状态的极值大气 $t_m = -67.34\,℃$，$p_m = 3\,000\,\text{Pa}$。由式（7-27）计算得 $t = -61.05\,℃$；由式（7-28）计算得 $p_m = 2\,729.53\,\text{Pa}$，即该飞行状态的气动参数为（$Ma$，$t$，$p$）=（4，

－61.05℃，2 729.53 Pa），按此参数进行模拟试验。

偏离标准大气的模拟试验目的是考核在特定的大气温度、压力条件飞行器和发动机的性能。例如，发动机在转级点要考核高大气温度时对应的飞行马赫数下发动机进气道起动可靠性（此时转级马赫数较低）和低大气温度下考核该状态的供油流量下发动机的超临界裕度。在发动机高大气温度和高大气压力下考核发动机的热强度。在巡航飞行时，当大气压力偏低时，发动机推力和飞行器阻力在给定的飞行马赫数下，都成正比地降低，推力阻力仍然平衡。但一定的攻角下，升力成正比例下降，势必增大攻角，以提高升力。因此要在低大气压力下考核飞行器翼面是否能产生足够的升力。

7.2.3 湿度极值

在全国范围内统计的空中（$h \leqslant 8$ km）高绝对湿度和低绝对湿度以及相对应的高露点温度（或霜点温度）极值在时间风险率为1%的全国工作极值和累计平均混合比见表7－6。GJB 1172 还列有全国低霜点温度和混合比随高度的变化。在工程计算时低混合比值很低，可视为干空气。

表 7－6 全国高露点极值和混合比（含湿量）

几何高度 h /km	高露点（或霜点）极值和混合比		时间风险率1%高露点（或霜点）全国工作极值和累计平均混合比	
	露点（或霜点）/℃	混合比/ppm（＝ 10^{-6}）	露点（或霜点）/℃	平均混合比/ppm（＝ 10^{-6}）
0	33.5	34 000	31.4	30 000
1	29.2	29 802	24.7	19 929
2	24.2	24 555	19.0	17 544
4	16.4	19 224	9.3	11 369
6	－0.9	7 281	－1.6	6 450
8	－8.0	5 121	－12.1	3 145

含湿量 D 与相对湿度 φ 的关系，由完全气体状态方程求出，即

$$D = \frac{\rho_v}{\rho_a} = \frac{R_a p_v}{R_v p_a} = 0.622 \frac{p_v}{p - p_v} = 0.622 \frac{\varphi p_s}{p - \varphi p_s} \quad (7-30)$$

式中　p_s——该湿度下的饱和水蒸气压力；

　　　　$\varphi = p_v / p_s$；

　　　　ρ——密度；

　　　　R——气体常数；

　　　　p——混气压力；

　　　　下标 v , a——表示水蒸气和干空气。

饱和蒸汽压力是温度 T（℃）的单值函数，其经验关系式为

$$p_s = 221.2\exp\left\{\left[7.212\,75 + 3.981\left(0.745 - \frac{T+273.15}{647.3}\right)^2 + \right.\right.$$

$$\left.\left. 1.05\left(0.745 - \frac{T+273.15}{647.3}\right)^3\right]\left(1 - \frac{647.3}{T+273.15}\right)\right\} \quad (t \geqslant 0 \ ℃)$$

$$(7-31)$$

和

$$p_s = 0.006\,108\exp\left[22.46\left(1 - \frac{273.15}{t+273.15}\right)\right] \quad (T < 0 \ ℃)$$

$$(7-32)$$

式中，p_s 的单位为 10^5 Pa 。

7.2.4　降雨强度与空气中雨滴（云滴）的含水量[18-19]

降雨（水）强度定义为单位时间向水平表面落雨的累计高度（无蒸发和渗漏）。全国各地的降雨强度相差很大。瞬间出现在贵州安顺（1979.7.20）的全国记录极值降雨强度为 27.0 mm/min 。

时间风险率分别为 0.1%，0.5%，1% 的地面瞬时降雨强度全国的工作极值分别为 1.7，0.7，0.4（mm/min）。不同几何高度的降雨强度和相应的雨滴含水量、云滴含水量、雨滴数密度是根据经验的物理模型和经验公式计算得到的。

从表 7-7 的数据可见，$h = 0 \sim 6$ km 的范围内，降雨强度和雨滴含水量基本不变。$h > 20$ km ，基本上是干空气。云滴含水量在 h

≈ 6 km 时达到最大值，其他高度的云滴含水量都逐渐降低。云滴直径大部分在 $0.4 \sim 1.5$ mm。最大直径可达 3.5 mm。降雨强度 $R(\mathrm{mm/h})$ 与雨滴含水量 $M(\mathrm{g/m^3})$ 的经验关系为

$$M = 0.062R^{0.913} \qquad (7-33)$$

表 7-7　不同时间风险率的高度降水强度和雨滴（云滴）含水量

几何高度/km	地面降雨强度和时间风险率								
	1.7 mm/min　0.1%			0.7 mm/min　0.5%			0.4 mm/min　1%		
	降水强度/(mm/min)	雨滴含水量/(g/m)³	云滴含水量/(g/m)³	降水强度/(mm/min)	雨滴含水量/(g/m)³	云滴含水量/(g/m)³	降水强度/(mm/min)	雨滴含水量/(g/m)³	云滴含水量/(g/m)³
0	1.7	4.2	0	0.7	1.9	0	0.4	1.1	0
2	1.7	4.2	2.9	0.7	1.9	2.4	0.4	1.1	2.2
4	1.7	4.2	3.3	0.7	1.9	2.7	0.4	1.1	2.5
6	1.7	4.2	3.4	0.7	1.9	2.8	0.4	1.1	2.6
8	1.3	3.2	2.4	0.5	1.4	1.9	0.3	0.9	1.8
10	0.9	2.3	1.6	0.36	1.3	1.3	0.2	0.6	1.2
12	0.6	1.6	1.1	0.24	0.7	0.9	0.1	0.4	0.8
14	0.4	1.1	0.6	0.15	0.5	0.5	0.09	0.3	0.5
16	0.2	0.6	0.3	0.08	0.3	0.3	0.04	0.2	0.3
18	0.1	0.2	0.1	0.02	0.1	0.1	0.01	0.05	0.1
20	0	0	0	0	0	0	0	0	0

7.2.5　发动机吞水模拟试验

用吸气式发动机作动力装置的飞行器，必须是全天候的。即在任何暴雨天气仍能飞行。因此，在发动机研制中，规定为全天候飞行时，必须按发动机通用规范和型号研制规范进行发动机吞水试验，考验发动机的燃烧性能和火焰稳定边界，同时考验吞水对进气道超临界裕度和压气机临界裕度的影响。

冲压发动机吞水模拟试验的目的是考验冲压发动机在暴雨天气

工作的可靠性。在一定的模拟高度和马赫数条件下，由于空中雨滴和水蒸气进入发动机，一方面测试吞水对燃烧效率的影响，测试在工作状态燃烧室工作的可靠稳定特性；另一方面加入水后，从喷管流出的工质质量增加，如果燃烧效率不变，则发动机的排气冲量将增加，推力增加。与此同时，由于燃烧室内总压增加，势必使发动机的超临界裕度减小，因此必须考验在暴雨天气的超临界裕度是否满足要求。因此，转级点的吞水模拟试验是必须的。对喷管不可调的发动机，其他状态多在较大的超临界裕度下工作，故只考验其他典型状态发动机燃烧特性即可。对喷管可调的发动机，必须对所有工作在接近临界状态的工况进行模拟试验，要求在吞水模拟状态仍保持有足够的超临界裕度。如果吞水试验的超临界裕度有所减小，则必须以吞水试验的情况适当增加喷管喉道尺寸，以达到暴雨天气仍有给定的超临界裕度。

假设雨滴下落的方向与飞行方向夹角为 θ'。并且当气流进入发动机时，雨滴在发动机头部来不及随气流改变方向。因此进入发动机的水气比 f_w 如图 7-3 所示。

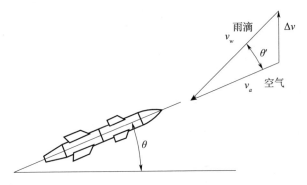

图 7-3　零攻角爬升时空气和雨滴速度图

$$f_w = \frac{q_{mw}}{q_{ma}} = \frac{MA_1 v_w \cos\theta'}{\rho_a A_1 \varphi v_a} = \frac{M v_w \cos\theta'}{\rho_a \varphi v_a} \qquad (7-34)$$

式中　M——雨滴含水量；

φ——进气道的流量系数；

v_a , v_w ——空气相对于飞行器的速度和雨滴相对于飞行器的
　　　　　速度；

ρ_a ——空气的密度。

图 7-3 中的 Δv 为雨滴的降落速度。由于 $\Delta v \ll v_a$ ，很小，工程
上可以认为 $v_a = v_w$ ， $\theta' = 0$ 。因此，得

$$f_w = \frac{M}{\rho_a \varphi} \qquad\qquad (7-35)$$

上式中 M 和 ρ_a 要取相同的单位。由上式可见进入发动机的雨量与飞
行倾角 θ 基本无关。按式（7-35），给定飞行状态和降雨量，按表
7-7 和式（7-33）给出 M 值，即可得到模拟状态的吞水 f_w 。在下
雨的时间，空气中的水蒸气含湿量可视为该温度下的饱和蒸汽压含
湿量 D 。因此，模拟试验时要加上饱和水蒸汽的含量。即模拟试验
的水气比 f 为

$$f = f_w + D = \frac{M}{\rho_a \varphi} + D \qquad\qquad (7-36)$$

式中的水蒸气含湿量 D 按式（7-30），取相对湿度 $\varphi = 1$ 计算。

国军标 GJB 4877—2003 "航空涡轮发动机吞水试验要求"中，
根据 GJB 241—1987 通用规范和国内外有关资料，规定了吞水要
求为：

• 水质为软化水，pH 值为 6.5～7.5；

• 总固体含量 $\leqslant 30$ mg/L；

• 溶解固体含量 $\leqslant 25$ mg/L；

• 电阻率 $\geqslant 150$ kΩ·cm；

• 水滴直径 $\leqslant 2.0$ mm；

• 吞水流量与空气质量流量比为 2%，3.5%，5%；

• 吞水流量的 1/2 液态水进入发动机 1/3 的截面面积区域（该
规定因为冲压发动机没有地面起飞的地面水溅入发动机内的可能，
故不予采用）。

作为冲压发动机的吞水模拟试验，上述资料可以参考。最大吞
水的水气比可取式（7-36）的计算值和上述航标规定的较大者作为

模拟吞水试验的最大吞水量。

　　模拟试验的吞水轴向位置一般置于进气道的亚声速段。吞水的雾化浓度可参考雨滴的平均滴径，为 $1\sim2$ mm。由于来流的滞止温度较高，吞水的蒸发较快，在进入燃烧室前都能完全蒸发，因此吞水雾化粒度没有实质性的影响。

附表 1a 气动函数表（γ = 1.4）

（以 λ 为自变量）

λ	τ(λ)	π(λ)	ε(λ)	q(λ)	y(λ)	z(λ)	f(λ)	r(λ)	Ma	t(λ)	ψ
0.00	1.0000 0	1.0000 0	1.0000 0	0.000 0	0.000 0	∞	1.000 0	1.000 0	0.000 0	∞	—
0.01	1.0000 0	1.0000 0	0.999 9	0.015 8	0.015 8	100.010 0	1.000 1	0.999 9	0.009 1	4 995.394 8	—
0.02	0.999 9	0.999 8	0.999 8	0.031 5	0.031 6	50.020 0	1.000 2	0.999 5	0.018 3	1 246.088 0	—
0.03	0.999 9	0.999 5	0.999 6	0.047 3	0.047 3	33.363 3	1.000 5	0.999 0	0.027 4	552.049 0	—
0.04	0.999 7	0.999 1	0.999 3	0.063 1	0.063 1	25.040 0	1.000 9	0.998 1	0.036 5	309.281 1	—
0.05	0.999 6	0.998 5	0.999 0	0.078 8	0.078 9	20.050 0	1.001 5	0.997 1	0.045 7	197.004 3	—
0.06	0.999 4	0.997 9	0.998 5	0.094 5	0.094 7	16.726 7	1.002 1	0.995 8	0.054 8	136.075 5	—
0.07	0.999 2	0.997 1	0.998 0	0.110 2	0.110 5	14.355 7	1.002 8	0.994 3	0.063 9	99.381 6	—
0.08	0.998 9	0.996 3	0.997 3	0.125 9	0.126 3	12.580 0	1.003 7	0.992 6	0.073 1	75.599 3	—
0.09	0.998 7	0.995 3	0.996 6	0.141 5	0.142 2	11.201 1	1.004 7	0.990 6	0.082 2	59.320 4	—
0.10	0.998 3	0.994 2	0.995 8	0.157 1	0.158 0	10.100 0	1.005 8	0.988 4	0.091 4	47.697 4	—
0.11	0.998 0	0.993 0	0.995 0	0.172 6	0.173 9	9.200 9	1.007 0	0.986 1	0.100 5	39.115 0	—
0.12	0.997 6	0.991 6	0.994 0	0.188 2	0.189 7	8.453 3	1.008 3	0.983 4	0.109 7	32.602 0	—
0.13	0.997 2	0.990 2	0.993 0	0.203 6	0.205 6	7.822 3	1.009 8	0.980 6	0.118 8	27.545 6	—
0.14	0.996 7	0.988 6	0.991 9	0.219 0	0.221 6	7.282 9	1.011 3	0.977 6	0.128 0	23.544 1	—
0.15	0.996 2	0.986 9	0.990 7	0.234 4	0.237 5	6.816 7	1.012 9	0.974 3	0.137 2	20.325 1	—

续表

λ	τ(λ)	π(λ)	ε(λ)	q(λ)	y(λ)	z(λ)	f(λ)	r(λ)	Ma	t(λ)	μ
0.16	0.995 7	0.985 1	0.989 4	0.249 7	0.253 5	6.410 0	1.014 7	0.970 9	0.146 4	17.698 7	—
0.17	0.995 2	0.983 2	0.988 0	0.264 9	0.269 5	6.052 4	1.016 6	0.967 2	0.155 8	15.529 1	—
0.18	0.994 6	0.981 2	0.986 6	0.280 1	0.285 5	5.735 6	1.018 5	0.963 4	0.164 8	13.717 3	—
0.19	0.994 0	0.979 1	0.985 0	0.295 2	0.301 5	5.453 2	1.020 6	0.959 4	0.174 0	12.189 7	—
0.20	0.993 3	0.976 9	0.983 4	0.310 3	0.317 6	5.200 0	1.022 8	0.955 1	0.183 2	10.890 6	—
0.21	0.992 6	0.974 5	0.981 7	0.325 2	0.333 7	4.971 9	1.025 0	0.950 7	0.192 4	9.777 2	—
0.22	0.991 9	0.972 1	0.980 0	0.340 1	0.349 9	4.765 5	1.027 4	0.946 1	0.201 6	8.816 5	—
0.23	0.991 2	0.969 5	0.978 1	0.354 9	0.366 0	4.577 8	1.029 8	0.941 4	0.210 9	7.982 1	—
0.24	0.990 4	0.966 8	0.976 2	0.369 6	0.382 3	4.406 7	1.032 4	0.936 5	0.220 1	7.253 4	—
0.25	0.989 6	0.964 0	0.974 2	0.384 2	0.398 5	4.250 0	1.035 0	0.931 4	0.229 4	6.613 7	—
0.26	0.988 7	0.961 1	0.972 1	0.398 7	0.414 8	4.106 2	1.037 8	0.926 1	0.238 7	6.049 4	—
0.27	0.987 9	0.958 1	0.969 9	0.413 1	0.431 1	3.973 7	1.040 6	0.920 7	0.248 0	5.549 4	—
0.28	0.986 9	0.955 0	0.967 7	0.427 4	0.447 5	3.851 4	1.043 5	0.915 2	0.257 2	5.104 6	—
0.29	0.986 0	0.951 8	0.965 3	0.441 6	0.464 0	3.738 3	1.046 5	0.909 5	0.266 6	4.707 4	—
0.30	0.985 0	0.948 5	0.962 9	0.455 7	0.480 4	3.633 3	1.049 6	0.903 7	0.275 9	4.351 6	—
0.31	0.984 0	0.945 1	0.960 4	0.469 7	0.497 0	3.535 8	1.052 7	0.897 7	0.285 3	4.031 7	—
0.32	0.982 9	0.941 5	0.957 9	0.483 5	0.513 5	3.445 0	1.056 0	0.891 6	0.294 6	3.743 4	—
0.33	0.981 9	0.937 9	0.955 2	0.497 3	0.530 2	3.360 3	1.059 3	0.885 4	0.304 0	3.482 7	—
0.34	0.980 7	0.934 2	0.952 5	0.510 9	0.546 9	3.281 2	1.062 6	0.879 1	0.313 4	3.246 4	—
0.35	0.979 6	0.930 3	0.949 7	0.524 4	0.563 6	3.207 1	1.066 1	0.872 7	0.322 6	3.031 8	—
0.36	0.978 4	0.926 4	0.946 9	0.537 7	0.580 4	3.137 8	1.069 6	0.866 1	0.332 2	2.836 4	—

续表

λ	τ(λ)	π(λ)	ε(λ)	q(λ)	y(λ)	z(λ)	f(λ)	r(λ)	Ma	t(λ)	ψ
0.37	0.977 2	0.922 4	0.943 9	0.550 9	0.597 3	3.072 7	1.073 2	0.859 5	0.341 7	2.658 0	——
0.38	0.975 9	0.918 3	0.940 9	0.564 0	0.614 2	3.011 6	1.076 8	0.852 8	0.351 1	2.495 0	——
0.39	0.974 7	0.914 1	0.937 8	0.577 0	0.631 2	2.954 1	1.080 5	0.846 0	0.360 6	2.345 7	——
0.40	0.973 3	0.909 7	0.934 7	0.589 7	0.648 3	2.900 0	1.084 2	0.839 1	0.370 1	2.208 7	——
0.41	0.972 0	0.905 3	0.931 4	0.602 4	0.665 4	2.849 0	1.088 0	0.832 1	0.379 6	2.082 8	——
0.42	0.970 6	0.900 8	0.928 1	0.614 9	0.682 6	2.801 0	1.091 8	0.825 1	0.389 2	1.967 0	——
0.43	0.969 2	0.896 2	0.924 7	0.627 2	0.699 9	2.755 6	1.095 7	0.817 9	0.398 7	1.860 2	——
0.44	0.967 7	0.891 5	0.921 3	0.639 4	0.717 2	2.712 7	1.099 6	0.810 8	0.408 3	1.761 7	——
0.45	0.966 2	0.886 8	0.917 7	0.651 5	0.734 6	2.672 2	1.103 6	0.803 5	0.417 9	1.670 6	——
0.46	0.964 7	0.881 9	0.914 2	0.663 3	0.752 1	2.633 9	1.107 6	0.796 2	0.427 5	1.586 4	——
0.47	0.963 2	0.877 0	0.910 5	0.675 0	0.769 7	2.597 7	1.111 6	0.788 9	0.437 2	1.508 4	——
0.48	0.961 6	0.871 9	0.906 7	0.686 6	0.787 4	2.563 3	1.115 7	0.781 5	0.446 8	1.436 2	——
0.49	0.960 0	0.866 8	0.902 9	0.697 9	0.805 2	2.530 8	1.119 7	0.774 1	0.456 5	1.369 1	——
0.50	0.958 3	0.861 6	0.899 1	0.709 1	0.823 0	2.500 0	1.123 8	0.766 7	0.466 3	1.306 9	——
0.51	0.956 7	0.856 3	0.895 1	0.720 1	0.841 0	2.470 8	1.127 9	0.759 2	0.476 0	1.249 0	——
0.52	0.954 9	0.851 0	0.891 1	0.731 0	0.859 0	2.443 1	1.132 1	0.751 7	0.485 8	1.195 2	——
0.53	0.953 2	0.845 5	0.887 0	0.741 6	0.877 6	2.416 8	1.136 2	0.744 2	0.495 6	1.145 1	——
0.54	0.951 4	0.840 0	0.882 9	0.752 1	0.895 2	2.391 9	1.140 3	0.736 6	0.505 4	1.098 5	——
0.55	0.949 6	0.834 4	0.878 7	0.762 3	0.913 7	2.368 2	1.144 5	0.729 0	0.515 2	1.055 1	——
0.56	0.947 7	0.828 7	0.874 4	0.772 4	0.932 1	2.345 7	1.148 6	0.721 5	0.525 1	1.014 6	——
0.57	0.945 9	0.823 0	0.870 1	0.782 3	0.950 6	2.324 4	1.152 8	0.713 9	0.535 0	0.976 8	——

续表

λ	τ(λ)	π(λ)	ε(λ)	q(λ)	y(λ)	z(λ)	f(λ)	r(λ)	Ma	t(λ)	ψ
0.58	0.9439	0.8171	0.8657	0.7920	0.9693	2.3041	1.1569	0.7063	0.5450	0.9416	—
0.59	0.9420	0.8112	0.8612	0.8015	0.9880	2.2849	1.1610	0.6987	0.5549	0.9087	—
0.60	0.9400	0.8053	0.8567	0.8108	1.0069	2.2667	1.1651	0.6912	0.5649	0.8781	—
0.61	0.9380	0.7993	0.8521	0.8199	1.0259	2.2493	1.1692	0.6836	0.5750	0.8494	—
0.62	0.9359	0.7932	0.8474	0.8288	1.0450	2.2329	1.1732	0.6761	0.5850	0.8227	—
0.63	0.9338	0.7870	0.8427	0.8375	1.0642	2.2173	1.1772	0.6685	0.5951	0.7977	—
0.64	0.9317	0.7808	0.8380	0.8460	1.0835	2.2025	1.1812	0.6610	0.6053	0.7744	—
0.65	0.9296	0.7745	0.8331	0.8543	1.1030	2.1885	1.1851	0.6535	0.6154	0.7526	—
0.66	0.9274	0.7681	0.8283	0.8623	1.1222	2.1752	1.1891	0.6460	0.6256	0.7323	—
0.67	0.9252	0.7617	0.8233	0.8702	1.1425	2.1625	1.1929	0.6385	0.6359	0.7134	—
0.68	0.9229	0.7553	0.8183	0.8778	1.1626	2.1506	1.1967	0.6311	0.6461	0.6957	—
0.69	0.9206	0.7487	0.8133	0.8852	1.1822	2.1393	1.2005	0.6237	0.6565	0.6791	—
0.70	0.9183	0.7422	0.8082	0.8924	1.2024	2.1286	1.2042	0.6163	0.6668	0.6637	—
0.71	0.9160	0.7355	0.8030	0.8994	1.2227	2.1185	1.2078	0.6090	0.6772	0.6494	—
0.72	0.9136	0.7289	0.7978	0.9061	1.2435	2.1089	1.2114	0.6017	0.6876	0.6360	—
0.73	0.9112	0.7221	0.7925	0.9126	1.2636	2.0999	1.2149	0.5944	0.6981	0.6236	—
0.74	0.9087	0.7154	0.7872	0.9189	1.2845	2.0914	1.2183	0.5872	0.7086	0.6120	—
0.75	0.9062	0.7085	0.7818	0.9250	1.3055	2.0833	1.2216	0.5800	0.7192	0.6012	—
0.76	0.9037	0.7017	0.7764	0.9308	1.3266	2.0758	1.2249	0.5729	0.7298	0.5912	—
0.77	0.9012	0.6948	0.7710	0.9364	1.3478	2.0687	1.2281	0.5658	0.7404	0.5819	—
0.78	0.8986	0.6878	0.7654	0.9418	1.3692	2.0621	1.2311	0.5587	0.7511	0.5734	—

续表

λ	τ(λ)	π(λ)	ε(λ)	q(λ)	y(λ)	z(λ)	f(λ)	r(λ)	Ma	t(λ)	ψ
0.79	0.896 0	0.680 8	0.759 9	0.947 0	1.390 8	2.055 8	1.234 1	0.551 7	0.761 9	0.565 4	—
0.80	0.893 3	0.673 8	0.754 3	0.951 9	1.412 6	2.050 0	1.237 0	0.544 7	0.772 7	0.558 1	—
0.81	0.890 6	0.666 8	0.748 6	0.956 5	1.434 6	2.044 6	1.239 8	0.537 8	0.783 5	0.551 4	—
0.82	0.887 9	0.659 7	0.742 9	0.961 0	1.456 8	2.039 5	1.242 5	0.530 9	0.794 4	0.545 2	—
0.83	0.885 2	0.652 6	0.737 2	0.965 2	1.479 1	2.034 8	1.245 1	0.524 1	0.805 3	0.539 5	—
0.84	0.882 4	0.645 4	0.731 4	0.969 2	1.501 6	2.030 5	1.247 5	0.517 4	0.816 3	0.534 3	—
0.85	0.879 6	0.638 2	0.725 6	0.972 9	1.524 4	2.026 5	1.249 8	0.510 6	0.827 4	0.529 5	—
0.86	0.876 7	0.631 0	0.719 7	0.976 4	1.547 3	2.022 8	1.252 0	0.504 0	0.838 4	0.525 2	—
0.87	0.873 8	0.623 8	0.713 8	0.979 6	1.570 5	2.019 4	1.254 1	0.497 4	0.849 6	0.521 3	—
0.88	0.870 8	0.616 5	0.707 9	0.982 6	1.593 9	2.016 4	1.256 1	0.490 8	0.860 8	0.517 8	—
0.89	0.868 0	0.609 2	0.701 9	0.985 4	1.617 5	2.013 6	1.257 9	0.484 3	0.872 1	0.514 7	—
0.90	0.865 0	0.601 9	0.695 9	0.988 0	1.641 3	2.011 1	1.259 6	0.477 9	0.883 4	0.511 9	—
0.91	0.862 0	0.594 6	0.689 8	0.990 2	1.665 3	2.008 9	1.261 1	0.471 5	0.894 7	0.509 5	—
0.92	0.858 9	0.587 3	0.683 8	0.992 3	1.689 6	2.007 0	1.262 5	0.465 2	0.906 2	0.507 4	—
0.93	0.855 8	0.580 0	0.677 6	0.994 1	1.714 1	2.005 3	1.263 7	0.458 9	0.917 7	0.505 5	—
0.94	0.852 7	0.572 6	0.671 5	0.995 7	1.738 9	2.003 8	1.264 8	0.452 7	0.929 2	0.504 0	—
0.95	0.849 6	0.565 2	0.665 3	0.997 0	1.763 9	2.002 6	1.265 7	0.446 6	0.940 9	0.502 7	—
0.96	0.846 4	0.557 8	0.659 1	0.998 1	1.789 2	2.001 7	1.266 5	0.440 5	0.952 6	0.501 7	—
0.97	0.843 2	0.550 5	0.652 8	0.998 9	1.814 7	2.000 9	1.267 1	0.434 4	0.964 3	0.500 9	—
0.98	0.839 9	0.543 1	0.646 6	0.999 5	1.840 5	2.000 4	1.267 5	0.428 4	0.976 1	0.500 4	—
0.99	0.836 6	0.535 7	0.640 3	0.999 9	1.866 6	2.000 1	1.267 8	0.422 5	0.988 0	0.500 1	—

续表

λ	τ(λ)	π(λ)	ε(λ)	q(λ)	y(λ)	z(λ)	f(λ)	r(λ)	Ma	t(λ)	ψ
1.00	0.833 3	0.528 3	0.633 9	1.000 0	1.892 9	2.000 0	1.267 9	0.416 7	1.000 0	0.500 0	1
1.01	0.830 0	0.520 9	0.627 6	0.999 9	1.919 6	2.000 1	1.267 8	0.410 9	1.012 0	0.500 1	0.999 88
1.02	0.826 6	0.513 5	0.621 2	0.999 5	1.946 5	2.000 4	1.267 5	0.405 1	1.024 1	0.500 4	0.999 54
1.03	0.823 2	0.506 1	0.614 8	0.998 9	1.973 8	2.000 9	1.267 1	0.399 4	1.036 3	0.500 9	0.998 98
1.04	0.819 7	0.498 7	0.608 4	0.998 1	2.001 3	2.001 5	1.266 4	0.393 8	1.048 6	0.501 5	0.998 22
1.05	0.816 2	0.491 3	0.601 9	0.997 0	2.029 2	2.002 4	1.265 6	0.388 2	1.060 9	0.502 3	0.997 27
1.06	0.812 7	0.484 0	0.595 5	0.995 7	2.057 4	2.003 4	1.264 6	0.382 7	1.073 3	0.503 3	0.996 14
1.07	0.809 2	0.476 6	0.589 0	0.994 2	2.085 9	2.004 6	1.263 4	0.377 3	1.085 8	0.504 4	0.994 85
1.08	0.805 6	0.469 3	0.582 5	0.992 4	2.114 7	2.005 9	1.261 9	0.371 9	1.098 4	0.505 6	0.993 39
1.09	0.802 0	0.461 9	0.576 0	0.990 4	2.143 9	2.007 4	1.260 3	0.366 5	1.111 1	0.507 0	0.991 79
1.10	0.798 3	0.454 6	0.569 5	0.988 1	2.173 5	2.009 1	1.258 5	0.361 2	1.123 9	0.508 5	0.990 04
1.11	0.794 6	0.447 3	0.562 9	0.985 6	2.203 4	2.010 9	1.256 5	0.356 0	1.136 7	0.510 2	0.988 17
1.12	0.790 9	0.440 0	0.556 4	0.982 9	2.233 7	2.012 9	1.254 2	0.350 8	1.149 6	0.511 9	0.985 17
1.13	0.787 2	0.432 8	0.549 8	0.980 0	2.264 4	2.015 0	1.251 8	0.345 7	1.162 7	0.513 8	0.984 05
1.14	0.783 4	0.425 5	0.543 2	0.976 8	2.295 5	2.017 2	1.249 1	0.340 7	1.175 8	0.515 8	0.981 83
1.15	0.779 6	0.418 3	0.536 6	0.973 4	2.327 0	2.019 6	1.246 3	0.335 7	1.189 0	0.517 0	0.979 5
1.16	0.775 7	0.411 1	0.530 0	0.969 8	2.358 8	2.022 1	1.243 2	0.330 7	1.202 3	0.520 0	0.977 08
1.17	0.771 8	0.404 0	0.523 4	0.966 0	2.391 1	2.024 7	1.239 9	0.325 8	1.215 7	0.522 3	0.974 56
1.18	0.767 9	0.396 9	0.516 8	0.961 9	2.423 9	2.027 5	1.236 4	0.321 0	1.229 2	0.524 6	0.971 97
1.19	0.764 0	0.389 8	0.510 2	0.957 7	2.457 1	2.030 3	1.232 6	0.316 2	1.242 8	0.527 0	0.969 29
1.20	0.760 0	0.382 7	0.503 5	0.953 2	2.490 7	2.033 3	1.228 6	0.311 5	1.256 6	0.529 5	0.966 54

续表

λ	τ(λ)	π(λ)	ε(λ)	q(λ)	y(λ)	z(λ)	f(λ)	r(λ)	Ma	t(λ)	ψ
1.21	0.756 0	0.375 7	0.496 9	0.948 5	2.524 8	2.036 4	1.224 4	0.306 8	1.270 4	0.532 1	0.963 73
1.22	0.751 9	0.368 7	0.490 3	0.943 5	2.559 4	2.039 7	1.220 0	0.302 2	1.284 3	0.534 8	0.960 85
1.23	0.747 8	0.361 7	0.483 7	0.938 4	2.594 4	2.043 0	1.215 4	0.297 6	1.298 4	0.537 5	0.957 91
1.24	0.743 7	0.354 8	0.477 0	0.933 1	2.630 0	2.046 5	1.210 5	0.293 1	1.312 6	0.540 3	0.954 91
1.25	0.739 6	0.347 9	0.470 4	0.927 5	2.666 6	2.050 0	1.205 4	0.288 6	1.326 9	0.543 1	0.951 87
1.26	0.735 4	0.341 1	0.463 8	0.921 8	2.702 7	2.053 7	1.200 1	0.284 2	1.341 3	0.546 1	0.948 78
1.27	0.731 2	0.334 3	0.457 2	0.915 8	2.739 9	2.057 4	1.194 5	0.279 8	1.355 8	0.549 0	0.945 64
1.28	0.726 9	0.327 5	0.450 5	0.909 7	2.777 6	2.061 3	1.188 7	0.275 5	1.370 5	0.552 0	0.942 47
1.29	0.722 6	0.320 8	0.443 9	0.903 4	2.815 9	2.065 2	1.182 7	0.271 3	1.385 3	0.555 1	0.939 26
1.30	0.718 3	0.314 2	0.437 3	0.896 8	2.854 8	2.069 2	1.176 4	0.267 0	1.400 2	0.558 2	0.936 01
1.31	0.714 0	0.307 5	0.430 7	0.890 1	2.894 3	2.073 4	1.169 9	0.262 9	1.415 3	0.561 4	0.932 73
1.32	0.709 6	0.301 0	0.424 2	0.883 2	2.934 4	2.077 6	1.163 2	0.258 8	1.430 5	0.564 6	0.929 43
1.33	0.705 2	0.294 5	0.417 6	0.876 1	2.975 1	2.081 9	1.156 3	0.254 7	1.445 8	0.567 8	0.926 1
1.34	0.700 7	0.288 0	0.411 0	0.868 8	3.016 5	2.086 3	1.149 1	0.250 7	1.461 3	0.571 1	0.922 75
1.35	0.696 2	0.281 6	0.404 5	0.861 4	3.058 6	2.090 7	1.141 7	0.246 7	1.476 9	0.574 5	0.919 37
1.36	0.691 7	0.275 3	0.398 0	0.853 8	3.101 3	2.095 3	1.134 0	0.242 7	1.492 7	0.577 8	0.915 98
1.37	0.687 2	0.269 0	0.391 5	0.846 0	3.144 9	2.099 9	1.126 2	0.238 9	1.508 7	0.581 2	0.912 57
1.38	0.682 6	0.262 8	0.385 0	0.838 0	3.189 1	2.104 6	1.118 1	0.235 0	1.524 8	0.584 6	0.909 15
1.39	0.678 0	0.256 6	0.378 5	0.829 9	3.234 1	2.109 4	1.109 8	0.231 2	1.541 0	0.588 1	0.905 72
1.40	0.673 3	0.250 5	0.372 0	0.821 6	3.279 8	2.114 3	1.101 2	0.227 5	1.557 5	0.591 6	0.902 27
1.41	0.668 6	0.244 5	0.365 6	0.813 1	3.326 4	2.119 2	1.092 4	0.223 8	1.574 1	0.595 1	0.898 82

续表

λ	$\tau(\lambda)$	$\pi(\lambda)$	$\varepsilon(\lambda)$	$q(\lambda)$	$y(\lambda)$	$z(\lambda)$	$f(\lambda)$	$r(\lambda)$	Ma	$t(\lambda)$	ψ
1.42	0.663 9	0.238 5	0.359 2	0.804 5	3.373 8	2.124 2	1.083 4	0.220 1	1.590 9	0.598 6	0.395 6
1.43	0.659 2	0.232 6	0.352 8	0.795 8	3.422 0	2.129 3	1.074 2	0.216 5	1.607 8	0.602 2	0.891 89
1.44	0.654 4	0.226 7	0.346 4	0.786 9	3.471 1	2.134 4	1.064 8	0.212 9	1.625 0	0.605 8	0.888 42
1.45	0.649 6	0.220 9	0.340 1	0.777 9	3.521 2	2.139 7	1.055 1	0.209 4	1.642 3	0.609 4	0.884 94
1.46	0.644 7	0.215 2	0.333 8	0.768 7	3.572 1	2.144 9	1.045 2	0.205 9	1.659 9	0.613 0	0.881 47
1.47	0.639 8	0.209 5	0.327 5	0.759 4	3.624 0	2.150 3	1.035 2	0.202 4	1.677 6	0.616 6	0.877 99
1.48	0.634 9	0.204 0	0.321 2	0.750 0	3.676 9	2.155 7	1.024 9	0.199 0	1.695 5	0.620 3	0.874 51
1.49	0.630 0	0.198 5	0.315 0	0.740 4	3.730 9	2.161 1	1.014 4	0.195 6	1.713 7	0.624 0	0.871 04
1.50	0.625 0	0.193 0	0.308 8	0.730 7	3.785 9	2.166 7	1.003 7	0.192 3	1.732 1	0.627 7	0.867 57
1.51	0.620 0	0.187 6	0.302 7	0.720 9	3.841 9	2.172 3	0.992 7	0.189 0	1.750 6	0.631 4	0.364 1
1.52	0.614 9	0.182 3	0.296 5	0.711 0	3.899 1	2.177 9	0.981 6	0.185 8	1.769 5	0.635 1	0.860 63
1.53	0.609 8	0.177 1	0.290 4	0.701 0	3.957 5	2.183 6	0.970 3	0.182 5	1.788 5	0.638 9	0.857 18
1.54	0.604 7	0.172 0	0.284 4	0.690 8	4.017 1	2.189 4	0.958 8	0.179 4	1.807 8	0.642 6	0.853 72
1.55	0.599 6	0.166 9	0.278 4	0.680 6	4.077 9	2.195 2	0.947 2	0.176 2	1.827 3	0.646 4	0.850 28
1.56	0.594 4	0.161 9	0.272 4	0.670 3	4.140 0	2.201 0	0.935 3	0.173 1	1.847 1	0.650 1	0.846 84
1.57	0.589 2	0.157 0	0.266 5	0.659 9	4.203 4	2.206 9	0.923 2	0.170 0	1.867 2	0.653 9	0.843 41
1.58	0.583 9	0.152 1	0.260 6	0.649 4	4.268 2	2.212 9	0.911 0	0.167 0	1.887 5	0.657 7	0.839 99
1.59	0.578 6	0.147 4	0.254 7	0.638 8	4.334 5	2.218 9	0.898 6	0.164 0	1.908 1	0.661 5	0.836 58
1.60	0.573 3	0.142 7	0.248 9	0.628 2	4.402 2	2.225 0	0.886 1	0.161 0	1.929 0	0.665 3	0.833 18
1.61	0.568 0	0.138 1	0.243 1	0.617 5	4.471 4	2.231 1	0.873 3	0.158 1	1.950 1	0.669 1	0.329 8
1.62	0.562 6	0.133 6	0.237 4	0.606 7	4.542 2	2.237 3	0.860 5	0.155 2	1.971 9	0.672 9	0.826 42

续表

λ	τ(λ)	π(λ)	ε(λ)	q(λ)	y(λ)	z(λ)	f(λ)	r(λ)	Ma	t(λ)	ψ
1.63	0.557 2	0.129 1	0.231 7	0.595 8	4.614 7	2.243 5	0.847 4	0.152 4	1.993 4	0.676 8	0.823 05
1.64	0.551 7	0.124 8	0.226 1	0.585 0	4.688 9	2.249 8	0.834 3	0.149 5	2.015 5	0.680 6	0.819 7
1.65	0.546 2	0.120 5	0.220 5	0.574 0	4.764 8	2.256 1	0.820 9	0.146 7	2.038 0	0.684 4	0.816 36
1.66	0.540 7	0.116 3	0.215 0	0.563 0	4.842 6	2.262 4	0.807 5	0.144 0	2.060 8	0.688 3	0.813 03
1.67	0.535 2	0.112 1	0.209 5	0.552 0	4.922 3	2.268 8	0.793 9	0.141 3	2.083 9	0.692 1	0.809 72
1.68	0.529 6	0.108 1	0.204 1	0.540 9	5.004 0	2.275 2	0.780 2	0.138 6	2.107 4	0.695 9	0.806 41
1.69	0.524 0	0.104 1	0.198 7	0.529 8	5.087 7	2.281 7	0.766 4	0.135 9	2.131 3	0.699 8	0.803 13
1.70	0.518 3	0.100 3	0.193 4	0.518 7	5.173 6	2.288 2	0.752 4	0.133 2	2.155 5	0.703 6	0.799 86
1.71	0.512 6	0.096 5	0.188 2	0.507 6	5.261 7	2.294 8	0.738 4	0.130 6	2.180 2	0.707 5	0.796 6
1.72	0.506 9	0.092 8	0.183 0	0.496 4	5.352 2	2.301 4	0.724 3	0.128 1	2.205 3	0.711 3	0.793 35
1.73	0.501 2	0.089 1	0.177 8	0.485 3	5.445 1	2.308 0	0.710 0	0.125 5	2.230 8	0.715 2	0.790 13
1.74	0.495 4	0.085 6	0.172 7	0.474 1	5.540 5	2.314 7	0.695 7	0.123 0	2.256 7	0.719 0	0.786 91
1.75	0.489 6	0.082 1	0.167 7	0.463 0	5.638 5	2.321 4	0.681 3	0.120 5	2.283 1	0.722 9	0.783 72
1.76	0.483 7	0.078 7	0.162 7	0.451 8	5.739 3	2.328 2	0.666 9	0.118 1	2.310 0	0.726 7	0.780 53
1.77	0.477 8	0.075 4	0.157 8	0.440 7	5.843 0	2.335 0	0.652 4	0.115 6	2.337 4	0.730 6	0.777 37
1.78	0.471 9	0.072 2	0.153 0	0.429 6	5.949 7	2.341 8	0.637 8	0.113 2	2.365 3	0.734 4	0.774 22
1.79	0.466 0	0.069 1	0.148 2	0.418 5	6.059 5	2.348 7	0.623 2	0.110 8	2.393 7	0.738 3	0.771 08
1.80	0.460 0	0.066 0	0.1435	0.407 5	6.172 6	2.355 6	0.608 5	0.108 5	2.422 7	0.742 1	0.767 97
1.81	0.454 0	0.063 0	0.138 9	0.396 5	6.289 1	2.362 5	0.593 8	0.106 2	2.452 3	0.745 9	0.764 87
1.82	0.447 9	0.060 2	0.134 3	0.385 5	6.409 3	2.369 5	0.579 1	0.103 9	2.482 4	0.749 8	0.761 78
1.83	0.441 8	0.057 3	0.129 8	0.374 6	6.533 3	2.376 4	0.564 4	0.101 6	2.513 2	0.753 6	0.758 71

续表

λ	$\tau(\lambda)$	$\pi(\lambda)$	$\varepsilon(\lambda)$	$q(\lambda)$	$y(\lambda)$	$z(\lambda)$	$f(\lambda)$	$r(\lambda)$	Ma	$t(\lambda)$	ψ
1.84	0.435 6	0.054 6	0.125 3	0.363 8	6.661 2	2.383 5	0.549 6	0.099 4	2.544 6	0.757 4	0.755 66
1.85	0.429 6	0.052 0	0.121 0	0.353 0	6.793 2	2.390 5	0.534 9	0.097 1	2.576 7	0.761 3	0.752 62
1.86	0.423 4	0.049 4	0.116 6	0.342 2	6.929 7	2.397 6	0.520 2	0.094 9	2.609 4	0.765 1	0.749 61
1.87	0.417 2	0.046 9	0.112 4	0.331 6	7.070 8	2.404 8	0.505 5	0.092 8	2.642 9	0.768 9	0.746 6
1.88	0.410 9	0.044 5	0.108 3	0.321 0	7.216 7	2.411 9	0.490 8	0.090 6	2.677 2	0.772 7	0.743 62
1.89	0.404 6	0.042 1	0.104 2	0.310 5	7.367 8	2.419 1	0.476 2	0.088 5	2.712 3	0.776 6	0.740 65
1.90	0.398 3	0.039 9	0.100 1	0.300 1	7.524 5	2.426 3	0.461 7	0.086 4	2.748 1	0.780 4	0.737 7
1.91	0.392 0	0.037 7	0.096 2	0.289 8	7.686 3	2.433 6	0.447 1	0.084 3	2.784 9	0.784 2	0.734 76
1.92	0.385 6	0.035 6	0.092 3	0.279 6	7.854 5	2.440 8	0.432 7	0.082 3	2.822 6	0.788 0	0.731 85
1.93	0.379 2	0.033 6	0.088 5	0.269 5	8.029 0	2.448 1	0.418 3	0.080 3	2.861 2	0.791 8	0.728 95
1.94	0.372 7	0.031 6	0.084 8	0.259 6	8.210 3	2.455 5	0.404 0	0.078 2	2.900 8	0.795 5	0.726 06
1.95	0.366 2	0.029 7	0.081 2	0.249 7	8.398 7	2.462 8	0.389 9	0.076 3	2.941 4	0.799 3	0.723 19
1.96	0.359 7	0.027 9	0.077 6	0.240 0	8.594 7	2.470 2	0.375 8	0.074 3	2.983 2	0.803 1	0.720 34
1.97	0.353 2	0.026 2	0.074 1	0.230 4	8.798 7	2.477 6	0.361 8	0.072 4	3.026 0	0.806 9	0.717 51
1.98	0.346 6	0.024 5	0.070 7	0.220 9	9.011 3	2.485 1	0.348 0	0.070 4	3.070 2	0.810 6	0.714 69
1.99	0.340 0	0.022 9	0.067 4	0.211 6	9.233 1	2.492 5	0.334 3	0.068 5	3.115 5	0.814 4	0.711 89
2.00	0.333 3	0.021 4	0.064 2	0.202 4	9.464 6	2.500 0	0.320 8	0.066 7	3.162 3	0.818 1	0.709 11
2.01	0.326 6	0.019 9	0.061 0	0.193 4	9.706 6	2.507 5	0.307 4	0.064 8	3.210 4	0.821 9	0.706 35
2.02	0.319 9	0.018 5	0.057 9	0.184 5	9.959 7	2.515 0	0.294 1	0.063 0	3.260 1	0.825 6	0.703 6
2.03	0.313 2	0.017 2	0.054 9	0.175 8	10.224 7	2.522 6	0.281 1	0.061 2	3.311 4	0.829 4	0.730 86
2.04	0.306 4	0.015 9	0.052 0	0.167 2	10.502 5	2.530 2	0.268 2	0.059 4	3.364 3	0.833 1	0.638 15

续表

λ	τ(λ)	π(λ)	ε(λ)	q(λ)	y(λ)	z(λ)	f(λ)	r(λ)	Ma	t(λ)	ψ
2.05	0.299 6	0.014 7	0.049 1	0.158 9	10.794 2	2.537 8	0.255 6	0.057 6	3.419 0	0.836 8	0.695 45
2.06	0.292 7	0.013 6	0.046 4	0.150 7	11.100 6	2.545 4	0.243 1	0.055 8	3.475 7	0.840 5	0.692 76
2.07	0.285 9	0.012 5	0.043 7	0.142 6	11.423 1	2.553 1	0.230 9	0.054 1	3.534 4	0.844 2	0.690 09
2.08	0.278 9	0.011 5	0.041 1	0.134 8	11.762 9	2.560 8	0.218 9	0.052 4	3.595 2	0.847 9	0.687 44
2.09	0.272 0	0.010 5	0.038 6	0.127 2	12.121 5	2.568 5	0.207 1	0.050 7	3.658 3	0.851 6	0.684 81
2.10	0.265 0	0.009 6	0.036 2	0.119 8	12.500 5	2.576 2	0.195 6	0.049 0	3.724 0	0.855 3	0.682 19
2.11	0.258 0	0.008 7	0.033 8	0.112 5	12.901 6	2.583 9	0.184 3	0.047 3	3.792 2	0.859 0	0.679 59
2.12	0.250 9	0.007 9	0.031 5	0.105 5	13.326 9	2.591 7	0.173 3	0.045 7	3.863 4	0.862 7	0.677
2.13	0.243 9	0.007 2	0.029 4	0.098 7	13.778 8	2.599 5	0.162 6	0.044 0	3.937 6	0.866 3	0.674 43
2.14	0.236 7	0.006 5	0.027 3	0.092 0	14.259 6	2.607 3	0.152 1	0.042 4	4.015 1	0.870 0	0.671 88
2.15	0.229 6	0.005 8	0.025 3	0.085 7	14.772 4	2.615 1	0.142 0	0.040 8	4.096 2	0.873 6	0.669 34
2.16	0.222 4	0.005 2	0.023 3	0.079 5	15.320 5	2.623 0	0.132 2	0.039 3	4.181 1	0.877 3	0.666 81
2.17	0.215 2	0.004 6	0.021 5	0.073 5	15.907 6	2.630 8	0.122 6	0.037 7	4.270 4	0.880 9	0.664 31
2.18	0.207 9	0.004 1	0.019 7	0.067 8	16.538 1	2.638 7	0.113 4	0.036 1	4.364 2	0.884 5	0.661 81
2.19	0.200 7	0.003 6	0.018 0	0.062 3	17.217 0	2.646 6	0.104 5	0.034 6	4.463 1	0.888 2	0.659 34
2.20	0.193 3	0.003 2	0.016 4	0.057 0	17.950 2	2.654 5	0.096 0	0.033 1	4.567 5	0.891 8	0.656 88
2.21	0.186 0	0.002 8	0.014 9	0.052 0	18.744 4	2.662 5	0.087 8	0.031 6	4.678 0	0.895 4	0.654 43
2.22	0.178 6	0.002 4	0.013 5	0.047 2	19.607 6	2.670 5	0.079 9	0.030 1	4.795 4	0.899 0	0.652
2.23	0.171 2	0.002 1	0.012 1	0.042 6	20.549 3	2.678 4	0.072 4	0.028 7	4.920 2	0.902 5	0.649 59
2.24	0.163 7	0.001 8	0.010 8	0.038 3	21.580 6	2.686 4	0.065 3	0.027 2	5.053 5	0.906 1	0.647 18
2.25	0.156 3	0.001 51	0.009 65	0.034 25	22.715	2.694 44	0.058 51	0.025 77	5.196 15	0.909 70	0.644 8

续表

λ	τ(λ)	π(λ)	ε(λ)	q(λ)	y(λ)	z(λ)	f(λ)	r(λ)	Ma	t(λ)	φ
2.26	0.148 7	0.001 27	0.008 53	0.030 42	23.969	2.702 48	0.052 11	0.024 35	5.349 51	0.913 26	0.642 43
2.27	0.141 2	0.001 06	0.007 49	0.026 82	25.363	2.710 53	0.046 08	0.022 95	5.514 98	0.916 81	0.640 07
2.28	0.133 6	0.000 87	0.006 52	0.023 46	26.920	2.718 60	0.040 44	0.021 55	5.694 31	0.920 36	0.637 73
2.29	0.126 0	0.000 71	0.005 63	0.020 35	28.673	2.726 68	0.035 18	0.020 18	5.889 63	0.923 90	0.635 41
2.30	0.118 3	0.000 57	0.004 82	0.017 48	30.660	2.734 78	0.030 30	0.018 81	6.103 57	0.927 43	0.633 09
2.31	0.110 7	0.000 45	0.004 07	0.014 84	32.932	2.742 90	0.025 81	0.017 46	6.339 36	0.930 95	0.630 8
2.32	0.102 9	0.000 35	0.003 40	0.012 44	35.554	2.751 03	0.021 70	0.016 13	6.601 15	0.934 46	0.628 51
2.33	0.095 2	0.000 27	0.002 80	0.010 27	38.614	2.759 19	0.017 97	0.014 81	6.894 22	0.937 97	0.625 24
2.34	0.087 4	0.000 20	0.002 26	0.008 34	42.234	2.767 35	0.014 62	0.013 50	7.225 53	0.941 47	0.623 99
2.35	0.079 6	0.000 14	0.001 79	0.006 62	46.580	2.775 53	0.011 65	0.012 20	7.604 42	0.944 95	0.621 75
2.36	0.071 7	0.989×10^{-4}	0.001 38	0.005 13	51.897	2.783 73	0.009 05	0.010 92	8.043 79	0.948 44	0.619 52
2.37	0.063 9	0.658×10^{-4}	0.001 03	0.003 85	58.552	2.791 94	0.006 82	0.009 65	8.562 04	0.951 91	0.617 31
2.38	0.055 9	0.414×10^{-4}	7.399×10^{-4}	0.002 78	67.121	2.800 17	0.004 93	0.008 39	9.186 52	0.955 37	0.615 11
2.39	0.048 0	0.242×10^{-4}	5.043×10^{-4}	0.001 90	78.571	2.808 41	0.00339	0.00715	9.960 06	0.958 83	0.612 92
2.40	0.040 0	0.128×10^{-4}	3.200×10^{-4}	0.001 21	94.646	2.816 67	0.002 16	0.005 92	10.954 5	0.962 27	0.610 75
2.41	0.032 0	0.585×10^{-5}	1.830×10^{-4}	0.000 70	118.863	2.824 94	0.001 25	0.004 70	12.301 7	0.965 71	0.608 59
2.42	0.023 9	0.212×10^{-5}	0.886×10^{-4}	0.000 34	159.502	2.833 22	0.00061	0.003 49	14.279 8	0.969 14	0.606 44
2.43	0.015 9	0.50×10^{-6}	0.316×10^{-4}	0.000 12	241.841	2.841 52	0.000 22	0.002 30	17.619 8	0.972 57	0.604 31
2.44	0.007 7	0.41×10^{-7}	0.526×10^{-5}	0.202×10^{-4}	497.710	2.849 84	0.366×10^{-4}	0.001 11	25.328 9	0.975 98	0.602 19
2.449	0	0	0	0	∞	2.857 33	0	0	∞	0.979 21	0.600 194

附表 1b 气动函数表（γ = 1.33）

（以 λ 为自变量）

λ	τ(λ)	π(λ)	ε(λ)	q(λ)	y(λ)	z(λ)	f(λ)	r(λ)	Ma	t(λ)	ψ
0.00	1.000 0	1.000 0	1.000 0	0.000 0	0.000 0	∞	1.000 0	1.000 0	0.000 0	∞	—
0.01	1.000 0	0.999 9	1.000 0	0.015 9	0.015 9	100.010 0	1.000 1	0.999 9	0.009 3	4 995.394 8	—
0.02	0.999 9	0.999 8	0.999 8	0.031 8	0.031 8	50.020 0	1.000 2	0.999 5	0.018 5	1 246.088 0	—
0.03	0.999 9	0.999 5	0.999 6	0.047 6	0.047 7	33.363 3	1.000 5	0.999 0	0.027 8	552.049 0	—
0.04	0.999 8	0.999 1	0.999 3	0.063 5	0.063 6	25.040 0	1.000 9	0.998 2	0.037 1	309.281 1	—
0.05	0.999 7	0.998 6	0.998 9	0.079 3	0.079 5	20.050 0	1.001 4	0.997 2	0.046 3	197.004 3	—
0.06	0.999 5	0.998 0	0.998 5	0.095 2	0.095 4	16.726 7	1.002 1	0.995 9	0.055 6	136.075 5	—
0.07	0.999 3	0.997 2	0.997 9	0.111 0	0.111 3	14.355 7	1.002 8	0.994 4	0.064 9	99.381 6	—
0.08	0.999 1	0.996 4	0.997 3	0.126 7	0.127 2	12.580 0	1.003 6	0.992 7	0.074 2	75.599 3	—
0.09	0.998 9	0.995 4	0.996 5	0.142 5	0.143 1	11.201 1	1.004 6	0.990 8	0.083 4	59.320 5	—
0.10	0.998 6	0.994 3	0.995 7	0.158 2	0.159 1	10.100 0	1.005 7	0.988 7	0.092 7	47.697 4	—
0.11	0.998 3	0.993 1	0.994 8	0.173 8	0.175 0	9.200 9	1.006 9	0.986 4	0.102 0	39.115 0	—
0.12	0.998 0	0.991 8	0.993 8	0.189 4	0.191 0	8.453 3	1.008 1	0.983 8	0.111 3	32.602 0	—
0.13	0.997 6	0.990 4	0.992 8	0.205 0	0.207 0	7.822 3	1.009 5	0.981 0	0.120 6	27.545 6	—
0.14	0.997 2	0.988 9	0.991 6	0.220 5	0.223 0	7.282 9	1.011 1	0.978 1	0.129 9	23.544 1	—
0.15	0.996 8	0.987 2	0.990 4	0.236 0	0.239 0	6.816 7	1.012 7	0.974 9	0.139 2	20.325 1	—

续表

λ	τ(λ)	π(λ)	ε(λ)	q(λ)	y(λ)	z(λ)	f(λ)	r(λ)	Ma	t(λ)	ψ
0.16	0.996 4	0.985 5	0.989 1	0.251 4	0.255 1	6.410 0	1.014 4	0.971 5	0.148 5	17.698 7	—
0.17	0.995 9	0.983 6	0.987 7	0.266 7	0.271 2	6.052 4	1.016 2	0.967 9	0.157 8	15.529 1	—
0.18	0.995 4	0.981 6	0.986 2	0.282 0	0.287 3	5.735 6	1.018 1	0.964 2	0.167 2	13.717 3	—
0.19	0.994 9	0.979 6	0.984 6	0.297 2	0.303 4	5.453 2	1.020 1	0.960 2	0.176 5	12.189 7	—
0.20	0.994 3	0.977 4	0.982 9	0.312 3	0.319 5	5.200 0	1.022 3	0.956 1	0.185 8	10.890 6	—
0.21	0.993 8	0.975 1	0.981 2	0.327 3	0.335 7	4.971 9	1.024 5	0.951 8	0.195 2	9.777 2	—
0.22	0.993 2	0.972 7	0.979 4	0.342 3	0.351 9	4.765 5	1.026 8	0.947 3	0.204 5	8.816 5	—
0.23	0.992 5	0.970 1	0.977 5	0.357 1	0.368 1	4.577 8	1.029 2	0.942 6	0.213 9	7.982 1	—
0.24	0.991 8	0.967 5	0.975 5	0.371 9	0.384 4	4.406 7	1.031 7	0.937 8	0.223 3	7.253 4	—
0.25	0.991 2	0.964 8	0.973 4	0.386 6	0.400 7	4.250 0	1.034 3	0.932 9	0.232 7	6.613 7	—
0.26	0.990 4	0.962 0	0.971 3	0.401 1	0.417 0	4.106 2	1.036 9	0.927 7	0.242 1	6.049 4	—
0.27	0.989 7	0.959 0	0.969 0	0.415 6	0.433 4	3.973 7	1.039 7	0.922 4	0.251 5	5.549 4	—
0.28	0.988 9	0.956 0	0.966 7	0.430 0	0.449 8	3.851 4	1.042 5	0.917 0	0.260 9	5.104 6	—
0.29	0.988 1	0.952 9	0.964 3	0.444 2	0.466 2	3.738 3	1.045 4	0.911 4	0.270 3	4.707 4	—
0.30	0.987 3	0.949 6	0.961 9	0.458 4	0.482 7	3.633 3	1.048 4	0.905 7	0.279 7	4.351 6	—
0.31	0.986 4	0.946 3	0.959 3	0.472 4	0.499 2	3.535 8	1.051 5	0.899 9	0.289 2	4.031 7	—
0.32	0.985 5	0.942 8	0.956 7	0.486 3	0.515 8	3.445 0	1.054 7	0.894 0	0.298 7	3.743 4	—
0.33	0.984 6	0.939 3	0.954 0	0.500 1	0.532 4	3.360 3	1.057 9	0.887 9	0.308 1	3.482 7	—
0.34	0.983 6	0.935 6	0.951 2	0.513 7	0.549 1	3.281 2	1.061 2	0.881 7	0.317 6	3.246 5	—
0.35	0.982 7	0.931 9	0.948 4	0.527 3	0.565 8	3.207 1	1.064 5	0.875 4	0.327 1	3.031 8	—
0.36	0.981 6	0.928 1	0.945 4	0.540 6	0.582 6	3.137 8	1.067 9	0.869 0	0.336 6	2.836 4	—

续表

λ	τ(λ)	π(λ)	ε(λ)	q(λ)	y(λ)	z(λ)	f(λ)	r(λ)	Ma	t(λ)	ψ
0.37	0.980 6	0.924 1	0.942 4	0.553 9	0.599 4	3.072 7	1.071 4	0.862 5	0.346 2	2.658 1	—
0.38	0.979 6	0.920 1	0.939 3	0.567 0	0.616 2	3.011 6	1.074 9	0.856 0	0.355 7	2.495 0	—
0.39	0.978 5	0.916 0	0.936 1	0.580 0	0.633 2	2.954 1	1.078 5	0.849 3	0.365 3	2.345 7	—
0.40	0.977 3	0.911 8	0.932 9	0.592 8	0.650 1	2.900 0	1.082 2	0.842 5	0.374 9	2.208 7	—
0.41	0.976 2	0.907 5	0.929 6	0.605 4	0.667 2	2.849 0	1.085 9	0.835 7	0.384 5	2.082 8	—
0.42	0.975 0	0.903 1	0.926 2	0.617 9	0.684 3	2.801 0	1.089 6	0.828 8	0.394 1	1.967 0	—
0.43	0.973 8	0.898 6	0.922 7	0.630 3	0.701 4	2.755 6	1.093 4	0.821 9	0.403 7	1.860 2	—
0.44	0.972 6	0.894 0	0.919 2	0.642 5	0.718 7	2.712 7	1.097 2	0.814 8	0.413 4	1.761 7	—
0.45	0.971 3	0.889 3	0.915 6	0.654 5	0.735 4	2.672 2	1.101 0	0.807 8	0.423 0	1.670 6	—
0.46	0.970 0	0.884 6	0.911 9	0.666 4	0.753 3	2.633 9	1.104 9	0.800 6	0.432 7	1.586 4	—
0.47	0.968 7	0.879 8	0.908 2	0.678 0	0.770 7	2.597 7	1.108 8	0.793 4	0.442 4	1.508 5	—
0.48	0.967 4	0.874 8	0.904 4	0.689 6	0.788 2	2.563 3	1.112 7	0.786 2	0.452 2	1.436 2	—
0.49	0.966 0	0.869 9	0.900 5	0.700 9	0.805 8	2.530 8	1.116 7	0.779 0	0.461 9	1.369 1	—
0.50	0.964 6	0.864 8	0.896 5	0.712 1	0.823 4	2.500 0	1.120 6	0.771 7	0.471 7	1.306 9	—
0.51	0.963 2	0.859 6	0.892 5	0.723 0	0.841 1	2.470 8	1.124 6	0.764 4	0.481 5	1.249 0	—
0.52	0.961 7	0.854 4	0.888 4	0.733 8	0.858 9	2.443 1	1.128 6	0.757 0	0.491 3	1.195 2	—
0.53	0.960 2	0.849 1	0.884 2	0.744 5	0.876 8	2.416 8	1.132 6	0.749 6	0.501 1	1.145 1	—
0.54	0.958 7	0.843 7	0.880 0	0.754 9	0.894 7	2.391 9	1.136 6	0.742 3	0.511 0	1.098 5	—
0.55	0.957 2	0.838 2	0.875 7	0.765 1	0.912 8	2.368 2	1.140 7	0.734 9	0.520 8	1.055 1	—
0.56	0.955 6	0.832 7	0.871 4	0.775 2	0.930 9	2.345 7	1.144 7	0.727 5	0.530 8	1.014 6	—
0.57	0.954 0	0.827 1	0.867 0	0.785 0	0.949 1	2.324 4	1.148 7	0.720 0	0.540 7	0.976 8	—

续表

λ	τ(λ)	π(λ)	ε(λ)	q(λ)	y(λ)	z(λ)	f(λ)	r(λ)	Ma	t(λ)	ψ
0.58	0.952 4	0.821 4	0.862 5	0.794 6	0.967 4	2.304 1	1.152 6	0.712 6	0.550 6	0.941 6	—
0.59	0.950 7	0.815 7	0.858 0	0.804 1	0.985 8	2.284 9	1.156 6	0.705 2	0.560 6	0.908 7	—
0.60	0.949 0	0.809 8	0.853 4	0.813 3	1.004 3	2.266 7	1.160 6	0.697 8	0.570 6	0.878 1	—
0.61	0.947 3	0.804 0	0.848 7	0.822 4	1.022 9	2.249 3	1.164 5	0.690 4	0.580 7	0.849 4	—
0.62	0.945 6	0.798 0	0.844 0	0.831 2	1.041 6	2.232 9	1.168 4	0.683 0	0.590 7	0.822 7	—
0.63	0.943 8	0.792 0	0.839 2	0.839 8	1.060 4	2.217 3	1.172 3	0.675 6	0.600 8	0.797 7	—
0.64	0.942 0	0.786 0	0.834 4	0.848 2	1.079 3	2.202 5	1.176 1	0.668 3	0.610 9	0.774 4	—
0.65	0.940 2	0.779 8	0.829 5	0.856 4	1.098 2	2.188 5	1.179 9	0.660 9	0.621 1	0.752 7	—
0.66	0.938 3	0.773 6	0.824 5	0.864 4	1.117 3	2.175 2	1.183 7	0.653 6	0.631 3	0.732 3	—
0.67	0.936 4	0.767 4	0.819 5	0.872 2	1.136 5	2.162 5	1.187 4	0.646 3	0.641 5	0.713 4	—
0.68	0.934 5	0.761 1	0.814 4	0.879 8	1.155 9	2.150 6	1.191 0	0.639 0	0.651 7	0.695 7	—
0.69	0.932 6	0.754 8	0.809 3	0.887 1	1.175 3	2.139 3	1.194 7	0.631 8	0.662 0	0.679 1	—
0.70	0.930 6	0.748 4	0.804 2	0.894 2	1.194 9	2.128 6	1.198 2	0.624 6	0.672 3	0.663 7	—
0.71	0.928 6	0.741 9	0.798 9	0.901 1	1.214 6	2.118 5	1.201 7	0.617 4	0.682 6	0.649 4	—
0.72	0.926 6	0.735 4	0.793 7	0.907 7	1.234 4	2.108 9	1.205 1	0.610 2	0.693 0	0.636 0	—
0.73	0.924 5	0.728 9	0.788 4	0.914 2	1.254 3	2.099 9	1.208 5	0.603 1	0.703 4	0.623 6	—
0.74	0.922 4	0.722 3	0.783 0	0.920 4	1.274 3	2.091 4	1.211 8	0.596 1	0.713 8	0.612 0	—
0.75	0.920 3	0.715 6	0.777 6	0.926 4	1.294 5	2.083 3	1.215 0	0.589 0	0.724 3	0.601 2	—
0.76	0.918 2	0.709 0	0.772 1	0.932 1	1.314 8	2.075 8	1.218 1	0.582 0	0.734 8	0.591 2	—
0.77	0.916 0	0.702 2	0.766 6	0.937 7	1.335 3	2.068 7	1.221 1	0.575 1	0.745 4	0.582 0	—
0.78	0.913 8	0.695 5	0.761 1	0.943 0	1.355 9	2.062 1	1.224 1	0.568 2	0.756 0	0.573 4	—

续表

λ	$\tau(\lambda)$	$\pi(\lambda)$	$\varepsilon(\lambda)$	$q(\lambda)$	$y(\lambda)$	$z(\lambda)$	$f(\lambda)$	$r(\lambda)$	Ma	$t(\lambda)$	ψ
0.79	0.911 6	0.688 7	0.755 5	0.948 0	1.376 6	2.055 8	1.226 9	0.561 3	0.766 6	0.565 4	—
0.80	0.909 4	0.681 9	0.749 8	0.952 9	1.397 5	2.050 0	1.229 7	0.554 5	0.777 3	0.558 1	—
0.81	0.907 1	0.675 0	0.744 1	0.957 5	1.418 5	2.044 6	1.232 4	0.547 7	0.788 0	0.551 4	—
0.82	0.904 8	0.668 1	0.738 4	0.961 8	1.439 7	2.039 5	1.234 9	0.541 0	0.798 7	0.545 2	—
0.83	0.902 4	0.661 2	0.732 6	0.966 0	1.461 0	2.034 8	1.237 4	0.534 3	0.809 5	0.539 5	—
0.84	0.900 1	0.654 2	0.726 8	0.969 9	1.482 5	2.030 5	1.239 7	0.527 7	0.820 3	0.534 3	—
0.85	0.897 7	0.647 2	0.721 0	0.973 5	1.504 1	2.026 5	1.241 9	0.521 1	0.831 2	0.529 5	—
0.86	0.895 3	0.640 2	0.715 1	0.976 9	1.526 0	2.022 8	1.244 0	0.514 6	0.842 1	0.525 2	—
0.87	0.892 8	0.633 2	0.709 2	0.980 1	1.547 9	2.019 4	1.246 0	0.508 2	0.853 1	0.521 3	—
0.88	0.890 3	0.626 1	0.703 3	0.983 1	1.570 1	2.016 4	1.247 9	0.501 8	0.864 1	0.517 8	—
0.89	0.887 8	0.619 1	0.697 3	0.985 8	1.592 4	2.013 6	1.249 6	0.495 4	0.875 1	0.514 7	—
0.90	0.885 3	0.612 0	0.691 3	0.988 3	1.614 9	2.011 1	1.251 2	0.489 1	0.886 2	0.511 9	—
0.91	0.882 7	0.604 8	0.685 2	0.990 5	1.637 6	2.008 9	1.252 6	0.482 9	0.897 4	0.509 5	—
0.92	0.880 1	0.597 7	0.679 1	0.992 5	1.660 5	2.007 0	1.253 9	0.476 7	0.908 6	0.507 4	—
0.93	0.877 5	0.590 6	0.673 0	0.994 3	1.683 5	2.005 3	1.255 1	0.470 5	0.919 8	0.505 5	—
0.94	0.874 9	0.583 4	0.666 9	0.995 8	1.706 8	2.003 8	1.256 1	0.464 5	0.931 1	0.504 0	—
0.95	0.872 2	0.576 3	0.660 7	0.997 1	1.730 2	2.002 6	1.257 0	0.458 4	0.942 5	0.502 7	—
0.96	0.869 5	0.569 1	0.654 5	0.998 1	1.753 9	2.001 7	1.257 7	0.452 5	0.953 9	0.501 7	—
0.97	0.866 7	0.561 9	0.648 3	0.999 0	1.777 8	2.000 9	1.258 3	0.446 6	0.965 3	0.501 0	—
0.98	0.864 0	0.554 7	0.642 1	0.999 5	1.801 8	2.000 4	1.258 7	0.440 7	0.976 8	0.500 4	—
0.99	0.861 2	0.547 6	0.635 8	0.999 9	1.826 1	2.000 1	1.259 0	0.434 9	0.988 4	0.500 1	—

续表

λ	τ(λ)	π(λ)	ε(λ)	q(λ)	y(λ)	z(λ)	f(λ)	r(λ)	Ma	t(λ)	ψ
1.00	0.858 4	0.540 4	0.629 5	1.000 0	1.850 6	2.000 0	1.259 1	0.429 2	1.000 0	0.500 0	1
1.01	0.855 5	0.533 2	0.623 2	0.999 9	1.875 3	2.000 1	1.259 0	0.423 5	1.011 7	0.500 1	0.999 89
1.02	0.852 7	0.526 0	0.616 9	0.999 5	1.900 3	2.000 4	1.258 7	0.417 9	1.023 4	0.500 4	0.999 55
1.03	0.849 7	0.518 8	0.610 6	0.999 0	1.925 5	2.000 9	1.258 3	0.412 3	1.035 2	0.500 9	0.999 01
1.04	0.846 8	0.511 6	0.604 2	0.998 2	1.950 9	2.001 5	1.257 7	0.406 8	1.047 1	0.501 5	0.998 27
1.05	0.843 9	0.504 5	0.597 8	0.997 1	1.976 6	2.002 4	1.256 9	0.401 4	1.059 0	0.502 3	0.997 35
1.06	0.840 9	0.497 3	0.591 4	0.995 8	2.002 5	2.003 4	1.255 9	0.396 0	1.071 0	0.503 3	0.996 25
1.07	0.837 9	0.490 2	0.585 0	0.994 3	2.028 7	2.004 6	1.254 8	0.390 6	1.083 0	0.504 4	0.994 98
1.08	0.834 8	0.483 0	0.578 6	0.992 6	2.055 1	2.005 9	1.253 5	0.385 3	1.095 1	0.505 6	0.993 56
1.09	0.831 7	0.475 9	0.572 2	0.990 7	2.081 8	2.007 4	1.252 0	0.380 1	1.107 2	0.507 0	0.992
1.10	0.828 6	0.468 8	0.565 7	0.988 5	2.108 7	2.009 1	1.250 2	0.374 9	1.119 6	0.508 5	0.990 29
1.11	0.825 5	0.461 7	0.559 3	0.986 1	2.136 0	2.010 9	1.248 4	0.369 8	1.131 9	0.510 2	0.988 46
1.12	0.822 3	0.454 6	0.552 8	0.983 5	2.163 5	2.012 9	1.246 3	0.364 8	1.144 3	0.511 9	0.986 51
1.13	0.819 2	0.447 5	0.546 4	0.980 7	2.191 3	2.015 0	1.244 0	0.359 8	1.156 7	0.513 8	0.984 44
1.14	0.815 9	0.440 5	0.539 9	0.977 7	2.219 4	2.017 2	1.241 5	0.354 8	1.169 3	0.515 8	0.982 26
1.15	0.812 7	0.433 5	0.533 4	0.974 4	2.247 8	2.019 6	1.238 8	0.349 9	1.181 9	0.517 8	0.979 98
1.16	0.809 4	0.426 5	0.526 9	0.970 9	2.276 5	2.022 1	1.235 9	0.345 1	1.194 6	0.520 0	0.977 61
1.17	0.806 1	0.419 5	0.520 4	0.967 3	2.305 5	2.024 7	1.232 9	0.340 3	1.207 3	0.522 3	0.975 14
1.18	0.802 8	0.412 6	0.514 0	0.963 4	2.334 9	2.027 5	1.229 6	0.335 6	1.220 2	0.524 6	0.972 6
1.19	0.799 4	0.405 7	0.507 5	0.959 3	2.364 6	2.030 3	1.226 1	0.330 9	1.233 1	0.527 0	0.969 97
1.20	0.796 1	0.398 8	0.501 0	0.955 0	2.394 6	2.033 3	1.222 4	0.326 3	1.246 1	0.529 5	0.967 28

续表

λ	τ(λ)	π(λ)	ε(λ)	q(λ)	y(λ)	z(λ)	f(λ)	r(λ)	Ma	t(λ)	ψ
1.21	0.792 6	0.392 0	0.494 5	0.950 5	2.424 9	2.036 5	1.218 5	0.321 7	1.259 2	0.532 2	0.964 51
1.22	0.789 2	0.385 2	0.488 0	0.945 8	2.455 6	2.039 7	1.214 4	0.317 2	1.272 3	0.534 8	0.961 68
1.23	0.785 7	0.378 4	0.481 6	0.940 9	2.486 7	2.043 0	1.210 1	0.312 7	1.285 6	0.537 5	0.958 8
1.24	0.782 2	0.371 6	0.475 1	0.935 8	2.518 1	2.046 5	1.205 6	0.308 3	1.299 0	0.540 3	0.955 85
1.25	0.778 7	0.364 9	0.468 6	0.930 5	2.549 9	2.050 0	1.200 8	0.303 9	1.312 4	0.543 1	0.952 86
1.26	0.775 2	0.358 3	0.462 2	0.925 0	2.582 1	2.053 7	1.195 9	0.299 6	1.325 9	0.546 1	0.949 82
1.27	0.771 6	0.351 6	0.455 7	0.919 4	2.614 7	2.057 4	1.190 8	0.295 3	1.339 5	0.549 0	0.946 73
1.28	0.768 0	0.345 0	0.449 3	0.913 5	2.647 7	2.061 3	1.185 4	0.291 1	1.353 3	0.552 0	0.943 61
1.29	0.764 3	0.338 5	0.442 9	0.907 5	2.681 1	2.065 2	1.179 9	0.286 9	1.367 1	0.555 1	0.940 45
1.30	0.760 6	0.332 0	0.436 5	0.901 3	2.714 9	2.069 2	1.174 1	0.282 8	1.381 0	0.558 2	0.937 25
1.31	0.757 0	0.325 5	0.430 1	0.894 9	2.749 1	2.073 4	1.168 1	0.278 7	1.395 0	0.561 4	0.934 02
1.32	0.753 2	0.319 1	0.423 7	0.888 4	2.783 8	2.077 6	1.161 9	0.274 7	1.409 1	0.564 6	0.930 77
1.33	0.749 5	0.312 8	0.417 3	0.881 7	2.818 9	2.081 9	1.155 5	0.270 7	1.423 4	0.567 8	0.927 48
1.34	0.745 7	0.306 5	0.411 0	0.874 8	2.854 5	2.086 3	1.148 9	0.266 7	1.437 7	0.571 1	0.924 18
1.35	0.741 9	0.300 2	0.404 6	0.867 7	2.890 6	2.090 7	1.142 1	0.262 8	1.452 1	0.574 5	0.920 85
1.36	0.738 0	0.294 0	0.398 3	0.860 5	2.927 2	2.095 3	1.135 1	0.259 0	1.466 7	0.577 8	0.917 5
1.37	0.734 2	0.287 8	0.392 0	0.853 2	2.964 2	2.099 9	1.127 9	0.255 2	1.481 4	0.581 2	0.914 14
1.38	0.730 3	0.281 7	0.385 8	0.845 7	3.001 8	2.104 6	1.120 4	0.251 4	1.496 1	0.584 6	0.910 76
1.39	0.726 4	0.275 7	0.379 5	0.838 0	3.039 9	2.109 4	1.112 8	0.247 7	1.511 0	0.588 1	0.907 37
1.40	0.722 4	0.269 7	0.373 3	0.830 2	3.078 5	2.114 3	1.105 0	0.244 1	1.526 1	0.591 6	0.903 96
1.41	0.718 4	0.263 7	0.367 1	0.822 2	3.117 6	2.119 2	1.096 9	0.240 4	1.541 2	0.595 1	0.900 55

续表

λ	τ(λ)	π(λ)	ε(λ)	q(λ)	y(λ)	z(λ)	f(λ)	r(λ)	Ma	t(λ)	ψ
1.42	0.714 4	0.257 9	0.360 9	0.814 2	3.157 4	2.124 2	1.088 7	0.236 8	1.556 5	0.598 6	0.897 13
1.43	0.710 4	0.252 0	0.354 8	0.805 9	3.197 7	2.129 3	1.080 3	0.233 3	1.571 9	0.602 2	0.893 7
1.44	0.706 3	0.246 3	0.348 7	0.797 6	3.238 6	2.134 4	1.071 7	0.229 8	1.587 5	0.605 8	0.890 27
1.45	0.702 2	0.240 6	0.342 6	0.789 1	3.280 1	2.139 7	1.062 9	0.226 3	1.603 1	0.609 4	0.885 83
1.46	0.698 1	0.234 9	0.336 5	0.780 5	3.322 2	2.144 9	1.053 9	0.222 9	1.618 9	0.613 0	0.883 39
1.47	0.694 0	0.229 4	0.330 5	0.771 8	3.364 9	2.150 3	1.044 7	0.219 5	1.634 9	0.616 7	0.879 95
1.48	0.689 8	0.223 8	0.324 5	0.762 9	3.408 4	2.155 7	1.035 3	0.216 2	1.651 0	0.620 3	0.875 51
1.49	0.685 6	0.218 4	0.318 6	0.754 0	3.452 4	2.161 1	1.025 8	0.212 9	1.667 2	0.624 0	0.873 07
1.50	0.681 3	0.213 0	0.312 6	0.744 9	3.497 2	2.166 7	1.016 0	0.209 6	1.683 6	0.627 7	0.869 63
1.51	0.677 1	0.207 7	0.306 7	0.735 8	3.542 7	2.172 3	1.006 1	0.206 4	1.700 2	0.631 4	0.866 19
1.52	0.672 8	0.202 4	0.300 9	0.726 5	3.588 9	2.177 9	0.996 0	0.203 2	1.716 9	0.635 1	0.862 76
1.53	0.668 5	0.197 2	0.295 1	0.717 1	3.635 9	2.183 6	0.985 8	0.200 1	1.733 8	0.638 9	0.859 33
1.54	0.664 1	0.192 1	0.289 3	0.707 7	3.683 6	2.189 4	0.975 4	0.197 0	1.750 8	0.642 6	0.855 91
1.55	0.659 7	0.187 1	0.283 6	0.698 2	3.732 1	2.195 2	0.964 8	0.193 9	1.768 0	0.646 4	0.852 5
1.56	0.655 3	0.182 1	0.277 9	0.688 5	3.781 4	2.201 0	0.954 0	0.190 9	1.785 4	0.650 1	0.849 09
1.57	0.650 9	0.177 2	0.272 2	0.678 8	3.831 6	2.206 9	0.943 1	0.187 9	1.802 9	0.653 9	0.845 69
1.58	0.646 4	0.172 3	0.266 6	0.669 1	3.882 6	2.212 9	0.932 1	0.184 9	1.820 7	0.657 7	0.842 3
1.59	0.641 9	0.167 6	0.261 0	0.659 2	3.934 5	2.218 9	0.920 9	0.182 0	1.838 6	0.661 5	0.838 91
1.60	0.637 4	0.162 9	0.255 5	0.649 3	3.987 3	2.225 0	0.909 5	0.179 1	1.856 7	0.665 3	0.835 54
1.61	0.632 9	0.158 2	0.250 0	0.639 4	4.041 0	2.231 1	0.898 0	0.176 2	1.875 0	0.669 1	0.832 18
1.62	0.628 3	0.153 7	0.244 6	0.629 4	4.095 8	2.237 3	0.886 4	0.173 4	1.893 5	0.673 0	0.828 82

续表

λ	$\tau(\lambda)$	$\pi(\lambda)$	$\varepsilon(\lambda)$	$q(\lambda)$	$y(\lambda)$	$z(\lambda)$	$f(\lambda)$	$r(\lambda)$	Ma	$t(\lambda)$	ψ
1.63	0.623 7	0.149 2	0.239 2	0.619 3	4.151 4	2.243 5	0.874 6	0.170 6	1.912 2	0.676 8	0.825 48
1.64	0.619 1	0.144 8	0.233 8	0.609 2	4.208 2	2.249 8	0.862 8	0.167 6	1.931 1	0.680 6	0.822 15
1.65	0.614 4	0.140 4	0.228 5	0.599 0	4.265 9	2.256 1	0.850 7	0.165 1	1.950 3	0.684 4	0.818 83
1.66	0.609 7	0.136 2	0.223 3	0.588 8	4.324 8	2.262 4	0.838 6	0.162 4	1.969 6	0.688 3	0.815 53
1.67	0.605 0	0.132 0	0.218 1	0.578 6	4.384 8	2.268 8	0.826 4	0.159 7	1.989 2	0.692 1	0.812 23
1.68	0.600 3	0.127 8	0.213 0	0.568 3	4.445 9	2.275 2	0.814 0	0.157 0	2.009 0	0.696 0	0.808 95
1.69	0.595 5	0.123 8	0.207 9	0.558 1	4.508 2	2.281 7	0.801 6	0.154 4	2.029 0	0.699 8	0.805 69
1.70	0.590 7	0.119 8	0.202 8	0.547 8	4.571 7	2.288 2	0.789 0	0.151 9	2.049 3	0.703 6	0.802 43
1.71	0.585 9	0.115 9	0.197 9	0.537 4	4.636 5	2.294 8	0.776 4	0.149 3	2.069 8	0.707 5	0.799 19
1.72	0.581 0	0.112 1	0.192 9	0.527 1	4.702 6	2.301 4	0.763 7	0.146 8	2.090 6	0.711 3	0.795 97
1.73	0.576 1	0.108 3	0.188 1	0.516 8	4.770 1	2.308 0	0.750 9	0.144 3	2.111 7	0.715 2	0.792 76
1.74	0.571 2	0.104 7	0.183 2	0.506 4	4.838 9	2.314 7	0.738 0	0.141 8	2.133 0	0.719 0	0.789 56
1.75	0.566 3	0.101 1	0.178 5	0.496 1	4.909 2	2.321 4	0.725 0	0.139 4	2.154 6	0.722 9	0.786 38
1.76	0.561 3	0.097 5	0.173 8	0.485 8	4.981 0	2.328 2	0.712 0	0.137 0	2.176 5	0.726 7	0.783 22
1.77	0.556 3	0.094 1	0.169 1	0.475 5	5.054 3	2.335 0	0.698 9	0.134 6	2.198 7	0.730 6	0.780 07
1.78	0.551 3	0.090 7	0.164 5	0.465 2	5.129 3	2.341 8	0.685 8	0.132 3	2.221 2	0.734 4	0.776 93
1.79	0.546 2	0.087 4	0.160 0	0.454 9	5.205 8	2.348 7	0.672 6	0.129 9	2.244 0	0.738 3	0.773 81
1.80	0.541 1	0.084 2	0.155 5	0.444 7	5.284 1	2.355 6	0.659 4	0.127 6	2.267 1	0.742 1	0.770 71
1.81	0.536 0	0.081 0	0.151 1	0.434 5	5.364 1	2.362 5	0.646 2	0.125 4	2.290 5	0.746 0	0.767 62
1.82	0.530 9	0.077 9	0.146 8	0.424 3	5.446 3	2.369 5	0.632 9	0.123 1	2.314 3	0.749 8	0.764 55
1.83	0.525 7	0.074 9	0.142 5	0.414 2	5.529 8	2.376 5	0.619 6	0.120 9	2.338 4	0.753 6	0.761 5
1.84	0.520 5	0.072 0	0.138 3	0.404 1	5.615 5	2.383 5	0.606 3	0.118 7	2.362 9	0.757 5	0.758 46

续表

λ	τ(λ)	π(λ)	ε(λ)	q(λ)	y(λ)	z(λ)	f(λ)	r(λ)	Ma	t(λ)	ψ
1.85	0.515 3	0.069 1	0.134 1	0.394 0	5.703 3	2.390 5	0.593 0	0.116 5	2.387 8	0.761 3	0.755 43
1.86	0.510 0	0.066 3	0.130 0	0.384 1	5.793 2	2.397 6	0.579 7	0.114 4	2.413 0	0.765 1	0.752 43
1.87	0.504 7	0.063 6	0.126 0	0.374 1	5.885 3	2.404 8	0.566 4	0.112 2	2.438 7	0.768 9	0.749 44
1.88	0.499 4	0.060 9	0.122 0	0.364 3	5.979 7	2.411 9	0.553 1	0.110 1	2.464 7	0.772 7	0.746 46
1.89	0.494 1	0.058 3	0.118 1	0.354 5	6.076 5	2.419 1	0.539 8	0.108 1	2.491 2	0.776 6	0.743 5
1.90	0.488 7	0.055 8	0.114 2	0.344 7	6.175 7	2.426 3	0.526 6	0.106 0	2.518 1	0.780 4	0.740 56
1.91	0.483 3	0.053 4	0.110 4	0.335 1	6.277 5	2.433 6	0.513 3	0.104 0	2.545 4	0.784 2	0.737 64
1.92	0.477 9	0.051 0	0.106 7	0.325 5	6.382 0	2.440 8	0.500 2	0.102 0	2.573 2	0.788 0	0.734 73
1.93	0.472 4	0.048 7	0.103 1	0.316 0	6.489 3	2.448 1	0.487 0	0.100 0	2.601 5	0.791 8	0.731 84
1.94	0.467 0	0.046 5	0.099 5	0.306 6	6.599 5	2.455 5	0.474 0	0.098 0	2.630 3	0.795 5	0.728 96
1.95	0.461 5	0.044 3	0.096 0	0.297 3	6.712 7	2.462 8	0.461 0	0.096 1	2.659 6	0.799 3	0.726 1
1.96	0.455 9	0.042 2	0.092 5	0.288 1	6.829 1	2.470 2	0.448 0	0.094 2	2.689 4	0.803 1	0.723 26
1.97	0.450 3	0.040 2	0.089 2	0.279 0	6.948 8	2.477 6	0.435 2	0.092 3	2.719 8	0.806 9	0.720 44
1.98	0.444 8	0.038 2	0.085 8	0.270 0	7.071 9	2.485 1	0.422 4	0.090 4	2.750 7	0.810 6	0.717 63
1.99	0.439 1	0.036 3	0.082 6	0.261 1	7.198 6	2.492 5	0.409 7	0.088 5	2.782 2	0.814 4	0.714 83
2.00	0.433 5	0.034 4	0.079 4	0.252 3	7.329 1	2.500 0	0.397 1	0.086 7	2.814 4	0.818 2	0.712 06
2.01	0.427 8	0.032 6	0.076 3	0.243 6	7.463 6	2.507 5	0.384 6	0.084 9	2.847 2	0.821 9	0.709 3
2.02	0.422 1	0.030 9	0.073 3	0.235 1	7.602 1	2.515 1	0.372 2	0.083 1	2.880 6	0.825 6	0.706 55
2.03	0.416 4	0.029 3	0.070 3	0.226 6	7.745 0	2.522 6	0.359 9	0.081 3	2.914 8	0.829 4	0.703 83
2.04	0.410 6	0.027 7	0.067 4	0.218 3	7.892 4	2.530 2	0.347 8	0.079 6	2.949 6	0.833 1	0.701 11
2.05	0.404 8	0.026 1	0.064 5	0.210 2	8.044 6	2.537 8	0.335 8	0.077 8	2.985 2	0.836 8	0.698 42

续表

λ	$\tau(\lambda)$	$\pi(\lambda)$	$\varepsilon(\lambda)$	$q(\lambda)$	$y(\lambda)$	$z(\lambda)$	$f(\lambda)$	$r(\lambda)$	Ma	$t(\lambda)$	ψ
2.06	0.399 0	0.024 6	0.061 8	0.202 1	8.201 8	2.545 4	0.323 9	0.076 1	3.021 6	0.840 5	0.695 74
2.07	0.393 1	0.023 2	0.059 1	0.194 2	8.364 2	2.553 1	0.312 1	0.074 4	3.058 7	0.844 2	0.693 08
2.08	0.387 3	0.021 9	0.056 4	0.186 4	8.532 2	2.560 8	0.300 6	0.072 7	3.096 8	0.847 9	0.690 43
2.09	0.381 3	0.020 5	0.053 9	0.178 8	8.706 0	2.568 5	0.289 1	0.071 0	3.135 6	0.851 6	0.687 8
2.10	0.375 4	0.019 3	0.051 4	0.171 3	8.886 0	2.576 2	0.277 9	0.069 4	3.175 5	0.855 3	0.685 19
2.11	0.369 5	0.018 1	0.048 9	0.164 0	9.072 4	2.583 9	0.266 8	0.067 8	3.216 2	0.859 0	0.682 59
2.12	0.363 5	0.016 9	0.046 6	0.156 8	9.265 6	2.591 7	0.255 8	0.066 2	3.258 0	0.862 7	0.680 01
2.13	0.357 4	0.015 8	0.044 3	0.149 8	9.466 1	2.599 5	0.245 1	0.064 6	3.300 8	0.866 3	0.677 44
2.14	0.351 4	0.014 8	0.042 0	0.142 9	9.674 2	2.607 3	0.234 5	0.063 0	3.344 7	0.870 0	0.674 89
2.15	0.345 3	0.013 8	0.039 9	0.136 2	9.890 4	2.615 1	0.224 2	0.061 4	3.389 8	0.873 6	0.672 35
2.16	0.339 2	0.012 8	0.037 8	0.129 6	10.115 3	2.623 0	0.214 0	0.059 9	3.436 0	0.877 3	0.669 83
2.17	0.333 1	0.011 9	0.035 7	0.123 2	10.349 2	2.630 8	0.204 0	0.058 3	3.483 6	0.880 9	0.667 33
2.18	0.326 9	0.011 0	0.033 8	0.117 0	10.592 8	2.638 7	0.194 3	0.056 8	3.532 5	0.884 5	0.664 84
2.19	0.320 7	0.010 2	0.031 9	0.110 9	10.846 8	2.646 6	0.184 7	0.055 3	3.582 7	0.888 2	0.662 36
2.20	0.314 5	0.009 5	0.030 0	0.105 0	11.111 7	2.654 6	0.175 4	0.053 9	3.634 5	0.891 8	0.659 9
2.21	0.308 3	0.008 7	0.028 3	0.099 2	11.388 4	2.662 5	0.166 3	0.052 4	3.687 8	0.895 4	0.657 46
2.22	0.302 0	0.008 0	0.026 6	0.093 7	11.677 6	2.670 5	0.157 5	0.050 9	3.742 8	0.899 0	0.655 03
2.23	0.295 7	0.007 4	0.024 9	0.088 3	11.980 2	2.678 4	0.148 8	0.049 5	3.799 5	0.902 6	0.652 61
2.24	0.289 4	0.006 8	0.023 3	0.083 0	12.297 3	2.686 4	0.140 4	0.048 1	3.858 1	0.906 1	0.650 22
2.25	0.283 0	0.006 17	0.021 8	0.078 0	12.629 7	2.694 4	0.132 2	0.046 7	3.918 6	0.909 7	0.647 83
2.26	0.276 6	0.005 63	0.020 4	0.073 1	12.978 8	2.702 5	0.124 3	0.045 3	3.981 2	0.913 3	0.645 46

续表

λ	τ(λ)	π(λ)	ε(λ)	q(λ)	y(λ)	z(λ)	f(λ)	r(λ)	Ma	t(λ)	ω̄
2.27	0.270 2	0.005 12	0.019 0	0.068 4	13.345 8	2.710 5	0.116 7	0.043 9	4.046 0	0.916 8	0.643 11
2.28	0.263 8	0.004 65	0.017 6	0.063 8	13.732 1	2.718 6	0.109 2	0.042 6	4.113 2	0.920 4	0.640 77
2.29	0.257 3	0.004 20	0.016 3	0.059 5	14.139 3	2.726 7	0.102 0	0.041 2	4.182 9	0.923 9	0.638 44
2.30	0.250 8	0.003 79	0.015 1	0.055 3	14.569 2	2.734 8	0.095 1	0.039 9	4.255 3	0.927 4	0.636 13
2.31	0.244 2	0.003 41	0.014 0	0.051 2	15.023 7	2.742 9	0.088 5	0.038 6	4.330 5	0.931 0	0.633 83
2.32	0.237 7	0.003 06	0.012 9	0.047 4	15.505 0	2.751 0	0.082 1	0.037 2	4.408 8	0.934 5	0.631 55
2.33	0.231 1	0.002 73	0.011 8	0.043 7	16.015 6	2.759 2	0.075 9	0.036 0	4.490 5	0.938 0	0.629 28
2.34	0.224 5	0.002 43	0.010 8	0.040 2	16.558 3	2.767 4	0.070 0	0.034 7	4.575 7	0.941 5	0.627 02
2.35	0.217 8	0.002 15	0.009 9	0.036 9	17.136 1	2.775 5	0.064 4	0.033 4	4.664 8	0.945 0	0.624 78
2.36	0.211 2	0.001 90	0.009 0	0.033 7	17.752 6	2.783 7	0.059 0	0.032 1	4.758 5	0.948 4	0.622 55
2.37	0.204 5	0.001 67	0.008 2	0.030 7	18.411 9	2.791 9	0.053 9	0.030 9	4.855 9	0.951 9	0.620 34
2.38	0.197 8	0.001 46	0.007 4	0.027 8	19.118 6	2.800 2	0.049 1	0.029 7	4.958 6	0.955 4	0.618 14
2.39	0.191 0	0.001 27	0.006 6	0.025 2	19.878 1	2.808 4	0.044 5	0.028 5	5.066 8	0.958 8	0.615 95
2.40	0.184 2	0.001 09	0.005 9	0.022 6	20.696 4	2.816 7	0.040 1	0.027 3	5.180 8	0.962 3	0.613 78
2.41	0.177 4	0.000 94	0.005 3	0.020 3	21.580 8	2.824 9	0.036 1	0.026 1	5.301 3	0.965 7	0.611 62
2.42	0.170 6	0.000 80	0.004 7	0.018 1	22.539 5	2.833 2	0.032 2	0.024 9	5.429 0	0.969 1	0.609 47
2.43	0.163 7	0.000 68	0.004 2	0.016 0	23.582 4	2.841 5	0.028 7	0.023 7	5.564 7	0.972 6	0.607 34
2.44	0.156 8	0.000 57	0.003 6	0.014 1	24.721 2	2.849 8	0.025 3	0.022 6	5.709 2	0.976 0	0.605 22
2.45	0.149 9	0.000 48	0.003 2	0.012 4	25.9697	2.858 2	0.022 3	0.021 4	5.863 5	0.979 4	0.603 11
2.46	0.142 9	0.000 39	0.002 8	0.010 8	27.344 6	2.866 5	0.019 4	0.020 3	6.029 0	0.982 8	0.601 02
2.47	0.135 9	0.000 32	0.002 4	0.009 3	28.866 1	2.874 9	0.016 8	0.019 1	6.207 1	0.986 2	0.598 93

续表

λ	$\tau(\lambda)$	$\pi(\lambda)$	$\varepsilon(\lambda)$	$q(\lambda)$	$y(\lambda)$	$z(\lambda)$	$f(\lambda)$	$r(\lambda)$	Ma	$t(\lambda)$	ψ
2.48	0.128 9	0.000 26	0.002 0	0.007 9	30.559 2	2.883 2	0.014 4	0.018 0	6.399 4	0.989 6	0.596 86
2.49	0.121 9	0.000 21	0.001 7	0.006 7	32.454 5	2.891 6	0.012 2	0.016 9	6.608 2	0.992 9	0.594 81
2.50	0.114 81	1.627×10^{-3}	0.001 42	0.005 63	34.591	2.900 0	0.010 27	0.015 84	6.835 9	0.996 29	0.592 76
2.51	0.107 71	1.258×10^{-3}	0.001 17	0.004 66	37.017	2.908 4	0.008 53	0.014 75	7.085 7	0.999 65	0.590 73
2.52	0.100 59	0.955×10^{-3}	0.000 95	0.003 8	39.797	2.916 8	0.006 98	0.013 68	7.361 5	1.002 99	0.588 71
2.53	0.093 43	0.709×10^{-3}	0.000 76	0.003 05	43.013	2.925 3	0.005 62	0.012 62	7.668 4	1.006 33	0.586 71
2.54	0.086 25	0.514×10^{-3}	0.000 60	0.002 4	46.778	2.933 7	0.004 44	0.011 58	8.012 7	1.009 66	0.584 71
2.55	0.079 05	0.361×10^{-4}	0.000 457	0.001 85	51.245	2.942 2	0.003 43	0.010 54	8.403 1	1.012 99	0.582 73
2.56	0.0718 1	0.245×10^{-4}	0.000 342	0.001 39	56.631	2.950 6	0.002 58	0.009 51	8.851 0	1.016 3	0.580 76
2.57	0.064 54	0.160×10^{-4}	0.000 248	0.001 01	63.253	2.959 1	0.001 88	0.008 49	9.372 4	1.019 61	0.578 8
2.58	0.057 25	0.986×10^{-5}	0.000 172	0.000 71	71.589	2.967 6	0.001 32	0.007 48	9.990 3	1.022 91	0.576 85
2.59	0.049 93	0.568×10^{-5}	0.000 114	0.000 47	82.407	2.976 1	0.000 88	0.006 48	10.739	1.026 19	0.574 92
2.60	0.042 58	0.299×10^{-5}	0.702×10^{-4}	0.000 29	97.007	2.984 6	0.000 54	0.005 49	11.674	1.029 48	0.572 99
2.61	0.035 2	0.139×10^{-5}	0.394×10^{-4}	0.000 16	117.80	2.993 1	0.000 31	0.004 51	12.889	1.032 75	0.571 08
2.62	0.027 79	0.536×10^{-6}	0.193×10^{-4}	0.802×10^{-4}	149.77	3.001 7	0.152×10^{-3}	0.003 53	14.561	1.036 01	0.569 18
2.63	0.020 35	0.153×10^{-6}	0.750×10^{-5}	0.313×10^{-4}	205.26	3.010 2	0.594×10^{-4}	0.002 57	17.080	1.039 27	0.567 29
2.64	0.012 89	0.243×10^{-7}	0.188×10^{-5}	0.782×10^{-5}	325.36	3.018 8	0.150×10^{-4}	0.001 62	21.544	1.042 52	0.565 41
2.65	0.005 4	0.728×10^{-9}	0.135×10^{-6}	0.567×10^{-5}	779.98	3.0274	0.108×10^{-5}	0.000 67	33.420	1.045 76	0.563 54
2.657	0	0	0	0	∞	3.033 4	0	0	∞	1.048 08	0.562 21

附表 1c　气动函数表（γ = 1.2）

（以 λ 为自变量）

λ	τ(λ)	π(λ)	ε(λ)	q(λ)	y(λ)	z(λ)	f(λ)	r(λ)	Ma	t(λ)	ψ
0.00	1.000 0	1.000 0	1.000 0	0.000 0	0.000 0	∞	1.000 0	1.000 0	0.000 0	∞	—
0.01	1.000 0	1.000 0	1.000 0	0.016 1	0.016 1	100.010 0	1.000 1	0.999 9	0.009 5	4 995.394 8	—
0.02	1.000 0	0.999 8	0.999 8	0.032 2	0.032 2	50.020 0	1.000 2	0.999 6	0.019 1	1 246.088 0	—
0.03	0.999 9	0.999 5	0.999 6	0.048 3	0.048 3	33.363 3	1.000 5	0.999 0	0.028 6	552.049 0	—
0.04	0.999 9	0.999 1	0.999 3	0.064 4	0.064 4	25.040 0	1.000 9	0.998 3	0.038 1	309.281 1	—
0.05	0.999 8	0.998 6	0.998 9	0.080 4	0.080 5	20.050 0	1.001 4	0.997 3	0.047 7	197.004 3	—
0.06	0.999 7	0.998 0	0.998 4	0.096 5	0.096 7	16.726 7	1.002 0	0.996 1	0.057 2	136.075 5	—
0.07	0.999 6	0.997 3	0.997 8	0.112 5	0.112 8	14.355 7	1.002 7	0.994 7	0.066 8	99.381 6	—
0.08	0.999 4	0.996 5	0.997 1	0.128 5	0.128 9	12.580 0	1.003 5	0.993 1	0.076 3	75.599 3	—
0.09	0.999 3	0.995 6	0.996 3	0.144 4	0.145 1	11.201 1	1.004 4	0.991 2	0.085 8	59.320 5	—
0.10	0.999 1	0.994 6	0.995 5	0.160 3	0.161 2	10.100 0	1.005 4	0.989 2	0.095 4	47.697 4	—
0.11	0.998 9	0.993 4	0.994 5	0.176 2	0.177 4	9.200 9	1.006 6	0.987 0	0.104 9	39.115 0	—
0.12	0.998 7	0.992 2	0.993 5	0.192 0	0.193 5	8.453 3	1.007 8	0.984 5	0.114 5	32.602 0	—
0.13	0.998 5	0.990 8	0.992 3	0.207 8	0.209 7	7.822 3	1.009 1	0.981 9	0.124 1	27.545 6	—
0.14	0.998 2	0.989 4	0.991 1	0.223 5	0.225 9	7.282 9	1.010 6	0.979 0	0.133 6	23.544 1	—
0.15	0.998 0	0.987 8	0.989 8	0.239 1	0.242 1	6.816 7	1.012 1	0.976 0	0.143 2	20.325 1	—
0.16	0.997 7	0.986 1	0.988 4	0.254 7	0.258 3	6.410 0	1.013 7	0.972 8	0.152 7	17.698 7	—

续表

λ	$\tau(\lambda)$	$\pi(\lambda)$	$\varepsilon(\lambda)$	$q(\lambda)$	$y(\lambda)$	$z(\lambda)$	$f(\lambda)$	$r(\lambda)$	Ma	$t(\lambda)$	ψ
0.17	0.997 4	0.984 3	0.986 9	0.270 2	0.274 5	6.052 5	1.015 5	0.969 4	0.162 3	15.529 1	—
0.18	0.997 1	0.982 5	0.985 4	0.285 7	0.290 8	5.735 6	1.017 3	0.965 8	0.171 9	13.717 3	—
0.19	0.996 7	0.980 5	0.983 7	0.301 0	0.307 0	5.453 2	1.019 2	0.962 0	0.181 5	12.189 7	—
0.20	0.996 4	0.978 4	0.982 0	0.316 3	0.323 3	5.200 0	1.021 2	0.958 0	0.191 0	10.890 6	—
0.21	0.996 0	0.976 2	0.980 1	0.331 5	0.339 6	4.971 9	1.023 3	0.953 9	0.200 6	9.777 2	—
0.22	0.995 6	0.973 9	0.978 2	0.346 6	0.355 9	4.765 5	1.025 5	0.949 6	0.210 2	8.816 5	—
0.23	0.995 2	0.971 5	0.976 2	0.361 6	0.372 2	4.577 8	1.027 8	0.945 2	0.219 8	7.982 1	—
0.24	0.994 8	0.969 0	0.974 1	0.376 5	0.388 6	4.406 7	1.030 2	0.940 6	0.229 4	7.253 4	—
0.25	0.994 3	0.966 4	0.971 9	0.391 3	0.404 9	4.250 0	1.032 7	0.935 8	0.239 1	6.613 7	—
0.26	0.993 9	0.963 7	0.969 7	0.406 0	0.421 3	4.106 2	1.035 2	0.930 9	0.248 7	6.049 4	—
0.27	0.993 4	0.960 9	0.967 3	0.420 6	0.437 7	3.973 7	1.037 8	0.925 9	0.258 3	5.549 4	—
0.28	0.992 9	0.958 0	0.964 9	0.435 1	0.454 2	3.851 4	1.040 5	0.920 7	0.267 9	5.104 6	—
0.29	0.992 4	0.955 0	0.962 4	0.449 5	0.470 7	3.738 3	1.043 3	0.915 4	0.277 6	4.707 4	—
0.30	0.991 8	0.951 9	0.959 8	0.463 7	0.487 1	3.633 3	1.046 1	0.909 9	0.287 2	4.351 6	—
0.31	0.991 3	0.948 7	0.957 1	0.477 8	0.503 7	3.535 8	1.049 1	0.904 4	0.296 9	4.031 7	—
0.32	0.990 7	0.945 4	0.954 3	0.491 8	0.520 2	3.445 0	1.052 0	0.898 7	0.306 5	3.743 4	—
0.33	0.990 1	0.942 1	0.951 5	0.505 7	0.536 8	3.360 3	1.055 1	0.892 9	0.316 2	3.482 7	—
0.34	0.989 5	0.938 6	0.948 6	0.519 4	0.553 4	3.281 2	1.058 2	0.887 0	0.325 9	3.246 5	—
0.35	0.988 9	0.935 0	0.945 5	0.533 0	0.570 0	3.207 1	1.061 4	0.881 0	0.335 6	3.031 8	—
0.36	0.988 2	0.931 4	0.942 5	0.546 4	0.586 7	3.137 8	1.064 6	0.874 8	0.345 3	2.836 4	—
0.37	0.987 6	0.927 6	0.939 3	0.559 7	0.603 4	3.072 7	1.067 9	0.868 6	0.355 0	2.658 1	—

续表

λ	$\tau(\lambda)$	$\pi(\lambda)$	$\varepsilon(\lambda)$	$q(\lambda)$	$y(\lambda)$	$z(\lambda)$	$f(\lambda)$	$r(\lambda)$	Ma	$t(\lambda)$	ψ
0.38	0.986 9	0.923 8	0.936 1	0.572 9	0.620 1	3.011 6	1.071 2	0.862 4	0.364 7	2.495 0	—
0.39	0.986 2	0.919 9	0.932 8	0.585 9	0.636 9	2.954 1	1.074 6	0.856 0	0.374 5	2.345 7	—
0.40	0.985 5	0.915 8	0.929 4	0.598 7	0.653 7	2.900 0	1.078 1	0.849 5	0.384 2	2.208 7	—
0.41	0.984 7	0.911 7	0.925 9	0.611 4	0.670 6	2.849 0	1.081 5	0.843 0	0.393 9	2.082 8	—
0.42	0.984 0	0.907 6	0.922 4	0.623 9	0.687 4	2.801 0	1.085 1	0.836 4	0.403 7	1.967 0	—
0.43	0.983 2	0.903 3	0.918 7	0.636 2	0.704 4	2.755 6	1.088 6	0.829 8	0.413 5	1.860 2	—
0.44	0.982 4	0.898 9	0.915 0	0.648 4	0.721 3	2.712 7	1.092 2	0.823 1	0.423 3	1.761 7	—
0.45	0.981 6	0.894 5	0.911 3	0.660 4	0.738 3	2.672 2	1.095 8	0.816 3	0.433 1	1.670 6	—
0.46	0.980 8	0.890 0	0.907 5	0.672 3	0.755 4	2.633 9	1.099 5	0.809 5	0.442 9	1.586 4	—
0.47	0.979 9	0.885 4	0.903 5	0.683 9	0.772 5	2.597 7	1.103 1	0.802 6	0.452 7	1.508 5	—
0.48	0.979 1	0.880 7	0.899 6	0.695 4	0.789 6	2.563 3	1.106 8	0.795 7	0.462 5	1.436 2	—
0.49	0.978 2	0.876 0	0.895 5	0.706 7	0.806 8	2.530 8	1.110 5	0.788 8	0.472 4	1.369 1	—
0.50	0.977 3	0.871 2	0.891 4	0.717 8	0.824 0	2.500 0	1.114 3	0.781 8	0.482 2	1.306 9	—
0.51	0.976 4	0.866 3	0.887 2	0.728 7	0.841 3	2.470 8	1.118 0	0.774 8	0.492 1	1.249 0	—
0.52	0.975 4	0.861 3	0.883 0	0.739 5	0.858 6	2.443 1	1.121 8	0.767 8	0.502 0	1.195 2	—
0.53	0.974 5	0.856 2	0.878 7	0.750 0	0.875 9	2.416 8	1.125 5	0.760 8	0.511 9	1.145 1	—
0.54	0.973 5	0.851 1	0.874 3	0.760 4	0.893 4	2.391 9	1.129 2	0.753 7	0.521 8	1.098 5	—
0.55	0.972 5	0.845 9	0.869 9	0.770 5	0.910 8	2.368 2	1.133 0	0.746 6	0.531 8	1.055 1	—
0.56	0.971 5	0.840 7	0.865 4	0.780 5	0.928 4	2.345 7	1.136 7	0.739 6	0.541 7	1.014 6	—
0.57	0.970 5	0.835 4	0.860 8	0.790 2	0.945 9	2.324 4	1.140 5	0.732 5	0.551 7	0.976 8	—
0.58	0.969 4	0.830 0	0.856 2	0.799 7	0.963 6	2.304 1	1.144 2	0.725 4	0.561 7	0.941 6	—

续表

λ	$\tau(\lambda)$	$\pi(\lambda)$	$\varepsilon(\lambda)$	$q(\lambda)$	$y(\lambda)$	$z(\lambda)$	$f(\lambda)$	$r(\lambda)$	Ma	$t(\lambda)$	ψ
0.59	0.968 4	0.824 5	0.851 5	0.809 1	0.981 3	2.284 9	1.147 9	0.718 3	0.571 7	0.908 7	—
0.60	0.967 3	0.819 0	0.846 7	0.818 2	0.999 0	2.266 7	1.151 6	0.711 2	0.581 7	0.878 1	—
0.61	0.966 2	0.813 5	0.841 9	0.827 1	1.016 8	2.249 3	1.155 2	0.704 2	0.591 7	0.849 4	—
0.62	0.965 1	0.807 8	0.837 1	0.835 8	1.034 7	2.232 9	1.158 8	0.697 1	0.601 8	0.822 7	—
0.63	0.963 9	0.802 1	0.832 2	0.844 3	1.052 1	2.217 3	1.162 4	0.690 0	0.611 8	0.797 7	—
0.64	0.962 8	0.796 4	0.827 2	0.852 6	1.070 6	2.202 5	1.166 0	0.683 0	0.621 9	0.774 4	—
0.65	0.961 6	0.790 6	0.822 2	0.860 7	1.088 7	2.188 5	1.169 5	0.676 0	0.632 0	0.752 7	—
0.66	0.960 4	0.784 7	0.817 1	0.868 5	1.106 5	2.175 2	1.173 0	0.669 0	0.642 0	0.732 3	—
0.67	0.959 2	0.778 8	0.811 9	0.876 1	1.125 0	2.162 5	1.176 4	0.662 0	0.652 3	0.713 4	—
0.68	0.958 0	0.772 9	0.806 8	0.883 5	1.143 2	2.150 6	1.179 8	0.655 1	0.662 4	0.695 7	—
0.69	0.956 7	0.766 8	0.801 5	0.890 7	1.161 5	2.139 3	1.183 1	0.648 1	0.672 6	0.679 1	—
0.70	0.955 5	0.760 8	0.796 3	0.897 7	1.179 9	2.128 6	1.186 4	0.641 2	0.682 8	0.663 7	—
0.71	0.954 2	0.754 7	0.790 9	0.904 4	1.198 4	2.118 5	1.189 6	0.634 4	0.693 0	0.649 4	—
0.72	0.952 9	0.748 5	0.785 6	0.910 9	1.216 9	2.108 9	1.192 8	0.627 6	0.703 3	0.636 0	—
0.73	0.951 6	0.742 3	0.780 1	0.917 2	1.235 5	2.099 9	1.195 9	0.620 8	0.713 5	0.623 6	—
0.74	0.950 2	0.736 1	0.774 7	0.923 2	1.254 2	2.091 4	1.198 9	0.614 0	0.723 8	0.612 0	—
0.75	0.948 9	0.729 8	0.769 2	0.929 1	1.273 0	2.083 3	1.201 8	0.607 3	0.734 1	0.601 2	—
0.76	0.947 5	0.723 5	0.763 6	0.934 7	1.291 8	2.075 8	1.204 7	0.600 6	0.744 4	0.591 2	—
0.77	0.946 1	0.717 2	0.758 0	0.940 0	1.310 7	2.068 7	1.207 5	0.594 0	0.754 8	0.582 0	—
0.78	0.944 7	0.710 8	0.752 4	0.945 2	1.329 7	2.062 1	1.210 2	0.587 4	0.765 2	0.573 4	—
0.79	0.943 3	0.704 4	0.746 7	0.950 1	1.348 8	2.055 8	1.212 8	0.580 8	0.775 6	0.565 4	—

续表

λ	τ(λ)	π(λ)	ε(λ)	q(λ)	y(λ)	z(λ)	f(λ)	r(λ)	Ma	t(λ)	ψ
0.80	0.941 8	0.697 9	0.741 0	0.954 8	1.368 0	2.050 0	1.215 3	0.574 3	0.786 0	0.558 1	—
0.81	0.940 4	0.691 4	0.735 3	0.959 2	1.387 3	2.044 6	1.217 7	0.567 8	0.796 4	0.551 4	—
0.82	0.938 9	0.684 9	0.729 5	0.963 4	1.406 6	2.039 5	1.220 0	0.561 4	0.806 9	0.545 2	—
0.83	0.937 4	0.678 4	0.723 7	0.967 4	1.426 0	2.034 8	1.222 3	0.555 0	0.817 4	0.539 5	—
0.84	0.935 9	0.671 8	0.717 9	0.971 2	1.445 6	2.030 5	1.224 4	0.548 7	0.827 9	0.534 3	—
0.85	0.934 3	0.665 2	0.712 0	0.974 7	1.465 2	2.026 5	1.226 4	0.542 4	0.838 5	0.529 5	—
0.86	0.932 8	0.658 6	0.706 1	0.978 0	1.484 9	2.022 8	1.228 3	0.536 2	0.849 0	0.525 2	—
0.87	0.931 2	0.652 0	0.700 2	0.981 0	1.504 7	2.019 4	1.230 1	0.530 0	0.859 6	0.521 3	—
0.88	0.929 6	0.645 3	0.694 2	0.983 8	1.524 6	2.016 4	1.231 8	0.523 9	0.870 2	0.517 8	—
0.89	0.928 0	0.638 7	0.688 2	0.986 4	1.544 6	2.013 6	1.233 3	0.517 8	0.880 9	0.514 7	—
0.90	0.926 4	0.632 0	0.682 2	0.988 8	1.564 7	2.011 1	1.234 8	0.511 8	0.891 6	0.511 9	—
0.91	0.924 7	0.625 3	0.676 2	0.991 0	1.584 7	2.008 9	1.236 1	0.505 8	0.902 5	0.509 5	—
0.92	0.923 1	0.618 5	0.670 1	0.992 9	1.605 6	2.007 0	1.237 3	0.499 9	0.913 0	0.507 4	—
0.93	0.921 4	0.611 8	0.664 0	0.994 5	1.625 6	2.005 3	1.238 3	0.494 1	0.923 8	0.505 5	—
0.94	0.919 7	0.605 1	0.657 9	0.996 0	1.646 1	2.003 8	1.239 2	0.488 3	0.934 6	0.504 0	—
0.95	0.918 0	0.598 3	0.651 8	0.997 2	1.666 7	2.002 6	1.240 0	0.482 5	0.945 4	0.502 7	—
0.96	0.916 2	0.591 6	0.645 7	0.998 2	1.687 5	2.001 7	1.240 7	0.476 8	0.956 3	0.501 7	—
0.97	0.914 5	0.584 8	0.639 5	0.999 0	1.708 3	2.000 9	1.241 2	0.471 2	0.967 2	0.501 0	—
0.98	0.912 7	0.578 0	0.633 3	0.999 6	1.729 3	2.000 4	1.241 6	0.465 6	0.978 1	0.500 4	—
0.99	0.910 9	0.571 3	0.627 1	0.999 9	1.750 4	2.000 1	1.241 8	0.460 0	0.989 0	0.500 1	—
1.00	0.909 1	0.564 5	0.620 9	1.000 0	1.771 6	2.000 0	1.241 8	0.454 6	1.000 0	0.500 0	1.000 0

续表

λ	τ(λ)	π(λ)	ε(λ)	q(λ)	y(λ)	z(λ)	f(λ)	r(λ)	Ma	t(λ)	ψ
1.01	0.907 3	0.557 7	0.614 7	0.999 9	1.792 9	2.000 1	1.241 8	0.449 1	1.011 0	0.5001	0.999 9
1.02	0.905 4	0.550 9	0.608 5	0.999 6	1.814 3	2.000 4	1.241 5	0.443 8	1.022 1	0.500 4	0.999 6
1.03	0.903 6	0.544 2	0.602 2	0.999 0	1.835 9	2.000 9	1.241 2	0.438 4	1.033 2	0.500 9	0.999 1
1.04	0.901 7	0.537 4	0.596 0	0.998 3	1.857 6	2.001 5	1.240 6	0.433 2	1.044 3	0.501 5	0.998 4
1.05	0.899 8	0.530 6	0.589 7	0.997 3	1.879 4	2.002 4	1.239 9	0.428 0	1.055 4	0.502 3	0.997 5
1.06	0.897 9	0.523 9	0.583 5	0.996 1	1.901 4	2.003 4	1.239 1	0.422 8	1.066 6	0.503 3	0.996 4
1.07	0.895 9	0.517 1	0.577 2	0.994 7	1.923 4	2.004 6	1.238 1	0.417 7	1.077 8	0.504 4	0.995 2
1.08	0.894 0	0.510 4	0.571 0	0.993 1	1.945 4	2.005 9	1.236 9	0.412 7	1.089 0	0.505 6	0.993 9
1.09	0.892 0	0.503 7	0.564 7	0.991 3	1.968 0	2.007 4	1.235 6	0.407 7	1.100 4	0.507 0	0.992 4
1.10	0.890 0	0.497 0	0.558 4	0.989 3	1.990 5	2.009 1	1.234 1	0.402 7	1.111 7	0.508 5	0.990 8
1.11	0.888 0	0.490 3	0.552 1	0.987 0	2.013 2	2.010 9	1.232 4	0.397 8	1.123 1	0.510 2	0.989 0
1.12	0.886 0	0.483 6	0.545 9	0.984 6	2.035 9	2.012 9	1.230 6	0.393 0	1.134 5	0.511 9	0.987 1
1.13	0.883 9	0.477 0	0.539 6	0.982 0	2.058 6	2.015 0	1.228 6	0.388 2	1.146 0	0.513 8	0.985 2
1.14	0.881 9	0.470 3	0.533 3	0.979 2	2.082 0	2.017 2	1.226 4	0.383 5	1.157 5	0.515 8	0.983 1
1.15	0.879 8	0.463 7	0.527 1	0.976 1	2.105 0	2.019 6	1.224 1	0.378 8	1.169 0	0.517 8	0.980 9
1.16	0.877 7	0.457 1	0.520 8	0.972 9	2.128 6	2.022 1	1.221 6	0.374 2	1.180 6	0.520 0	0.978 6
1.17	0.875 6	0.450 5	0.514 5	0.969 5	2.152 1	2.024 7	1.218 9	0.369 6	1.192 2	0.522 3	0.976 2
1.18	0.873 4	0.444 0	0.508 3	0.966 0	2.175 8	2.027 5	1.216 0	0.365 1	1.203 9	0.524 6	0.973 8
1.19	0.871 3	0.437 4	0.502 1	0.962 2	2.199 7	2.030 3	1.213 0	0.360 6	1.215 6	0.527 0	0.971 3
1.20	0.869 1	0.430 9	0.495 8	0.958 2	2.223 7	2.033 3	1.209 8	0.356 2	1.227 3	0.529 5	0.968 7
1.21	0.866 9	0.424 4	0.489 6	0.954 1	2.247 9	2.036 5	1.206 4	0.351 8	1.239 1	0.532 1	0.966 0

续表

λ	τ(λ)	π(λ)	ε(λ)	q(λ)	y(λ)	z(λ)	f(λ)	r(λ)	Ma	t(λ)	ψ
1.22	0.864 7	0.418 0	0.483 4	0.949 8	2.272 3	2.039 7	1.202 9	0.347 5	1.250 9	0.534 8	0.963 3
1.23	0.862 5	0.411 6	0.477 2	0.945 3	2.296 8	2.043 0	1.199 2	0.343 2	1.262 8	0.537 5	0.960 5
1.24	0.860 2	0.405 2	0.471 0	0.940 7	2.321 5	2.046 5	1.195 3	0.339 0	1.274 7	0.540 3	0.957 6
1.25	0.858 0	0.398 8	0.464 9	0.935 8	2.346 4	2.050 0	1.191 2	0.334 8	1.286 7	0.543 1	0.954 8
1.26	0.855 7	0.392 5	0.458 7	0.930 8	2.371 0	2.053 7	1.187 0	0.330 7	1.298 7	0.546 1	0.951 8
1.27	0.853 4	0.386 2	0.452 6	0.925 7	2.396 8	2.057 4	1.182 5	0.326 6	1.310 8	0.549 0	0.948 8
1.28	0.851 1	0.380 0	0.446 5	0.920 4	2.422 2	2.061 3	1.178 0	0.322 6	1.322 9	0.552 0	0.945 8
1.29	0.848 7	0.373 8	0.440 4	0.914 9	2.447 9	2.065 2	1.173 2	0.318 6	1.335 1	0.555 1	0.942 7
1.30	0.846 4	0.367 6	0.434 3	0.909 3	2.473 7	2.069 2	1.168 3	0.314 6	1.347 3	0.558 2	0.939 6
1.31	0.844 0	0.361 4	0.428 2	0.903 5	2.499 8	2.073 4	1.163 2	0.310 7	1.359 6	0.561 4	0.936 5
1.32	0.841 6	0.355 3	0.422 2	0.897 6	2.526 0	2.077 6	1.157 9	0.306 9	1.371 9	0.564 6	0.933 3
1.33	0.839 2	0.349 3	0.416 2	0.891 5	2.552 4	2.081 9	1.152 4	0.303 1	1.384 3	0.567 8	0.930 1
1.34	0.836 8	0.343 3	0.410 2	0.885 3	2.579 1	2.086 3	1.146 8	0.299 3	1.396 7	0.571 1	0.926 9
1.35	0.834 3	0.337 3	0.404 3	0.878 9	2.606 0	2.090 7	1.141 0	0.295 6	1.409 2	0.574 5	0.923 7
1.36	0.831 9	0.331 4	0.398 3	0.872 5	2.633 0	2.095 3	1.135 1	0.291 9	1.421 7	0.577 8	0.920 4
1.37	0.829 4	0.325 5	0.392 4	0.865 8	2.660 3	2.099 9	1.129 0	0.288 3	1.434 3	0.581 2	0.917 1
1.38	0.826 9	0.319 6	0.386 5	0.859 1	2.687 8	2.104 6	1.122 7	0.284 7	1.447 0	0.584 6	0.913 8
1.39	0.824 4	0.313 8	0.380 7	0.852 2	2.715 6	2.109 4	1.116 2	0.281 2	1.459 7	0.588 1	0.910 5
1.40	0.821 8	0.308 1	0.374 9	0.845 2	2.743 6	2.114 3	1.109 6	0.277 6	1.472 5	0.591 6	0.907 2
1.41	0.819 3	0.302 4	0.369 1	0.838 1	2.771 8	2.119 2	1.102 8	0.274 2	1.485 3	0.595 1	0.903 9
1.42	0.816 7	0.296 7	0.363 3	0.830 9	2.800 2	2.124 2	1.095 9	0.270 8	1.498 2	0.598 6	0.900 5

续表

λ	τ(λ)	π(λ)	ε(λ)	q(λ)	y(λ)	z(λ)	f(λ)	r(λ)	Ma	t(λ)	ψ
1.43	0.814 1	0.291 1	0.357 6	0.823 6	2.828 9	2.129 3	1.088 8	0.267 4	1.511 1	0.602 2	0.897 2
1.44	0.811 5	0.285 6	0.351 9	0.816 1	2.857 9	2.134 4	1.081 6	0.264 0	1.524 1	0.605 8	0.893 8
1.45	0.808 9	0.280 1	0.346 2	0.808 6	2.887 1	2.139 7	1.074 2	0.260 7	1.537 2	0.609 4	0.890 5
1.46	0.806 2	0.274 6	0.340 6	0.800 9	2.916 5	2.144 9	1.066 7	0.257 5	1.550 4	0.613 0	0.887 1
1.47	0.803 6	0.269 2	0.335 0	0.793 2	2.946 2	2.150 3	1.059 0	0.254 2	1.563 6	0.616 7	0.883 7
1.48	0.800 9	0.263 9	0.329 5	0.785 3	2.976 2	2.155 7	1.051 2	0.251 0	1.576 8	0.620 3	0.880 4
1.49	0.798 2	0.258 6	0.324 0	0.777 4	3.006 4	2.161 1	1.043 2	0.247 9	1.590 2	0.624 0	0.877 0
1.50	0.795 5	0.253 3	0.318 5	0.769 4	3.037 0	2.166 7	1.035 1	0.244 8	1.603 6	0.627 7	0.873 6
1.51	0.792 7	0.248 2	0.313 0	0.761 3	3.067 8	2.172 3	1.026 8	0.241 7	1.617 0	0.631 4	0.870 2
1.52	0.790 0	0.243 0	0.307 6	0.753 1	3.098 9	2.177 9	1.018 4	0.238 6	1.630 6	0.635 1	0.866 9
1.53	0.787 2	0.238 0	0.302 3	0.744 8	3.130 2	2.183 6	1.009 9	0.235 6	1.644 2	0.638 8	0.863 5
1.54	0.784 4	0.232 9	0.297 0	0.736 5	3.161 9	2.189 4	1.001 2	0.232 7	1.657 7	0.642 6	0.860 1
1.55	0.781 6	0.228 0	0.291 7	0.728 1	3.193 9	2.195 2	0.992 4	0.229 7	1.671 7	0.646 4	0.856 8
1.56	0.778 8	0.223 1	0.286 4	0.719 6	3.226 1	2.201 0	0.983 5	0.226 8	1.685 5	0.650 1	0.853 4
1.57	0.775 9	0.218 2	0.281 2	0.711 1	3.258 7	2.206 9	0.974 5	0.223 9	1.699 4	0.653 9	0.850 1
1.58	0.773 1	0.213 4	0.276 1	0.702 5	3.291 6	2.212 9	0.965 3	0.221 1	1.713 4	0.657 7	0.846 8
1.59	0.770 2	0.208 7	0.271 0	0.693 9	3.324 9	2.218 9	0.956 1	0.218 3	1.727 5	0.661 5	0.843 4
1.60	0.767 3	0.204 0	0.265 9	0.685 2	3.358 4	2.225 0	0.946 7	0.215 5	1.741 6	0.665 3	0.840 1
1.61	0.764 4	0.199 4	0.260 9	0.676 5	3.392 3	2.231 1	0.937 2	0.212 8	1.755 8	0.669 1	0.836 8
1.62	0.761 4	0.194 9	0.255 9	0.667 7	3.426 5	2.237 3	0.927 6	0.210 1	1.770 1	0.673 0	0.833 5
1.63	0.758 5	0.190 4	0.251 0	0.658 9	3.461 1	2.243 5	0.917 9	0.207 4	1.784 5	0.676 8	0.830 2

续表

λ	τ(λ)	π(λ)	ε(λ)	q(λ)	y(λ)	z(λ)	f(λ)	r(λ)	Ma	t(λ)	ψ
1.64	0.755 5	0.185 9	0.246 1	0.650 1	3.496 1	2.249 8	0.908 1	0.204 8	1.799 0	0.680 6	0.826 9
1.65	0.752 5	0.181 6	0.241 3	0.641 2	3.531 4	2.256 1	0.898 2	0.202 2	1.813 6	0.684 4	0.823 6
1.66	0.749 5	0.177 3	0.236 5	0.632 3	3.567 0	2.262 4	0.888 2	0.199 6	1.828 2	0.688 3	0.820 4
1.67	0.746 5	0.173 0	0.231 8	0.623 3	3.603 1	2.268 8	0.878 1	0.197 0	1.843 0	0.692 1	0.817 1
1.68	0.743 4	0.168 8	0.227 1	0.614 4	3.639 5	2.275 2	0.868 0	0.194 5	1.857 8	0.696 0	0.813 9
1.69	0.740 4	0.164 7	0.222 4	0.605 4	3.676 3	2.281 7	0.857 7	0.192 0	1.872 7	0.699 8	0.810 7
1.70	0.737 3	0.160 6	0.217 8	0.596 4	3.713 5	2.288 2	0.847 4	0.189 5	1.887 7	0.703 6	0.807 4
1.71	0.734 2	0.156 6	0.213 3	0.587 4	3.751 5	2.294 8	0.837 0	0.187 1	1.902 8	0.707 5	0.804 2
1.72	0.731 1	0.152 7	0.208 8	0.578 4	3.789 0	2.301 4	0.826 6	0.184 7	1.918 0	0.711 3	0.801 1
1.73	0.727 9	0.148 8	0.204 4	0.569 4	3.827 6	2.308 0	0.816 0	0.182 3	1.933 3	0.715 2	0.797 9
1.74	0.724 8	0.144 9	0.200 0	0.560 4	3.866 5	2.314 7	0.805 4	0.180 0	1.948 7	0.719 0	0.794 7
1.75	0.721 6	0.141 2	0.195 6	0.551 4	3.905 8	2.321 4	0.794 8	0.177 6	1.964 3	0.722 9	0.791 6
1.76	0.718 4	0.137 5	0.191 4	0.542 4	3.945 6	2.328 2	0.784 1	0.175 3	1.979 9	0.726 7	0.788 4
1.77	0.715 2	0.133 8	0.187 1	0.533 4	3.985 8	2.335 0	0.773 3	0.173 1	1.995 6	0.730 6	0.785 3
1.78	0.712 0	0.130 2	0.182 9	0.524 4	4.026 5	2.341 8	0.762 5	0.170 8	2.011 4	0.734 4	0.782 2
1.79	0.708 7	0.126 7	0.178 8	0.515 5	4.067 6	2.348 7	0.751 7	0.168 6	2.027 3	0.738 3	0.779 1
1.80	0.705 5	0.123 3	0.174 7	0.506 5	4.109 3	2.355 6	0.740 8	0.166 4	2.043 3	0.742 1	0.776 1
1.81	0.702 2	0.119 9	0.170 7	0.497 6	4.151 4	2.362 5	0.729 9	0.164 2	2.059 5	0.746 0	0.773 0
1.82	0.698 9	0.116 5	0.166 7	0.488 7	4.194 0	2.369 5	0.719 0	0.162 1	2.075 8	0.749 8	0.770 0
1.83	0.695 6	0.113 2	0.162 8	0.479 8	4.237 2	2.376 5	0.708 0	0.159 9	2.092 1	0.753 6	0.766 9
1.84	0.692 2	0.110 0	0.158 9	0.471 0	4.280 9	2.383 5	0.697 0	0.157 8	2.108 6	0.757 5	0.763 9

续表

λ	τ(λ)	π(λ)	ε(λ)	q(λ)	y(λ)	z(λ)	f(λ)	r(λ)	Ma	t(λ)	ψ
1.85	0.688 9	0.106 9	0.155 1	0.462 2	4.325 2	2.390 5	0.686 0	0.155 8	2.125 2	0.761 3	0.760 9
1.86	0.685 5	0.103 8	0.151 4	0.453 4	4.369 9	2.397 6	0.675 0	0.153 7	2.142 0	0.765 1	0.757 9
1.87	0.682 1	0.100 7	0.147 7	0.444 7	4.415 3	2.404 8	0.664 0	0.151 7	2.158 8	0.768 9	0.755 0
1.88	0.678 7	0.097 7	0.144 0	0.436 0	4.461 2	2.411 9	0.653 0	0.149 7	2.175 8	0.772 7	0.752 0
1.89	0.675 3	0.094 8	0.140 4	0.427 4	4.507 7	2.419 1	0.641 9	0.147 7	2.193 0	0.776 6	0.749 1
1.90	0.671 8	0.091 9	0.136 9	0.418 8	4.554 8	2.426 3	0.630 9	0.145 7	2.210 2	0.780 4	0.746 2
1.91	0.668 4	0.089 1	0.133 4	0.410 2	4.602 5	2.433 6	0.619 9	0.143 8	2.227 6	0.784 2	0.743 3
1.92	0.664 9	0.086 4	0.129 9	0.401 8	4.650 8	2.440 8	0.608 9	0.141 9	2.245 1	0.788 0	0.740 4
1.93	0.661 4	0.083 7	0.126 5	0.393 3	4.699 8	2.448 1	0.597 9	0.140 0	2.262 8	0.791 8	0.737 5
1.94	0.657 9	0.081 1	0.123 2	0.385 0	4.749 4	2.455 5	0.586 9	0.138 1	2.280 6	0.795 5	0.734 6
1.95	0.654 3	0.078 5	0.119 9	0.376 7	4.799 6	2.462 8	0.576 0	0.136 3	2.298 5	0.799 3	0.731 8
1.96	0.650 8	0.076 0	0.116 7	0.368 4	4.850 6	2.470 2	0.565 1	0.134 4	2.316 6	0.803 1	0.729 0
1.97	0.647 2	0.073 5	0.113 5	0.360 2	4.902 3	2.477 6	0.554 2	0.132 6	2.334 8	0.806 9	0.726 2
1.98	0.643 6	0.071 1	0.110 4	0.352 1	4.954 7	2.485 1	0.543 4	0.130 8	2.353 2	0.810 6	0.723 4
1.99	0.640 0	0.068 7	0.107 4	0.344 1	5.007 8	2.492 5	0.532 6	0.129 0	2.371 8	0.814 4	0.720 6
2.00	0.636 4	0.066 4	0.104 4	0.336 1	5.061 6	2.500 0	0.521 8	0.127 3	2.390 5	0.818 2	0.717 8
2.01	0.632 7	0.064 2	0.101 4	0.328 3	5.116 2	2.507 5	0.511 1	0.125 5	2.409 3	0.821 9	0.715 1
2.02	0.629 1	0.062 0	0.098 5	0.320 5	5.171 6	2.515 1	0.500 4	0.123 8	2.428 4	0.825 6	0.712 3
2.03	0.625 4	0.059 8	0.095 7	0.312 7	5.227 8	2.522 6	0.489 8	0.122 1	2.447 5	0.829 4	0.709 6
2.04	0.621 7	0.057 7	0.092 9	0.305 1	5.284 8	2.530 2	0.479 3	0.120 4	2.466 9	0.833 1	0.706 9
2.05	0.618 0	0.055 7	0.090 1	0.297 5	5.342 7	2.537 8	0.468 8	0.118 8	2.486 5	0.836 8	0.704 2

续表

λ	τ(λ)	π(λ)	ε(λ)	q(λ)	y(λ)	z(λ)	f(λ)	r(λ)	Ma	t(λ)	ψ
2.06	0.614 2	0.053 7	0.087 4	0.290 0	5.401 4	2.545 4	0.458 4	0.117 1	2.506 2	0.840 5	0.701 6
2.07	0.610 5	0.051 8	0.084 8	0.282 6	5.461 0	2.553 1	0.448 1	0.115 5	2.526 1	0.844 2	0.698 9
2.08	0.606 7	0.049 9	0.082 2	0.275 3	5.521 5	2.560 8	0.437 8	0.113 9	2.546 2	0.847 9	0.696 3
2.09	0.602 9	0.048 0	0.079 7	0.268 1	5.583 0	2.568 5	0.427 6	0.112 3	2.566 4	0.851 6	0.693 7
2.10	0.599 1	0.046 2	0.077 2	0.261 0	5.645 3	2.576 2	0.417 5	0.110 7	2.586 9	0.855 3	0.691 1
2.11	0.595 3	0.044 5	0.074 7	0.254 0	5.708 7	2.583 9	0.407 5	0.109 2	2.607 5	0.859 0	0.688 5
2.12	0.591 4	0.042 8	0.072 4	0.247 0	5.773 0	2.591 7	0.397 6	0.107 6	2.628 4	0.862 7	0.685 9
2.13	0.587 6	0.041 1	0.070 0	0.240 2	5.838 4	2.599 5	0.387 7	0.106 1	2.649 5	0.866 3	0.683 3
2.14	0.583 7	0.039 5	0.067 7	0.233 5	5.904 8	2.607 3	0.378 0	0.104 6	2.670 8	0.870 0	0.680 8
2.15	0.579 8	0.038 0	0.065 5	0.226 8	5.972 3	2.615 1	0.368 3	0.103 1	2.692 2	0.873 6	0.678 3
2.16	0.575 9	0.036 5	0.063 3	0.220 3	6.040 9	2.623 0	0.358 8	0.101 6	2.713 9	0.877 3	0.675 7
2.17	0.571 9	0.035 0	0.061 2	0.213 8	6.110 7	2.630 8	0.349 3	0.100 2	2.735 9	0.880 9	0.673 2
2.18	0.568 0	0.033 6	0.059 1	0.207 5	6.181 6	2.638 7	0.340 0	0.098 7	2.758 0	0.884 5	0.670 8
2.19	0.564 0	0.032 2	0.057 1	0.201 3	6.253 7	2.646 6	0.330 8	0.097 3	2.780 4	0.888 2	0.668 3
2.20	0.560 0	0.030 8	0.055 1	0.195 1	6.327 0	2.654 6	0.321 6	0.095 9	2.803 1	0.891 8	0.665 8
2.21	0.556 0	0.029 5	0.053 1	0.189 1	6.401 6	2.662 5	0.312 6	0.094 5	2.825 9	0.895 4	0.663 4
2.22	0.552 0	0.028 3	0.051 2	0.183 2	6.477 5	2.670 5	0.303 7	0.093 1	2.849 1	0.899 0	0.661 0
2.23	0.547 9	0.027 1	0.049 4	0.177 4	6.554 7	2.678 4	0.295 0	0.091 7	2.872 4	0.902 6	0.658 6
2.24	0.543 9	0.025 9	0.047 6	0.171 6	6.633 3	2.686 4	0.286 3	0.090 4	2.896 1	0.906 1	0.656 2
2.25	0.539 8	0.024 7	0.045 8	0.166 0	6.713 3	2.694 4	0.277 8	0.089 0	2.920 0	0.909 7	0.653 8
2.26	0.535 7	0.023 6	0.044 1	0.160 5	6.794 7	2.702 5	0.269 4	0.087 7	2.944 2	0.913 3	0.651 4

续表

λ	τ(λ)	π(λ)	ε(λ)	q(λ)	y(λ)	z(λ)	f(λ)	r(λ)	Ma	t(λ)	ψ
2.27	0.531 6	0.022 6	0.042 4	0.155 1	6.877 7	2.710 5	0.261 1	0.086 4	2.968 6	0.916 8	0.649 1
2.28	0.527 4	0.021 5	0.040 8	0.149 9	6.962 2	2.718 6	0.253 0	0.085 1	2.993 4	0.920 4	0.646 7
2.29	0.523 3	0.020 5	0.039 2	0.144 7	7.048 2	2.726 7	0.245 0	0.083 8	3.018 4	0.923 9	0.644 4
2.30	0.519 1	0.019 6	0.037 7	0.139 6	7.135 9	2.734 8	0.237 1	0.082 5	3.043 8	0.927 4	0.642 1
2.31	0.514 9	0.018 6	0.036 2	0.134 6	7.225 2	2.742 9	0.229 3	0.081 3	3.069 4	0.931 0	0.639 8
2.32	0.510 7	0.017 7	0.034 7	0.129 8	7.316 3	2.751 0	0.221 7	0.080 0	3.095 4	0.934 5	0.637 5
2.33	0.506 5	0.016 9	0.033 3	0.125 0	7.409 2	2.759 2	0.214 2	0.078 8	3.121 7	0.938 0	0.635 2
2.34	0.502 2	0.016 1	0.032 0	0.120 4	7.503 9	2.767 4	0.206 9	0.077 6	3.148 3	0.941 5	0.633 0
2.35	0.498 0	0.015 3	0.030 6	0.115 9	7.600 5	2.775 5	0.199 7	0.076 3	3.175 2	0.945 0	0.630 7
2.36	0.493 7	0.014 5	0.029 3	0.111 5	7.699 0	2.783 7	0.192 6	0.075 2	3.202 6	0.948 4	0.628 5
2.37	0.489 4	0.013 7	0.028 1	0.107 1	7.799 6	2.791 9	0.185 7	0.074 0	3.230 2	0.951 9	0.626 3
2.38	0.485 1	0.013 0	0.026 9	0.102 9	7.902 2	2.800 2	0.178 9	0.072 8	3.258 3	0.955 4	0.624 1
2.39	0.480 7	0.012 3	0.025 7	0.098 8	8.007 0	2.808 4	0.172 3	0.071 6	3.286 7	0.958 8	0.621 9
2.40	0.476 4	0.011 7	0.024 5	0.094 8	8.114 0	2.816 7	0.165 8	0.070 5	3.315 5	0.962 3	0.619 7
2.41	0.472 0	0.011 1	0.023 4	0.090 9	8.223 3	2.824 9	0.159 5	0.069 3	3.344 7	0.965 7	0.617 6
2.42	0.467 6	0.010 5	0.022 4	0.087 1	8.335 0	2.833 2	0.153 3	0.068 2	3.374 3	0.969 1	0.615 4
2.43	0.463 2	0.009 9	0.021 3	0.083 4	8.449 1	2.841 5	0.147 2	0.067 1	3.404 3	0.972 6	0.613 3
2.44	0.458 8	0.009 3	0.020 3	0.079 9	8.565 7	2.849 8	0.141 3	0.066 0	3.434 8	0.976 0	0.611 2
2.45	0.454 3	0.008 8	0.019 4	0.076 4	8.685 0	2.858 2	0.135 5	0.064 9	3.465 7	0.979 4	0.609 1
2.46	0.449 9	0.008 3	0.018 4	0.073 0	8.807 0	2.866 5	0.129 9	0.063 8	3.497 1	0.982 8	0.607 0
2.47	0.445 4	0.007 8	0.017 5	0.069 7	8.931 8	2.874 9	0.124 4	0.062 7	3.528 9	0.986 2	0.604 9

续表

λ	τ(λ)	π(λ)	ε(λ)	q(λ)	y(λ)	z(λ)	f(λ)	r(λ)	Ma	t(λ)	ψ
2.48	0.440 9	0.007 3	0.016 7	0.066 5	9.059 5	2.883 2	0.119 1	0.061 7	3.561 2	0.989 6	0.602 8
2.49	0.436 4	0.006 9	0.015 8	0.063 4	9.190 2	2.891 6	0.113 9	0.060 6	3.594 0	0.992 9	0.600 7
2.50	0.431 8	0.006 5	0.015 0	0.060 5	9.324 0	2.900 0	0.108 9	0.059 6	3.627 4	0.996 3	0.598 7
2.51	0.427 3	0.006 1	0.014 2	0.057 6	9.461 1	2.908 4	0.104 0	0.058 5	3.661 3	0.999 7	0.596 7
2.52	0.422 7	0.005 7	0.013 5	0.054 8	9.601 5	2.916 8	0.099 2	0.057 5	3.695 7	1.003 0	0.594 6
2.53	0.418 1	0.005 3	0.012 8	0.052 1	9.745 5	2.925 3	0.094 6	0.056 5	3.730 7	1.006 3	0.592 6
2.54	0.413 5	0.005 0	0.012 1	0.049 5	9.893 1	2.933 7	0.090 1	0.055 5	3.766 2	1.009 7	0.590 6
2.55	0.408 9	0.004 7	0.011 4	0.046 9	10.044 4	2.942 2	0.085 7	0.054 5	3.802 4	1.013 0	0.588 6
2.56	0.404 2	0.004 4	0.010 8	0.044 5	10.199 7	2.950 6	0.081 5	0.053 5	3.839 2	1.016 3	0.586 7
2.57	0.399 6	0.004 1	0.010 2	0.042 2	10.359 1	2.959 1	0.077 4	0.052 5	3.876 6	1.019 6	0.584 7
2.58	0.394 9	0.003 8	0.009 6	0.039 9	10.522 7	2.967 6	0.073 5	0.051 6	3.914 7	1.022 9	0.582 8
2.59	0.390 2	0.003 5	0.009 0	0.037 7	10.690 7	2.976 1	0.069 7	0.050 6	3.953 4	1.026 2	0.580 8
2.60	0.385 5	0.003 3	0.008 5	0.035 6	10.863 4	2.984 6	0.066 0	0.049 7	3.992 9	1.029 5	0.578 9
2.61	0.380 7	0.003 1	0.008 0	0.033 6	11.040 8	2.993 1	0.062 5	0.048 7	4.033 1	1.032 8	0.577 0
2.62	0.376 0	0.002 8	0.007 5	0.031 7	11.223 3	3.001 7	0.059 1	0.047 8	4.074 1	1.036 0	0.575 1
2.63	0.371 2	0.002 6	0.007 1	0.029 9	11.411 0	3.010 2	0.055 8	0.046 9	4.115 9	1.039 3	0.573 2
2.64	0.366 4	0.002 4	0.006 6	0.028 1	11.604 1	3.018 8	0.052 6	0.046 0	4.158 4	1.042 5	0.571 3
2.65	0.361 6	0.002 2	0.006 2	0.026 4	11.803 0	3.027 4	0.049 6	0.045 1	4.201 9	1.045 8	0.569 4
2.66	0.356 8	0.002 1	0.005 8	0.024 8	12.007 8	3.035 9	0.046 7	0.044 2	4.246 2	1.049 0	0.567 6
2.67	0.351 9	0.001 9	0.005 4	0.023 2	12.218 9	3.044 5	0.043 9	0.043 3	4.291 4	1.052 2	0.565 7
2.68	0.347 1	0.001 8	0.005 0	0.021 7	12.436 6	3.053 1	0.041 2	0.042 4	4.337 5	1.055 4	0.563 9

续表

λ	τ(λ)	π(λ)	ε(λ)	q(λ)	y(λ)	z(λ)	f(λ)	r(λ)	Ma	t(λ)	ψ
2.69	0.342 2	0.001 6	0.004 7	0.020 3	12.661 1	3.061 8	0.038 6	0.041 6	4.384 6	1.058 6	0.562 0
2.70	0.337 3	0.001 5	0.004 4	0.019 0	12.892 8	3.070 4	0.036 2	0.040 7	4.432 8	1.061 8	0.560 2
2.71	0.332 4	0.001 4	0.004 1	0.017 7	13.132 0	3.079 0	0.033 8	0.039 8	4.482 0	1.065 0	0.558 4
2.72	0.327 4	0.001 2	0.003 8	0.016 5	13.379 2	3.087 7	0.031 6	0.039 0	4.532 3	1.068 2	0.556 6
2.73	0.322 5	0.001 1	0.003 5	0.015 3	13.634 3	3.096 3	0.029 5	0.038 2	4.583 8	1.071 4	0.554 8
2.74	0.317 5	0.001 0	0.003 2	0.014 2	13.899 0	3.105 0	0.027 5	0.037 3	4.636 5	1.074 6	0.553 0
2.75	0.312 5	0.000 9	0.003 0	0.013 2	14.172 5	3.113 6	0.025 5	0.036 5	4.690 4	1.077 7	0.551 3
2.76	0.307 5	0.000 9	0.002 8	0.012 2	14.455 7	3.122 3	0.023 7	0.035 7	4.745 7	1.080 9	0.549 5
2.77	0.302 5	0.000 8	0.002 5	0.011 3	14.749 3	3.131 0	0.022 0	0.034 9	4.802 3	1.084 0	0.547 8
2.78	0.297 4	0.000 7	0.002 3	0.010 4	15.053 6	3.139 7	0.020 3	0.034 1	4.860 3	1.087 2	0.546 0
2.79	0.292 4	0.000 6	0.002 1	0.009 6	15.369 4	3.148 4	0.018 8	0.033 3	4.919 9	1.090 3	0.544 3
2.8	0.287 27	0.000 56	0.001 96	0.008 82	15.697 38	3.157 14	0.017 3	0.032 5	4.980 98	1.093 39	0.542 6
2.81	0.282 17	0.000 5	0.001 79	0.008 1	16.038 17	3.165 87	0.015 91	0.031 72	5.043 74	1.096 51	0.540 89
2.82	0.277 05	0.000 45	0.001 63	0.007 41	16.392 58	3.174 61	0.014 61	0.030 95	5.108 23	1.099 61	0.539 2
2.83	0.271 92	0.000 4	0.001 49	0.006 78	16.761 45	3.183 36	0.013 39	0.030 18	5.174 53	1.1027 1	0.537 51
2.84	0.266 76	0.000 36	0.001 35	0.006 18	17.145 7	3.192 11	0.012 25	0.029 43	5.242 74	1.105 8	0.535 83
2.85	0.261 59	0.000 32	0.001 22	0.005 62	17.546 3	3.200 88	0.011 17	0.028 68	5.312 97	1.108 88	0.534 17
2.86	0.256 4	0.000 28	0.001 11	0.005 1	17.964 35	3.209 65	0.010 17	0.027 93	5.385 31	1.111 95	0.532 51
2.87	0.251 19	0.000 25	0.001	0.004 62	18.401	3.218 43	0.009 24	0.02719	5.459 89	1.115 01	0.530 86
2.88	0.245 96	0.000 22	0.000 9	0.004 18	18.857 54	3.227 22	0.008 37	0.026 46	5.536 82	1.118 07	0.529 22
2.89	0.240 72	0.194×10^{-3}	0.000 81	0.003 76	19.335 36	3.236 02	0.007 56	0.025 74	5.616 26	1.121 12	0.527 59

续表

λ	τ(λ)	π(λ)	ε(λ)	q(λ)	y(λ)	z(λ)	f(λ)	r(λ)	Ma	t(λ)	ψ
2.9	0.235 45	0.170×10^{-3}	0.000 72	0.003 38	19.836 01	3.244 83	0.006 81	0.025 02	5.698 34	1.124 16	0.525 97
2.91	0.230 17	0.148×10^{-3}	0.000 65	0.003 03	20.361 16	3.253 64	0.006 12	0.024 31	5.783 22	1.127 2	0.524 36
2.92	0.224 87	0.129×10^{-3}	0.000 58	0.00 27	20.912 67	3.262 47	0.005 48	0.023 61	5.871 08	1.130 23	0.522 76
2.93	0.219 55	0.112×10^{-3}	0.000 51	0.002 41	21.492 58	3.271 3	0.004 89	0.022 91	5.962 11	1.133 24	0.521 17
2.94	0.214 22	0.966×10^{-4}	0.000 45	0.002 14	22.103 16	3.280 14	0.004 35	0.022 21	6.056 52	1.136 26	0.519 59
2.95	0.208 86	0.830×10^{-4}	0.000 4	0.001 89	22.746 92	3.288 98	0.003 86	0.021 53	6.154 52	1.139 26	0.518 01
2.96	0.203 49	0.710×10^{-4}	0.000 35	0.001 66	23.426 65	3.297 84	0.003 41	0.020 85	6.256 38	1.142 26	0.516 44
2.97	0.198 1	0.604×10^{-4}	0.000 31	0.001 46	24.145 46	3.306 7	0.003	0.020 17	6.362 35	1.145 25	0.514 89
2.98	0.192 69	0.512×10^{-4}	0.000 27	0.001 27	24.906 83	3.315 57	0.002 62	0.019 5	6.472 76	1.14823	0.513 34
2.99	0.187 26	0.431×10^{-4}	0.000 23	0.001 11	25.714 68	3.324 45	0.002 29	0.018 84	6.587 92	1.1512	0.511 8
3	0.181 82	0.361×10^{-4}	0.199×10^{-3}	0.000 96	26.57	3.333	0.001 99	0.018 18	6.708	1.154	0.510 27
3.01	0.176 35	0.301×10^{-4}	0.171×10^{-3}	0.000 83	27.49	3.342	0.001 72	0.017 53	6.834	1.157	0.508 74
3.02	0.170 87	0.249×10^{-4}	0.146×10^{-3}	0.000 71	28.46	3.351	0.001 47	0.016 88	6.966	1.160	0.507 23
3.03	0.165 37	0.204×10^{-4}	0.124×10^{-3}	0.000 6	29.51	3.360	0.001 26	0.016 24	7.104	1.163	0.505 72
3.04	0.159 85	0.167×10^{-4}	0.104×10^{-3}	0.000 51	30.63	3.369	0.001 07	0.015 61	7.250	1.166	0.504 22
3.05	0.154 32	0.135×10^{-4}	0.875×10^{-4}	0.000 43	31.83	3.378	0.000 9	0.014 98	7.403	1.169	0.502 73
3.06	0.148 76	0.108×10^{-4}	0.729×10^{-4}	0.000 36	33.13	3.387	0.000 76	0.014 35	7.564	1.172	0.501 25
3.07	0.143 19	0.862×10^{-5}	0.602×10^{-4}	0.000 3	34.53	3.396	0.000 63	0.013 74	7.735	1.175	0.499 78
3.08	0.137 6	0.679×10^{-5}	0.493×10^{-4}	0.000 24	36.05	3.405	0.000 52	0.013 12	7.917	1.178	0.498 31
3.09	0.131 99	0.529×10^{-5}	0.401×10^{-4}	0.199×10^{-3}	37.70	3.414	0.000 42	0.012 51	8.109	1.181	0.496 86
3.1	0.126 36	0.407×10^{-5}	0.322×10^{-4}	0.161×10^{-3}	39.51	3.423	0.000 34	0.011 91	8.315	1.183	0.495 41
3.11	0.120 72	0.309×10^{-5}	0.256×10^{-4}	0.128×10^{-3}	41.49	3.432	0.000 27	0.011 31	8.534	1.186	0.493 97

续表

λ	τ(λ)	π(λ)	ε(λ)	q(λ)	y(λ)	z(λ)	f(λ)	r(λ)	Ma	t(λ)	ψ
3.12	0.115 05	0.232×10^{-5}	0.202×10^{-4}	0.101×10^{-3}	43.67	3.441	0.000 22	0.010 72	8.770	1.189	0.492 53
3.13	0.109 37	0.171×10^{-5}	0.157×10^{-4}	0.789×10^{-4}	46.09	3.449	0.169×10^{-3}	0.010 13	9.024	1.192	0.491 11
3.14	0.103 67	0.124×10^{-5}	0.120×10^{-4}	0.606×10^{-4}	48.78	3.458	0.130×10^{-3}	0.009 55	9.298	1.195	0.489 69
3.15	0.097 95	0.883×10^{-6}	0.902×10^{-5}	0.458×10^{-4}	51.79	3.467	0.985×10^{-4}	0.008 97	9.596	1.198	0.488 28
3.16	0.092 22	0.615×10^{-6}	0.667×10^{-5}	0.339×10^{-4}	55.19	3.476	0.733×10^{-4}	0.008 39	9.922	1.201	0.486 87
3.17	0.086 46	0.418×10^{-6}	0.483×10^{-5}	0.247×10^{-4}	59.05	3.485	0.534×10^{-4}	0.007 83	10.279	1.203	0.485 48
3.18	0.080 69	0.276×10^{-6}	0.342×10^{-5}	0.175×10^{-4}	63.47	3.494	0.380×10^{-4}	0.007 26	10.674	1.206	0.484 09
3.19	0.074 9	0.177×10^{-6}	0.236×10^{-5}	0.121×10^{-4}	68.59	3.503	0.263×10^{-4}	0.006 7	11.114	1.209	0.482 71
3.2	0.069 09	0.109×10^{-6}	0.157×10^{-5}	0.811×10^{-5}	74.59	3.513	0.177×10^{-4}	0.006 15	11.608	1.212	0.481 34
3.21	0.063 26	0.64×10^{-7}	0.101×10^{-5}	0.524×10^{-5}	81.72	3.522	0.115×10^{-4}	0.005 6	12.168	1.215	0.479 97
3.22	0.057 42	0.358×10^{-7}	0.624×10^{-6}	0.324×10^{-5}	90.32	3.531	0.710×10^{-5}	0.005 05	12.813	1.218	0.478 61
3.23	0.051 55	0.188×10^{-7}	0.364×10^{-6}	0.189×10^{-5}	100.90	3.540	0.416×10^{-5}	0.004 51	13.564	1.220	0.477 26
3.24	0.045 67	0.908×10^{-8}	0.199×10^{-6}	0.104×10^{-5}	114.25	3.549	0.229×10^{-5}	0.003 97	14.455	1.223	0.475 92
3.25	0.039 77	0.396×10^{-8}	0.995×10^{-7}	0.521×10^{-6}	131.60	3.558	0.115×10^{-5}	0.003 44	15.538	1.226	0.474 58
3.26	0.033 85	0.151×10^{-8}	0.445×10^{-7}	0.233×10^{-6}	155.08	3.567	0.517×10^{-6}	0.002 91	16.893	1.229	0.473 25
3.27	0.027 92	0.47×10^{-9}	0.170×10^{-7}	0.893×10^{-7}	188.64	3.576	0.198×10^{-6}	0.002 39	18.660	1.232	0.471 93
3.28	0.021 96	0.112×10^{-9}	0.511×10^{-8}	0.270×10^{-7}	240.51	3.585	0.601×10^{-7}	0.001 87	21.102	1.234	0.470 61
3.29	0.015 99	0.167×10^{-10}	0.105×10^{-8}	0.554×10^{-8}	331.35	3.594	0.124×10^{-7}	0.001 35	24.806	1.237	0.469 3
3.3	0.01	0.1×10^{-11}	0.1×10^{-9}	0.531×10^{-9}	531.47	3.603	0.118×10^{-8}	0.000 84	31.464	1.240	0.468
3.31	0.003 99	0.404×10^{-14}	0.101×10^{-11}	0.540×10^{-11}	1335.73	3.612	0.121×10^{-10}	0.000 33	49.957	1.243	0.466 7
3.317	0	0	0	0	∞	3.618	0	0	∞	1.244	0.466

Ma_1	Ma_2	p_{t2}/p_{t1}	p_2/p_1	p_{t2}/p_1	T_2/T_1	t	ψ	$\nu/(°)$
1	1	1	1	1.892 929	1	0.5	1	0
1.01	0.990 132	0.999 999	1.023 45	1.915 214	1.006 645	0.500 068	0.999 918	0.044 725
1.02	0.980 519	0.999 99	1.047 133	1.937 897	1.013 249	0.500 268	0.999 68	0.125 688
1.03	0.971 154	0.999 967	1.071 05	1.960 968	1.019 814	0.500 591	0.999 296	0.229 428
1.04	0.962 025	0.999 923	1.095 2	1.984 423	1.026 345	0.501 032	0.998 773	0.350 983
1.05	0.953 125	0.999 853	1.119 583	2.008 253	1.032 843	0.501 583	0.998 122	0.487 411
1.06	0.944 445	0.999 751	1.144 2	2.032 453	1.039 312	0.502 239	0.997 35	0.636 687
1.07	0.935 977	0.999 611	1.169 05	2.057 018	1.045 753	0.502 993	0.996 465	0.797 295
1.08	0.927 713	0.999 431	1.194 133	2.081 942	1.052 17	0.503 841	0.995 474	0.968 04
1.09	0.919 647	0.999 204	1.219 45	2.107 22	1.058 564	0.504 777	0.994 384	1.147 948
1.1	0.911 77	0.998 928	1.245	2.132 847	1.064 938	0.505 795	0.993 202	1.336 201
1.11	0.904 078	0.998 599	1.270 783	2.158 82	1.071 294	0.506 892	0.991 933	1.532 1
1.12	0.896 563	0.998 213	1.296 8	2.185 134	1.077 634	0.508 063	0.990 585	1.735 039
1.13	0.889 219	0.997 768	1.323 05	2.211 785	1.083 96	0.509 304	0.989 161	1.944 484
1.14	0.882 042	0.997 261	1.349 533	2.238 769	1.090 274	0.510 61	0.987 668	2.159 96
1.15	0.875 024	0.996 69	1.376 25	2.266 084	1.096 577	0.511 978	0.986 109	2.381 042

续表

Ma_1	Ma_2	p_{t2}/p_{t1}	p_2/p_1	p_{t2}/p_1	T_2/T_1	t	ψ	$\nu/(°)$
1.16	0.868 162	0.996 052	1.403 2	2.293 725	1.102 872	0.513 403	0.984 491	2.607 346
1.17	0.861 451	0.995 345	1.430 383	2.321 69	1.109 159	0.514 884	0.982 817	2.838 524
1.18	0.854 884	0.994 569	1.457 8	2.349 977	1.115 441	0.516 416	0.981 091	3.074 255
1.19	0.848 459	0.993 72	1.485 45	2.378 581	1.121 719	0.517 996	0.979 317	3.314 248
1.2	0.842 17	0.992 798	1.513 333	2.407 502	1.127 994	0.519 622	0.977 499	3.558 233
1.21	0.836 014	0.991 802	1.541 45	2.436 735	1.134 268	0.521 29	0.975 64	3.805 961
1.22	0.829 986	0.990 731	1.569 8	2.466 28	1.140 541	0.522 999	0.973 744	4.057 199
1.23	0.824 083	0.989 583	1.598 383	2.496 133	1.146 816	0.524 744	0.971 814	4.311 731
1.24	0.818 301	0.988 359	1.627 2	2.526 294	1.153 094	0.526 524	0.969 853	4.569 357
1.25	0.812 636	0.987 057	1.656 25	2.556 759	1.159 375	0.528 337	0.967 863	4.829 888
1.26	0.807 085	0.985 677	1.685 533	2.587 527	1.165 661	0.530 181	0.965 846	5.093 147
1.27	0.801 645	0.984 219	1.715 05	2.618 596	1.171 953	0.532 053	0.963 807	5.358 968
1.28	0.796 312	0.982 682	1.744 8	2.649 964	1.178 251	0.533 951	0.961 746	5.627 196
1.29	0.791 084	0.981 067	1.774 783	2.681 631	1.184 558	0.535 873	0.959 666	5.897 681
1.3	0.785 957	0.979 374	1.805	2.713 594	1.190 873	0.537 819	0.957 57	6.170 286
1.31	0.780 929	0.977 602	1.835 45	2.745 851	1.197 198	0.539 785	0.955 458	6.444 878
1.32	0.775 997	0.975 752	1.866 133	2.778 403	1.203 533	0.541 771	0.953 333	6.721 334
1.33	0.771 159	0.973 824	1.897 05	2.811 246	1.209 88	0.543 774	0.951 197	6.999 534
1.34	0.766 412	0.971 819	1.928 2	2.844 381	1.216 239	0.545 794	0.949 051	7.279 366
1.35	0.761 753	0.969 737	1.959 583	2.877 805	1.222 612	0.547 828	0.946 897	7.560 725
1.36	0.757 181	0.967 579	1.991 2	2.911 518	1.228 998	0.549 877	0.944 737	7.843 507

续表

Ma_1	Ma_2	p_{t2}/p_{t1}	p_2/p_1	p_{t2}/p_1	T_2/T_1	t	ψ	$\nu/(°)$
1.37	0.752 692	0.965 344	2.023 05	2.945 519	1.235 398	0.551 937	0.942 571	8.127 618
1.38	0.748 286	0.963 035	2.055 133	2.979 806	1.241 814	0.554 009	0.940 4	8.412 965
1.39	0.743 959	0.960 652	2.087 45	3.014 378	1.248 246	0.556 09	0.938 228	8.699 461
1.4	0.739 709	0.958 194	2.12	3.049 235	1.254 694	0.558 181	0.936 053	8.987 02
1.41	0.735 536	0.955 665	2.152 783	3.084 376	1.261 159	0.560 279	0.933 878	9.275 565
1.42	0.731 436	0.953 063	2.185 8	3.119 8	1.267 643	0.562 384	0.931 703	9.565 018
1.43	0.727 408	0.950 39	2.219 05	3.155 505	1.274 144	0.564 494	0.929 53	9.855 307
1.44	0.723 451	0.947 648	2.252 533	3.191 492	1.280 665	0.566 61	0.927 359	10.146 361
1.45	0.719 562	0.944 837	2.286 25	3.227 759	1.287 205	0.568 73	0.925 191	10.438 114
1.46	0.715 74	0.941 958	2.320 2	3.264 305	1.293 765	0.570 853	0.923 027	10.730 501
1.47	0.711 983	0.939 012	2.354 383	3.301 131	1.300 346	0.572 979	0.920 867	11.023 462
1.48	0.708 29	0.936 001	2.388 8	3.338 235	1.306 948	0.575 106	0.918 713	11.316 937
1.49	0.704 659	0.932 925	2.423 45	3.375 616	1.313 571	0.577 234	0.916 566	11.610 871
1.5	0.701 089	0.929 787	2.458 333	3.413 275	1.320 216	0.579 363	0.914 424	11.905 209
1.51	0.697 578	0.926 586	2.493 45	3.451 21	1.326 884	0.581 491	0.912 29	12.199 899
1.52	0.694 125	0.923 324	2.528 8	3.489 42	1.333 574	0.583 618	0.910 164	12.494 892
1.53	0.690 729	0.920 003	2.564 383	3.527 906	1.340 288	0.585 744	0.908 046	12.790 139
1.54	0.687 388	0.916 624	2.600 2	3.566 667	1.347 026	0.587 868	0.905 937	13.085 594
1.55	0.684 101	0.913 188	2.636 25	3.605 701	1.353 787	0.589 99	0.903 837	13.381 215
1.56	0.680 867	0.909 697	2.672 533	3.645 01	1.360 573	0.592 108	0.901 746	13.676 957
1.57	0.677 685	0.906 151	2.709 05	3.684 592	1.367 384	0.594 223	0.899 665	13.972 781

续表

Ma_1	Ma_2	p_{02}/p_{01}	p_2/p_1	p_{02}/p_1	T_2/T_1	t	ψ	$\nu/(°)$
1.58	0.674 553	0.902 552	2.745 8	3.724 446	1.374 22	0.596 333	0.897 595	14.268 646
1.59	0.671 471	0.898 901	2.782 783	3.764 573	1.381 081	0.598 44	0.895 535	14.564 516
1.6	0.668 437	0.895 2	2.82	3.804 972	1.387 969	0.600 542	0.893 487	14.860 354
1.61	0.665 451	0.891 45	2.857 45	3.845 642	1.394 882	0.602 638	0.891 449	15.156 125
1.62	0.662 511	0.887 653	2.895 133	3.886 584	1.401 822	0.604 729	0.889 423	15.451 796
1.63	0.659 616	0.883 809	2.933 05	3.927 796	1.408 789	0.606 814	0.887 409	15.747 334
1.64	0.656 765	0.879 921	2.971 2	3.969 279	1.415 783	0.608 893	0.885 407	16.042 708
1.65	0.653 958	0.875 988	3.009 583	4.011 031	1.422 804	0.610 965	0.883 417	16.337 888
1.66	0.651 194	0.872 014	3.048 2	4.053 053	1.429 853	0.613 03	0.881 439	16.632 845
1.67	0.648 471	0.867 999	3.087 05	4.095 345	1.436 93	0.615 089	0.879 474	16.927 553
1.68	0.645 789	0.863 944	3.126 133	4.137 906	1.444 035	0.617 14	0.877 521	17.221 983
1.69	0.643 147	0.859 851	3.165 45	4.180 735	1.451 168	0.619 183	0.875 581	17.516 11
1.7	0.640 544	0.855 721	3.205	4.223 833	1.458 33	0.621 219	0.873 654	17.809 91
1.71	0.637 979	0.851 556	3.244 783	4.267 199	1.465 521	0.623 246	0.871 74	18.103 359
1.72	0.635 452	0.847 356	3.284 8	4.310 833	1.472 742	0.625 265	0.869 839	18.396 433
1.73	0.632 962	0.843 124	3.325 05	4.354 734	1.479 991	0.627 276	0.867 951	18.689 111
1.74	0.630 508	0.838 86	3.365 533	4.398 903	1.487 27	0.629 278	0.866 077	18.981 371
1.75	0.628 089	0.834 565	3.406 25	4.443 339	1.494 579	0.631 271	0.864 216	19.273 193
1.76	0.625 705	0.830 242	3.447 2	4.488 041	1.501 918	0.633 256	0.862 368	19.564 557
1.77	0.623 354	0.825 891	3.488 383	4.533 01	1.509 287	0.635 231	0.860 534	19.855 444
1.78	0.621 037	0.821 513	3.529 8	4.578 246	1.516 687	0.637 197	0.858 713	20.145 836

续表

Ma_1	Ma_2	p_{12}/p_{11}	p_2/p_1	p_{12}/p_1	T_2/T_1	t	ψ	$\nu/(°)$
1.79	0.618 753	0.817 111	3.571 45	4.623 748	1.524 117	0.639 153	0.856 906	20.435 715
1.8	0.616 501	0.812 684	3.613 333	4.669 516	1.531 578	0.641 1	0.855 112	20.725 065
1.81	0.614 281	0.808 234	3.655 45	4.715 549	1.539 069	0.643 038	0.853 332	21.015 868
1.82	0.612 091	0.803 763	3.697 8	4.761 848	1.546 592	0.644 965	0.851 565	21.302 11
1.83	0.609 931	0.799 271	3.740 383	4.808 412	1.554 146	0.646 883	0.849 812	21.589 776
1.84	0.607 802	0.794 761	3.783 2	4.855 242	1.561 732	0.648 791	0.848 072	21.875 85
1.85	0.605 701	0.790 232	3.826 25	4.902 336	1.569 349	0.650 689	0.846 346	22.163 319
1.86	0.603 629	0.785 686	3.869 533	4.949 696	1.576 999	0.652 576	0.844 633	22.449 169
1.87	0.601 585	0.781 125	3.913 05	4.997 319	1.584 68	0.654 454	0.842 934	22.734 388
1.88	0.599 569	0.776 549	3.956 8	5.045 208	1.592 393	0.656 321	0.841 248	23.018 963
1.89	0.597 579	0.771 959	4.000 783	5.093 36	1.600 138	0.658 178	0.839 575	23.302 883
1.9	0.595 616	0.767 357	4.045	5.141 777	1.607 916	0.660 025	0.837 916	23.586 135
1.91	0.593 68	0.762 743	4.089 45	5.190 458	1.615 726	0.661 861	0.836 271	23.868 709
1.92	0.591 769	0.758 119	4.134 133	5.239 403	1.623 568	0.663 687	0.834 638	24.150 595
1.93	0.589 883	0.753 486	4.179 05	5.288 611	1.631 444	0.665 502	0.833 019	24.431 782
1.94	0.588 022	0.748 844	4.224 2	5.338 083	1.639 352	0.667 307	0.831 412	24.712 26
1.95	0.586 185	0.744 195	4.269 583	5.387 818	1.647 294	0.669 102	0.829 819	24.992 021
1.96	0.584 372	0.739 54	4.315 2	5.437 816	1.655 268	0.670 885	0.828 239	25.271 055
1.97	0.582 582	0.734 879	4.361 05	5.488 078	1.663 276	0.672 659	0.826 672	25.549 355
1.98	0.580 816	0.730 214	4.407 133	5.538 603	1.671 317	0.674 421	0.825 118	25.826 91
1.99	0.579 072	0.725 545	4.453 45	5.589 39	1.679 392	0.676 173	0.823 576	26.103 715

续表

Ma_1	Ma_2	p_{t2}/p_{t1}	p_2/p_1	p_{t2}/p_1	T_2/T_1	t	ψ	$\nu/(°)$
2	0.577 35	0.720 874	4.5	5.640 441	1.687 5	0.677 915	0.822 048	26.379 761
2.01	0.575 65	0.716 201	4.546 783	5.691 754	1.695 642	0.679 645	0.820 532	26.655 042
2.02	0.573 972	0.711 527	4.593 8	5.743 33	1.703 817	0.681 366	0.819 028	26.929 55
2.03	0.572 315	0.706 853	4.641 05	5.795 168	1.712 027	0.683 075	0.817 537	27.203 278
2.04	0.570 679	0.702 18	4.688 533	5.847 268	1.720 271	0.684 774	0.816 059	27.476 222
2.05	0.569 063	0.697 508	4.736 25	5.899 631	1.728 548	0.686 463	0.814 593	27.748 375
2.06	0.567 467	0.692 839	4.784 2	5.952 256	1.736 86	0.688 14	0.813 139	28.019 73
2.07	0.565 89	0.688 174	4.832 383	6.005 143	1.745 206	0.689 808	0.811 698	28.290 284
2.08	0.564 334	0.683 512	4.880 8	6.058 292	1.753 586	0.691 464	0.810 268	28.560 03
2.09	0.562 796	0.678 855	4.929 45	6.111 702	1.762 001	0.693 111	0.808 851	28.828 964
2.1	0.561 277	0.674 203	4.978 333	6.165 375	1.770 45	0.694 746	0.807 446	29.097 082
2.11	0.559 776	0.669 558	5.027 45	6.219 309	1.778 934	0.696 371	0.806 052	29.364 378
2.12	0.558 294	0.664 919	5.076 8	6.273 505	1.787 453	0.697 986	0.804 671	29.630 85
2.13	0.556 83	0.660 288	5.126 383	6.327 962	1.796 006	0.699 59	0.803 301	29.896 492
2.14	0.555 383	0.655 666	5.176 2	6.382 681	1.804 594	0.701 184	0.801 942	30.161 302
2.15	0.553 953	0.651 052	5.226 25	6.437 661	1.813 218	0.702 768	0.800 595	30.425 276
2.16	0.552 541	0.646 447	5.276 533	6.492 903	1.821 876	0.704 341	0.799 26	30.688 41
2.17	0.551 145	0.641 853	5.327 05	6.548 406	1.830 569	0.705 904	0.797 936	30.950 702
2.18	0.549 766	0.637 269	5.377 8	6.604 169	1.839 297	0.707 456	0.796 623	31.212 149
2.19	0.548 403	0.632 697	5.428 783	6.660 194	1.848 061	0.708 999	0.795 321	31.472 748
2.2	0.547 056	0.628 136	5.48	6.716 48	1.856 86	0.710 531	0.794 031	31.732 496

续表

Ma_1	Ma_2	p_{t2}/p_{t1}	p_2/p_1	p_{t2}/p_1	T_2/T_1	t	ψ	$\nu/(°)$
2.21	0.545 724	0.623 588	5.531 45	6.773 027	1.865 694	0.712 053	0.792 751	31.991 392
2.22	0.544 409	0.619 053	5.583 133	6.829 835	1.874 563	0.713 565	0.791 482	32.249 433
2.23	0.543 108	0.614 531	5.635 05	6.886 903	1.883 468	0.715 066	0.790 224	32.506 618
2.24	0.541 822	0.610 023	5.687 2	6.944 232	1.892 409	0.716 558	0.788 977	32.762 944
2.25	0.540 552	0.605 53	5.739 583	7.001 822	1.901 385	0.718 04	0.787 74	33.018 41
2.26	0.539 295	0.601 051	5.792 2	7.059 673	1.910 396	0.719 512	0.786 514	33.273 015
2.27	0.538 053	0.596 588	5.845 05	7.117 784	1.919 444	0.720 974	0.785 299	33.526 757
2.28	0.536 825	0.592 14	5.898 133	7.176 155	1.928 527	0.722 426	0.784 093	33.779 635
2.29	0.535 611	0.587 709	5.951 45	7.234 787	1.937 646	0.723 868	0.782 898	34.031 648
2.3	0.534 411	0.583 295	6.005	7.293 68	1.946 801	0.725 301	0.781 713	34.282 795
2.31	0.533 224	0.578 897	6.058 783	7.352 832	1.955 991	0.726 724	0.780 539	34.533 075
2.32	0.532 051	0.574 517	6.112 8	7.412 245	1.965 218	0.728 137	0.779 374	34.782 488
2.33	0.530 89	0.570 154	6.167 05	7.471 919	1.974 481	0.729 541	0.778 219	35.031 033
2.34	0.529 743	0.565 81	6.221 533	7.531 852	1.983 779	0.730 935	0.777 074	35.278 71
2.35	0.528 608	0.561 484	6.276 25	7.592 046	1.993 114	0.732 319	0.775 938	35.525 518
2.36	0.527 486	0.557 177	6.331 2	7.652 499	2.002 485	0.733 695	0.774 813	35.771 458
2.37	0.526 376	0.552 889	6.386 383	7.713 213	2.011 892	0.735 06	0.773 696	36.016 529
2.38	0.525 278	0.548 621	6.441 8	7.774 187	2.021 336	0.736 417	0.772 59	36.260 732
2.39	0.524 192	0.544 372	6.497 45	7.835 42	2.030 816	0.737 764	0.771 492	36.504 066
2.4	0.523 118	0.540 144	6.553 333	7.896 914	2.040 332	0.739 102	0.770 404	36.746 532
2.41	0.522 055	0.535 936	6.609 45	7.958 667	2.049 884	0.740 431	0.769 325	36.988 13

续表

Ma_1	Ma_2	p_{12}/p_{11}	p_2/p_1	p_{12}/p_1	T_2/T_1	t	ψ	$\nu/(°)$
2.42	0.521 004	0.531 748	6.665 8	8.020 681	2.059 473	0.741 75	0.768 256	37.228 861
2.43	0.519 964	0.527 581	6.722 383	8.082 954	2.069 098	0.743 061	0.767 195	37.468 724
2.44	0.518 936	0.523 435	6.779 2	8.145 487	2.078 76	0.744 363	0.766 143	37.707 722
2.45	0.517 918	0.519 311	6.836 25	8.208 279	2.088 459	0.745 655	0.765 1	37.945 854
2.46	0.516 911	0.515 208	6.893 533	8.271 331	2.098 194	0.746 939	0.764 066	38.183 122
2.47	0.515 915	0.511 126	6.951 05	8.334 643	2.107 965	0.748 214	0.763 041	38.419 526
2.48	0.514 929	0.507 067	7.008 8	8.398 214	2.117 773	0.749 48	0.762 024	38.655 067
2.49	0.513 954	0.503 03	7.066 783	8.462 045	2.127 618	0.750 738	0.761 016	38.889 746
2.5	0.512 989	0.499 015	7.125	8.526 136	2.137 5	0.751 986	0.760 016	39.123 564
2.51	0.512 034	0.495 022	7.183 45	8.590 486	2.147 418	0.753 227	0.759 025	39.356 524
2.52	0.511 089	0.491 052	7.242 133	8.655 095	2.157 374	0.754 458	0.758 042	39.588 625
2.53	0.510 154	0.487 105	7.301 05	8.719 964.	2.167 366	0.755 681	0.757 067	39.819 869
2.54	0.509 228	0.483 181	7.360 2	8.785 092	2.177 394	0.756 896	0.756 1	40.050 257
2.55	0.508 312	0.479 28	7.419 583	8.850 48	2.187 46	0.758 102	0.755 141	40.279 792
2.56	0.507 406	0.475 402	7.479 2	8.916 127	2.197 563	0.759 3	0.754 191	40.508 474
2.57	0.506 509	0.471 547	7.539 05	8.982 033	2.207 702	0.760 49	0.753 248	40.736 305
2.58	0.505 62	0.467 715	7.599 133	9.048 199	2.217 879	0.761 671	0.752 313	40.963 286
2.59	0.504 741	0.463 907	7.659 45	9.114 624	2.228 093	0.762 844	0.751 386	41.189 42
2.6	0.503 871	0.460 123	7.72	9.181 308	2.238 343	0.764 01	0.750 466	41.414 708
2.61	0.503 01	0.456 362	7.780 783	9.248 251	2.248 631	0.765 167	0.749 554	41.639 152

续表

Ma_1	Ma_2	p_{12}/p_{11}	p_2/p_1	p_{12}/p_1	T_2/T_1	t	ψ	$\nu/(°)$
2.62	0.502 157	0.452 625	7.841 8	9.315 453	2.258 956	0.766 316	0.748 65	41.862 754
2.63	0.501 313	0.448 912	7.903 05	9.382 915	2.269 318	0.767 457	0.747 753	42.085 515
2.64	0.500 477	0.445 223	7.964 533	9.450 636	2.279 717	0.768 59	0.746 864	42.307 438
2.65	0.499 649	0.441 557	8.026 25	9.518 615	2.290 153	0.769 716	0.745 982	42.528 524
2.66	0.498 83	0.437 916	8.088 2	9.586 854	2.300 626	0.770 834	0.745 107	42.748 776
2.67	0.498 019	0.434 298	8.150 383	9.655 352	2.311 137	0.771 944	0.744 239	42.968 195
2.68	0.497 216	0.430 705	8.212 8	9.724 109	2.321 685	0.773 046	0.743 379	43.186 783
2.69	0.496 421	0.427 136	8.275 45	9.793 124	2.332 27	0.774 141	0.742 525	43.404 544
2.7	0.495 634	0.423 59	8.338 333	9.862 399	2.342 892	0.775 228	0.741 679	43.621 478
2.71	0.494 854	0.420 069	8.401 45	9.931 933	2.353 552	0.776 307	0.740 839	43.837 589
2.72	0.494082	0.416572	8.4648	10.001726	2.364249	0.77738	0.740006	44.052 878
2.73	0.493 317	0.413 099	8.528 383	10.071 777	2.374 984	0.778 445	0.739 181	44.267 348
2.74	0.492 56	0.409 65	8.592 2	10.142 088	2.385 756	0.779 502	0.738 361	44.481
2.75	0.491 81	0.406 226	8.656 25	10.212 657	2.396 565	0.780 552	0.737 549	44.693 838
2.76	0.491 068	0.402 825	8.720 533	10.283 485	2.407 412	0.781 595	0.736 743	44.905 864
2.77	0.490 332	0.399 449	8.785 05	10.354 572	2.418 296	0.782 631	0.735 943	45.117 079
2.78	0.489 604	0.396 096	8.849 8	10.425 918	2.429 218	0.783 66	0.735 15	45.327 487
2.79	0.488 882	0.392 768	8.914 783	10.497 522	2.440 177	0.784 681	0.734 364	45.537 09
2.8	0.488 167	0.389 464	8.98	10.569 386	2.451 173	0.785 696	0.733 583	45.745 391
2.81	0.487 459	0.386 184	9.045 45	10.641 508	2.462 208	0.786 704	0.732 81	45.953 391
2.82	0.486 758	0.382 927	9.111 133	10.713 888	2.473 279	0.787 704	0.7320 42	46.161 094

续表

Ma_1	Ma_2	p_{12}/p_{11}	p_2/p_1	p_{12}/p_1	T_2/T_1	t	ψ	$\nu/(°)$
2.83	0.486 064	0.379 695	9.177 05	10.786 528	2.484 389	0.788 698	0.731 28	46.367 502
2.84	0.485 376	0.376 486	9.243 2	10.859 426	2.495 536	0.789 685	0.730 525	46.573 117
2.85	0.484 694	0.373 302	9.309 583	10.932 583	2.506 72	0.790 666	0.729 775	46.777 942
2.86	0.484 019	0.370 141	9.376 2	11.005 998	2.517 942	0.791 639	0.729 032	46.981 98
2.87	0.483 35	0.367 003	9.443 05	11.079 672	2.529 202	0.792 606	0.728 294	47.185 234
2.88	0.482 687	0.363 89	9.510 133	11.153 605	2.540 5	0.793 567	0.727 563	47.387 705
2.89	0.482 03	0.360 8	9.577 45	11.227 796	2.551 835	0.794 52	0.726 837	47.589 397
2.9	0.481 38	0.357 733	9.645	11.302 246	2.563 207	0.795 468	0.726 117	47.790 313
2.91	0.480 735	0.354 69	9.712 783	11.376 955	2.574 618	0.796 408	0.725 402	47.990 454
2.92	0.480 096	0.351 67	9.780 8	11.451 922	2.586 066	0.797 343	0.724 693	48.189 824
2.93	0.479 463	0.348 674	9.849 05	11.527 147	2.597 552	0.798 271	0.723 99	48.388 426
2.94	0.478 836	0.345 701	9.917 533	11.602 632	2.609 076	0.799 193	0.723 293	48.586 262
2.95	0.478 215	0.342 75	9.986 25	11.678 374	2.620 638	0.800 108	0.722 601	48.783 334
2.96	0.477 599	0.339 823	10.055 2	11.754 375	2.632 237	0.801 017	0.721 914	48.979 647
2.97	0.476 989	0.336 919	10.124 383	11.830 635	2.643 874	0.801 92	0.721 233	49.175 201
2.98	0.476 384	0.334 038	10.193 8	11.907 153	2.655 549	0.802 817	0.720 557	49.370 001
2.99	0.475 785	0.331 18	10.263 45	11.983 93	2.667 262	0.803 708	0.719 886	49.564 049
3	0.475 191	0.328 344	10.333 333	12.060 965	2.679 012	0.804 593	0.719 22	49.757 348
3.05	0.472 3	0.314 502	10.686 25	12.450 016	2.738 334	0.808 928	0.715 97	50.712 7
3.1	0.469 534	0.301 211	11.045	12.845 527	2.798 603	0.813 12	0.712 843	51.649 745
3.15	0.466 885	0.288 458	11.409 583	13.247 495	2.859 822	0.817 173	0.709 833	52.568 838

续表

Ma_1	Ma_2	p_{12}/p_{11}	p_2/p_1	p_{12}/p_1	T_2/T_1	t	ψ	$\nu/(°)$
3.2	0.464 349	0.276 229	11.78	13.655 921	2.921 992	0.821 092	0.706 936	53.470 336
3.25	0.461 917	0.264 506	12.156 25	14.070 801	2.985 115	0.824 884	0.704 146	54.354 596
3.3	0.459 586	0.253 276	12.538 333	14.492 136	3.049 191	0.828 552	0.701 459	55.221 977
3.35	0.457 348	0.242 521	12.926 25	14.919 925	3.114 221	0.832 102	0.698 869	56.072 832
3.4	0.455 2	0.232 226	13.32	15.354 166	3.180 208	0.835 537	0.696 372	56.907 515
3.45	0.453 137	0.222 373	13.719 583	15.794 858	3.247 151	0.838 863	0.693 965	57.726 376
3.5	0.451 154	0.212 948	14.125	16.242 001	3.315 051	0.842 084	0.691 643	58.529 76
3.55	0.449 247	0.203 933	14.536 25	16.695 594	3.383 91	0.845 202	0.689 402	59.318 008
3.6	0.447 413	0.195 312	14.953 333	17.155 636	3.453 728	0.848 224	0.687 239	60.091 457
3.65	0.445 648	0.187 071	15.376 25	17.622 127	3.524 505	0.851 151	0.685 15	60.850 437
3.7	0.443 948	0.179 194	15.805	18.095 066	3.596 244	0.853 987	0.683 132	61.595 276
3.75	0.442 31	0.171 665	16.239 583	18.574 453	3.668 943	0.856 737	0.681 183	62.326 292
3.8	0.440 732	0.164 47	16.68	19.060 286	3.742 604	0.859 403	0.679 299	63.043 8
3.85	0.439 21	0.157 596	17.126 25	19.552 566	3.817 227	0.861 988	0.677 478	63.748 108
3.9	0.437 742	0.151 027	17.578 333	20.051 292	3.892 813	0.864 495	0.675 716	64.439 518
3.95	0.436 326	0.144 752	18.036 25	20.556 464	3.969 362	0.866 928	0.674 012	65.118 326
4	0.434 959	0.138 756	18.5	21.068 081	4.046 875	0.869 288	0.672 362	65.784 821
4.05	0.433 638	0.133 028	18.969 583	21.586 143	4.125 352	0.871 579	0.670 766	66.439 286
4.1	0.432 363	0.127 556	19.445	22.110 649	4.204 793	0.873 803	0.669 22	67.081 998
4.15	0.431 13	0.122 328	19.926 25	22.641 599	4.285 2	0.875 962	0.667 723	67.713 227
4.2	0.429 938	0.117 334	20.413 333	23.178 994	4.366 571	0.878 059	0.666 272	68.333 238

续表

Ma_1	Ma_2	p_{t2}/p_{t1}	p_2/p_1	p_{t2}/p_1	T_2/T_1	t	ψ	$\nu/(°)$
4.25	0.428 785	0.112 561	20.906 25	23.722 831	4.448 908	0.880 096	0.664 866	68.942 289
4.3	0.427 669	0.108 002	21.405	24.273 113	4.532 211	0.882 075	0.663 504	69.540 631
4.35	0.426 59	0.103 644	21.909 583	24.829 837	4.616 48	0.883 999	0.662 182	70.128 51
4.4	0.425 545	0.099 481	22.42	25.393 004	4.701 715	0.885 868	0.660 9	70.706 166
4.45	0.424 532	0.095 501	22.936 25	25.962 613	4.787 917	0.887 686	0.659 657	71.273 834
4.5	0.423 552	0.091 698	23.458 333	26.538 665	4.875 086	0.889 454	0.658 45	71.831 74
4.55	0.422 601	0.088 062	23.986 25	27.121 159	4.963 222	0.891 173	0.657 279	72.380 108
4.6	0.421 68	0.084 586	24.52	27.710 095	5.052 325	0.892 845	0.656 141	72.919 155
4.65	0.420 787	0.081 263	25.059 583	28.305 473	5.142 396	0.894 472	0.655 037	73.449 091
4.7	0.419 92	0.078 086	25.605	28.907 292	5.233 435	0.896 055	0.653 964	73.970 123
4.75	0.419 079	0.075 047	26.156 25	29.515 553	5.325 441	0.897 597	0.652 921	74.482 451
4.8	0.418 263	0.072 14	26.713 333	30.130 255	5.418 416	0.899 097	0.651 908	74.986 272
4.85	0.417 471	0.069 359	27.276 25	30.751 399	5.512 359	0.900 559	0.650 923	75.481 775
4.9	0.416 701	0.066 699	27.845	31.378 983	5.607 271	0.901 982	0.649 965	75.969 148
4.95	0.415 954	0.064 153	28.419 583	32.013 008	5.703 151	0.903 368	0.649 033	76.448 569
5	0.415 227	0.061 716	29	32.653 474	5.8	0.904 719	0.648 127	76.920 217
5.5	0.408 974	0.042 361	35.125	39.412 352	6.821 798	0.916 503	0.640 278	81.244 792
6	0.404 162	0.029 651	41.833 333	46.815 206	7.940 586	0.925 761	0.634 184	84.955 5
6.5	0.400 381	0.021 148	49.125	54.861 976	9.156 435	0.933 151	0.629 363	88.168 162
7	0.397 36	0.015 351	57	63.552 626	10.469 388	0.939 135	0.625 49	90.972 734
7.5	0.394 907	0.011 329	65.458 333	72.887 129	11.879 475	0.944 042	0.622 332	93.439 67

续表

Ma_1	Ma_2	p_{t2}/p_{t1}	p_2/p_1	p_{t2}/p_1	T_2/T_1	t	ψ	$\nu/(°)$
8	0.392 89	0.008 488	74.5	82.865 468	13.386 719	0.948 112	0.619 726	95.624 673
8.5	0.391 211	0.006 449	84.125	93.487 63	14.991 133	0.951 523	0.617 551	97.572 207
9	0.389 799	0.004 964	94.333 333	104.753 604	16.692 73	0.954 408	0.615 717	99.318 1
9.5	0.388 601	0.003 866	105.125	116.663 386	18.491 517	0.956 869	0.614 158	100.891 485
10	0.387 575	0.003 045	116.5	129.216 968	20.387 5	0.958 985	0.612 821	102.316 255
∞	0.377 96	0	∞	∞	∞	0.979 21	0.600 19	130.454 079

附表 2b 正激波、摩擦管、超声速二次喉道、普朗特—迈耶尔流动气动函数数表（γ = 1.33）

Ma_1	Ma_2	p_{02}/p_{01}	p_2/p_1	p_{02}/p_1	T_2/T_1	t	ψ	$\nu/(°)$
1	1	1	1	1.850 604	1.005 645	0.5	1	0
1.01	0.990 127	0.999 999	1.022 947	1.871 926	1.005 645	0.500 072	0.999 916	0.046 082
1.02	0.980 5	0.999 99	1.046 122	1.893 633	1.011 253	0.500 284	0.999 67	0.129 542
1.03	0.971 112	0.999 967	1.069 525	1.915 718	1.016 826	0.500 628	0.999 273	0.236 534
1.04	0.961 953	0.999 922	1.093 157	1.938 174	1.022 366	0.501 096	0.998 733	0.361 962
1.05	0.953 015	0.999 851	1.117 017	1.960 994	1.027 876	0.501 682	0.998 059	0.502 809
1.06	0.944 29	0.999 748	1.141 106	1.984 173	1.033 358	0.502 38	0.997 26	0.656 999
1.07	0.935 771	0.999 606	1.165 422	2.007 705	1.038 815	0.503 183	0.996 342	0.822 978
1.08	0.927 45	0.999 423	1.189 967	2.031 586	1.044 249	0.504 086	0.995 315	0.999 524
1.09	0.919 322	0.999 193	1.214 741	2.055 81	1.049 661	0.505 083	0.994 183	1.185 639
1.1	0.911 378	0.998 912	1.239 742	2.080 372	1.055 054	0.506 169	0.992 955	1.380 488
1.11	0.903 614	0.998 577	1.264 973	2.105 269	1.060 43	0.507 339	0.991 636	1.583 356
1.12	0.896 023	0.998 184	1.290 431	2.130 496	1.065 789	0.508 589	0.990 232	1.793 622
1.13	0.888 599	0.997 73	1.316 118	2.156 05	1.071 135	0.509 913	0.988 75	2.010 742
1.14	0.881 338	0.997 213	1.342 033	2.181 928	1.076 469	0.511 309	0.987 193	2.234 231

续表

Ma_1	Ma_2	p_{t2}/p_{t1}	p_2/p_1	p_{t2}/p_1	T_2/T_1	t	ψ	$\nu/(°)$
1.15	0.874 234	0.996 629	1.368 176	2.208 125	1.081 791	0.512 771	0.985 568	2.463 653
1.16	0.867 282	0.995 977	1.394 548	2.234 638	1.087 104	0.514 296	0.983 878	2.698 618
1.17	0.860 477	0.995 255	1.421 148	2.261 465	1.092 409	0.515 88	0.982 129	2.938 768
1.18	0.853 816	0.994 46	1.447 976	2.288 603	1.097 708	0.517 52	0.980 324	3.183 777
1.19	0.847 292	0.993 59	1.475 033	2.316 049	1.103 001	0.519 213	0.978 469	3.433 347
1.2	0.840 904	0.992 645	1.502 318	2.343 801	1.108 291	0.520 955	0.976 565	3.687 201
1.21	0.834 646	0.991 623	1.529 831	2.371 856	1.113 577	0.522 744	0.974 618	3.945 085
1.22	0.828 514	0.990 523	1.557 573	2.400 212	1.118 862	0.524 577	0.972 63	4.206 762
1.23	0.822 505	0.989 344	1.585 542	2.428 866	1.124 146	0.526 45	0.970 605	4.472 01
1.24	0.816 616	0.988 084	1.613 741	2.457 818	1.129 43	0.528 362	0.968 546	4.740 623
1.25	0.810 842	0.986 744	1.642 167	2.487 064	1.134 717	0.530 311	0.966 455	5.012 41
1.26	0.805 181	0.985 323	1.670 822	2.516 603	1.140 005	0.532 293	0.964 336	5.287 188
1.27	0.799 63	0.983 82	1.699 706	2.546 434	1.145 297	0.534 306	0.962 19	5.564 788
1.28	0.794 185	0.982 236	1.728 817	2.576 554	1.150 593	0.536 349	0.960 021	5.845 049
1.29	0.788 844	0.980 569	1.758 157	2.606 962	1.155 895	0.538 419	0.957 83	6.127 819
1.3	0.783 604	0.978 82	1.787 725	2.637 656	1.161 202	0.540 515	0.955 621	6.412 957
1.31	0.778 461	0.976 989	1.817 522	2.668 636	1.166 516	0.542 635	0.953 394	6.700 326
1.32	0.773 414	0.975 076	1.847 547	2.699 899	1.171 838	0.544 776	0.951 152	6.989 799
1.33	0.768 46	0.973 081	1.877 8	2.731 445	1.177 168	0.546 938	0.948 897	7.281 254
1.34	0.763 597	0.971 005	1.908 282	2.763 272	1.182 507	0.549 119	0.946 63	7.574 576
1.35	0.758 822	0.968 847	1.938 991	2.795 379	1.187 856	0.551 317	0.944 353	7.869 654

续表

Ma_1	Ma_2	p_{t2}/p_{t1}	p_2/p_1	p_{t2}/p_1	T_2/T_1	t	ψ	$\nu/(°)$
1.36	0.754 132	0.966 61	1.969 93	2.827 764	1.193 215	0.553 53	0.942 068	8.166 383
1.37	0.749 527	0.964 292	2.001 096	2.860 428	1.198 585	0.555 759	0.939 776	8.464 665
1.38	0.745 003	0.961 894	2.032 491	2.893 368	1.203 967	0.558	0.937 478	8.764 405
1.39	0.740 558	0.959 419	2.064 114	2.926 584	1.209 361	0.560 254	0.935 176	9.065 51
1.4	0.736 191	0.956 865	2.095 966	2.960 075	1.214 768	0.562 518	0.932 871	9.367 896
1.41	0.731 9	0.954 234	2.128 045	2.993 84	1.220 188	0.564 792	0.930 564	9.671 478
1.42	0.727 682	0.951 527	2.160 354	3.027 877	1.225 622	0.567 074	0.928 256	9.976 179
1.43	0.723 537	0.948 744	2.192 89	3.062 187	1.231 071	0.569 364	0.925 949	10.281 921
1.44	0.719 462	0.945 888	2.225 655	3.096 768	1.236 534	0.571 661	0.923 643	10.588 632
1.45	0.715 455	0.942 958	2.258 648	3.131 62	1.242 013	0.573 963	0.921 338	10.896 243
1.46	0.711 516	0.939 955	2.291 87	3.166 742	1.247 507	0.576 27	0.919 037	11.204 687
1.47	0.707 642	0.936 882	2.325 319	3.202 133	1.253 018	0.578 58	0.916 74	11.513 899
1.48	0.703 832	0.933 739	2.358 997	3.237 793	1.258 546	0.580 894	0.914 447	11.823 819
1.49	0.700 084	0.930 526	2.392 904	3.273 72	1.264 09	0.583 211	0.912 16	12.134 387
1.5	0.696 397	0.927 246	2.427 039	3.309 915	1.269 653	0.585 528	0.909 878	12.445 546
1.51	0.692 77	0.923 9	2.461 402	3.346 376	1.275 233	0.587 847	0.907 604	12.757 242
1.52	0.689 201	0.920 489	2.495 993	3.383 103	1.280 831	0.590 166	0.905 336	13.069 423
1.53	0.685 69	0.917 014	2.530 813	3.420 096	1.286 448	0.592 485	0.903 076	13.382 038
1.54	0.682 234	0.913 476	2.565 861	3.457 354	1.292 084	0.594 802	0.900 824	13.695 038
1.55	0.678 832	0.909 877	2.601 137	3.494 877	1.297 74	0.597 119	0.898 581	14.008 377
1.56	0.675 484	0.906 218	2.636 642	3.532 663	1.303 415	0.599 432	0.896 347	14.322 01

续表

Ma_1	Ma_2	p_{12}/p_{11}	p_2/p_1	p_{12}/p_1	T_2/T_1	t	ψ	$\nu/(°)$
1.57	0.672 187	0.902 501	2.672 375	3.570 713	1.309 11	0.601 744	0.894 123	14.635 894
1.58	0.668 942	0.898 726	2.708 336	3.609 026	1.314 826	0.604 052	0.891 909	14.949 987
1.59	0.665 747	0.894 896	2.744 526	3.647 602	1.320 562	0.606 357	0.889 705	15.264 248
1.6	0.662 601	0.891 011	2.780 944	3.686 44	1.326 319	0.608 657	0.887 512	15.578 64
1.61	0.659 502	0.887 074	2.817 591	3.725 54	1.332 098	0.610 953	0.885 33	15.893 124
1.62	0.656 45	0.883 085	2.854 465	3.764 901	1.337 898	0.613 244	0.883 16	16.207 665
1.63	0.653 444	0.879 045	2.891 568	3.804 523	1.343 719	0.615 53	0.881	16.522 228
1.64	0.650 483	0.874 957	2.928 9	3.844 406	1.349 563	0.617 81	0.878 853	16.836 779
1.65	0.647 566	0.870 822	2.966 459	3.884 549	1.355 429	0.620 085	0.876 718	17.151 286
1.66	0.644 692	0.866 641	3.004 247	3.924 952	1.361 317	0.622 353	0.874 595	17.465 719
1.67	0.641 86	0.862 416	3.042 264	3.965 615	1.367 228	0.624 614	0.872 485	17.780 046
1.68	0.639 069	0.858 147	3.080 508	4.006 537	1.373 162	0.626 868	0.870 388	18.094 24
1.69	0.636 319	0.853 837	3.118 981	4.047 718	1.379 119	0.629 116	0.868 303	18.408 271
1.7	0.633 609	0.849 487	3.157 682	4.089 157	1.385 1	0.631 355	0.866 231	18.722 113
1.71	0.630 937	0.845 098	3.196 612	4.130 856	1.391 104	0.633 587	0.864 173	19.035 74
1.72	0.628 304	0.840 672	3.235 77	4.172 812	1.397 132	0.635 811	0.862 128	19.349 127
1.73	0.625 708	0.836 21	3.275 156	4.215 026	1.403 184	0.638 027	0.860 096	19.662 248
1.74	0.623 148	0.831 714	3.314 771	4.257 498	1.409 26	0.640 235	0.858 077	19.975 082
1.75	0.620 625	0.827 184	3.354 614	4.300 227	1.415 361	0.642 433	0.856 073	20.287 604
1.76	0.618 137	0.822 623	3.394 685	4.343 214	1.421 486	0.644 623	0.854 081	20.599 794
1.77	0.615 683	0.818 031	3.434 985	4.386 457	1.427 636	0.646 804	0.852 104	20.911 629

续表

Ma_1	Ma_2	p_{22}/p_{11}	p_2/p_1	p_{12}/p_1	T_2/T_1	t	ψ	$\nu/(°)$
1.78	0.613 263	0.813 41	3.475 512	4.429 957	1.433 811	0.648 976	0.850 14	21.223 091
1.79	0.610 877	0.808 762	3.516 269	4.473 713	1.440 01	0.651 139	0.848 19	21.534 157
1.8	0.608 523	0.804 087	3.557 253	4.517 726	1.446 236	0.653 292	0.846 254	21.844 811
1.81	0.606 202	0.799 387	3.598 466	4.561 995	1.452 486	0.655 436	0.844 332	22.155 033
1.82	0.603 911	0.794 663	3.639 907	4.606 519	1.458 762	0.657 57	0.842 424	22.464 806
1.83	0.601 652	0.789 918	3.681 577	4.651 299	1.465 064	0.659 694	0.840 529	22.774 112
1.84	0.599 423	0.785 151	3.723 475	4.696 335	1.471 391	0.661 808	0.838 649	23.082 935
1.85	0.597 224	0.780 364	3.765 601	4.741 626	1.477 745	0.663 911	0.836 782	23.391 259
1.86	0.595 054	0.775 558	3.807 955	4.787 171	1.484 124	0.666 005	0.834 929	23.699 068
1.87	0.592 912	0.770 736	3.850 538	4.832 972	1.490 53	0.668 089	0.833 091	24.006 348
1.88	0.590 799	0.765 897	3.893 349	4.879 028	1.496 963	0.670 162	0.831 266	24.313 084
1.89	0.588 714	0.761 043	3.936 389	4.925 338	1.503 421	0.672 225	0.829 454	24.619 263
1.9	0.586 655	0.756 175	3.979 657	4.971 902	1.509 907	0.674 277	0.827 657	24.924 87
1.91	0.584 624	0.751 295	4.023 153	5.018 721	1.516 419	0.676 319	0.825 874	25.229 894
1.92	0.582 618	0.746 403	4.066 877	5.065 794	1.522 958	0.678 35	0.824 104	25.534 321
1.93	0.580 639	0.741 502	4.110 83	5.113 121	1.529 524	0.680 37	0.822 348	25.838 139
1.94	0.578 684	0.736 59	4.155 011	5.160 702	1.536 117	0.682 38	0.820 605	26.141 337
1.95	0.576 755	0.731 671	4.199 421	5.208 536	1.542 737	0.684 379	0.818 876	26.443 904
1.96	0.574 85	0.726 745	4.244 058	5.256 624	1.549 384	0.686 367	0.817 161	26.745 829
1.97	0.572 969	0.721 813	4.288 924	5.304 965	1.556 059	0.688 344	0.815 459	27.047 102
1.98	0.571 111	0.716 876	4.334 019	5.353 56	1.562 762	0.690 31	0.813 771	27.347 712

续表

Ma_1	Ma_2	p_{t2}/p_{t1}	p_2/p_1	p_{t2}/p_1	T_2/T_1	t	ψ	$\nu/(°)$
1.99	0.569 277	0.711 936	4.379 342	5.402 408	1.569 492	0.692 266	0.812 096	27.647 651
2	0.567 466	0.706 992	4.424 893	5.451 509	1.576 249	0.694 211	0.810 434	27.946 907
2.01	0.565 677	0.702 046	4.470 672	5.500 863	1.583 035	0.696 144	0.808 786	28.245 474
2.02	0.563 91	0.697 1	4.516 68	5.550 47	1.589 848	0.698 067	0.807 151	28.543 342
2.03	0.562 165	0.692 154	4.562 916	5.600 329	1.596 689	0.699 978	0.805 529	28.840 503
2.04	0.560 441	0.687 208	4.609 38	5.650 442	1.603 559	0.701 879	0.803 92	29.136 949
2.05	0.558 738	0.682 265	4.656 073	5.700 806	1.610 456	0.703 769	0.802 324	29.432 672
2.06	0.557 056	0.677 324	4.702 994	5.751 423	1.617 382	0.705 648	0.800 74	29.727 665
2.07	0.555 394	0.672 387	4.750 143	5.802 293	1.624 336	0.707 515	0.799 17	30.021 921
2.08	0.553 753	0.667 455	4.797 521	5.853 415	1.631 318	0.709 372	0.797 612	30.315 433
2.09	0.552 13	0.662 528	4.845 127	5.904 788	1.638 329	0.711 218	0.796 067	30.608 195
2.1	0.550 528	0.657 607	4.892 961	5.956 414	1.645 368	0.713 053	0.794 535	30.900 2
2.11	0.548 944	0.652 693	4.941 024	6.008 292	1.652 436	0.714 877	0.793 015	31.191 443
2.12	0.547 379	0.647 786	4.989 315	6.060 422	1.659 532	0.716 69	0.791 507	31.481 917
2.13	0.545 832	0.642 8 89	5.037 834	6.112 804	1.666 658	0.718 492	0.790 012	31.771 618
2.14	0.544 303	0.638	5.086 582	6.165 437	1.673 812	0.720 283	0.788 529	32.060 54
2.15	0.542 793	0.633 122	5.135 558	6.218 322	1.680 994	0.722 064	0.787 058	32.348 678
2.16	0.541 3	0.628 254	5.184 762	6.271 458	1.688 206	0.723 833	0.785 599	32.636 027
2.17	0.539 824	0.623 397	5.234 195	6.324 846	1.695 447	0.725 592	0.784 152	32.922 583
2.18	0.538 365	0.618 553	5.283 856	6.378 485	1.702 717	0.727 34	0.782 717	33.208 342
2.19	0.536 923	0.613 721	5.333 745	6.432 376	1.710 016	0.729 077	0.781 294	33.493 298

续表

Ma_1	Ma_2	p_{t2}/p_{t1}	p_2/p_1	p_{t2}/p_1	T_2/T_1	t	ψ	$\nu/(°)$
2.2	0.535 497	0.608 903	5.383 863	6.486 518	1.717 344	0.730 804	0.779 882	33.777 449
2.21	0.534 088	0.604 098	5.434 209	6.540 911	1.724 701	0.732 519	0.778 482	34.060 791
2.22	0.532 695	0.599 308	5.484 783	6.595 556	1.732 088	0.734 224	0.777 094	34.343 319
2.23	0.531 317	0.594 534	5.535 585	6.650 451	1.739 504	0.735 919	0.775 717	34.625 031
2.24	0.529 955	0.589 774	5.586 616	6.705 597	1.746 949	0.737 603	0.774 351	34.905 924
2.25	0.528 609	0.585 032	5.637 876	6.760 995	1.754 424	0.739 276	0.772 997	35.185 994
2.26	0.527 277	0.580 305	5.689 363	6.816 643	1.761 928	0.740 939	0.771 653	35.465 238
2.27	0.525 96	0.575 597	5.741 079	6.872 542	1.769 462	0.742 591	0.770 321	35.743 655
2.28	0.524 658	0.570 905	5.793 023	6.928 692	1.777 025	0.744 233	0.769	36.021 241
2.29	0.523 37	0.566 233	5.845 196	6.985 092	1.784 618	0.745 865	0.767 689	36.297 993
2.3	0.522 097	0.561 579	5.897 597	7.041 743	1.792 241	0.747 486	0.766 39	36.573 911
2.31	0.520 837	0.556 944	5.950 226	7.098 645	1.799 894	0.749 097	0.765 101	36.848 991
2.32	0.519 591	0.552 328	6.003 083	7.155 797	1.807 576	0.750 697	0.763 823	37.123 232
2.33	0.518 359	0.547 733	6.056 169	7.213 2	1.815 288	0.752 288	0.762 555	37.396 632
2.34	0.517 14	0.543 158	6.109 483	7.270 854	1.823 03	0.753 868	0.761 298	37.669 19
2.35	0.515 934	0.538 604	6.163 026	7.328 757	1.830 802	0.755 438	0.760 051	37.940 903
2.36	0.514 742	0.534 072	6.216 797	7.386 911	1.838 603	0.756 998	0.758 814	38.211 771
2.37	0.513 562	0.529 561	6.270 796	7.445 316	1.846 435	0.758 548	0.757 588	38.481 792
2.38	0.512 395	0.525 071	6.325 023	7.503 97	1.854 297	0.760 088	0.756 371	38.750 965
2.39	0.511 24	0.520 604	6.379 479	7.562 875	1.862 189	0.761 618	0.755 165	39.019 289
2.4	0.510 097	0.516 16	6.434 163	7.622 03	1.870 111	0.763 139	0.753 968	39.286 764

续表

Ma_1	Ma_2	p_{t2}/p_{t1}	p_2/p_1	p_{t2}/p_1	T_2/T_1	t	ψ	$\nu/(°)$
2.41	0.508 967	0.511 738	6.489 076	7.681 435	1.878 063	0.764 649	0.752 782	39.553 387
2.42	0.507 848	0.507 34	6.544 216	7.741 091	1.886 045	0.766 15	0.751 605	39.819 16
2.43	0.506 741	0.502 965	6.599 585	7.800 996	1.894 058	0.767 641	0.750 437	40.084 08
2.44	0.505 646	0.498 614	6.655 183	7.861 151	1.902 1	0.769 122	0.749 279	40.348 148
2.45	0.504 562	0.494 287	6.711 009	7.921 556	1.910 173	0.770 594	0.748 131	40.611 364
2.46	0.503 49	0.489 984	6.767 063	7.982 212	1.918 277	0.772 056	0.746 992	40.873 726
2.47	0.502 428	0.485 706	6.823 345	8.043 117	1.926 41	0.773 509	0.745 863	41.135 235
2.48	0.501 378	0.481 452	6.879 856	8.104 272	1.934 574	0.774 952	0.744 742	41.395 891
2.49	0.500 338	0.477 223	6.936 595	8.165 676	1.942 769	0.776 386	0.743 631	41.655 694
2.5	0.499 309	0.473 02	6.993 562	8.227 331	1.950 994	0.777 811	0.742 529	41.914 643
2.51	0.498 291	0.468 841	7.050 758	8.289 235	1.959 249	0.779 226	0.741 436	42.172 739
2.52	0.497 283	0.464 689	7.108 182	8.351 389	1.967 535	0.780 632	0.740 351	42.429 983
2.53	0.496 285	0.460 561	7.165 834	8.413 793	1.975 851	0.782 029	0.739 276	42.686 374
2.54	0.495 297	0.456 46	7.223 715	8.476 447	1.984 198	0.783 416	0.738 209	42.941 913
2.55	0.494 319	0.452 384	7.281 824	8.539 35	1.992 576	0.784 795	0.737 151	43.196 601
2.56	0.493 351	0.448 335	7.340 161	8.602 502	2.000 984	0.786 165	0.736 102	43.450 438
2.57	0.492 393	0.444 312	7.398 727	8.665 904	2.009 423	0.787 525	0.735 061	43.703 424
2.58	0.491 444	0.440 315	7.457 521	8.729 556	2.017 892	0.788 877	0.734 028	43.955 561
2.59	0.490 505	0.436 344	7.516 543	8.793 457	2.026 392	0.790 22	0.733 004	44.206 849
2.6	0.489 575	0.432 4	7.575 794	8.857 608	2.034 923	0.791 554	0.731 988	44.457 288
2.61	0.488 654	0.428 483	7.635 273	8.922 008	2.043 485	0.792 88	0.730 98	44.706 881

续表

Ma_1	Ma_2	p_{t2}/p_{t1}	p_2/p_1	p_{t2}/p_1	T_2/T_1	t	ψ	$\nu/(°)$
2.62	0.487 743	0.424 592	7.694 98	8.986 658	2.052 077	0.794 197	0.729 98	44.955 628
2.63	0.486 84	0.420 729	7.7549 16	9.051 557	2.060 7	0.795 505	0.728 989	45.203 529
2.64	0.485 946	0.416 892	7.815 08	9.116 705	2.069 354	0.796 804	0.728 005	45.450 587
2.65	0.485 061	0.413 082	7.875 472	9.182 103	2.078 039	0.798 095	0.727 029	45.696 801
2.66	0.484 184	0.409 298	7.936 093	9.247 75	2.086 755	0.799 378	0.726 061	45.942 174
2.67	0.483 316	0.405 542	7.996 942	9.313 646	2.095 501	0.800 652	0.725 101	46.186 706
2.68	0.482 456	0.401 813	8.058 019	9.379 792	2.104 279	0.801 918	0.724 148	46.430 4
2.69	0.481 605	0.398 111	8.119 324	9.446 186	2.113 087	0.803 176	0.723 203	46.673 255
2.7	0.480 762	0.394 436	8.180 858	9.512 83	2.121 927	0.804 425	0.722 266	46.915 274
2.71	0.479 927	0.390 788	8.242 621	9.579 724	2.130 797	0.805 666	0.721 336	47.156 458
2.72	0.479 1	0.387 167	8.304 611	9.646 866	2.139 698	0.806 899	0.720 413	47.396 809
2.73	0.478 28	0.383 573	8.366 83	9.714 258	2.148 63	0.808 124	0.719 498	47.636 327
2.74	0.477 469	0.380 007	8.429 277	9.781 898	2.157 594	0.809 341	0.718 59	47.875 016
2.75	0.476 665	0.376 467	8.491 953	9.849 788	2.166 588	0.810 55	0.717 689	48.112 875
2.76	0.475 869	0.372 955	8.554 857	9.917 927	2.1756 13	0.811 751	0.716 796	48.349 908
2.77	0.475 08	0.369 469	8.617 989	9.986 315	2.184 67	0.812 944	0.715 909	48.586 115
2.78	0.474 299	0.366 011	8.681 349	10.054 952	2.193 758	0.814 129	0.715 029	48.821 499
2.79	0.473 525	0.362 579	8.744 938	10.123 838	2.202 876	0.815 307	0.714 157	49.056 061
2.8	0.472 758	0.359 174	8.808 755	10.192 973	2.212 026	0.816 477	0.713 291	49.289 802
2.81	0.471 998	0.355 797	8.872 801	10.262 358	2.221 207	0.817 639	0.712 432	49.522 726
2.82	0.471 245	0.352 446	8.937 075	10.331 991	2.230 419	0.818 794	0.711 579	49.754 833

续表

Ma_1	Ma_2	p_{12}/p_{11}	p_2/p_1	p_{12}/p_1	T_2/T_1	t	ψ	$\nu/(°)$
2.83	0.470 499	0.349 122	9.001 577	10.401 873	2.239 663	0.819 941	0.710 734	49.986 126
2.84	0.469 761	0.345 824	9.066 307	10.472 004	2.248 937	0.821 081	0.709 895	50.216 607
2.85	0.469 028	0.342 553	9.131 266	10.542 384	2.258 243	0.822 213	0.709 062	50.446 277
2.86	0.468 303	0.339 309	9.196 453	10.613 012	2.267 58	0.823 338	0.708 236	50.675 138
2.87	0.467 584	0.336 091	9.261 869	10.683 89	2.276 948	0.824 455	0.707 417	50.903 194
2.88	0.466 872	0.332 9	9.327 512	10.755 017	2.286 348	0.825 566	0.706 603	51.130 444
2.89	0.466 166	0.329 735	9.393 385	10.826 392	2.295 778	0.826 669	0.705 796	51.356 893
2.9	0.465 467	0.326 596	9.459 485	10.898 017	2.305 24	0.827 765	0.704 996	51.582 541
2.91	0.464 774	0.323 484	9.525 814	10.969 89	2.314 734	0.828 853	0.704 201	51.807 392
2.92	0.464 087	0.320 397	9.592 371	11.042 012	2.324 259	0.829 935	0.703 413	52.031 447
2.93	0.463 406	0.317 337	9.659 156	11.114 382	2.333 815	0.831 01	0.702 631	52.254 708
2.94	0.462 731	0.314 302	9.726 17	11.187 002	2.343 402	0.832 077	0.701 854	52.477 177
2.95	0.462 063	0.311 293	9.793 412	11.259 87	2.353 021	0.833 138	0.701 084	52.698 857
2.96	0.461 4	0.308 31	9.860 882	11.332 987	2.362 671	0.834 192	0.700 32	52.919 751
2.97	0.460 743	0.305 352	9.928 581	11.406 353	2.372 352	0.835 239	0.699 561	53.139 859
2.98	0.460 092	0.302 42	9.996 508	11.479 968	2.382 065	0.836 279	0.698 808	53.359 186
2.99	0.459 447	0.299 513	10.064 664	11.553 831	2.391 81	0.837 312	0.698 061	53.577 732
3	0.458 807	0.296 632	10.133 047	11.627 943	2.401 585	0.838 339	0.697 32	53.795 5
3.05	0.455 692	0.282 598	10.478 391	12.002 232	2.450 936	0.843 374	0.693 697	54.872 757
3.1	0.452 709	0.269 176	10.829 442	12.382 738	2.501 074	0.848 25	0.690 209	55.930 927
3.15	0.449 851	0.256 348	11.186 202	12.769 457	2.552	0.852 971	0.686 849	56.970 316

续表

Ma_1	Ma_2	p_{t2}/p_{t1}	p_2/p_1	p_{t2}/p_1	T_2/T_1	t	ψ	$\nu/(°)$
3.2	0.447 111	0.244 097	11.548 67	13.162 39	2.603 717	0.857 543	0.683 612	57.991 236
3.25	0.444 482	0.232 405	11.916 845	13.561 534	2.656 225	0.861 972	0.680 492	58.994 005
3.3	0.441 96	0.221 252	12.290 73	13.966 889	2.709 524	0.866 262	0.677 485	59.978 943
3.35	0.439 538	0.210 619	12.670 322	14.378 454	2.763 617	0.870 42	0.674 584	60.946 373
3.4	0.437 211	0.200 487	13.055 622	14.796 227	2.818 504	0.874 449	0.671 786	61.896 619
3.45	0.434 974	0.190 836	13.446 631	15.220 208	2.874 185	0.878 353	0.669 086	62.830 004
3.5	0.432 822	0.181 647	13.843 348	15.650 395	2.930 662	0.882 139	0.666 479	63.746 852
3.55	0.430 753	0.172 9	14.245 773	16.086 789	2.987 936	0.885 81	0.663 962	64.647 484
3.6	0.428 76	0.164 578	14.653 906	16.529 389	3.046 006	0.889 369	0.661 531	65.532 221
3.65	0.426 841	0.156 661	15.067 747	16.978 193	3.104 874	0.892 822	0.659 182	66.401 379
3.7	0.424 993	0.149 132	15.487 296	17.433 202	3.164 54	0.896 172	0.656 912	67.255 272
3.75	0.423 211	0.141 974	15.912 554	17.894 414	3.225 005	0.899 422	0.654 717	68.094 21
3.8	0.421 492	0.135 168	16.343 519	18.361 83	3.286 269	0.902 577	0.652 595	68.918 501
3.85	0.419 834	0.128 7	16.780 193	18.835 448	3.348 333	0.905 639	0.650 541	69.728 446
3.9	0.418 235	0.122 553	17.222 575	19.315 269	3.411 197	0.908 612	0.648 554	70.524 343
3.95	0.416 69	0.116 711	17.670 665	19.801 291	3.474 861	0.911 499	0.646 631	71.306 485
4	0.415 198	0.111 16	18.124 464	20.293 514	3.539 327	0.914 303	0.644 769	72.075 162
4.05	0.413 756	0.105 886	18.583 97	20.791 939	3.604 593	0.917 026	0.642 965	72.830 656
4.1	0.412 363	0.100 875	19.049 185	21.296 564	3.670 662	0.919 673	0.641 218	73.573 246
4.15	0.411 016	0.096 115	19.520 107	21.807 39	3.737 532	0.922 245	0.639 525	74.303 205
4.2	0.409 712	0.091 592	19.996 738	22.324 416	3.805 205	0.924 745	0.637 884	75.020 801

续表

Ma_1	Ma_2	p_{12}/p_{11}	p_2/p_1	p_{12}/p_1	T_2/T_1	t	ψ	$\nu/(°)$
4.25	0.408 451	0.087 296	20.479 077	22.847 641	3.873 68	0.927 176	0.636 292	75.725 297
4.3	0.407 231	0.083 214	20.967 066	23.377 066	3.942 958	0.929 539	0.634 749	76.419 951
4.35	0.406 049	0.079 335	21.460 88	23.912 69	4.013 04	0.931 838	0.633 252	77.102 015
4.4	0.404 904	0.075 65	21.960 343	24.454 513	4.083 924	0.934 074	0.631 799	77.772 735
4.45	0.403 795	0.072 149	22.465 515	25.002 534	4.155 613	0.936 25	0.630 389	78.432 354
4.5	0.402 72	0.068 822	22.976 395	25.556 755	4.228 105	0.938 367	0.629 021	79.081 108
4.55	0.401 678	0.065 66	23.492 983	26.117 173	4.301 401	0.940 427	0.627 691	79.719 229
4.6	0.400 667	0.062 654	24.015 279	26.683 79	4.375 501	0.942 433	0.626 4	80.345 943
4.65	0.399 687	0.059 798	24.543 283	27.256 604	4.450 406	0.944 386	0.625 146	80.964 471
4.7	0.398 736	0.057 082	25.076 996	27.835 616	4.526 115	0.946 288	0.623 927	81.572 03
4.75	0.397 812	0.054 501	25.616 416	28.420 826	4.602 629	0.948 14	0.622 742	82.169 831
4.8	0.396 916	0.052 046	26.161 545	29.012 233	4.679 947	0.949 945	0.621 59	82.758 079
4.85	0.396 045	0.049 712	26.712 382	29.609 838	4.758 071	0.951 704	0.620 469	83.336 979
4.9	0.395 199	0.047 492	27.268 927	30.213 639	4.837	0.953 417	0.619 379	83.906 725
4.95	0.394 377	0.045 38	27.831 18	30.823 638	4.916 734	0.955 088	0.618 319	84.467 511
5	0.393 578	0.043 371	28.399 142	31.439 834	4.997 274	0.956 716	0.617 287	85.019 525
5.5	0.386 69	0.027 893	34.392 704	37.942 594	5.846 991	0.970 962	0.608 338	90.095 51
6	0.381 375	0.018 319	40.957 082	45.064 94	6.777 352	0.982 206	0.601 371	94.47 1027
6.5	0.377 192	0.012 282	48.092 275	52.806 815	7.788 415	0.991 216	0.595 85	98.273 381
7	0.373 843	0.008 398	55.798 283	61.168 178	8.880 221	0.998 533	0.591 406	101.602 847
7.5	0.371 121	0.005 85	64.075 107	70.149 005	10.052 795	1.004 548	0.587 778	104.538 854

续表

Ma_1	Ma_2	p_{t2}/p_{t1}	p_2/p_1	p_{t2}/p_1	T_2/T_1	t	ψ	$\nu/(°)$
8	0.368 879	0.004 147	72.922 747	79.749 276	11.306 155	1.009 548	0.584 78	107.144 778
8.5	0.367 012	0.002 987	82.341 202	89.968 98	12.640 317	1.013 746	0.582 276	109.471 587
9	0.365 441	0.002 184	92.330 472	100.808 106	14.055 288	1.017 302	0.580 164	111.560 611
9.5	0.364 106	0.001 619	102.890 558	112.266 647	15.551 076	1.020 339	0.578 366	113.445 635
10	0.362 963	0.001 216	114.021 459	124.344 599	17.127 687	1.022 952	0.576 823	115.154 491
∞	0.352 22	0	∞	∞	∞	1.048 08	0.562 21	149.146 211

附表3 标准大气飞行参数表

Ma	H /km	p/Pa	T/K	p_t/Pa	T_t/K	$\rho v^2/2$/Pa	Φ/A/Pa	$\rho v/$ [kg/(m²s)]
0.0	0	101 325	288.15	101 325	288.15	0	101 325	0
0.0	1	89 876.28	281.65	89 876.28	281.65	0	89 876.28	0
0.0	2	79 501.41	275.15	79 501.41	275.15	0	79 501.41	0
0.0	3	70 121.14	268.66	70 121.14	268.66	0	70 121.14	0
0.0	4	61 660.42	262.17	61 660.42	262.17	0	61 660.42	0
0.0	5	54 048.26	255.68	54 048.26	255.68	0	54 048.26	0
0.0	6	47 217.62	249.19	47 217.62	249.19	0	47 217.62	0
0.0	7	41 105.25	242.7	41 105.25	242.7	0	41 105.25	0
0.0	8	35 651.6	236.22	35 651.6	236.22	0	35 651.6	0
0.0	9	30 800.67	229.73	30 800.67	229.73	0	30 800.67	0
0.0	10	26 499.87	223.25	26 499.87	223.25	0	26 499.87	0
0.0	11	22 699.94	216.77	22 699.94	216.77	0	22 699.94	0
0.0	12	19 399.43	216.65	19 399.43	216.65	0	19 399.43	0
0.0	13	16 579.6	216.65	16 579.6	216.65	0	16 579.6	0
0.0	14	14 170.36	216.65	14 170.36	216.65	0	14 170.36	0
0.0	15	12 111.81	216.65	12 111.81	216.65	0	12 111.81	0
0.0	16	10 352.82	216.65	10 352.82	216.65	0	10 352.82	0
0.0	17	8 849.716	216.65	8 849.716	216.65	0	8 849.716	0
0.0	18	7 565.221	216.65	7 565.221	216.65	0	7 565.221	0
0.0	19	6 467.482	216.65	6 467.482	216.65	0	6 467.482	0
0.0	20	5 529.301	216.65	5 529.301	216.65	0	5 529.301	0
0.0	21	4 728.932	217.58	4 728.932	217.58	0	4 728.932	0
0.0	22	4 047.491	218.57	4 047.491	218.57	0	4 047.491	0
0.0	23	3 466.858	219.57	3 466.858	219.57	0	3 466.858	0
0.0	24	2 971.739	220.56	2 971.739	220.56	0	2 971.739	0
0.0	25	2 549.216	221.55	2 549.216	221.55	0	2 549.216	0
0.0	26	2 188.372	222.54	2 188.372	222.54	0	2 188.372	0
0.0	27	1 879.97	223.54	1 879.97	223.54	0	1 879.97	0

续表

Ma	H /km	p/Pa	T/K	p_t/Pa	T_t/K	$\rho v^2/2$/Pa	Φ/A/Pa	$\rho v/$ [kg/(m² s)]
0.0	28	1 616.193	224.53	1 616.193	224.53	0	1 616.193	0
0.0	29	1 390.418	225.52	1 390.418	225.52	0	1 390.418	0
0.0	30	1 197.028	226.51	1 197.028	226.51	0	1 197.028	0
0.0	31	1 031.258	227.5	1 031.258	227.5	0	1 031.258	0
0.0	32	889.061 5	228.49	889.061 5	228.49	0	889.061 5	0
0.0	33	767.306 8	230.97	767.306 8	230.97	0	767.306 8	0
0.0	34	663.410 7	233.74	663.410 7	233.74	0	663.410 7	0
0.0	35	574.592 4	236.51	574.592 4	236.51	0	574.592 4	0
0.0	36	498.520 9	239.28	498.520 9	239.28	0	498.520 9	0
0.0	37	433.246 8	242.05	433.246 8	242.05	0	433.246 8	0
0.0	38	377.137	244.82	377.137	244.82	0	377.137	0
0.0	39	328.820 3	247.58	328.820 3	247.58	0	328.820 3	0
0.0	40	287.142 8	250.35	287.142 8	250.35	0	287.142 8	0
0.1	0	101 325	288.15	102 036.9	288.73	710.171 7	102 745.3	41.712
0.1	1	89 876.28	281.65	90 507.87	282.22	630.017 8	91 136.31	37.426
0.1	2	79 501.41	275.15	80 060.17	275.71	557.360 2	80 616.13	33.497
0.1	3	70 121.14	268.66	70 614.02	269.2	491.649 5	71 104.44	29.901
0.1	4	61 660.42	262.17	62 093.87	262.69	432.365 2	62 525.15	26.618
0.1	5	54 048.26	255.68	54 428.22	256.19	379.014 1	54 806.29	23.627
0.1	6	47 217.62	249.19	47 549.58	249.69	331.130 1	47 879.88	20.909
0.1	7	41 105.25	242.70	41 394.24	243.19	288.273 3	41 681.8	18.444
0.1	8	35 651.6	236.22	35 902.26	236.69	250.028 7	36 151.66	16.215
0.1	9	30 800.67	229.73	31 017.22	230.20	216.005 9	31 232.68	14.205
0.1	10	26 499.87	223.25	26 686.18	223.70	185.838 2	26 871.55	12.397
0.1	11	22 699.94	216.77	22 859.52	217.21	159.181 4	23 018.3	10.777
0.1	12	19 399.43	216.65	19 535.8	217.09	136.036 6	19 671.5	9.212 5
0.1	13	16 579.6	216.65	16 696.16	217.09	116.262 9	16 812.13	7.873 4
0.1	14	14 170.36	216.65	14 269.98	217.09	99.368 3	14 369.1	6.729 3
0.1	15	12 111.81	216.65	12 196.95	217.09	84.932 9	12 281.67	5.751 7
0.1	16	10 352.82	216.65	10 425.6	217.09	72.598 14	10 498.01	4.916 4
0.1	17	8 849.716	216.65	8 911.929	217.09	62.057 8	8 973.832	4.202 6
0.1	18	7 565.221	216.65	7 618.404	217.09	53.050 39	7 671.321	3.592 6
0.1	19	6 467.482	216.65	6 512.948	217.09	45.352 61	6 558.187	3.071 3

续表

Ma	H /km	p/Pa	T/K	p_t/Pa	T_t/K	$\rho v^2/2$/Pa	Φ/A/Pa	$\rho v/$ $[\mathrm{kg}/(\mathrm{m}^2\,\mathrm{s})]$
0.1	20	5 529.301	216.65	5 568.171	217.09	38.773 7	5 606.848	2.625 8
0.1	21	4 728.932	217.58	4 762.177	218.02	33.161 49	4 795.255	2.240 9
0.1	22	4 047.491	218.57	4 075.945	219.01	28.383 17	4 104.257	1.913 6
0.1	23	3 466.858	219.57	3 491.231	220.01	24.311 68	3 515.482	1.635 4
0.1	24	2 971.739	220.56	2 992.631	221	20.839 79	3 013.419	1.398 7
0.1	25	2 549.216	221.55	2 567.138	222	17.876 92	2 584.97	1.197 1
0.1	26	2 188.372	222.54	2 203.756	222.99	15.346 53	2 219.065	1.025 4
0.1	27	1 879.97	223.54	1 893.187	223.99	13.183 87	1 906.338	0.878 9
0.1	28	1 616.193	224.53	1 627.556	224.98	11.334 13	1 638.861	0.753 9
0.1	29	1 390.418	225.52	1 400.193	225.97	9.750 852	1 409.919	0.647 2
0.1	30	1 197.028	226.51	1 205.444	226.97	8.394 674	1 213.817	0.556
0.1	31	1 031.258	227.5	1 038.508	227.96	7.232 176	1 045.722	0.477 9
0.1	32	889.061 5	228.49	895.312	228.95	6.234 983	901.531 4	0.411 1
0.1	33	767.306 8	230.97	772.701 5	231.44	5.381 165	778.069 1	0.352 9
0.1	34	663.410 7	233.74	668.074 9	234.21	4.652 564	672.715 8	0.303 3
0.1	35	574.592 4	236.51	578.632 2	236.99	4.029 681	582.651 8	0.261 2
0.1	36	498.520 9	239.28	502.025 8	239.76	3.496 177	505.513 2	0.225 3
0.1	37	433.246 8	242.05	436.292 8	242.54	3.038 388	439.323 6	0.194 7
0.1	38	377.137	244.82	379.788 5	245.31	2.644 863	382.426 8	0.168 5
0.1	39	328.820 3	247.58	331.132	248.08	2.305 988	333.432 2	0.146 1
0.1	40	287.142 8	250.35	289.161 5	250.85	2.013 675	291.170 1	0.126 9
0.2	0	101 325	288.15	104 194.2	290.47	2 840.687	107 006.4	83.425
0.2	1	89 876.28	281.65	92 421.65	283.92	2 520.071	94 916.42	74.853
0.2	2	79 501.41	275.15	81 753.24	277.37	2 229.441	83 960.29	66.993
0.2	3	70 121.14	268.66	72 107.49	270.82	1 966.598	74 054.34	59.802
0.2	4	61 660.42	262.17	63 407.25	264.28	1 729.461	65 119.34	53.236
0.2	5	54 048.26	255.68	55 579.54	257.73	1 516.056	57 080.37	47.254
0.2	6	47 217.62	249.19	48 555.44	251.19	1 324.52	49 866.66	41.817
0.2	7	41 105.25	242.7	42 269.92	244.65	1 153.093	43 411.44	36.888
0.2	8	35 651.6	236.22	36 661.76	238.12	1 000.115	37 651.83	32.43
0.2	9	30 800.67	229.73	31 673.37	231.58	864.023 8	32 528.72	28.41
0.2	10	26 499.87	223.25	27 250.69	225.05	743.352 8	27 986.58	24.795
0.2	11	22 699.94	216.77	23 343.05	218.52	636.725 4	23 973.39	21.554

续表

Ma	H /km	p/Pa	T/K	p_t/Pa	T_t/K	$\rho v^2/2$/Pa	Φ/A/Pa	ρv/ [kg/(m²s)]
0.2	12	19 399.43	216.65	19 949.04	218.39	544.146 6	20 487.72	18.425
0.2	13	16 579.6	216.65	17 049.33	218.39	465.051 6	17 509.71	15.747
0.2	14	14 170.36	216.65	14 571.82	218.39	397.473 2	14 965.31	13.459
0.2	15	12 111.81	216.65	12 454.95	218.39	339.731 6	12 791.27	11.503
0.2	16	10 352.82	216.65	10 646.12	218.39	290.392 5	10 933.6	9.832 8
0.2	17	8 849.716	216.65	9 100.44	218.39	248.231 2	9 346.179	8.405 2
0.2	18	7 565.221	216.65	7 779.553	218.39	212.201 6	7 989.624	7.185 2
0.2	19	6 467.482	216.65	6 650.714	218.39	181.410 4	6 830.303	6.142 6
0.2	20	5 529.301	216.65	5 685.952	218.39	155.094 8	5 839.49	5.251 6
0.2	21	4 728.932	217.58	4 862.91	219.33	132.646	4 994.224	4.481 8
0.2	22	4 047.491	218.57	4 162.163	220.33	113.532 7	4 274.556	3.827 3
0.2	23	3 466.858	219.57	3 565.082	221.33	97.246 73	3 661.352	3.270 8
0.2	24	2 971.739	220.56	3 055.935	222.34	83.359 14	3 138.458	2.797 4
0.2	25	2 549.216	221.55	2 621.442	223.34	71.507 67	2 692.232	2.394 3
0.2	26	2 188.372	222.54	2 250.374	224.34	61.386 11	2 311.144	2.050 8
0.2	27	1 879.97	223.54	1 933.235	225.34	52.735 48	1 985.441	1.757 9
0.2	28	1 616.193	224.53	1 661.985	226.33	45.336 5	1 706.866	1.507 9
0.2	29	1 390.418	225.52	1 429.813	227.33	39.003 41	1 468.425	1.294 4
0.2	30	1 197.028	226.51	1 230.944	228.33	33.578 7	1 264.185	1.111 9
0.2	31	1 031.258	227.5	1 060.477	229.33	28.928 7	1 089.115	0.955 9
0.2	32	889.061 5	228.49	914.251 8	230.33	24.939 93	938.941 3	0.822 3
0.2	33	767.306 8	230.97	789.047 6	232.83	21.524 66	810.356 1	0.705 8
0.2	34	663.410 7	233.74	682.207 8	235.63	18.610 25	700.631 2	0.606 6
0.2	35	574.592 4	236.51	590.873	238.42	16.118 73	606.829 9	0.522 3
0.2	36	498.520 9	239.28	512.646	241.21	13.984 71	526.490 3	0.450 6
0.2	37	433.246 8	242.05	445.522 4	244	12.153 55	457.553 9	0.389 3
0.2	38	377.137	244.82	387.822 7	246.79	10.579 45	398.295 9	0.337
0.2	39	328.820 3	247.58	338.136 8	249.58	9.223 953	347.268 2	0.292 2
0.2	40	287.142 8	250.35	295.278 3	252.37	8.054 7	303.252 2	0.253 7
0.3	0	101 325	288.15	107 861.7	293.36	6 391.545	114 108.1	125.14
0.3	1	89 876.28	281.65	95 675.17	286.74	5 670.16	101 216.6	112.28
0.3	2	79 501.41	275.15	84 631.54	280.13	5 016.241	89 533.89	100.49
0.3	3	70 121.14	268.66	74 646.45	273.52	4 424.846	78 970.84	89.703

续表

Ma	H /km	p/Pa	T/K	p_t/Pa	T_t/K	$\rho v^2/2$/Pa	Φ/A/Pa	$\rho v/$ [kg/(m²s)]
0.3	4	61 660.42	262.17	65 640.05	266.91	3 891.287	69 443	79.854
0.3	5	54 048.26	255.68	57 536.83	260.31	3 411.127	60 870.52	70.881
0.3	6	47 217.62	249.19	50 265.44	253.7	2 980.171	53 177.96	62.726
0.3	7	41 105.25	242.7	43 758.61	247.1	2 594.459	46 294.17	55.331
0.3	8	35 651.6	236.22	37 952.95	240.5	2 250.258	40 152.12	48.645
0.3	9	30 800.67	229.73	32 788.86	233.89	1 944.053	34 688.78	42.614
0.3	10	26 499.87	223.25	28 210.39	227.3	1 672.544	29 844.96	37.192
0.3	11	22 699.94	216.77	24 165.09	220.7	1 432.632	25 565.2	32.33
0.3	12	19 399.43	216.65	20 651.55	220.57	1 224.33	21 848.09	27.637
0.3	13	16 579.6	216.65	17 649.72	220.57	1 046.366	18 672.34	23.62
0.3	14	14 170.36	216.65	15 084.98	220.57	894.314 7	15 958.99	20.188
0.3	15	12 111.81	216.65	12 893.56	220.57	764.396 1	13 640.6	17.255
0.3	16	10 352.82	216.65	11 021.03	220.57	653.383 2	11 659.58	14.749
0.3	17	8 849.716	216.65	9 420.916	220.57	558.520 2	9 966.757	12.608
0.3	18	7 565.221	216.65	8 053.513	220.57	477.453 5	8 520.128	10.778
0.3	19	6 467.482	216.65	6 884.922	220.57	408.173 4	7 283.829	9.213 9
0.3	20	5 529.301	216.65	5 886.186	220.57	348.963 3	6 227.227	7.877 3
0.3	21	4 728.932	217.58	5 034.161	221.52	298.453 4	5 325.839	6.722 7
0.3	22	4 047.491	218.57	4 308.739	222.53	255.448 6	4 558.388	5.740 9
0.3	23	3 466.858	219.57	3 690.631	223.54	218.805 1	3 904.469	4.906 2
0.3	24	2 971.739	220.56	3 163.555	224.56	187.558 1	3 346.856	4.196 1
0.3	25	2 549.216	221.55	2 713.761	225.57	160.892 2	2 871.001	3.591 4
0.3	26	2 188.372	222.54	2 329.626	226.58	138.118 8	2 464.609	3.076 2
0.3	27	1 879.97	223.54	2 001.318	227.59	118.654 8	2 117.279	2.636 8
0.3	28	1 616.193	224.53	1 720.516	228.59	102.007 1	1 820.207	2.261 8
0.3	29	1 390.418	225.52	1 480.168	229.6	87.757 67	1 565.933	1.941 6
0.3	30	1 197.028	226.51	1 274.295	230.61	75.552 07	1 348.132	1.667 9
0.3	31	1 031.258	227.5	1 097.825	231.62	65.089 58	1 161.437	1.433 8
0.3	32	889.061 5	228.49	946.450 2	232.63	56.114 85	1 001.291	1.233 4
0.3	33	767.306 8	230.97	816.836 8	235.16	48.430 48	864.167 8	1.058 8
0.3	34	663.410 7	233.74	706.234 4	237.98	41.873 07	747.156 8	0.91
0.3	35	574.592 4	236.51	611.682 9	240.8	36.267 13	647.126 7	0.783 5
0.3	36	498.520 9	239.28	530.700 8	243.62	31.465 6	561.452 1	0.675 8

续表

Ma	H /km	p/Pa	T/K	p_t/Pa	T_t/K	$\rho v^2/2$/Pa	Φ/A/Pa	$\rho v/$ $[\mathrm{kg}/(\mathrm{m}^2\,\mathrm{s})]$
0. 3	37	433. 246 8	242. 05	461. 213 1	246. 44	27. 345 49	487. 937 8	0. 584
0. 3	38	377. 137	244. 82	401. 481 2	249. 25	23. 803 76	424. 74 46	0. 505 5
0. 3	39	328. 820 3	247. 58	350. 045 3	252. 07	20. 753 89	370. 328 1	0. 438 2
0. 3	40	287. 142 8	250. 35	305. 677 3	254. 88	18. 123 07	323. 388 9	0. 380 6
0. 4	0	101 325	288. 15	113 149. 6	297. 41	11 362. 75	124 050. 5	166. 85
0. 4	1	89 876. 28	281. 65	100 366. 3	290. 71	10 080. 28	110 036. 8	149. 71
0. 4	2	79 501. 41	275. 15	88 781. 61	284	8 917. 763	97 336. 94	133. 99
0. 4	3	70 121. 14	268. 66	78 307. 24	277. 3	7 866. 393	85 853. 93	119. 6
0. 4	4	61 660. 42	262. 17	68 859. 42	270. 61	6 917. 843	75 496. 11	106. 47
0. 4	5	54 048. 26	255. 68	60 358. 94	263. 91	6 064. 225	66 176. 71	94. 508
0. 4	6	47 217. 62	249. 19	52 731. 02	257. 21	5 298. 082	57 813. 78	83. 634
0. 4	7	41 105. 25	242. 7	45 905. 07	250. 52	4 612. 372	50 329. 99	73. 775
0. 4	8	35 651. 6	236. 22	39 814. 64	243. 82	4 000. 459	43 652. 52	64. 86
0. 4	9	30 800. 67	229. 73	34 397. 22	237. 13	3 456. 095	37 712. 86	56. 819
0. 4	10	26 499. 87	223. 25	29 594. 12	230. 44	2 973. 411	32 446. 7	49. 589
0. 4	11	22 699. 94	216. 77	25 350. 34	223. 75	2 546. 902	27 793. 74	43. 107
0. 4	12	19 399. 43	216. 65	21 664. 47	223. 63	2 176. 586	23 752. 6	36. 85
0. 4	13	16 579. 6	216. 65	18 515. 41	223. 63	1 860. 206	20 300. 02	31. 494
0. 4	14	14 170. 36	216. 65	15 824. 86	223. 63	1 589. 893	17 350. 14	26. 917
0. 4	15	12 111. 81	216. 65	13 525. 96	223. 63	1 358. 926	14 829. 66	23. 007
0. 4	16	10 352. 82	216. 65	11 561. 59	223. 63	1 161. 57	12 675. 96	19. 666
0. 4	17	8 849. 716	216. 65	9 882. 993	223. 63	992. 924 8	10 835. 57	16. 81
0. 4	18	7 565. 221	216. 65	8 448. 522	223. 63	848. 806 3	9 262. 833	14. 37
0. 4	19	6 467. 482	216. 65	7 222. 613	223. 63	725. 641 7	7 918. 765	12. 285
0. 4	20	5 529. 301	216. 65	6 174. 891	223. 63	620. 379 2	6 770. 059	10. 503
0. 4	21	4 728. 932	217. 58	5 281. 078	224. 59	530. 583 9	5 790. 1	8. 963 6
0. 4	22	4 047. 491	218. 57	4 520. 077	225. 61	454. 130 8	4 955. 752	7. 654 5
0. 4	23	3 466. 858	219. 57	3 871. 653	226. 64	388. 986 9	4 244. 832	6. 541 6
0. 4	24	2 971. 739	220. 56	3 318. 727	227. 66	333. 436 6	3 638. 613	5. 594 8
0. 4	25	2 549. 216	221. 55	2 846. 871	228. 69	286. 030 7	3 121. 278	4. 788 6
0. 4	26	2 188. 372	222. 54	2 443. 895	229. 71	245. 544 4	2 679. 46	4. 101 6
0. 4	27	1 879. 97	223. 54	2 099. 484	230. 74	210. 941 9	2 301. 854	3. 515 7
0. 4	28	1 616. 193	224. 53	1 804. 909	231. 76	181. 346	1 978. 885	3. 015 8

续表

Ma	H/km	p/Pa	T/K	p_t/Pa	T_t/K	$\rho v^2/2/\mathrm{Pa}$	$\Phi/A/\mathrm{Pa}$	$\rho v/$ $[\mathrm{kg}/(\mathrm{m}^2\,\mathrm{s})]$
0.4	29	1 390.418	225.52	1 552.772	232.78	156.013 6	1 702.445	2.588 8
0.4	30	1 197.028	226.51	1 336.801	233.8	134.314 8	1 465.657	2.223 8
0.4	31	1 031.258	227.5	1 151.675	234.83	115.714 8	1 262.688	1.911 7
0.4	32	889.061 5	228.49	992.875 4	235.85	99.759 73	1 088.581	1.644 5
0.4	33	767.306 8	230.97	856.904 5	238.41	86.098 64	939.504 1	1.411 7
0.4	34	663.410 7	233.74	740.877	241.27	74.441 02	812.292 7	1.213 3
0.4	35	574.592 4	236.51	641.687 6	244.13	64.474 9	703.542 2	1.044 7
0.4	36	498.520 9	239.28	556.733	246.99	55.938 84	610.398 5	0.901 1
0.4	37	433.246 8	242.05	483.836 7	249.85	48.614 2	530.475 2	0.778 6
0.4	38	377.137	244.82	421.174 6	252.7	42.317 8	461.772 6	0.673 9
0.4	39	328.820 3	247.58	367.215 5	255.56	36.895 81	402.611 9	0.584 3
0.4	40	287.142 8	250.35	320.671	258.41	32.218 8	351.580 4	0.507 4
0.5	0	101 325	288.15	120 216.9	302.61	17 754.29	136 833.6	208.56
0.5	1	89 876.28	281.65	10 6635.9	295.8	15 750.44	121 377.2	187.13
0.5	2	79 501.41	275.15	94 328.2	288.98	13 934	107 369.4	167.48
0.5	3	70 121.14	268.66	83 199.89	282.17	12 291.24	94 703.62	149.5
0.5	4	61 660.42	262.17	73 162.09	275.35	10 809.13	83 278.68	133.09
0.5	5	54 048.26	255.68	64 130.69	268.54	9 475.352	72 998.97	118.13
0.5	6	47 217.62	249.19	56 026.24	261.72	8 278.253	63 774.12	104.54
0.5	7	41 105.25	242.7	48 773.8	254.91	7 206.831	55 518.91	92.219
0.5	8	35 651.6	236.22	42 302.77	248.1	6 250.717	48 153.04	81.075
0.5	9	30 800.67	229.73	36 546.78	241.29	5 400.149	41 600.97	71.024
0.5	10	26 499.87	223.25	31 443.47	234.49	4 645.955	35 791.78	61.986
0.5	11	22 699.94	216.77	26 934.41	227.68	3 979.534	30 659	53.884
0.5	12	19 399.43	216.65	23 018.22	227.55	3 400.916	26 201.26	46.062
0.5	13	16 579.6	216.65	19 672.38	227.55	2 906.573	22 392.75	39.367
0.5	14	14 170.36	216.65	16 813.71	227.55	2 484.208	19 138.77	33.646
0.5	15	12 111.81	216.65	14 371.16	227.55	2 123.323	16 358.45	28.759
0.5	16	10 352.82	216.65	12 284.04	227.55	1 814.953	13 982.72	24.582
0.5	17	8 849.716	216.65	10 500.55	227.55	1 551.445	11 952.61	21.013
0.5	18	7 565.221	216.65	8 976.445	227.55	1 326.26	10 217.74	17.963
0.5	19	6 467.482	216.65	7 673.933	227.55	1 133.815	8 735.112	15.357
0.5	20	5 529.301	216.65	6 560.742	227.55	969.342 4	7 467.985	13.129

续表

Ma	H/km	p/Pa	T/K	p_t/Pa	T_t/K	$\rho v^2/2$/Pa	Φ/A/Pa	ρv/[kg/(m²s)]
0.5	21	4 728.932	217.58	5 611.08	228.53	829.037 4	6 387.007	11.204
0.5	22	4 047.491	218.57	4 802.528	229.57	709.579 3	5 466.65	9.568 2
0.5	23	3 466.858	219.57	4 113.588	230.62	607.792 1	4 682.443	8.177
0.5	24	2 971.739	220.56	3 526.111	231.66	520.994 6	4 013.729	6.993 5
0.5	25	2 549.216	221.55	3 024.771	232.7	446.922 9	3 443.062	5.985 7
0.5	26	2 188.372	222.54	2 596.614	233.74	383.663 2	2 955.698	5.127
0.5	27	1 879.97	223.54	2 230.682	234.78	329.596 7	2 539.163	4.394 7
0.5	28	1 616.193	224.53	1 917.699	235.83	283.353 1	2 182.899	3.769 7
0.5	29	1 390.418	225.52	1 649.806	236.87	243.771 3	1 877.96	3.236
0.5	30	1 197.028	226.51	1 420.34	237.91	209.866 8	1 616.762	2.779 8
0.5	31	1 031.258	227.5	1 223.646	238.95	180.804 4	1 392.867	2.389 6
0.5	32	889.061 5	228.49	1 054.922	239.99	155.874 6	1 200.811	2.055 7
0.5	33	767.306 8	230.97	910.454 5	242.6	134.529 1	1 036.365	1.764 6
0.5	34	663.410 7	233.74	787.176 5	245.51	116.314 1	896.038 9	1.516 6
0.5	35	574.592 4	236.51	681.788 6	248.42	100.742	776.076 5	1.305 8
0.5	36	498.520 9	239.28	591.524 9	251.32	87.404 43	673.329 7	1.126 4
0.5	37	433.246 8	242.05	514.072 9	254.23	75.959 69	585.166 2	0.973 3
0.5	38	377.137	244.82	447.494 8	257.14	66.121 57	509.380 2	0.842 4
0.5	39	328.820 3	247.58	390.163 4	260.04	57.649 7	444.119 7	0.730 4
0.5	40	287.142 8	250.35	340.709 9	262.95	50.341 87	387.826 5	0.634 3
0.6	0	101 325	288.15	129 275.9	308.97	25 566.18	152 457.4	250.27
0.6	1	89 876.28	281.65	114 672.4	302.02	22 680.64	135 237.6	224.56
0.6	2	79 501.41	275.15	101 437.8	295.06	20 064.97	119 631.3	200.98
0.6	3	70 121.14	268.66	89 471.3	288.1	17 699.38	105 519.9	179.41
0.6	4	61 660.42	262.17	78 677.24	281.15	15 565.15	92 790.72	159.71
0.6	5	54 048.26	255.68	68 965.28	274.19	13 644.51	81 337.28	141.76
0.6	6	47 217.62	249.19	60 250.01	267.24	11 920.68	71 058.99	125.45
0.6	7	41 105.25	242.7	52 450.89	260.29	10 377.84	61 860.92	110.66
0.6	8	35 651.6	236.22	45 492.03	253.33	9 001.032	53 653.67	97.289
0.6	9	30 800.67	229.73	39 302.04	246.38	7 776.214	46 353.1	85.229
0.6	10	26 499.87	223.25	33 813.92	239.43	6 690.175	39 880.22	74.384
0.6	11	22 699.94	216.77	28 964.84	232.48	5 730.529	34 160.99	64.661
0.6	12	19 399.43	216.65	24 753.42	232.35	4 897.319	29 194.06	55.275

续表

Ma	H /km	p/Pa	T/K	p_t/Pa	T_t/K	$\rho v^2/2$/Pa	Φ/A/Pa	$\rho v/$ [kg/(m² s)]
0.6	13	16 579. 6	216. 65	21 155. 36	232. 35	4 185. 465	24 950. 53	47. 24
0.6	14	14 170. 36	216. 65	18 081. 2	232. 35	3 577. 259	21 324. 88	40. 376
0.6	15	12 111. 81	216. 65	15 454. 51	232. 35	3 057. 585	18 226. 98	34. 51
0.6	16	10 352. 82	216. 65	13 210. 06	232. 35	2 613. 533	15 579. 88	29. 498
0.6	17	8 849. 716	216. 65	11 292. 13	232. 35	2 234. 081	13 317. 88	25. 216
0.6	18	7 565. 221	216. 65	9 653. 126	232. 35	1 909. 814	11 384. 85	21. 556
0.6	19	6 467. 482	216. 65	8 252. 425	232. 35	1 632. 694	9 732. 869	18. 428
0.6	20	5 529. 301	216. 65	7 055. 317	232. 35	1 395. 853	8 321. 007	15. 755
0.6	21	4 728. 932	217. 58	6 034. 07	233. 35	1 193. 814	7 116. 56	13. 445
0.6	22	4 047. 491	218. 57	5 164. 568	234. 41	1 021. 794	6 091. 079	11. 482
0.6	23	3 466. 858	219. 57	4 423. 694	235. 48	875. 220 6	5 217. 3	9. 812 4
0.6	24	2 971. 739	220. 56	3 791. 932	236. 54	750. 232 3	4 472. 204	8. 392 2
0.6	25	2 549. 216	221. 55	3 252. 799	237. 61	643. 569	3 836. 354	7. 182 9
0.6	26	2 188. 372	222. 54	2 792. 366	238. 67	552. 475	3 293. 322	6. 152 4
0.6	27	1 879. 97	223. 54	2 398. 848	239. 73	474. 619 3	2 829. 208	5. 273 6
0.6	28	1 616. 193	224. 53	2 062. 271	240. 8	408. 028 5	2 432. 25	4. 523 7
0.6	29	1 390. 418	225. 52	1 774. 183	241. 86	351. 030 7	2 092. 479	3. 883 2
0.6	30	1 197. 028	226. 51	1 527. 418	242. 92	302. 208 3	1 801. 444	3. 335 8
0.6	31	1 031. 258	227. 5	1 315. 895	243. 99	260. 358 3	1 551. 975	2. 867 6
0.6	32	889. 061 5	228. 49	1 134. 452	245. 05	224. 459 4	1 337. 98	2. 466 8
0.6	33	767. 306 8	230. 97	979. 094	247. 71	193. 721 9	1 154. 751	2. 117 5
0.6	34	663. 410 7	233. 74	846. 522 4	250. 68	167. 492 3	998. 395 3	1. 819 9
0.6	35	574. 592 4	236. 51	733. 189 1	253. 65	145. 068 5	864. 729 5	1. 567
0.6	36	498. 520 9	239. 28	636. 120 7	256. 62	125. 862 4	750. 245 6	1. 351 7
0.6	37	433. 246 8	242. 05	552. 829 3	259. 59	109. 382	652. 010 7	1. 167 9
0.6	38	377. 137	244. 82	481. 231 6	262. 56	95. 215 06	567. 567 1	1. 010 9
0.6	39	328. 820 3	247. 58	419. 577 8	265. 52	83. 015 57	494. 851 4	0. 876 5
0.6	40	287. 142 8	250. 35	366. 395 7	268. 49	72. 492 3	432. 127 4	0. 761 1
0.7	0	101 325	288. 15	140 598. 2	316. 49	34 798. 41	170 921. 8	291. 99
0.7	1	89 876. 28	281. 65	124 716. 7	309. 37	30 870. 87	151 618	261. 98
0.7	2	79 501. 41	275. 15	110 323. 6	302. 24	27 310. 65	134 122. 7	234. 48
0.7	3	70 121. 14	268. 66	97 309. 41	295. 12	24 090. 83	118 302. 8	209. 31
0.7	4	61 660. 42	262. 17	85 570. 14	288	211 85. 89	104 032. 2	186. 33

续表

Ma	H /km	p/Pa	T/K	p_t/Pa	T_t/K	$\rho v^2/2$/Pa	Φ/A/Pa	$\rho v/$ [kg/(m²s)]
0.7	5	54 048. 26	255. 68	75 007. 58	280. 88	18 571. 69	91 191. 64	165. 39
0.7	6	47 217. 62	249. 19	65 528. 89	273. 76	16 225. 38	79 668. 37	146. 36
0.7	7	41 105. 25	242. 7	57 046. 51	266. 64	14 125. 39	69 356. 03	129. 11
0.7	8	35 651. 6	236. 22	49 477. 92	259. 51	12 251. 41	60 154. 41	113. 5
0.7	9	30 800. 67	229. 73	42 745. 53	252. 39	10 584. 29	51 969. 25	99. 434
0.7	10	26 499. 87	223. 25	36 776. 47	245. 27	9 106. 072	44 712. 02	86. 781
0.7	11	22 699. 94	216. 77	31 502. 43	238. 15	7 799. 887	38 299. 71	75. 438
0.7	12	19 399. 43	216. 65	26 922. 05	238. 02	6 665. 795	32 731. 02	64. 487
0.7	13	16 579. 6	216. 65	23 008. 77	238. 02	5 696. 882	27 973. 37	55. 114
0.7	14	14 170. 36	216. 65	19 665. 28	238. 02	4 869. 047	23 908. 45	47. 105
0.7	15	12 111. 81	216. 65	16 808. 47	238. 02	4 161. 712	20 435. 23	40. 262
0.7	16	10 352. 82	216. 65	14 367. 38	238. 02	3 557. 309	17 467. 43	34. 415
0.7	17	8 849. 716	216. 65	12 281. 42	238. 02	3 040. 832	14 931. 38	29. 418
0.7	18	7 565. 221	216. 65	10 498. 83	238. 02	2 599. 469	12 764. 16	25. 148
0.7	19	6 467. 482	216. 65	8 975. 412	238. 02	2 222. 278	1 0912. 04	21. 499
0.7	20	5 529. 301	216. 65	7 673. 427	238. 02	1 899. 911	9 329. 123	18. 38
0.7	21	4 728. 932	217. 58	6 562. 713	239. 04	1 624. 913	7 978. 759	15. 686
0.7	22	4 047. 491	218. 57	5 617. 038	240. 13	1 390. 775	6 829. 042	13. 395
0.7	23	3 466. 858	219. 57	4 811. 259	241. 22	1 191. 272	5 849. 403	11. 448
0.7	24	2 971. 739	220. 56	4 124. 15	242. 31	1 021. 149	5 014. 038	9. 790 9
0.7	25	2 549. 216	221. 55	3 537. 784	243. 4	875. 968 9	4 301. 154	8. 38
0.7	26	2 188. 372	222. 54	3 037. 013	244. 49	751. 979 9	3 692. 331	7. 177 8
0.7	27	1 879. 97	223. 54	2 609. 02	245. 58	646. 009 6	3 171. 989	6. 152 6
0.7	28	1 616. 193	224. 53	2 242. 955	246. 67	555. 372 1	2 726. 937	5. 277 6
0.7	29	1 390. 418	225. 52	1 929. 627	247. 76	477. 791 8	2 346. 001	4. 530 4
0.7	30	1 197. 028	226. 51	1 661. 242	248. 85	411. 339	2 019. 706	3. 891 7
0.7	31	1 031. 258	227. 5	1 431. 188	249. 94	354. 376 6	1 740. 011	3. 345 5
0.7	32	889. 061 5	228. 49	1 233. 848	251. 03	305. 514 2	1 500. 09	2. 877 9
0.7	33	767. 306 8	230. 97	1 064. 879	253. 76	263. 677 1	1 294. 661	2. 470 4
0.7	34	663. 410 7	233. 74	920. 692 2	256. 8	227. 975 6	1 119. 362	2. 123 2
0.7	35	574. 592 4	236. 51	797. 429 6	259. 84	197. 454 4	969. 501 2	1. 828 2
0.7	36	498. 520 9	239. 28	691. 856 1	262. 88	171. 312 7	841. 146 2	1. 576 9
0.7	37	433. 246 8	242. 05	601. 266 9	265. 92	148. 881	731. 008 8	1. 362 6

续表

Ma	H /km	p/Pa	T/K	p_t/Pa	T_t/K	$\rho v^2/2$/Pa	Φ/A/Pa	ρv/ [kg/(m^2 s)]
0.7	38	377. 137	244. 82	523. 395 8	268. 96	129. 598 3	636. 333 6	1. 179 4
0.7	39	328. 820 3	247. 58	456. 339 8	272	112. 993 4	554. 807 1	1. 022 5
0.7	40	287. 142 8	250. 35	398. 497 7	275. 03	98. 670 07	484. 482 9	0. 888
0.8	0	101 325	288. 15	154 522. 4	325. 15	45 450. 99	192 227	333. 7
0.8	1	89 876. 28	281. 65	137 069. 1	317. 84	40 321. 14	170 518. 6	299. 41
0.8	2	79 501. 41	275. 15	121 251. 2	310. 53	35 671. 05	150 843. 5	267. 97
0.8	3	70 121. 14	268. 66	106 948. 5	303. 21	31 465. 57	133 052. 3	239. 21
0.8	4	61 660. 42	262. 17	94 046. 76	295. 9	27 671. 37	117 003. 2	212. 94
0.8	5	54 048. 26	255. 68	82 438. 11	288. 59	24 256. 9	102 562. 1	189. 02
0.8	6	47 217. 62	249. 19	72 020. 56	281. 27	21 192. 33	89 602. 27	167. 27
0.8	7	41 105. 25	242. 7	62 697. 9	273. 96	18 449. 49	78 004. 23	147. 55
0.8	8	35 651. 6	236. 22	54 379. 49	266. 64	16 001. 84	67 655. 27	129. 72
0.8	9	30 800. 67	229. 73	46 980. 07	259. 33	13 824. 38	58 449. 43	113. 64
0.8	10	26 499. 87	223. 25	40 419. 57	252. 01	11 893. 64	50 287. 16	99. 178
0.8	11	22 699. 94	216. 77	34 622. 92	244. 7	10 187. 61	43 075. 15	86. 214
0.8	12	19 399. 43	216. 65	29 588. 83	244. 56	8 706. 345	36 812. 12	73. 7
0.8	13	16 579. 6	216. 65	25 287. 92	244. 56	7 440. 826	31 461. 26	62. 987
0.8	14	14 170. 36	216. 65	21 613. 23	244. 56	6 359. 571	26 889. 5	53. 834
0.8	15	12 111. 81	216. 65	18 473. 44	244. 56	5 435. 706	22 983. 22	46. 014
0.8	16	10 352. 82	216. 65	15 790. 55	244. 56	4 646. 281	19 645. 38	39. 331
0.8	17	8 849. 716	216. 65	13 497. 96	244. 56	3 971. 699	16 793. 11	33. 621
0.8	18	7 565. 221	216. 65	11 538. 8	244. 56	3 395. 225	14 355. 67	28. 741
0.8	19	6 467. 482	216. 65	9 864. 478	244. 56	2 902. 567	12 272. 62	24. 57
0.8	20	5 529. 301	216. 65	8 433. 524	244. 56	2 481. 517	10 492. 33	21. 006
0.8	21	4 728. 932	217. 58	7 212. 792	245. 61	2 122. 336	8 973. 603	17. 927
0.8	22	4 047. 491	218. 57	6 173. 447	246. 73	1 816. 523	7 680. 537	15. 309
0.8	23	3 466. 858	219. 57	5 287. 853	247. 85	1 555. 948	6 578. 754	13. 083
0.8	24	2 971. 739	220. 56	4 532. 683	248. 97	1 333. 746	5 639. 232	11. 19
0.8	25	2 549. 216	221. 55	3 888. 235	250. 09	1 144. 123	4 837. 462	9. 577 1
0.8	26	2 188. 372	222. 54	3 337. 86	251. 21	982. 177 8	4 152. 727	8. 203 2
0.8	27	1 879. 97	223. 54	2 867. 471	252. 33	843. 767 6	3 567. 505	7. 031 5
0.8	28	1 616. 193	224. 53	2 465. 145	253. 45	725. 384	3 066. 961	6. 031 6
0.8	29	1 390. 418	225. 52	2 120. 779	254. 57	624. 054 5	2 638. 527	5. 177 6

续表

Ma	H /km	p/Pa	T/K	p_t/Pa	T_t/K	$\rho v^2/2$/Pa	Φ/A/Pa	$\rho v/$ [kg/(m² s)]
0.8	30	1 197.028	226.51	1 825.809	255.69	537.259 1	2 271.546	4.447 7
0.8	31	1 031.258	227.5	1 572.966	256.81	462.859 3	1 956.977	3.823 4
0.8	32	889.061 5	228.49	1 356.077	257.93	399.038 9	1 687.139	3.289 1
0.8	33	767.306 8	230.97	1 170.37	260.73	344.394 6	1 456.096	2.823 4
0.8	34	663.410 7	233.74	1 011.901	263.85	297.764 1	1 258.939	2.426 6
0.8	35	574.592 4	236.51	876.427 6	266.98	257.899 6	1 090.392	2.089 4
0.8	36	498.520 9	239.28	760.395 7	270.1	223.755 4	946.031 6	1.802 2
0.8	37	433.246 8	242.05	660.832 3	273.23	194.456 8	822.160 4	1.557 3
0.8	38	377.137	244.82	575.246 7	276.35	169.271 2	715.679 5	1.347 9
0.8	39	328.820 3	247.58	501.547 5	279.47	147.583 2	623.986 8	1.168 6
0.8	40	287.142 8	250.35	437.975 1	282.58	128.875 2	544.893 2	1.014 8
0.9	0	101 325	288.15	171 463.4	334.96	57 523.91	216 372.8	375.41
0.9	1	89 876.28	281.65	152 097.4	327.43	51 031.44	191 939.2	336.84
0.9	2	79 501.41	275.15	134 546	319.91	45 146.17	169 793.8	301.47
0.9	3	70 121.14	268.66	118 675.5	312.38	39 823.61	149 768.4	269.11
0.9	4	61 660.42	262.17	104 359.4	304.85	35 021.58	131 703.6	239.56
0.9	5	54 048.26	255.68	91 477.95	297.32	30 700.14	115 448.5	212.64
0.9	6	47 217.62	249.19	79 918.12	289.79	26 821.54	100 860.7	188.18
0.9	7	41 105.25	242.7	69 573.14	282.26	23 350.13	87 805.52	165.99
0.9	8	35 651.6	236.22	60 342.48	274.72	20 252.32	76 156.25	145.93
0.9	9	30 800.67	229.73	52 131.53	267.19	17 496.48	65 793.63	127.84
0.9	10	26 499.87	223.25	44 851.49	259.65	15 052.89	56 605.66	111.58
0.9	11	22 699.94	216.77	38 419.07	252.12	12 893.69	48 487.32	96.991
0.9	12	19 399.43	216.65	32 833.02	251.97	11 018.97	41 437.36	82.912
0.9	13	16 579.6	216.65	28 060.55	251.97	9 417.295	35 414.2	70.861
0.9	14	14 170.36	216.65	23 982.96	251.97	8 048.833	30 268.02	60.564
0.9	15	12 111.81	216.65	20 498.92	251.97	6 879.565	25 870.94	51.765
0.9	16	10 352.82	216.65	17 521.87	251.97	5 880.449	22 113.71	44.248
0.9	17	8 849.716	216.65	14 977.91	251.97	5 026.682	18 903.08	37.823
0.9	18	7 565.221	216.65	12 803.94	251.97	4 297.082	16 159.38	32.333
0.9	19	6 467.482	216.65	10 946.04	251.97	3 673.561	13 814.6	27.642
0.9	20	5 529.301	216.65	9 358.197	251.97	3 140.669	11 810.64	23.632
0.9	21	4 728.932	217.58	8 003.627	253.05	2 686.081	10 101.09	20.168

续表

Ma	H /km	p/Pa	T/K	p_t/Pa	T_t/K	$\rho v^2/2$/Pa	Φ/A/Pa	$\rho v /$ [kg/(m²s)]
0.9	22	4 047.491	218.57	6 850.33	254.21	2 299.037	8 645.565	17.223
0.9	23	3 466.858	219.57	5 867.64	255.37	1 969.246	7 405.351	14.719
0.9	24	2 971.739	220.56	5 029.673	256.52	1 688.023	6 347.785	12.588
0.9	25	2 549.216	221.55	4 314.568	257.67	1 448.03	5 445.277	10.774
0.9	26	2 188.372	222.54	3 703.848	258.83	1 243.069	4 674.509	9.228 6
0.9	27	1 879.97	223.54	3 181.884	259.98	1 067.893	4 015.757	7.910 4
0.9	28	1 616.193	224.53	2 735.445	261.13	918.064 1	3 452.321	6.785 5
0.9	29	1 390.418	225.52	2 353.322	262.29	789.819	2 970.056	5.824 8
0.9	30	1 197.028	226.51	2 026.009	263.44	679.968 6	2 556.965	5.003 7
0.9	31	1 031.258	227.5	1 745.443	264.59	585.806 3	2 202.871	4.301 3
0.9	32	889.061 5	228.49	1 504.773	265.74	505.033 6	1 899.129	3.700 2
0.9	33	767.306 8	230.97	1 298.705	268.63	435.874 4	1 639.056	3.176 3
0.9	34	663.410 7	233.74	1 122.86	271.85	376.857 6	1 417.126	2.729 9
0.9	35	574.592 4	236.51	972.532 4	275.07	326.404 2	1 227.401	2.350 5
0.9	36	498.520 9	239.28	843.777 5	278.29	283.190 4	1 064.902	2.027 5
0.9	37	433.246 8	242.05	733.296 8	281.5	246.109 4	925.465 6	1.751 9
0.9	38	377.137	244.82	638.326 5	284.72	214.233 9	805.604 8	1.516 4
0.9	39	328.820 3	247.58	556.545 7	287.93	186.785	702.390 4	1.314 7
0.9	40	287.142 8	250.35	486.002 1	291.14	163.107 7	613.358 1	1.141 7
1.0	0	101 325	288.15	191 923.2	345.91	71 017.17	243 359.3	417.12
1.0	1	89 876.28	281.65	170 247.1	338.15	63 001.78	215 879.8	374.26
1.0	2	79 501.41	275.15	150 601.7	330.38	55 736.02	190 973.4	334.97
1.0	3	70 121.14	268.66	132 837.5	322.62	49 164.95	168 451.1	299.01
1.0	4	61 660.42	262.17	116 813.1	314.85	43 236.52	148 133.5	266.18
1.0	5	54 048.26	255.68	102 394.5	307.08	37 901.41	129 851.1	236.27
1.0	6	47 217.62	249.19	89 455.13	299.3	33 113.01	113 443.6	209.09
1.0	7	41 105.25	242.7	77 875.5	291.53	28 827.33	98 759.9	184.44
1.0	8	35 651.6	236.22	67 543.13	283.75	25 002.87	85 657.34	162.15
1.0	9	30 800.67	229.73	58 352.16	275.97	21 600.59	74 001.86	142.05
1.0	10	26 499.87	223.25	50 203.18	268.19	18 583.82	63 667.51	123.97
1.0	11	22 699.94	216.77	43 003	260.4	15 918.14	54 536.21	107.77
1.0	12	19 399.43	216.65	36 750.45	260.26	13 603.66	46 606.75	92.125
1.0	13	16 579.6	216.65	31 408.55	260.26	11 626.29	39 832.19	78.734

续表

Ma	H /km	p/Pa	T/K	p_t/Pa	T_t/K	$\rho v^2/2$/Pa	Φ/A/Pa	$\rho v/$ [kg/(m² s)]
1.0	14	14 170. 36	216. 65	26 844. 46	260. 26	9 936. 83	34 044. 02	67. 293
1.0	15	12 111. 81	216. 65	22 944. 72	260. 26	8 493. 29	29 098. 39	57. 517
1.0	16	10 352. 82	216. 65	19 612. 47	260. 26	7 259. 814	24 872. 44	49. 164
1.0	17	8 849. 716	216. 65	16 764. 98	260. 26	6 205. 78	21 261. 28	42. 026
1.0	18	7 565. 221	216. 65	14 331. 62	260. 26	5 305. 039	18 175. 3	35. 926
1.0	19	6 467. 482	216. 65	12 252. 06	260. 26	4 535. 26	15 538	30. 713
1.0	20	5 529. 301	216. 65	10 474. 76	260. 26	3 877. 37	13 284. 04	26. 258
1.0	21	4 728. 932	217. 58	8 958. 577	261. 37	3 316. 149	11 361. 23	22. 409
1.0	22	4 047. 491	218. 57	7 667. 682	262. 57	2 838. 317	9 724. 125	19. 136
1.0	23	3 466. 858	219. 57	6 567. 748	263. 76	2 431. 168	8 329. 195	16. 354
1.0	24	2 971. 739	220. 56	5 629. 802	264. 95	2 083. 979	7 139. 696	13. 987
1.0	25	2 549. 216	221. 55	4 829. 376	266. 14	1 787. 692	6 124. 6	11. 971
1.0	26	2 188. 372	222. 54	4 145. 79	267. 34	1 534. 653	5 257. 677	10. 254
1.0	27	1 879. 97	223. 54	3 561. 548	268. 53	1 318. 387	4 516. 744	8. 789 4
1.0	28	1 616. 193	224. 53	3 061. 842	269. 72	1 133. 412	3 883. 018	7. 539 5
1.0	29	1 390. 418	225. 52	2 634. 126	270. 91	975. 085 2	3 340. 588	6. 472
1.0	30	1 197. 028	226. 51	2 267. 759	272. 1	839. 467 4	2 875. 963	5. 559 6
1.0	31	1 031. 258	227. 5	1 953. 716	273. 29	723. 217 6	2 477. 693	4. 779 3
1.0	32	889. 061 5	228. 49	1 684. 33	274. 48	623. 498 3	2 136. 058	4. 111 3
1.0	33	767. 306 8	230. 97	1 453. 674	277. 46	538. 116 5	1 843. 54	3. 529 2
1.0	34	663. 410 7	233. 74	1 256. 849	280. 78	465. 256 4	1 593. 923	3. 033 2
1.0	35	574. 592 4	236. 51	1088. 58 5	284. 11	402. 968 1	1 380. 529	2. 611 7
1.0	36	498. 520 9	239. 28	944. 466 6	287. 43	349. 617 7	1 197. 756	2. 252 8
1.0	37	433. 246 8	242. 05	820. 803	290. 75	303. 838 8	1 040. 92 4	1. 946 6
1.0	38	377. 137	244. 82	714. 500 2	294. 07	264. 486 3	906. 109 6	1. 684 9
1.0	39	328. 820 3	247. 58	622. 960 8	297. 38	230. 598 8	790. 017 9	1. 460 8
1.0	40	287. 142 8	250. 35	543. 999 2	300. 7	201. 367 5	689. 877 7	1. 268 5
1.1	0	101 325	288. 15	216 504. 3	358	85 930. 78	273 186. 6	458. 84
1.1	1	89 876. 28	281. 65	192 052	349. 98	76 232. 15	242 340. 6	411. 69
1.1	2	79 501. 41	275. 15	169 890. 4	341. 95	67 440. 58	214 382. 6	368. 46
1.1	3	70 121. 14	268. 66	149 851	333. 92	59 489. 59	189 100. 3	328. 91
1.1	4	61 660. 42	262. 17	131 774	325. 89	52 316. 19	166 292. 8	292. 8
1.1	5	54 048. 26	255. 68	115 508. 5	317. 85	45 860. 7	145 769. 7	259. 9

续表

Ma	H/km	p/Pa	T/K	p_t/Pa	T_t/K	$\rho v^2/2/\text{Pa}$	$\Phi/A/\text{Pa}$	$\rho v/$ $[\text{kg}/(\text{m}^2\,\text{s})]$
1.1	6	47 217.62	249.19	100 911.6	309.81	40 066.74	12 7351.1	229.99
1.1	7	41 105.25	242.7	87 848.62	301.77	34 881.06	110 867.4	202.88
1.1	8	35 651.6	236.22	76 192.68	293.72	30 253.47	96 158.54	178.36
1.1	9	30 800.67	229.73	65 824.37	285.67	26 136.72	83 074.11	156.25
1.1	10	26 499.87	223.25	56 631.54	277.62	22 486.42	71 472.72	136.37
1.1	11	22 699.94	216.77	48 509.06	269.56	19 260.94	61 221.83	118.54
1.1	12	19 399.43	216.65	41 455.93	269.41	16 460.43	52 320.29	101.34
1.1	13	16 579.6	216.65	35 430.07	269.41	14 067.81	44 715.23	86.607
1.1	14	14 170.36	216.65	30 281.59	269.41	12 023.56	38 217.49	74.022
1.1	15	12 111.81	216.65	25 882.53	269.41	10 276.88	32 665.57	63.269
1.1	16	10 352.82	216.65	22 123.62	269.41	8 784.375	27 921.56	54.08
1.1	17	8 849.716	216.65	18 911.55	269.41	7 508.993	23 867.7	46.229
1.1	18	7 565.221	216.65	16 166.63	269.41	6 419.098	20 403.42	39.519
1.1	19	6 467.482	216.65	13 820.8	269.41	5 487.665	17 442.81	33.784
1.1	20	5 529.301	216.65	11 815.93	269.41	4 691.617	14 912.54	28.884
1.1	21	4 728.932	217.58	10 105.63	270.57	4 012.541	12 754.01	24.65
1.1	22	4 047.491	218.57	8 649.461	271.8	3 434.364	10 916.22	21.05
1.1	23	3 466.858	219.57	7 408.698	273.04	2 941.714	9 350.286	17.989
1.1	24	2 971.739	220.56	6 350.662	274.27	2 521.614	8 014.967	15.386
1.1	25	2 549.216	221.55	5 447.753	275.5	2 163.107	6 875.43	13.169
1.1	26	2 188.372	222.54	4 676.641	276.74	1 856.93	5 902.231	11.279
1.1	27	1 879.97	223.54	4 017.594	277.97	1 595.248	5 070.466	9.668 3
1.1	28	1 616.193	224.53	3 453.906	279.2	1 371.429	4 359.051	8.293 4
1.1	29	1 390.418	225.52	2 971.423	280.43	1 179.853	3 750.124	7.119 2
1.1	30	1 197.028	226.51	2 558.146	281.66	1 015.756	3 228.539	6.115 6
1.1	31	1 031.258	227.5	2 203.892	282.89	875.093 3	2 781.445	5.257 2
1.1	32	889.061 5	228.49	1 900.012	284.13	754.433	2 397.927	4.522 5
1.1	33	767.306 8	230.97	1 639.825	287.21	651.121	2 069.549	3.882 1
1.1	34	663.410 7	233.74	1 417.798	290.65	562.960 2	1789.331	3.336 5
1.1	35	574.592 4	236.51	1 227.989	294.09	487.591 4	1549.775	2.872 9
1.1	36	498.520 9	239.28	1 065.417	297.53	423.037 5	1344.596	2.478
1.1	37	433.246 8	242.05	925.918 7	300.96	367.644 9	1168.537	2.141 2
1.1	38	377.137	244.82	806.003 7	304.39	320.028 4	1017.194	1.853 3

续表

Ma	H/km	p/Pa	T/K	p_t/Pa	T_t/K	$\rho v^2/2$/Pa	Φ/A/Pa	$\rho v/$ $[\text{kg}/(\text{m}^2\,\text{s})]$
1.1	39	328.820 3	247.58	702.742 2	307.82	279.024 6	886.869 4	1.606 8
1.1	40	287.142 8	250.35	613.669 1	311.25	243.654 7	774.4521	1.395 4
1.2	0	101 325	288.15	245 924.1	371.22	102 264.7	305 854.4	500.55
1.2	1	89 876.28	281.65	218 148.4	362.91	90 722.56	271 321.4	449.12
1.2	2	79 501.41	275.15	192 974.6	354.6	80 259.86	240 021.1	401.96
1.2	3	70 121.14	268.66	170 211.5	346.29	70 797.53	211 716.2	358.81
1.2	4	61 660.42	262.17	149 677.7	337.96	62 260.59	186 181.6	319.42
1.2	5	54 048.26	255.68	131 201.5	329.64	54 578.03	163 204.3	283.52
1.2	6	47 217.62	249.19	114 620.7	321.31	47 682.74	142 583.1	250.9
1.2	7	41 105.25	242.7	99 782.47	312.97	41 511.35	124 127.9	221.33
1.2	8	35 651.6	236.22	86 542.51	304.63	36 004.13	107 659.9	194.58
1.2	9	30 800.67	229.73	74 765.23	296.29	31 104.86	93 010.38	170.46
1.2	10	26 499.87	223.25	64 323.22	287.94	26 760.7	80 021.28	148.77
1.2	11	22 699.94	216.77	55 097.08	279.59	22 922.12	68 544.17	129.32
1.2	12	19 399.43	216.65	47 086.06	279.43	19 589.28	58 577.98	110.55
1.2	13	16 579.6	216.65	40 241.82	279.43	16 741.86	50 063.32	94.481
1.2	14	14 170.36	216.65	34 394.13	279.43	14 309.04	42 788.43	80.751
1.2	15	12 111.81	216.65	29 397.64	279.43	12 230.34	36 572.48	69.021
1.2	16	10 352.82	216.65	25 128.23	279.43	10 454.13	31 261.08	58.997
1.2	17	8 849.716	216.65	21 479.93	279.43	8 936.323	26 722.36	50.431
1.2	18	7 565.221	216.65	18 362.22	279.43	7 639.257	22 843.73	43.111
1.2	19	6 467.482	216.65	15 697.8	279.43	6 530.775	19 529.03	36.856
1.2	20	5 529.301	216.65	13 420.65	279.43	5 583.412	16 696.13	31.509
1.2	21	4 728.932	217.58	11 478.09	280.63	4 775.255	14 279.44	26.891
1.2	22	4 047.491	218.57	9 824.169	281.91	4 087.177	12 221.84	22.964
1.2	23	3 466.858	219.57	8 414.906	283.19	3 500.882	10 468.62	19.625
1.2	24	2 971.739	220.56	7 213.183	284.47	3 000.929	8 973.598	16.784
1.2	25	2 549.216	221.55	6 187.652	285.75	2 574.276	7 697.768	14.366
1.2	26	2 188.372	222.54	5 311.817	287.03	2 209.9	6 608.172	12.305
1.2	27	1 879.97	223.54	4 563.265	288.31	1 898.477	5 676.924	10.547
1.2	28	1 616.193	224.53	3 923.021	289.58	1 632.114	4 880.421	9.047 4
1.2	29	1 390.418	225.52	3 375.011	290.86	1 404.123	4 198.663	7.766 4
1.2	30	1 197.028	226.51	2 905.605	292.14	1 208.833	3 614.694	6.671 5

续表

Ma	H /km	p/Pa	T/K	p_t/Pa	T_t/K	$\rho v^2/2$/Pa	Φ/A/Pa	$\rho v/$ [kg/(m²s)]
1.2	31	1 031.258	227.5	2 503.237	293.41	1 041.433	3 114.125	5.735 1
1.2	32	889.061 5	228.49	2 158.086	294.69	897.837 6	2 684.737	4.933 6
1.2	33	767.306 8	230.97	1 862.563	297.88	774.887 7	2 317.082	4.235
1.2	34	663.410 7	233.74	1 610.383	301.45	669.969 2	2 003.349	3.639 8
1.2	35	574.592 4	236.51	1 394.796	305.02	580.274 1	1 735.141	3.134
1.2	36	498.520 9	239.28	1 210.145	308.58	503.449 5	1 505.42	2.703 3
1.2	37	433.246 8	242.05	1 051.7	312.14	437.527 8	1 308.302	2.335 9
1.2	38	377.137	244.82	915.497 8	315.69	380.860 2	1 138.857	2.021 8
1.2	39	328.820 3	247.58	798.210 7	319.25	332.062 3	992.944 9	1.752 9
1.2	40	287.142 8	250.35	697.038 7	322.8	289.969 2	867.081 1	1.522 2
1.3	0	101 325	288.15	281 032.9	385.56	120 019	341 363	542.26
1.3	1	89 876.28	281.65	249 289.7	376.95	106 473	302 822.3	486.54
1.3	2	79 501.41	275.15	220 520.4	368.33	94 193.87	267 889.1	435.46
1.3	3	70 121.14	268.66	194 506.2	359.71	83 088.77	236 298.7	388.71
1.3	4	61 660.42	262.17	171 039.9	351.07	73 069.72	207 799.9	346.03
1.3	5	54 048.26	255.68	149 925.3	342.44	64 053.38	182 155	307.15
1.3	6	47 217.62	249.19	130 977	333.79	55 960.99	159 139.6	271.81
1.3	7	41 105.25	242.7	114 020.2	325.14	48 718.18	138 541.6	239.77
1.3	8	35 651.6	236.22	98 890.07	316.48	42 254.85	120 161.3	210.79
1.3	9	30 800.67	229.73	85 431.55	307.82	36 505	103 810.7	184.66
1.3	10	26 499.87	223.25	73 499.06	299.16	31 406.66	89 313.19	161.16
1.3	11	22 699.94	216.77	62 956.11	290.48	26 901.65	76 503.24	140.1
1.3	12	19 399.43	216.65	53 802.39	290.32	22 990.19	65 379.81	119.76
1.3	13	16 579.6	216.65	45 981.89	290.32	19 648.43	55 876.47	102.35
1.3	14	14 170.36	216.65	39 300.09	290.32	16 793.24	47 756.85	87.481
1.3	15	12 111.81	216.65	33 590.9	290.32	14 353.66	40 819.13	74.772
1.3	16	10 352.82	216.65	28 712.51	290.32	12 269.09	34 890.99	63.913
1.3	17	8 849.716	216.65	24 543.81	290.32	10 487.77	29 825.25	54.634
1.3	18	7 565.221	216.65	20 981.39	290.32	8 965.517	25 496.25	46.704
1.3	19	6 467.482	216.65	17 936.92	290.32	7 664.59	21 796.66	39.927
1.3	20	5 529.301	216.65	15 334.97	290.32	6 552.755	18 634.81	34.135
1.3	21	4 728.932	217.58	13 115.34	291.57	5 604.293	15 937.52	29.132
1.3	22	4 047.491	218.57	11 225.52	292.9	4 796.756	13 641	24.877

续表

Ma	H /km	p/Pa	T/K	p_t/Pa	T_t/K	$\rho v^2/2$/Pa	Φ/A/Pa	$\rho v/$ [kg/(m²s)]
1.3	23	3 466.858	219.57	9 615.25	294.22	4 108.674	11 684.21	21.26
1.3	24	2 971.739	220.56	8 242.12⊦	295.55	3 521.924	10 015.59	18.183
1.3	25	2 549.216	221.55	7 070.313	296.88	3 021.199	8 591.614	15.563
1.3	26	2 188.372	222.54	6 069.551	298.21	2 593.563	7 375.498	13.33
1.3	27	1 879.97	223.54	5 214.226	299.54	2 228.074	6 336.118	11.426
1.3	28	1 616.193	224.53	4 482.658	300.86	1 915.467	5 447.127	9.801 3
1.3	29	1 390.418	225.52	3 856.478	302.19	1 647.894	4 686.206	8.413 6
1.3	30	1 197.028	226.51	3 320.114	303.51	1 418.7	4 034.428	7.227 5
1.3	31	1 031.258	227.5	2 860.349	304.84	1 222.238	3 475.733	6.213 1
1.3	32	889.061 5	228.49	2 465.962	306.16	1 053.712	2 996.486	5.344 8
1.3	33	767.306 8	230.97	2 128.289	309.48	909.416 9	2 586.141	4.588
1.3	34	663.410 7	233.74	1 840.139	313.18	786.283 2	2 235.977	3.943 2
1.3	35	574.592 4	236.51	1 593.801	316.88	681.016 1	1 936.625	3.395 2
1.3	36	498.520 9	239.28	1 382.811	320.58	590.854	1 680.229	2.928 6
1.3	37	433.246 8	242.05	1 201.764	324.27	513.487 5	1 460.222	2.530 5
1.3	38	377.137	244.82	1 046.132	327.97	446.981 8	1 271.101	2.190 3
1.3	39	328.820 3	247.58	912.112 6	331.65	389.712	1 108.244	1.899
1.3	40	287.142 8	250.35	796.507 1	335.34	340.311 1	967.764 9	1.649 1
1.4	0	101 325	288.15	322 833.4	401.02	139 193.7	379 712.3	583.97
1.4	1	89 876.28	281.65	286 364.5	392.08	123 483.5	336 843.2	523.97
1.4	2	79 501.41	275.15	253 312.9	383.14	109 242.6	297 986.6	468.95
1.4	3	70 121.14	268.66	223 427	374.18	96 363.31	262 847.8	418.61
1.4	4	61 660.42	262.17	196 468.7	365.21	84 743.58	231 147.6	372.65
1.4	5	54 048.26	255.68	172 212.4	356.24	74 286.76	202 621.8	330.78
1.4	6	47 217.62	249.19	150 445.2	347.26	64 901.5	177 020.6	292.72
1.4	7	41 105.25	242.7	130 966.1	338.27	56 501.56	154 108.4	258.21
1.4	8	35 651.6	236.22	113 585.6	329.27	49 005.62	133 662.8	227.01
1.4	9	30 800.67	229.73	98 125.7	320.27	42 337.16	115 475	198.87
1.4	10	26 499.87	223.25	84 419.01	311.26	36 424.29	99 348.45	173.56
1.4	11	22 699.94	216.77	72 308.66	302.24	31 199.55	85 099.03	150.88
1.4	12	19 399.43	216.65	61 795.09	302.07	26 663.18	72 725.79	128.97
1.4	13	16 579.6	216.65	52 812.8	302.07	22 787.53	62 154.66	110.23
1.4	14	14 170.36	216.65	45 138.37	302.07	19 476.19	53 122.73	94.21

续表

Ma	H /km	p/Pa	T/K	p_t/Pa	T_t/K	$\rho v^2/2$/Pa	Φ/A/Pa	$\rho v/$ [kg/(m² s)]
1.4	15	12 111.81	216.65	38 581.05	302.07	16 646.85	45 405.51	80.524
1.4	16	10 352.82	216.65	32 977.94	302.07	14 229.23	38 811.28	68.83
1.4	17	8 849.716	216.65	28 189.96	302.07	12 163.33	33 176.37	58.836
1.4	18	7 565.221	216.65	24 098.31	302.07	10 397.88	28 360.98	50.297
1.4	19	6 467.482	216.65	20 601.57	302.07	8 889.111	24 245.7	42.998
1.4	20	5 529.301	216.65	17 613.08	302.07	7 599.645	20 728.59	36.761
1.4	21	4 728.932	217.58	15 063.74	303.37	6 499.653	17 728.24	31.373
1.4	22	4 047.491	218.57	12 893.2	304.75	5 563.102	15 173.69	26.791
1.4	23	3 466.858	219.57	11 043.73	306.13	4 765.09	12 997.04	22.896
1.4	24	2 971.739	220.56	9 466.62	307.51	4 084.598	11 140.94	19.582
1.4	25	2 549.216	221.55	8 120.739	308.89	3 503.876	9 556.968	16.76
1.4	26	2 188.372	222.54	6 971.31	310.27	3 007.919	8 204.21	14.356
1.4	27	1 879.97	223.54	5 988.921	311.65	2 584.038	7 048.047	12.305
1.4	28	1 616.193	224.53	5 148.672	313.03	2 221.488	6 059.17	10.555
1.4	29	1 390.418	225.52	4 429.467	314.41	1 911.167	5 212.752	9.060 8
1.4	30	1 197.028	226.51	3 813.418	315.79	1 645.356	4 487.74	7.783 5
1.4	31	1 031.258	227.5	3 285.349	317.16	1 417.506	3 866.271	6.691
1.4	32	889.061 5	228.49	2 832.368	318.54	1 222.057	3 333.175	5.755 9
1.4	33	767.306 8	230.97	2 444.535	321.99	1 054.708	2 876.723	4.940 9
1.4	34	663.410 7	233.74	2 113.582	325.84	911.902 5	2 487.216	4.246 5
1.4	35	574.592 4	236.51	1 830.649	329.68	789.817 5	2 154.228	3.656 4
1.4	36	498.520 9	239.28	1 588.314	333.53	685.250 8	1 869.022	3.153 9
1.4	37	433.246 8	242.05	1 380.369	337.37	595.524	1 624.295	2.725 2
1.4	38	377.137	244.82	1 201.615	341.2	518.393 1	1 413.923	2.358 8
1.4	39	328.820 3	247.58	1 047.683	345.04	451.973 7	1 232.768	2.0451
1.4	40	287.142 8	250.35	914.900 6	348.87	394.680 3	1 076.503	1.776
1.5	0	101 325	288.15	372 503.6	417.59	159 788.6	420 902.3	625.69
1.5	1	89 876.28	281.65	330 416.5	408.3	141 754	373 384.3	561.4
1.5	2	79 501.41	275.15	292 274.2	399	125 406	330 313.5	502.45
1.5	3	70 121.14	268.66	257 786.2	389.69	110 621.1	291 363.4	448.51
1.5	4	61 660.42	262.17	226 677.3	380.37	97 282.17	256 224.8	399.27
1.5	5	54 048.26	255.68	198 687.4	371.04	85 278.17	224 604.6	354.4
1.5	6	47 217.62	249.19	173 570.3	361.7	74 504.28	196 226.2	313.63

续表

Ma	H /km	p/Pa	T/K	p_t/Pa	T_t/K	$\rho v^2/2$/Pa	Φ/A/Pa	$\rho v/$ $[\text{kg}/(\text{m}^2\text{s})]$
1.5	7	41 105.25	242.7	151 094	352.35	64 861.48	170 828.2	276.66
1.5	8	35 651.6	236.22	131 039.9	342.99	56 256.45	148 164.5	243.22
1.5	9	30 800.67	229.73	113 202.2	333.62	48 601.34	128 003.3	213.07
1.5	10	26 499.87	223.25	97 387.79	324.24	41 813.6	110 127.1	185.96
1.5	11	22 699.94	216.77	83 415.55	314.86	35 815.81	94 331.55	161.65
1.5	12	19 399.43	216.65	71 287.02	314.68	30 608.24	80 615.91	138.19
1.5	13	16 579.6	216.65	60 925.03	314.68	26 159.15	68 897.91	118.1
1.5	14	14 170.36	216.65	52 071.79	314.68	22 357.87	58 886.1	100.94
1.5	15	12 111.81	216.65	44 507.23	314.68	19 109.9	50 331.61	86.276
1.5	16	10 352.82	216.65	38 043.47	314.68	16 334.58	43 021.98	73.746
1.5	17	8 849.716	216.65	32 520.03	314.68	13 963	36 775.72	63.039
1.5	18	7 565.221	216.65	27 799.9	314.68	11 936.34	31 437.9	53.889
1.5	19	6 467.482	216.65	23 766.04	314.68	10 204.34	26 876.15	46.07
1.5	20	5 529.301	216.65	20 318.51	314.68	8 724.082	22 977.46	39.387
1.5	21	4 728.932	217.58	17 377.63	316.03	7 461.336	19 651.6	33.613
1.5	22	4 047.491	218.57	14 873.71	317.47	6 386.214	16 819.92	28.704
1.5	23	3 466.858	219.57	12 740.18	318.91	5 470.129	14 407.12	24.531
1.5	24	2 971.739	220.56	10 920.84	320.34	4 688.952	12 349.64	20.98
1.5	25	2 549.216	221.55	9 368.235	321.78	4 022.306	10 593.83	17.957
1.5	26	2 188.372	222.54	8 042.254	323.22	3 452.969	9 094.309	15.381
1.5	27	1 879.97	223.54	6 908.968	324.65	2 966.371	7 812.711	13.184
1.5	28	1 616.193	224.53	5 939.652	326.09	2 550.178	6 716.549	11.309
1.5	29	1 390.418	225.52	5 109.971	327.52	2 193.942	5 778.301	9.708
1.5	30	1 197.028	226.51	4 399.29	328.96	1 888.802	4974.631	8.339 4
1.5	31	1 031.258	227.5	3 790.102	330.39	1 627.24	4 285.737	7.168 9
1.5	32	889.061 5	228.49	3 267.536	331.82	1 402.871	3 694.804	6.167
1.5	33	767.306 8	230.97	2 820.135	335.41	1 210.762	3 188.831	5.293 8
1.5	34	663.410 7	233.74	2 438.35	339.42	1 046.827	2 757.064	4.549 8
1.5	35	574.592 4	236.51	2 111.96	343.42	906.678 3	2 387.949	3.917 5
1.5	36	498.520 9	239.28	1 832.401	347.42	786.639 9	2 071.801	3.379 2
1.5	37	433.246 8	242.05	1 592.513	351.41	683.637 2	1 800.521	2.919 9
1.5	38	377.137	244.82	1 386.298	355.4	595.094 1	1 567.325	2.527 3
1.5	39	328.820 3	247.58	1 208.718	359.39	518.847 3	1 366.515	2.191 1

续表

Ma	H/km	p/Pa	T/K	p_t/Pa	T_t/K	$\rho v^2/2$/Pa	Φ/A/Pa	$\rho v/$ [kg/(m²s)]
1.5	40	287.142 8	250.35	1 055.535	363.37	453.076 9	1 193.296	1.902 8
1.6	0	101 325	288.15	431 422.4	435.25	181 804	464 932.9	667.4
1.6	1	89 876.28	281.65	382 667	425.59	161 284.5	412 445.4	598.82
1.6	2	79 501.41	275.15	338 483.1	415.92	142 684.2	364 869.8	535.95
1.6	3	70 121.14	268.66	298 533.8	406.24	125 862.3	321 845.7	478.42
1.6	4	61 660.42	262.17	262 500.3	396.54	110 685.5	283 031.4	425.89
1.6	5	54 048.26	255.68	230 080.6	386.83	97 027.6	248 103.5	378.03
1.6	6	47 217.62	249.19	200 989.6	377.11	84 769.31	216 756.2	334.54
1.6	7	41 105.25	242.7	174 958.2	367.37	73 797.95	188 701.2	295.1
1.6	8	35 651.6	236.22	151 732.8	357.63	64 007.34	163 666.3	259.44
1.6	9	30 800.67	229.73	131 075.2	347.87	55 297.52	141 395.7	227.28
1.6	10	26 499.87	223.25	112 761.3	338.11	47 574.58	121 649	198.36
1.6	11	22 699.94	216.77	96 581.28	328.33	40 750.43	104 200.8	172.43
1.6	12	19 399.43	216.65	82 538.44	328.15	34 825.38	89 050.18	147.4
1.6	13	16 579.6	216.65	70 540.99	328.15	29 763.3	76 106.21	125.97
1.6	14	14 170.36	216.65	60 290.41	328.15	25 438.29	65 046.93	107.67
1.6	15	12 111.81	216.65	51 531.92	328.15	21 742.82	55 597.45	92.027
1.6	16	10 352.82	216.65	44 047.96	328.15	18 585.12	47 523.06	78.662
1.6	17	8 849.716	216.65	37 652.75	328.15	15 886.8	40 623.31	67.242
1.6	18	7 565.221	216.65	32 187.63	328.15	13 580.9	34 727.02	57.482
1.6	19	6 467.482	216.65	27 517.1	328.15	11 610.27	29 688.02	49.141
1.6	20	5 529.301	216.65	23 525.43	328.15	9 926.066	25 381.43	42.012
1.6	21	4 728.932	217.58	20 120.45	329.55	8 489.343	21 707.62	35.854
1.6	22	4 047.491	218.57	17 221.38	331.05	7 266.092	18 579.68	30.618
1.6	23	3 466.858	219.57	14 751.14	332.55	6 223.791	15 914.44	26.167
1.6	24	2 971.739	220.56	12 644.67	334.05	5 334.985	13 641.71	22.379
1.6	25	2 549.216	221.55	10 847.03	335.54	4 576.491	11 702.2	19.154
1.6	26	2 188.372	222.54	9 311.77	337.04	3 928.711	10 045.79	16.406
1.6	27	1 879.97	223.54	7 999.616	338.54	3 375.071	8 630.111	14.063
1.6	28	1 616.193	224.53	6 877.308	340.03	2 901.536	7 419.265	12.063
1.6	29	1 390.418	225.52	5 916.671	341.52	2 496.218	6 382.854	10.355
1.6	30	1 197.028	226.51	5 093.815	343.02	2 149.037	5 495.101	8.895 4
1.6	31	1 031.258	227.5	4 388.467	344.51	1 851.437	4 734.132	7.646 8

续表

Ma	H /km	p/Pa	T/K	p_t/Pa	T_t/K	$\rho v^2/2$/Pa	Φ/A/Pa	$\rho v/$ [kg/(m²s)]
1.6	32	889.061 5	228.49	3 783.414	346	1 596.156	4 081.373	6.578 2
1.6	33	767.306 8	230.97	3 265.407	349.74	1 377.578	3 522.463	5.646 7
1.6	34	663.410 7	233.74	2 823.372	353.91	1 191.056	3 045.523	4.853 1
1.6	35	574.592 4	236.51	2 445.469	358.08	1 031.598	2 637.789	4.178 7
1.6	36	498.520 9	239.28	2 121.786	362.24	895.021 4	2 288.564	3.604 4
1.6	37	433.246 8	242.05	1 844.033	366.4	777.827 3	1 988.901	3.114 5
1.6	38	377.137	244.82	1 605.266	370.55	677.084 9	1 731.307	2.695 8
1.6	39	328.820 3	247.58	1 399.653	374.7	590.333	1 509.486	2.337 2
1.6	40	287.142 8	250.35	1 222.286	378.85	515.500 8	1 318.144	2.029 7
1.7	0	101 325	288.15	501 199.1	453.99	205 239.6	511 804.2	709.11
1.7	1	89 876.28	281.65	444 540.8	443.95	182 075.1	454 026.5	636.25
1.7	2	79 501.41	275.15	393 197.7	433.88	161 077.1	401 655.6	569.44
1.7	3	70 121.14	268.66	346 777.8	423.8	142 086.7	354 294.6	508.32
1.7	4	61 660.42	262.17	304 910.1	413.71	124 953.5	311 567.5	452.5
1.7	5	54 048.26	255.68	267 243.2	403.6	109 535.1	273 118.4	401.66
1.7	6	47 217.62	249.19	233 445.4	393.47	95 696.6	238 610.8	355.44
1.7	7	41 105.25	242.7	203 203.7	383.34	83 310.97	207 727.2	313.54
1.7	8	35 651.6	236.22	176 223.2	373.19	72 258.29	180 168.2	275.65
1.7	9	30 800.67	229.73	152 226.7	363.02	62 425.72	155 652.1	241.48
1.7	10	26 499.87	223.25	130 953.7	352.84	53 707.24	133 914.4	210.75
1.7	11	22 699.94	216.77	112 160.2	342.66	46 003.41	114 706.8	183.21
1.7	12	19 399.43	216.65	95 852.12	342.46	39 314.59	98 028.6	156.61
1.7	13	16 579.6	216.65	81 919.45	342.46	33 599.98	83 779.56	133.85
1.7	14	14 170.36	216.65	70 015.42	342.46	28 717.44	71 605.24	114.4
1.7	15	12 111.81	216.65	59 844.17	342.46	24 545.61	61 203.03	97.779
1.7	16	10 352.82	216.65	51 153.03	342.46	20 980.86	52 314.54	83.579
1.7	17	8 849.716	216.65	43 726.25	342.46	17 934.7	44 719.12	71.444
1.7	18	7 565.221	216.65	37 379.58	342.46	15 331.56	38 228.35	61.074
1.7	19	6 467.482	216.65	31 955.68	342.46	13 106.9	32 681.29	52.212
1.7	20	5 529.301	216.65	27 320.15	342.46	11 205.6	27 940.5	44.638
1.7	21	4 728.932	217.58	23 366.02	343.93	9 583.672	23 896.28	38.095
1.7	22	4 047.491	218.57	19 999.4	345.49	8 202.737	20 452.96	32.532
1.7	23	3 466.858	219.57	17 130.75	347.05	7 026.076	17 519.01	27.802

续表

Ma	H /km	p/Pa	T/K	p_t/Pa	T_t/K	$\rho v^2/2$/Pa	Φ/A/Pa	$\rho v/$ [kg/(m²·s)]
1.7	24	2 971.739	220.56	14 684.53	348.61	6 022.698	15 017.14	23.778
1.7	25	2 549.216	221.55	12 596.94	350.17	5 166.429	12 882.07	20.351
1.7	26	2 188.372	222.54	10 814.05	351.73	4 435.147	11 058.66	17.432
1.7	27	1 879.97	223.54	9 290.248	353.29	3 810.138	9 500.246	14.942
1.7	28	1 616.193	224.53	7 986.905	354.85	3 275.562	8 167.317	12.817
1.7	29	1 390.418	225.52	6 871.308	356.41	2 817.996	7 026.41	11.002
1.7	30	1 197.028	226.51	5 915.712	357.96	2 426.061	6 049.149	9.451 4
1.7	31	1 031.258	227.5	5 096.579	359.52	2 090.099	5211.456	8.124 8
1.7	32	889.061 5	228.49	4 393.916	361.07	1 801.91	4 492.88 2	6.989 3
1.7	33	767.306 8	230.97	3 792.365	364.97	1 555.157	3 877.62	5.999 6
1.7	34	663.410 7	233.74	3 279.038	369.31	1 344.591	3 352.592	5.156 4
1.7	35	574.592 4	236.51	2 840.183	373.65	1 164.578	2 903.748	4.439 8
1.7	36	498.520 9	239.28	2 464.288	377.99	1 010.395	2 519.311	3.829 7
1.7	37	433.246 8	242.05	2 141.73	382.32	878.094 1	2 189.435	3.309 2
1.7	38	377.137	244.82	1 864.443	386.65	764.365 3	1 905.868	2.864 3
1.7	39	328.820 3	247.58	1 625.655	390.97	666.430 6	1 661.681	2.483 3
1.7	40	287.142 8	250.35	1 419.669	395.29	581.952	1 451.047	2.156 5
1.8	0	101 325	288.15	583 706	473.81	230 095.6	561 516.3	750.82
1.8	1	89 876.28	281.65	517 695.4	463.35	204 125.8	498 127.8	673.67
1.8	2	79 501.41	275.15	457 881.1	452.87	180 584.7	440 670.8	602.94
1.8	3	70 121.14	268.66	403 806.1	442.38	159 294.5	388 710	538.22
1.8	4	61 660.42	262.17	355 036.9	431.87	140 086.3	341 833.1	479.12
1.8	5	54 048.26	255.68	311 163.8	421.34	122 800.6	299 649.4	425.29
1.8	6	47 217.62	249.19	271 799.8	410.79	107 286.2	261 789.9	376.35
1.8	7	41 105.25	242.7	236 579.7	400.23	93 400.54	227 906.3	331.99
1.8	8	35 651.6	236.22	205 159.6	389.65	81 009.29	197 670.2	291.87
1.8	9	30 800.67	229.73	177 216.1	379.06	69 985.93	170 772.5	255.69
1.8	10	26 499.87	223.25	152 445.4	368.45	60211.58	146 923	223.15
1.8	11	22 699.94	216.77	130 563.2	357.82	51 574.76	125 849.5	193.98
1.8	12	19 399.43	216.65	111 579.3	357.62	44 075.87	107 551.2	165.82
1.8	13	16 579.6	216.65	95 360.55	357.62	37 669.18	91917.97	141.72
1.8	14	14 170.36	216.65	81 503.35	357.62	32 195.33	78 561.02	121.13
1.8	15	12 111.81	216.65	69 663.22	357.62	27 518.26	67 148.33	103.53

续表

Ma	H/km	p/Pa	T/K	p_t/Pa	T_t/K	$\rho v^2/2$/Pa	Φ/A/Pa	$\rho v/$ [kg/(m²s)]
1.8	16	10 352.82	216.65	59 546.06	357.62	23 521.8	57 396.41	88.495
1.8	17	8 849.716	216.65	50 900.72	357.62	20 106.73	49 063.17	75.647
1.8	18	7 565.221	216.65	43 512.72	357.62	17 188.33	41 941.88	64.667
1.8	19	6 467.482	216.65	37 198.88	357.62	14 694.24	35 855.97	55.284
1.8	20	5 529.301	216.65	31 802.76	357.62	12 562.68	30 654.66	47.264
1.8	21	4 728.932	217.58	27 199.98	359.15	10 744.32	26 217.58	40.336
1.8	22	4 047.491	218.57	23 281.07	360.78	9 196.148	22 439.79	34.445
1.8	23	3 466.858	219.57	19 941.81	362.41	7 876.985	19 220.83	29.437
1.8	24	2 971.739	220.56	170 94.27	364.03	6 752.09	16 475.92	25.177
1.8	25	2 549.216	221.55	14 664.19	365.66	5 792.121	14 133.46	21.549
1.8	26	2 188.372	222.54	12 588.78	367.29	4 972.275	12 132.92	18.457
1.8	27	1 879.97	223.54	10 814.96	368.91	4 271.574	10 423.12	15.821
1.8	28	1 616.193	224.53	9 297.758	370.54	3 672.256	8 960.706	13.571
1.8	29	1 390.418	225.52	7 999.107	372.16	3 159.276	7 708.97	11.65
1.8	30	1 197.028	226.51	6 886.706	373.78	2 719.874	6 636.777	10.007
1.8	31	1 031.258	227.5	5 933.154	375.4	2 343.225	5 717.708	8.602 7
1.8	32	889.061 5	228.49	5 115.181	377.02	2 020.135	4 929.331	7.400 4
1.8	33	767.306 8	230.97	4 414.948	381.09	1 743.497	4 254.302	6.352 6
1.8	34	663.410 7	233.74	3 817.411	385.61	1 507.431	3 678.272	5.459 8
1.8	35	574.592 4	236.51	3 306.556	390.14	1 305.617	3 185.826	4.701
1.8	36	498.520 9	239.28	2 868.986	394.66	1 132.761	2 764.044	4.055
1.8	37	433.246 8	242.05	2 493.498	399.17	984.437 6	2 402.122	3.503 8
1.8	38	377.137	244.82	2 170.705	403.68	856.935 5	2 091.008	3.032 7
1.8	39	328.820 3	247.58	1 892.727	408.19	747.140 2	1 823.101	2.629 4
1.8	40	287.142 8	250.35	1 652.93	412.68	652.430 7	1 592.004	2.283 4
1.9	0	101 325	288.15	681 116.3	494.68	256 372	614 069	792.53
1.9	1	89 876.28	281.65	604 053.4	483.79	227 436.4	544 749.1	711.1
1.9	2	79 501.41	275.15	534 230.2	472.88	201 207	481 915.4	636.44
1.9	3	70 121.14	268.66	471 111.5	461.96	177 485.5	425 092.1	568.12
1.9	4	61 660.42	262.17	414 190.5	451.01	156 083.8	373 828.1	505.74
1.9	5	54 048.26	255.68	362 988.1	440.04	136 824.1	327 696.4	448.91
1.9	6	47 217.62	249.19	317 051.5	429.05	119 538	286 293.6	397.26
1.9	7	41 105.25	242.7	275 953.7	418.04	104 066.6	249 238.5	350.43

续表

Ma	H/km	p/Pa	T/K	p_t/Pa	T_t/K	$\rho v^2/2$/Pa	Φ/A/Pa	$\rho v/$ [kg/(m²s)]
1.9	8	35 651.6	236.22	239 292.8	407.02	90 260.35	216 172.3	308.08
1.9	9	30 800.67	229.73	206 690.6	395.97	77 978.15	186 757	269.89
1.9	10	26 499.87	223.25	177 792.4	384.91	67 087.59	160 675.1	235.55
1.9	11	22 699.94	216.77	152 265.4	373.83	57 464.47	137 628.9	204.76
1.9	12	19 399.43	216.65	130 125.9	373.62	49 109.23	117 617.9	175.04
1.9	13	16 579.6	216.65	111 211.3	373.62	41 970.91	100 521.4	149.59
1.9	14	14 170.36	216.65	95 050.8	373.62	35 871.96	85 914.27	127.86
1.9	15	12 111.81	216.65	81 242.61	373.62	30 660.78	73 433.36	109.28
1.9	16	10 352.82	216.65	69 443.78	373.62	26 207.93	62 768.67	93.411
1.9	17	8 849.716	216.65	59 361.42	373.62	22 402.86	53 655.45	79.849
1.9	18	7 565.221	216.65	50 745.38	373.62	19 151.19	45 867.61	68.26
1.9	19	6 467.482	216.65	43 382.06	373.62	16 372.29	39 212.06	58.355
1.9	20	5 529.301	216.65	37 089	373.62	13 997.3	33 523.91	49.89
1.9	21	4 728.932	217.58	31 721.33	375.21	11 971.3	28 671.53	42.577
1.9	22	4 047.491	218.57	27 151.16	376.91	10 246.33	24 540.14	36.359
1.9	23	3 466.858	219.57	23 256.96	378.61	8 776.517	21 019.89	31.073
1.9	24	2 971.739	220.56	19 936.17	380.31	7 523.162	18 018.06	26.575
1.9	25	2 549.216	221.55	17 102.19	382	6 453.567	15 456.35	22.746
1.9	26	2 188.372	222.54	14 681.83	383.7	5 540.097	13 268.56	19.483
1.9	27	1 879.97	223.54	12 613.17	385.39	4 759.377	11 398.72	16.7
1.9	28	1 616.193	224.53	10 843.78	387.09	4 091.619	9 799.431	14.325
1.9	29	1 390.418	225.52	9 329.25	388.78	3 520.058	8 430.533	12.297
1.9	30	1 197.028	226.51	8 031.925	390.47	3 030.477	7 257.982	10.563
1.9	31	1 031.258	227.5	6 919.85	392.16	2 610.816	6 252.889	9.080 6
1.9	32	889.061 5	228.49	5 965.887	393.85	2 250.829	5 390.719	7.811 6
1.9	33	767.306 8	230.97	5 149.286	398.09	1 942.601	4 652.508	6.705 5
1.9	34	663.410 7	233.74	4 452.449	402.81	1 679.575	4 022.562	5.763 1
1.9	35	574.592 4	236.51	3 856.689	407.52	1 454.715	3 484.022	4.962 2
1.9	36	498.520 9	239.28	3 346.385	412.24	1 262.12	3 022.761	4.280 3
1.9	37	433.246 8	242.05	2 908.476	416.94	1 096.858	2 626.963	3.698 6
1.9	38	377.137	244.82	2 532.017	421.64	954.795 4	2 286.728	3.201 2
1.9	39	328.820 3	247.58	2 207.817	426.33	832.461 7	1 993.744	2.775 5
1.9	40	287.142 8	250.35	1 928.142	431.02	726.936 6	1 741.016	2.410 2

续表

Ma	H/km	p/Pa	T/K	p_t/Pa	T_t/K	$\rho v^2/2/\text{Pa}$	$\Phi/A/\text{Pa}$	$\rho v/$ $[\text{kg}/(\text{m}^2\text{s})]$
2.0	0	101 325	288.15	795 945.2	516.58	284 068.7	669 462.4	834.25
2.0	1	89 876.28	281.65	705 839.6	505.25	252 007.1	593 890.5	748.53
2.0	2	79 501.41	275.15	624 207.5	493.9	222 944.1	525 389.5	669.93
2.0	3	70 121.14	268.66	550 420.5	482.52	196 659.8	463 440.8	598.02
2.0	4	61 660.42	262.17	483 885.1	471.12	172 946.1	407 552.6	532.36
2.0	5	54 048.26	255.68	424 039.5	459.69	151 605.6	357 259.5	472.54
2.0	6	47 217.62	249.19	370 353.6	448.24	132 452	312 121.7	418.17
2.0	7	41 105.25	242.7	322 327.1	436.77	115 309.3	271 723.9	368.88
2.0	8	35 651.6	236.22	279 489.2	425.27	100 011.5	235 674.5	324.3
2.0	9	30 800.67	229.73	241 397.2	413.76	86 402.38	203 605.4	284.1
2.0	10	26 499.87	223.25	207 635.5	402.22	74 335.28	175 170.4	247.95
2.0	11	22 699.94	216.77	177 814.9	390.66	63 672.54	150 045	215.54
2.0	12	19 399.43	216.65	151 960.3	390.44	54 414.66	128 228.7	184.25
2.0	13	16 579.6	216.65	129 872	390.44	46 505.16	109 589.9	157.47
2.0	14	14 170.36	216.65	110 999.8	390.44	39 747.32	93 665	134.59
2.0	15	12 111.81	216.65	94 874.68	390.44	33 973.16	80 058.13	115.03
2.0	16	10 352.82	216.65	81 096.07	390.44	29 039.25	68 431.32	98.328
2.0	17	8 849.716	216.65	69 321.94	390.44	24 823.12	58 495.95	84.052
2.0	18	7 565.221	216.65	59 260.18	390.44	21 220.16	50 005.54	71.852
2.0	19	6 467.482	216.65	50 661.33	390.44	18 141.04	42 749.57	61.426
2.0	20	5 529.301	216.65	43 312.33	390.44	15 509.48	36 548.26	52.516
2.0	21	4 728.932	217.58	37 044.25	392.1	13 264.6	31 258.13	44.818
2.0	22	4 047.491	218.57	31 707.44	393.88	11 353.27	26 754.03	38.273
2.0	23	3 466.858	219.57	27 159.95	395.65	9 724.673	22 916.2	32.708
2.0	24	2 971.739	220.56	23 282.04	397.42	8 335.914	19 643.57	27.974
2.0	25	2 549.216	221.55	19 972.6	399.19	7 150.766	16 850.75	23.943
2.0	26	2 188.372	222.54	17 146.14	400.96	6138.611	14 465.59	20.508
2.0	27	1 879.97	223.54	14 730.37	402.73	5 273.548	12 427.07	17.579
2.0	28	1 616.193	224.53	1 2664.08	404.49	4 533.65	10 683.49	15.079
2.0	29	1 390.418	225.52	1 0895.4	406.26	3 900.341	9 191.1	12.944
2.0	30	1 197.028	226.51	9 380.36	408.02	3 357.87	7 912.767	11.119
2.0	31	1 031.258	227.5	8 081.65	409.78	2 892.87	6 816.999	9.558 5
2.0	32	889.061 5	228.49	6 967.579	411.55	2 493.993	5 877.048	8.222 7

续表

Ma	H /km	p/Pa	T/K	p_t/Pa	T_t/K	$\rho v^2/2$/Pa	Φ/A/Pa	$\rho v/$ [kg/(m²s)]
2.0	33	767.306 8	230.97	6 013.993	415.96	2 152.466	5 072.239	7.058 4
2.0	34	663.410 7	233.74	5 200.26	420.88	1 861.025	4 385.462	6.066 4
2.0	35	574.592 4	236.51	4 504.547	425.8	1 611.873	3 798.337	5.223 4
2.0	36	498.520 9	239.28	3 908.617	430.71	1 398.471	3 295.463	4.505 5
2.0	37	433.246 8	242.05	3 397.219	435.62	1 215.355	2 863.957	3.893 1
2.0	38	377.137	244.82	2 957.575	440.52	1057.945	2 493.027	3.369 7
2.0	39	328.820 3	247.58	2 578.953	445.41	922.395 3	2 173.611	2.921 5
2.0	40	287.142 8	250.35	2 252.322	450.29	805.47	1 898.083	2.537 1
2.1	0	101 325	288.15	931 097.3	539.51	313 185.7	727 696.4	875.96
2.1	1	89 876.28	281.65	825 623.2	527.72	277 837.8	645 552	785.95
2.1	2	79 501.41	275.15	730 077.7	515.9	245 795.8	571 093.1	703.43
2.1	3	70 121.14	268.66	643 724.3	504.05	216 817.4	503 756	627.92
2.1	4	61 660.42	262.17	565 866	492.17	190 673	443 006.5	558.98
2.1	5	54 048.26	255.68	495 843.6	480.27	167 145.2	388 338.7	496.17
2.1	6	47 217.62	249.19	433 035	468.34	146 028.4	339 274.4	439.08
2.1	7	41 105.25	242.7	376 853.4	456.39	127 128.5	295 362.3	387.32
2.1	8	35 651.6	236.22	326 746.5	444.41	110 262.6	256 176.9	340.51
2.1	9	30 800.67	229.73	282 195.1	432.4	95 258.62	221 317.9	298.3
2.1	10	26 499.87	223.25	242 712.3	420.37	81 954.65	190 409.2	260.34
2.1	11	22 699.94	216.77	207 841.7	408.32	70 198.98	16 3097.9	226.31
2.1	12	19 399.43	216.65	177 621	408.09	59 992.16	139 383.7	193.46
2.1	13	16 579.6	216.65	151 802.7	408.09	51 271.94	119 123.5	165.34
2.1	14	14 170.36	216.65	129 743.7	408.09	43 821.42	101 813.2	141.32
2.1	15	12 111.81	216.65	110 895.6	408.09	37 455.41	87 022.63	120.79
2.1	16	10 352.82	216.65	94 790.28	408.09	32 015.78	74 384.37	103.24
2.1	17	8 849.716	216.65	81 027.92	408.09	27 367.49	63 584.69	88.254
2.1	18	7 565.221	216.65	69 267.09	408.09	23 395.22	54 355.67	75.445
2.1	19	6 467.482	216.65	59 216.2	408.09	20 000.5	46 468.48	64.497
2.1	20	5 529.301	216.65	50 626.22	408.09	17 099.2	39 727.7	55.141
2.1	21	4 728.932	217.58	43 300.05	409.82	14 624.22	33 977.37	47.059
2.1	22	4 047.491	218.57	37 062.32	411.67	12 516.98	29 081.45	40.186
2.1	23	3 466.858	219.57	31 747.12	413.52	10 721.45	24 909.76	34.344
2.1	24	2 971.739	220.56	27 214.5	415.37	9 190.345	21 352.43	29.373

续表

Ma	H /km	p/Pa	T/K	p_t/Pa	T_t/K	$\rho v^2/2$/Pa	Φ/A/Pa	$\rho v/$ [kg/(m²s)]
2.1	25	2 549.216	221.55	23 346.29	417.21	7 883.72	18 316.66	25.14
2.1	26	2 188.372	222.54	20 042.58	419.06	6 767.819	15 724.01	21.533
2.1	27	1 879.97	223.54	17 218.88	420.9	5 814.086	13 508.14	18.458
2.1	28	1 616.193	224.53	14 803.65	422.74	4 998.349	11 612.89	15.833
2.1	29	1 390.418	225.52	12 736.28	424.58	4 300.126	9 990.67	13.591
2.1	30	1 197.028	226.51	10 965.37	426.42	3 702.051	8 601.13	11.675
2.1	31	1 031.258	227.5	9 447.303	428.26	3 189.39	7 410.037	10.036
2.1	32	889.061 5	228.49	8 145.053	430.1	2 749.628	6 388.317	8.6338
2.1	33	767.306 8	230.97	7 030.49	434.7	2 373.094	5 513.494	7.4113
2.1	34	663.410 7	233.74	6 079.388	439.83	2 051.781	4 766.972	6.3697
2.1	35	574.592 4	236.51	5 266.212	444.96	1 777.089	4 128.771	5.4845
2.1	36	498.520 9	239.28	4 569.649	450.08	1 541.814	3 582.149	4.7308
2.1	37	433.246 8	242.05	3 971.88	455.19	1 339.929	3 113.105	4.0878
2.1	38	377.137	244.82	3 457.97	460.29	1 166.384	2 709.906	3.5382
2.1	39	328.820 3	247.58	3 015.379	465.39	1 016.941	2 362.702	3.0676
2.1	40	287.142 8	250.35	2 633.556	470.48	888.030 6	2 063.204	2.6639
2.2	0	101 325	288.15	1 089 920	563.44	343 723.1	788 771.2	917.67
2.2	1	89 876.28	281.65	966 361.3	551.17	304 928.6	699 733.5	823.38
2.2	2	79 501.41	275.15	854 448	538.87	269 762.3	619 026	736.93
2.2	3	70 121.14	268.66	753 314.4	526.53	237 958.4	546 037.9	657.82
2.2	4	61 660.42	262.17	662 141.4	514.17	209 264.7	480 189.9	585.59
2.2	5	54 048.26	255.68	580 154.5	501.77	183 442.8	420 933.9	519.79
2.2	6	47 217.62	249.19	506 622.9	489.35	160 267	367 751.6	459.99
2.2	7	41 105.25	242.7	440 857.6	476.89	139 524.3	320 153.8	405.76
2.2	8	35 651.6	236.22	382 210.1	464.41	121 013.9	277 679.4	356.73
2.2	9	30 800.67	229.73	330 071.1	451.89	104 546.9	239 894.4	312.51
2.2	10	26 499.87	223.25	283 869	439.35	89 945.69	206 391.3	272.74
2.2	11	22 699.94	216.77	243 068.5	426.78	77 043.78	176 787.5	237.09
2.2	12	19 399.43	216.65	207 725.4	426.54	65 841.73	151 082.9	202.67
2.2	13	16 579.6	216.65	177 531.3	426.54	56 271.25	129 122.1	173.21
2.2	14	14 170.36	216.65	151 733.6	426.54	4 8094.26	110 358.9	148.04
2.2	15	12 111.81	216.65	129 691	426.54	41 107.53	94 326.86	126.54
2.2	16	10 352.82	216.65	110 856	426.54	35 137.5	80 627.81	108.16

续表

Ma	H /km	p/Pa	T/K	p_t/Pa	T_t/K	$\rho v^2/2$/Pa	Φ/A/Pa	$\rho v/$ [kg/(m²s)]
2.2	17	8 849.716	216.65	94 761.12	426.54	30 035.97	68 921.66	92.457
2.2	18	7 565.221	216.65	81 006.98	426.54	25 676.39	58 918	79.037
2.2	19	6 467.482	216.65	69 252.59	426.54	21 950.66	50 368.8	67.569
2.2	20	5 529.301	216.65	59 206.72	426.54	18 766.47	43 062.24	57.767
2.2	21	4 728.932	217.58	50 639.35	428.35	16 050.16	36 829.26	49.3
2.2	22	4 047.491	218.57	43 344.79	430.28	13 737.46	31 522.4	42.1
2.2	23	3 466.858	219.57	37 128.99	432.21	11 766.85	27 000.57	35.979
2.2	24	2 971.739	220.56	31 828.33	434.13	10 086.46	23 144.65	30.771
2.2	25	2 549.216	221.55	27 304.61	436.06	8 652.427	19 854.07	26.337
2.2	26	2 188.372	222.54	23 441.02	437.98	7 427.719	17 043.81	22.559
2.2	27	1 879.97	223.54	20 138.76	439.9	6 380.993	14 641.96	19.337
2.2	28	1 616.193	224.53	17 314.16	441.82	5 485.716	12 587.63	16.587
2.2	29	1 390.418	225.52	14 896.35	443.74	4 719.413	10 829.24	14.238
2.2	30	1 197.028	226.51	12 825.23	445.66	4 063.022	9 323.072	12.231
2.2	31	1 031.258	227.5	11 049.81	447.58	3 500.373	8 032.004	10.514
2.2	32	889.061 5	228.49	9 526.772	449.49	3 017.732	6 924.525	9.045
2.2	33	767.306 8	230.97	8 223.371	454.29	2 604.484	5 976.274	7.764 2
2.2	34	663.410 7	233.74	7 111.125	459.64	2 251.841	5 167.092	6.673
2.2	35	574.592 4	236.51	6 160.148	464.98	1 950.366	4 475.324	5.745 7
2.2	36	498.520 9	239.28	5 345.525	470.32	1 692.15	3 882.821	4.956 1
2.2	37	433.246 8	242.05	4 646.42	475.64	1 470.58	3 374.406	4.282 5
2.2	38	377.137	244.82	4 045.374	480.96	1 280.114	2 937.364	3.706 7
2.2	39	328.820 3	247.58	3 527.726	486.27	1 116.098	2 561.01 7	3.213 7
2.2	40	287.142 8	250.35	3 081.137	491.58	974.618 7	2 236.38	2.790 8
2.3	0	101 325	288.15	1 276 260	588.36	375 680.8	852 686.7	959.38
2.3	1	89 876.28	281.65	1 131 454	575.59	333 279.4	756 435.1	860.81
2.3	2	79 501.41	275.15	1 000 314	562.79	294 843.5	669 188.5	770.42
2.3	3	70 121.14	268.66	881 822.3	549.96	260 082.6	590 286.4	687.72
2.3	4	61 660.42	262.17	775 016.1	537.09	228 721.2	519 102.8	612.21
2.3	5	54 048.26	255.68	678 984.7	524.18	200 498.4	455 045.1	543.42
2.3	6	47 217.62	249.19	592 868.8	511.24	175 167.8	397 553.3	480.9
2.3	7	41 105.25	242.7	515 858.8	498.27	152 496.6	346 098.4	424.21
2.3	8	35 651.6	236.22	447 192.8	485.26	132 265.2	300 181.9	372.94

续表

Ma	H /km	p/Pa	T/K	p_t/Pa	T_t/K	$\rho v^2/2$/Pa	Φ/A/Pa	$\rho v/$ [kg/(m² s)]
2.3	9	30 800.67	229.73	386 155.2	472.22	114 267.1	259 335	326.71
2.3	10	26 499.87	223.25	332 074.5	459.15	98 308.41	223 116.7	285.14
2.3	11	22 699.94	216.77	284 322.5	446.05	84 206.94	191 113.8	247.87
2.3	12	19 399.43	216.65	242 980.6	445.8	71 963.38	163 326.2	211.89
2.3	13	16 579.6	216.65	207 661.9	445.8	61 503.08	139 585.8	181.09
2.3	14	14 170.36	216.65	177 485.8	445.8	52 565.83	119 302	154.77
2.3	15	12 111.81	216.65	151 702.1	445.8	44 929.51	101 970.8	132.29
2.3	16	10 352.82	216.65	129 670.5	445.8	38 404.41	87 161.64	113.08
2.3	17	8 849.716	216.65	110 844	445.8	32 828.57	74 506.87	96.66
2.3	18	7 565.221	216.65	94 755.47	445.8	28 063.66	63 692.54	82.63
2.3	19	6 467.482	216.65	81 006.14	445.8	23 991.53	54 450.54	70.64
2.3	20	5 529.301	216.65	69 255.28	445.8	20 511.29	46 551.87	60.393
2.3	21	4 728.932	217.58	59 234.53	447.68	17 542.43	39 813.79	51.541
2.3	22	4 047.491	218.57	50 702.46	449.69	15 014.7	34 076.89	44.014
2.3	23	3 466.858	219.57	43 432.08	451.7	12 860.88	29 188.62	37.614
2.3	24	2 971.739	220.56	37 232.02	453.71	11 024.25	25 020.23	32.17
2.3	25	2 549.216	221.55	31 940.68	455.72	9 456.889	21 462.99	27.534
2.3	26	2 188.372	222.54	27 421.44	457.72	8 118.313	18 425	23.584
2.3	27	1 879.97	223.54	23 558.72	459.72	6 974.267	15 828.5	20.216
2.3	28	1 616.193	224.53	20 254.71	461.73	5 995.752	13 607.7	17.341
2.3	29	1 390.418	225.52	17 426.49	463.73	5 158.201	11 706.82	14.886
2.3	30	1 197.028	226.51	15 003.79	465.72	4 440.783	10 078.59	12.787
2.3	31	1 031.258	227.5	12 926.95	467.72	3 825.821	8 682.9	10.992
2.3	32	889.061 5	228.49	11 145.33	469.72	3 298.306	7 485.674	9.456 1
2.3	33	767.306 8	230.97	9 620.805	474.72	2 846.636	6 460.579	8.117 2
2.3	34	663.410 7	233.74	8 319.863	480.29	2 461.206	5 585.823	6.976 4
2.3	35	574.592 4	236.51	7 207.516	485.86	2 131.701	4 837.995	6.006 9
2.3	36	498.520 9	239.28	6 254.631	491.42	1 849.478	4 197.476	5.181 4
2.3	37	433.246 8	242.05	5 436.845	496.97	1 607.307	3 647.861	4.477 1
2.3	38	377.137	244.82	4 733.741	502.51	1 399.132	3 175.402	3.875 2
2.3	39	328.820 3	247.58	4 128.177	508.04	1 219.868	2 768.556	3.359 8
2.3	40	287.142 8	250.35	3 605.723	513.56	1 065.234	2 417.611	2.917 6
2.4	0	101 325	288.15	1 494 534	614.25	409 058.9	919 442.8	1 001.1

续表

Ma	H /km	p/Pa	T/K	p_t/Pa	T_t/K	$\rho v^2/2$/Pa	Φ/A/Pa	$\rho v /$ [kg/(m² s)]
2.4	1	89 876.28	281.65	1 324 799	600.97	362 890.2	815 656.7	898.23
2.4	2	79 501.41	275.15	1 171 108	587.66	321 039.5	721 580.3	803.92
2.4	3	70 121.14	268.66	1 032 263	574.3	283 190.1	636 501.4	717.62
2.4	4	61 660.42	262.17	907 129.9	560.91	249 042.3	559 745.1	638.83
2.4	5	54 048.26	255.68	794 638	547.48	218 312.1	490 672.5	567.05
2.4	6	47 217.62	249.19	693 776.9	534.01	190 730.9	428 679.5	501.8
2.4	7	41 105.25	242.7	603 594.5	520.5	166 045.4	373 196	442.65
2.4	8	35 651.6	236.22	523 195.4	506.96	144 016.5	323 684.6	389.16
2.4	9	30 800.67	229.73	451 738.6	493.37	124 419.4	279 639.5	340.92
2.4	10	26 499.87	223.25	388 435.5	479.76	107 042.8	2405 85.5	297.53
2.4	11	22 699.94	216.77	332 548	466.1	91688.46	206 076.9	258.64
2.4	12	19 399.43	216.65	284 193.4	465.84	78 357.1	176 113.6	221.1
2.4	13	16 579.6	216.65	242 884.2	465.84	66 967.43	150 514.5	188.96
2.4	14	14 170.36	216.65	207 589.8	465.84	57 236.14	128 642.6	161.5
2.4	15	12 111.81	216.65	177 432.8	465.84	48 921.35	109 954.5	138.04
2.4	16	10 352.82	216.65	151 664.4	465.84	41 816.53	93 985.87	117.99
2.4	17	8 849.716	216.65	129 644.6	465.84	35 745.29	80 340.3	100.86
2.4	18	7 565.221	216.65	110 827.3	465.84	30 557.03	68 679.27	86.223
2.4	19	6 467.482	216.65	947 45.87	465.84	26 123.1	58 713.68	73.711
2.4	20	5 529.301	216.65	81 001.91	465.84	22 333.65	50 196.6	63.019
2.4	21	4 728.932	217.58	69 282.4	467.81	19 101.02	42 930.97	53.782
2.4	22	4 047.491	218.57	59 303.87	469.9	16 348.71	36 744.91	45.927
2.4	23	3 466.858	219.57	50 800.83	471.99	14 003.53	31 473.92	39.25
2.4	24	2 971.739	220.56	43 549.49	474.09	12 003.72	26 979.17	33.569
2.4	25	2 549.216	221.55	37 360.85	476.18	10 297.1	23 143.42	28.731
2.4	26	2 188.372	222.54	32 075.17	478.27	8 839.6	19 867.57	24.61
2.4	27	1 879.97	223.54	27 557.31	480.35	7 593.909	17 067.79	21.094
2.4	28	1 616.193	224.53	23 692.86	482.44	6 528.456	14 673.1	18.095
2.4	29	1 390.418	225.52	20 384.86	484.52	5 616.491	12 623.4	15.533
2.4	30	1 197.028	226.51	17 551.14	486.6	4 835.332	10 867.69	13.343
2.4	31	1 031.258	227.5	15 121.92	488.69	4 165.733	9 362.725	11.47
2.4	32	889.061 5	228.49	13 037.97	490.76	3 591.35	8 071.762	9.867 2
2.4	33	767.306 8	230.97	11 254.99	495.97	3 099.551	6 966.409	8.470 1

续表

Ma	H/km	p/Pa	T/K	p_t/Pa	T_t/K	$\rho v^2/2$/Pa	Φ/A/Pa	$\rho v/$ $[\text{kg}/(\text{m}^2\text{s})]$
2.4	34	663. 410 7	233. 74	9 733. 485	501. 78	2 679. 877	6 023. 164	7. 279 7
2.4	35	574. 592 4	236. 51	8 432. 508	507. 58	2 321. 096	5 216. 785	6. 268 1
2.4	36	498. 520 9	239. 28	7 317. 994	513. 37	2 013. 798	4 526. 117	5. 406 7
2.4	37	433. 246 8	242. 05	6 361. 459	519. 15	1 750. 111	3 933. 469	4. 671 8
2.4	38	377. 137	244. 82	5 539. 035	524. 91	1 523. 441	3 424. 019	4. 043 7
2.4	39	328. 820 3	247. 58	4 830. 675	530. 67	1 328. 249	2 985. 319	3. 505 8
2.4	40	287. 142 8	250. 35	4 219. 511	536. 42	1 159. 877	2 606. 896	3. 044 5
2.5	0	101 325	288. 15	1 749 796	641. 08	443 857. 3	989 039. 6	1 042. 8
2.5	1	89 876. 28	281. 65	1 550 860	627. 28	393 761. 1	877 398. 5	935. 66
2.5	2	79 501. 41	275. 15	1 370 759	613. 44	348 350. 1	776 201. 6	837. 42
2.5	3	70 121. 14	268. 66	1 208 084	599. 55	307 281	684 683. 1	747. 52
2.5	4	61 660. 42	262. 17	1 061 500	585. 62	270 228. 2	602 116. 9	665. 45
2.5	5	54 048. 26	255. 68	929 746. 7	571. 65	236 883. 8	527 815. 9	590. 67
2.5	6	47 217. 62	249. 19	811 635. 8	557. 63	206 956. 3	461 130. 3	522. 71
2.5	7	41 105. 25	242. 7	706 047. 8	543. 57	180 170. 8	40 1446. 8	461. 09
2.5	8	35 651. 6	236. 22	611 930	529. 48	156 267. 9	348 187. 4	405. 37
2.5	9	30 800. 67	229. 73	528 293. 9	515. 34	135 003. 7	300 808. 1	355. 12
2.5	10	26 499. 87	223. 25	454 213. 2	501. 15	116 148. 9	258 797. 6	309. 93
2.5	11	22 699. 94	216. 77	388 820. 8	486. 93	99 488. 35	221 676. 6	269. 42
2.5	12	19 399. 43	216. 65	332 283. 1	486. 66	85 022. 9	189 445. 2	230. 31
2.5	13	16 579. 6	216. 65	283 983. 8	486. 66	72 664. 32	161 908. 2	196. 84
2.5	14	14 170. 36	216. 65	242 717	486. 66	62 105. 19	138 380. 7	168. 23
2.5	15	12 111. 81	216. 65	207 457. 1	486. 66	53 083. 07	118 277. 9	143. 79
2.5	16	10 352. 82	216. 65	177 328. 2	486. 66	45 373. 84	101 100. 5	122. 91
2.5	17	8 849. 716	216. 65	151 582. 4	486. 66	38 786. 12	86 421. 96	105. 06
2.5	18	7 565. 221	216. 65	129 580. 9	486. 66	33 156. 5	73 878. 21	89. 815
2.5	19	6 467. 482	216. 65	110 778. 3	486. 66	28 345. 38	63 158. 24	76. 783
2.5	20	5 529. 301	216. 65	94 708. 63	486. 66	24 233. 56	53 996. 42	65. 645
2.5	21	4 728. 932	217. 58	81 007. 21	488. 71	20 725. 93	46 180. 8	56. 022
2.5	22	4 047. 491	218. 57	69 341. 1	490. 89	17 739. 48	39 526. 46	47. 841
2.5	23	3 466. 858	219. 57	59 399. 85	493. 07	15 194. 8	33 856. 46	40. 885
2.5	24	2 971. 739	220. 56	50 921. 9	495. 25	13 024. 87	29 021. 47	34. 967
2.5	25	2 549. 216	221. 55	43 686. 31	497. 43	11 173. 07	24 895. 36	29. 929

续表

Ma	H /km	p/Pa	T/K	p_t/Pa	T_t/K	$\rho v^2/2$/Pa	Φ/A/Pa	$\rho v/$ $[\text{kg}/(\text{m}^2\,\text{s})]$
2.5	26	2 188.372	222.54	37 506.34	499.6	9 591.58	21 371.53	25.635
2.5	27	1 879.97	223.54	32 224.02	501.78	8 239.918	18 359.81	21.973
2.5	28	1 616.193	224.53	27 705.59	503.95	7 083.828	15 783.85	18.849
2.5	29	1 390.418	225.52	23 837.74	506.12	6 094.283	13 578.98	16.18
2.5	30	1 197.028	226.51	20 524.37	508.29	5 246.671	11 690.37	13.899
2.5	31	1 031.258	227.5	17 683.93	510.45	4 520.11	10 071.48	11.948
2.5	32	889.061 5	228.49	15 247.17	512.62	3 896.864	8 682.79	10.278
2.5	33	767.306 8	230.97	13 162.63	518.04	3 363.228	7 493.763	8.823
2.5	34	663.410 7	233.74	11 383.8	524.09	2 907.852	6 479.115	7.583
2.5	35	574.592 4	236.51	9 862.724	530.12	2 518.551	5 611.694	6.529 2
2.5	36	498.520 9	239.28	8 559.606	536.15	2 185.111	4 868.743	5.631 9
2.5	37	433.246 8	242.05	7 441.156	542.16	1 898.992	4 231.231	4.866 4
2.5	38	377.137	244.82	6 479.477	548.17	1 653.039	3 683.215	4.212 2
2.5	39	328.820 3	247.58	5 651.14	554.16	1 441.243	3 211.305	3.651 9
2.5	40	287.142 8	250.35	4 936.431	560.15	1 258.547	2 804.236	3.171 4
2.6	0	101 325	288.15	2 047 825	668.85	480 076.1	1 061 477	1084.5
2.6	1	89 876.28	281.65	1 814 734	654.51	425 892	941 660.3	973.08
2.6	2	79 501.41	275.15	1 603 753	640.12	376 775.5	833 052.3	870.91
2.6	3	70 121.14	268.66	1 413 222	625.69	332 355.1	734 831.3	777.43
2.6	4	61 660.42	262.17	1 241 569	611.2	292 278.9	646 218.1	692.07
2.6	5	54 048.26	255.68	1 087 312	596.68	256 213.5	566 475.3	614.3
2.6	6	47 217.62	249.19	949 054.1	582.1	223 844	494 905.5	543.62
2.6	7	41 105.25	242.7	825 477.8	567.48	194 872.7	430 850.7	479.54
2.6	8	35 651.6	236.22	715 346	552.81	169 019.4	373 690.4	421.59
2.6	9	30 800.67	229.73	617 496.9	538.09	146 020	322 840.7	369.33
2.6	10	26 499.87	223.25	530 842.3	523.33	125 626.6	277 753.1	322.33
2.6	11	22 699.94	216.77	454 364.1	508.53	107 606.6	237 913.1	280.2
2.6	12	19 399.43	216.65	388 295	508.24	91 960.77	20 3321	239.52
2.6	13	16 579.6	216.65	331 854	508.24	78 593.72	173 767.1	204.71
2.6	14	14 170.36	216.65	283 631	508.24	67 172.97	148 516.3	174.96
2.6	15	12 111.81	216.65	242 427.5	508.24	57 414.64	126 941.1	149.54
2.6	16	10 352.82	216.65	207 219.8	508.24	49 076.34	108 505.5	127.83
2.6	17	8 849.716	216.65	177 134.1	508.24	41 951.07	92 751.86	109.27

续表

Ma	H /km	p/Pa	T/K	p_t/Pa	T_t/K	$\rho v^2/2$/Pa	Φ/A/Pa	$\rho v/$ [kg/(m²s)]
2.6	18	7 565.221	216.65	151 423.9	508.24	35 862.07	79 289.35	93.408
2.6	19	6 467.482	216.65	129 451.8	508.24	30 658.36	67 784.2	79.854
2.6	20	5 529.301	216.65	110 673.4	508.24	26 211.02	57 951.34	68.27
2.6	21	4 728.932	217.58	94 663.92	510.37	22 417.17	49 563.27	58.263
2.6	22	4 047.491	218.57	81 032.51	512.65	19 187.03	42 421.54	49.754
2.6	23	3 466.858	219.57	69 416.35	514.92	16 434.7	36 336.25	42.521
2.6	24	2 971.739	220.56	59 509.85	517.19	14 087.69	31 147.13	36.366
2.6	25	2 549.216	221.55	51 054.92	519.45	12 084.8	26 718.81	31.126
2.6	26	2 188.372	222.54	43 833.37	521.72	10 374.25	22 936.88	26.66
2.6	27	1 879.97	223.54	37 660.66	523.98	8 912.296	19 704.56	22.852
2.6	28	1 616.193	224.53	32 380.51	526.24	7 661.868	16 939.93	19.603
2.6	29	1 390.418	225.52	27 860.53	528.5	6 591.576	14 573.57	16.827
2.6	30	1 197.028	226.51	23 988.45	530.76	5 674.8	12 546.63	14.455
2.6	31	1 031.258	227.5	20 668.99	533.01	4 888.951	10 809.16	12.426
2.6	32	889.061 5	228.49	17 821.24	535.27	4 214.849	9 318.759	10.69
2.6	33	767.306 8	230.97	15 385.53	540.91	3 637.667	8 042.642	9.175 9
2.6	34	663.410 7	233.74	13 307	547.2	3 145.133	6 953.677	7.886 3
2.6	35	574.592 4	236.51	11 529.59	553.48	2 724.065	6 022.722	6.790 4
2.6	36	498.520 9	239.28	10 006.79	559.75	2 363.416	5 225.353	5.857 2
2.6	37	433.246 8	242.05	8 699.734	566.01	2 053.95	4 541.147	5.061 1
2.6	38	377.137	244.82	7 575.829	572.26	1 787.927	3 952.991	4.380 6
2.6	39	328.820 3	247.58	6 607.714	578.49	1 558.848	3 446.516	3.798
2.6	40	287.142 8	250.35	5 772.36	584.72	1 361.244	3 009.631	3.298 2
2.7	0	101 325	288.15	2 395 213	697.53	517 715.2	1 136 755	1 126.2
2.7	1	89 876.28	281.65	2 122 236	682.64	459 283	1 008 442	1 010.5
2.7	2	79 501.41	275.15	1 875 202	667.69	406 315.6	892 132.5	904.41
2.7	3	70 121.14	268.66	1 652 158	652.69	358 412.5	786 946.2	807.33
2.7	4	61 660.42	262.17	1 451 256	637.64	315 194.2	692 048.9	718.68
2.7	5	54 048.26	255.68	1 270 751	622.54	276 301.3	606 650.8	637.93
2.7	6	47 217.62	249.19	1 108 999	607.39	241 393.9	530 005.3	564.53
2.7	7	41 105.25	242.7	964 453.3	592.19	210 151.2	461 407.7	497.98
2.7	8	35 651.6	236.22	835 658.9	576.94	182 270.9	400 193.4	437.8
2.7	9	30 800.67	229.73	721 251.2	561.63	157 468.3	345 737.3	383.53

续表

Ma	H /km	p/Pa	T/K	p_t/Pa	T_t/K	$\rho v^2/2$/Pa	Φ/A/Pa	ρv/ [kg/(m²s)]
2.7	10	26 499.87	223.25	619 951.9	546.28	135 476	297 452	334.73
2.7	11	22 699.94	216.77	530 565.7	530.87	116 043.2	254 786.4	290.97
2.7	12	19 399.43	216.65	453 415	530.58	99 170.71	217 740.8	248.74
2.7	13	16 579.6	216.65	387 508.4	530.58	84 755.66	186 090.9	212.58
2.7	14	14 170.36	216.65	331 198.1	530.58	72 439.49	159 049.3	181.69
2.7	15	12 111.81	216.65	283 084.4	530.58	61 916.09	135 944	155.3
2.7	16	10 352.82	216.65	241 972.2	530.58	52 924.04	116 200.9	132.74
2.7	17	8 849.716	216.65	206 840.9	530.58	45 240.13	99 329.98	113.47
2.7	18	7 565.221	216.65	176 818.9	530.58	38 673.74	84 912.69	97
2.7	19	6 467.482	216.65	151 161.9	530.58	33 062.05	72 591.58	82.925
2.7	20	5 529.301	216.65	129 234.1	530.58	28 266.03	62 061.35	70.896
2.7	21	4 728.932	217.58	110 541.8	532.79	24 174.73	53 078.39	60.504
2.7	22	4 047.491	218.57	94 625.93	535.16	20 691.33	45 430.16	51.668
2.7	23	3 466.858	219.57	81 062.76	537.52	17 723.22	38 913.29	44.156
2.7	24	2 971.739	220.56	69 495.59	539.88	15 192.2	33 356.15	37.765
2.7	25	2 549.216	221.55	59 623.13	542.24	13 032.27	28 613.76	32.323
2.7	26	2 188.372	222.54	51 190.69	544.6	11 187.62	24 563.61	27.686
2.7	27	1 879.97	223.54	43 982.8	546.95	9 611.041	21 102.05	23.731
2.7	28	1 616.193	224.53	37 817.05	549.3	8 262.577	18 141.35	20.357
2.7	29	1 390.418	225.52	32 538.86	551.65	7 108.371	15 607.16	17.474
2.7	30	1 197.028	226.51	28 017.16	554	6 119.717	13 436.46	15.011
2.7	31	1 031.258	227.5	24 140.73	556.35	5 272.256	11 575.77	12.904
2.7	32	889.061 5	228.49	20 815.09	558.69	4 545.303	9 979.667	11.101
2.7	33	767.306 8	230.97	17 971.14	564.56	3 922.869	8 613.045	9.528 8
2.7	34	663.410 7	233.74	15 544.25	571.11	3 391.719	7 446.848	8.189 7
2.7	35	574.592 4	236.51	13 468.82	577.64	2 937.638	6 449.868	7.051 6
2.7	36	498.520 9	239.28	11 690.61	584.16	2 548.713	5 595.947	6.082 5
2.7	37	433.246 8	242.05	10 164.25	590.67	2 214.985	4 863.216	5.255 7
2.7	38	377.137	244.82	8 851.703	597.16	1 928.105	4 233.347	4.549 1
2.7	39	328.820 3	247.58	7 721.033	603.64	1 681.065	3 690.951	3.944 1
2.7	40	287.142 8	250.35	6 745.364	610.11	1 467.969	3 223.081	3.425 1
2.8	0	101 325	288.15	2 799 466	727.11	556 774.6	1 214 874	1 167.9
2.8	1	89 876.28	281.65	2 479 980	711.65	493 933.9	1 077 744	1047.9

续表

Ma	H /km	p/Pa	T/K	p_t/Pa	T_t/K	$\rho v^2/2$/Pa	Φ/A/Pa	$\rho v/$ [kg/(m²s)]
2.8	2	79 501. 41	275. 15	2 190 922	696. 13	436 970. 4	953 442. 1	937. 91
2.8	3	70 121. 14	268. 66	1 929 992	680. 55	385 453. 2	841 027. 6	837. 23
2.8	4	61 660. 42	262. 17	1 695 016	664. 92	338 974. 3	739 609	745. 3
2.8	5	54 048. 26	255. 68	1 483 943	649. 24	297 147	648 342. 3	661. 56
2.8	6	47 217. 62	249. 19	1 294 840	633. 5	259 606	566 429. 6	585. 44
2.8	7	41 105. 25	242. 7	1 125 889	617. 7	226 006. 2	493 117. 7	516. 43
2.8	8	35 651. 6	236. 22	975 381. 8	601. 85	196 022. 5	427 696. 6	454. 02
2.8	9	30 800. 67	229. 73	841 714. 7	585. 94	169 348. 7	369 498	397. 73
2.8	10	26 499. 87	223. 25	723 387. 5	569. 97	145 697. 1	317 894. 2	347. 12
2.8	11	22 699. 94	216. 77	618 997. 5	553. 95	124 798. 2	272 296. 3	301. 75
2.8	12	19 399. 43	216. 65	528 986. 3	553. 65	106 652. 7	232 704. 9	257. 95
2.8	13	16 579. 6	216. 65	452 095	553. 65	91 150. 12	198 879. 8	220. 46
2.8	14	14 170. 36	216. 65	386 399. 4	553. 65	77 904. 75	169 979. 9	188. 42
2.8	15	12 111. 81	216. 65	330 266. 5	553. 65	66 587. 4	145 286. 6	161. 05
2.8	16	10 352. 82	216. 65	282 302	553. 65	56 916. 94	124 186. 7	137. 66
2.8	17	8 849. 716	216. 65	241 315. 3	553. 65	48 653. 31	106 156. 3	117. 67
2.8	18	7 565. 221	216. 65	206 289. 5	553. 65	41 591. 51	90 748. 24	100. 59
2.8	19	6 467. 482	216. 65	176 356. 2	553. 65	35 556. 44	77 580. 37	85. 997
2.8	20	5 529. 301	216. 65	150 773. 8	553. 65	30 398. 58	66 326. 46	73. 522
2.8	21	4 728. 932	217. 58	128 968. 7	555. 95	25 998. 61	56 726. 16	62. 745
2.8	22	4 047. 491	218. 57	110 402. 1	558. 41	22 252. 41	48 552. 31	53. 582
2.8	23	3 466. 858	219. 57	94 579. 77	560. 87	19 060. 36	41 587. 58	45. 791
2.8	24	2 971. 739	220. 56	81 085. 59	563. 32	16 338. 39	35 648. 52	39. 163
2.8	25	2 549. 216	221. 55	69 568. 23	565. 78	14 015. 5	30 580. 22	33. 52
2.8	26	2 188. 372	222. 54	59 730. 61	568. 23	12 031. 68	26 251. 73	28. 711
2.8	27	1 879. 97	223. 54	51 321. 42	570. 68	10 336. 15	22 552. 28	24. 61
2.8	28	1 616. 193	224. 53	44 127. 91	573. 12	8 885. 954	19 388. 1	21. 11
2.8	29	1 390. 418	225. 52	37 969. 77	575. 56	7 644. 668	16 679. 75	18. 122
2.8	30	1 197. 028	226. 51	32 694. 13	578. 01	6 581. 424	14 359. 88	15. 567
2.8	31	1 031. 258	227. 5	28 171. 24	580. 45	5 670. 026	12 371. 31	13. 382
2.8	32	889. 061 5	228. 49	24 290. 92	582. 88	4 888. 227	10 665. 52	11. 512
2.8	33	767. 306 8	230. 97	20 973. 3	588. 99	4 218. 833	9 204. 973	9. 881 8
2.8	34	663. 410 7	233. 74	18 142. 18	595. 79	3 647. 61	7 958. 63	8. 493

续表

Ma	H /km	p/Pa	T/K	p_t/Pa	T_t/K	$\rho v^2/2$/Pa	Φ/A/Pa	ρv/ [kg/(m² s)]
2.8	35	574.592 4	236.51	15 720.93	602.58	3 159.27	6 893.133	7.312 7
2.8	36	498.520 9	239.28	13 646.31	609.35	2 741.003	5 980.527	6.307 8
2.8	37	433.246 8	242.05	11 865.42	616.12	2 382.096	5 197.439	5.450 4
2.8	38	377.137	244.82	10 333.9	622.87	2 073.572	4 524.282	4.717 6
2.8	39	328.820 3	247.58	9 014.525	629.6	1 807.895	3 944.61	4.090 1
2.8	40	287.142 8	250.35	7 875.953	636.32	1 578.721	3 444.585	3.551 9
2.9	0	101 325	288.15	3 269 118	757.57	597 254.4	1 295 834	1 209.7
2.9	1	89 876.28	281.65	2 895 487	741.52	529 844.9	1 149 566	1 085.4
2.9	2	79 501.41	275.15	2 557 519	725.42	468 739.9	1 016 981	971.4
2.9	3	70 121.14	268.66	2 252 510	709.25	413 477.3	897 075.7	867.13
2.9	4	61 660.42	262.17	1 977 904	693.03	363 619.1	788 898.7	771.92
2.9	5	54 048.26	255.68	1 731 290	676.74	318 750.8	691 549.9	685.18
2.9	6	47 217.62	249.19	1 510 397	660.4	278 480.4	604 178.5	606.35
2.9	7	41 105.25	242.7	1 313 089	643.99	242 437.8	525 980.9	534.87
2.9	8	35 651.6	236.22	1 137 360	627.53	210 274.1	456 199.8	470.23
2.9	9	30 800.67	229.73	981 329.9	611	181 661	394 122.7	411.94
2.9	10	26 499.87	223.25	843 237	594.41	156 289.9	339 079.7	359.52
2.9	11	22 699.94	216.77	721 436.5	577.76	133 871.5	290 443	312.53
2.9	12	19 399.43	216.65	616 527.3	577.44	114406.8	248 213.1	267.16
2.9	13	16 579.6	216.65	526 911.4	577.44	97 777.1	212 133.8	228.33
2.9	14	14 170.36	216.65	450 343.9	577.44	83 568.74	181 307.8	195.15
2.9	15	12 111.81	216.65	384 921.7	577.44	71 428.57	154 969	166.8
2.9	16	10 352.82	216.65	329 019.7	577.44	61 055.03	132 462.9	142.58
2.9	17	8 849.716	216.65	281 250.2	577.44	52 190.61	113 230.9	121.88
2.9	18	7 565.221	216.65	240 428	577.44	44 615.38	96 795.98	104.19
2.9	19	6 467.482	216.65	205 541.1	577.44	38 141.54	82 750.56	89.068
2.9	20	5 529.301	216.65	175 725	577.44	32 608.68	70 746.66	76.148
2.9	21	4 728.932	217.58	150 314.9	579.84	27 888.82	60 506.57	64.986
2.9	22	4 047.491	218.57	128 678.4	582.4	23 870.25	51 787.99	55.495
2.9	23	3 466.858	219.57	110 239.4	584.95	20 446.12	44 359.11	47.427
2.9	24	2 971.739	220.56	94 513.36	587.5	17 526.26	38 024.26	40.562
2.9	25	2 549.216	221.55	81 090.72	590.05	15 034.49	32 618.19	34.717
2.9	26	2 188.372	222.54	69 625.43	592.59	12 906.43	28 001.23	29.736

续表

Ma	H /km	p/Pa	T/K	p_t/Pa	T_t/K	$\rho v^2/2$/Pa	Φ/A/Pa	ρv/ [kg/(m²s)]
2.9	27	1 879.97	223.54	59 824.68	595.14	11 087.63	240 55.24	25.489
2.9	28	1 616.193	224.53	51 440.58	597.68	9 531.999	20 680.19	21.864
2.9	29	1 390.418	225.52	44 263.05	600.22	8 200.467	17 791.35	18.769
2.9	30	1 197.028	226.51	38 113.96	602.76	7 059.921	15 316.87	16.123
2.9	31	1 031.258	227.5	32 842.13	605.29	6 082.26	13 195.78	13.86
2.9	32	889.061 5	228.49	28 319.15	607.82	5 243.621	11 376.3	11.923
2.9	33	767.306 8	230.97	24 452.92	614.17	4 525.56	9 818.426	10.235
2.9	34	663.410 7	233.74	21 153.62	621.23	3 912.806	8 489.023	8.796 3
2.9	35	574.592 4	236.51	18 331.8	628.29	3 388.962	7 352.516	7.573 9
2.9	36	498.520 9	239.28	15 913.81	635.32	2 940.285	6 379.091	6.533
2.9	37	433.246 8	242.05	13 838.01	642.35	2 555.284	5 543.815	5.645 1
2.9	38	377.137	244.82	12 052.79	649.36	2 224.33	4 825.796	4.886 1
2.9	39	328.820 3	247.58	10 514.74	656.35	1 939.336	4 207.492	4.236 2
2.9	40	287.142 8	250.35	9 187.383	663.33	1 693.501	3 674.144	3.678 8
3.0	0	101 325	288.15	3 813 852	788.89	639 154.5	1 379 634	1 251.4
3.0	1	89 876.28	281.65	3 377 284	772.25	567 016	1 223 908	1 122.8
3.0	2	79 501.41	275.15	2 982 484	755.54	501 624.1	1 082 750	1 004.9
3.0	3	70 121.14	268.66	2 626 272	738.77	442 484.6	955 090.3	897.03
3.0	4	61 660.42	262.17	2 305 646	721.94	389 128.7	839 917.7	798.54
3.0	5	54 048.26	255.68	2 017 774	705.04	341 112.7	736 273.6	708.81
3.0	6	47 217.62	249.19	1 759 990	688.08	298 017.1	643 251.8	627.26
3.0	7	41 105.25	242.7	1 529 787	671.05	259 445.9	559 997.1	553.31
3.0	8	35 651.6	236.22	1 324 811	653.96	225 025.8	485 703.2	486.45
3.0	9	30 800.67	229.73	1 142 856	636.8	194 405.3	419 611.4	426.14
3.0	10	26 499.87	223.25	981 857.8	619.57	167 254.4	361 008.6	371.92
3.0	11	22 699.94	216.77	839 888.1	602.28	143 263.2	309 226.4	323.3
3.0	12	19 399.43	216.65	717 751.7	601.95	122 433	264 265.4	276.37
3.0	13	16 579.6	216.65	613 422.3	601.95	104 636.6	225 852.8	236.2
3.0	14	14 170.36	216.65	524 283.5	601.95	89 431.47	193 033.3	201.88
3.0	15	12 111.81	216.65	448 120	601.95	76 439.61	164 991	172.55
3.0	16	10 352.82	216.65	383 039.7	601.95	65 338.32	141 029.5	147.49
3.0	17	8 849.716	216.65	327 427.2	601.95	55 852.02	120 553.8	126.08
3.0	18	7 565.221	216.65	279 902.6	601.95	47 745.35	103 055.9	107.78

续表

Ma	H /km	p/Pa	T/K	p_t/Pa	T_t/K	$\rho v^2/2$/Pa	Φ/A/Pa	$\rho v/$ [kg/(m² s)]
3. 0	19	6 467. 482	216. 65	239 287. 8	601. 95	40 817. 34	88 102. 17	92. 139
3. 0	20	5 529. 301	216. 65	204 576. 4	601. 95	34 896. 33	75 321. 96	78. 773
3. 0	21	4 728. 932	217. 58	174 998. 6	604. 44	29 845. 34	64 419. 62	67. 227
3. 0	22	4 047. 491	218. 57	149 813. 1	607. 09	25 544. 86	55 137. 2	57. 409
3. 0	23	3 466. 858	219. 57	128 349. 1	609. 75	21 880. 51	47 227. 89	49. 062
3. 0	24	2 971. 739	220. 56	110 042. 5	612. 39	18 755. 81	40 483. 35	41. 961
3. 0	25	2 549. 216	221. 55	94 416. 96	615. 04	16 089. 22	34 727. 67	35. 914
3. 0	26	2 188. 372	222. 54	81 069. 68	617. 69	13 811. 88	29 812. 12	30. 762
3. 0	27	1 879. 97	223. 54	69 659. 88	620. 33	11 865. 48	25 610. 93	26. 368
3. 0	28	1 616. 193	224. 53	59 899. 05	622. 97	10 200. 71	22 017. 62	22. 618
3. 0	29	1 390. 418	225. 52	51 542. 71	625. 6	8 775. 767	18 941. 95	19. 416
3. 0	30	1 197. 028	226. 51	44 383. 52	628. 24	7 555. 207	16 307. 44	16. 679
3. 0	31	1 031. 258	227. 5	38 245. 54	630. 87	6 508. 958	14 049. 17	14. 338
3. 0	32	889. 061 5	228. 49	32 979. 32	633. 5	5 611. 485	12 112. 03	12. 334
3. 0	33	767. 306 8	230. 97	28 478. 84	640. 09	4 843. 048	10 453. 4	10. 588
3. 0	34	663. 410 7	233. 74	24 638. 27	647. 42	4 187. 307	9 038. 025	9. 099 6
3. 0	35	574. 592 4	236. 51	21 353. 29	654. 75	3 626. 713	7 828. 019	7. 835 1
3. 0	36	498. 520 9	239. 28	18 538. 01	662. 05	3 146. 56	6 791. 64	6. 758 3
3. 0	37	433. 246 8	242. 05	16 121. 39	669. 34	2 734. 549	5 902. 345	5. 839 7
3. 0	38	377. 137	244. 82	14 042. 71	676. 62	2 380. 376	5 137. 89	5. 054 6
3. 0	39	328. 820 3	247. 58	12 251. 73	683. 88	2 075. 389	4 479. 599	4. 382 3
3. 0	40	287. 142 8	250. 35	10 705. 97	691. 12	1 812. 307	3 911. 758	3. 805 6
3. 1	0	101 325	288. 15	4 444 639	821. 07	682 475	1 466 275	1 293. 1
3. 1	1	89 876. 28	281. 65	3 935 029	803. 81	605 447. 1	1 300 770	1 160. 2
3. 1	2	79 501. 41	275. 15	3 474 293	786. 49	535 623. 1	1 150 748	1 038. 4
3. 1	3	70 121. 14	268. 66	3 058 698	769. 1	472 475. 2	1 015 072	926. 93
3. 1	4	61 660. 42	262. 17	2 684 717	751. 64	415 502. 9	892 666. 3	825. 16
3. 1	5	54 048. 26	255. 68	2 349 028	734. 12	364 232. 5	782 513. 3	732. 44
3. 1	6	47 217. 62	249. 19	2 048 503	716. 53	318 216	683 649. 7	648. 16
3. 1	7	41 105. 25	242. 7	1 780 202	698. 86	277 030. 6	595 166. 5	571. 76
3. 1	8	35 651. 6	236. 22	1 541 365	681. 13	240 277. 6	516 206. 7	502. 66
3. 1	9	30 800. 67	229. 73	1 329 406	663. 32	207 581. 7	445 964. 1	440. 35
3. 1	10	26 499. 87	223. 25	1 141 907	645. 44	178 590. 5	383 680. 9	384. 32

续表

Ma	H/km	p/Pa	T/K	p_t/Pa	T_t/K	$\rho v^2/2$/Pa	Φ/A/Pa	ρv/[kg/(m²s)]
3.1	11	22 699.94	216.77	976 611.9	627.49	152 973.3	328 646.5	334.08
3.1	12	19 399.43	216.65	834 590.3	627.15	130 731.2	280 861.8	285.59
3.1	13	16 579.6	216.65	713 277.6	627.15	111 728.7	240 036.9	244.08
3.1	14	14 170.36	216.65	609 628.5	627.15	95 492.94	205 156.2	208.61
3.1	15	12 111.81	216.65	521 066.8	627.15	81 620.52	175 352.8	178.3
3.1	16	10 352.82	216.65	445 392.5	627.15	69 766.81	149 886.4	152.41
3.1	17	8 849.716	216.65	380 727.1	627.15	59 637.54	128 124.8	130.28
3.1	18	7 565.221	216.65	325 466.3	627.15	50 981.43	109 528.1	111.37
3.1	19	6 467.482	216.65	278 240.1	627.15	43 583.85	93 635.19	95.211
3.1	20	5 529.301	216.65	237 878.2	627.15	37 261.52	80 052.35	81.399
3.1	21	4 728.932	217.58	203 491	629.74	31 868.2	68 465.32	69.468
3.1	22	4 047.491	218.57	174 209.9	632.49	27 276.23	58 599.95	59.323
3.1	23	3 466.858	219.57	149 254.8	635.24	23 363.53	50 193.91	50.698
3.1	24	2 971.739	220.56	127 970.1	637.99	20 027.03	43 025.81	43.36
3.1	25	2 549.216	221.55	109 802.1	640.74	17 179.72	36 908.65	37.111
3.1	26	2 188.372	222.54	94 282.66	643.49	14 748.01	31 684.4	31.787
3.1	27	1 879.97	223.54	81 015.61	646.23	12 669.7	27 219.37	27.247
3.1	28	1 616.193	224.53	69 665.63	648.97	10 892.09	23 400.38	23.372
3.1	29	1 390.418	225.52	59 948.54	651.7	9 370.569	20 131.56	20.063
3.1	30	1 197.028	226.51	51 623.32	654.44	8 067.282	17 331.59	17.235
3.1	31	1 031.258	227.5	44 485.43	657.17	6 950.121	14 931.5	14.816
3.1	32	889.061 5	228.49	38 361.14	659.9	5 991.819	12 872.7	12.745
3.1	33	767.306 8	230.97	33 128.71	666.73	5 171.299	11 109.91	10.941
3.1	34	663.410 7	233.74	28 663.47	674.35	4 471.114	9 605.638	9.402 9
3.1	35	574.592 4	236.51	24 843.92	681.94	3 872.524	8 319.64	8.096 2
3.1	36	498.520 9	239.28	21 570.51	689.53	3 359.826	7 218.174	6.983 6
3.1	37	433.246 8	242.05	18 759.96	697.09	2 919.891	6 273.028	6.034 4
3.1	38	377.137	244.82	16 342.48	704.64	2 541.713	5 460.563	5.223 1
3.1	39	328.820 3	247.58	14 259.43	712.17	2 216.055	4 760.93	4.528 4
3.1	40	287.142 8	250.35	12 461.44	719.68	1 935.142	4 157.426	3.932 5
3.2	0	101 325	288.15	5 173 889	854.07	727 215.8	1 555 757	1 334.8
3.2	1	89 876.28	281.65	4 579 641	836.19	645 138.2	1 380 153	1 197.6
3.2	2	79 501.41	275.15	4 042 528	818.24	570 736.8	1 220 975	1 071.9

续表

Ma	H /km	p/Pa	T/K	p_t/Pa	T_t/K	$\rho v^2/2$/Pa	Φ/A/Pa	$\rho v /$ [kg/(m² s)]
3.2	3	70 121.14	268.66	3 558 169	800.22	503 449.1	1 077 019	956.83
3.2	4	61 660.42	262.17	3 122 427	782.13	442 741.9	947 144.3	851.77
3.2	5	54 048.26	255.68	2 731 408	763.96	388 110.4	830 269.1	756.06
3.2	6	47 217.62	249.19	2 381 443	745.72	339 077.2	725 372.1	669.07
3.2	7	41 105.25	242.7	2 069 088	727.41	295 191.8	631 488.9	590.2
3.2	8	35 651.6	236.22	1 791 111	709.02	256 029.4	547 710.3	518.88
3.2	9	30 800.67	229.73	1 544 484	690.56	221 190.1	473 180.8	454.55
3.2	10	26 499.87	223.25	1 326 377	672.01	190 298.3	407 096.5	396.71
3.2	11	22 699.94	216.77	1 134 150	653.39	163 001.7	348 703.4	344.86
3.2	12	19 399.43	216.65	969 214.7	653.04	139 301.5	298002.5	294.8
3.2	13	16 579.6	216.65	828333.6	653.04	119053.2	254 686	251.95
3.2	14	14 170.36	216.65	707 965.3	653.04	101 753.1	217 676.6	215.34
3.2	15	12 111.81	216.65	605 118	653.04	86 971.29	186 054.4	184.05
3.2	16	10 352.82	216.65	517 237	653.04	74 340.49	159 033.8	157.32
3.2	17	8 849.716	216.65	442 140.7	653.04	63 547.18	135 944.1	134.48
3.2	18	7 565.221	216.65	377 966	653.04	54 323.6	116 212.4	114.96
3.2	19	6 467.482	216.65	323 121.9	653.04	46 441.07	99 349.62	98.282
3.2	20	5 529.301	216.65	276 249.4	653.04	39 704.27	84 937.83	84.025
3.2	21	4 728.932	217.58	236 322.1	655.72	33 957.37	72 643.67	71.709
3.2	22	4 047.491	218.57	202 323.1	658.58	29 064.37	62 176.23	61.236
3.2	23	3 466.858	219.57	173 346.2	661.43	24 895.16	53 257.18	52.333
3.2	24	2 971.739	220.56	148 630.5	664.29	21 339.94	45 651.62	44.758
3.2	25	2 549.216	221.55	127 533.3	667.14	18 305.96	39 161.14	38.309
3.2	26	2 188.372	222.54	109 511.1	669.98	15 714.84	33 618.06	32.813
3.2	27	1 879.97	223.54	94 104.15	672.83	13 500.28	28 880.53	28.126
3.2	28	1 616.193	224.53	80 923.06	675.67	11 606.14	24 828.48	24.126
3.2	29	1 390.418	225.52	69 637.95	678.51	9 984.873	21 360.16	20.71
3.2	30	1 197.028	226.51	59 969.03	681.34	8 596.146	18 389.32	17.791
3.2	31	1 031.258	227.5	51 678.82	684.18	7 405.748	15 842.75	15.294
3.2	32	889.061 5	228.49	44 565.63	687.01	6 384.623	13 658.31	13.156
3.2	33	767.306 8	230.97	38 489.99	694.1	5 510.313	11 787.93	11.293
3.2	34	663.410 7	233.74	33 305.13	701.99	4 764.225	10 191.86	9.706 3
3.2	35	574.592 4	236.51	28 869.65	709.87	4 126.394	8 827.38	8.357 4

续表

Ma	H /km	p/Pa	T/K	p_t/Pa	T_t/K	$\rho v^2/2$/Pa	Φ/A/Pa	$\rho v/$ [kg/(m^{2}s)]
3.2	36	498.520 9	239.28	25 068.09	717.73	3 580.086	7 658.692	7.208 9
3.2	37	433.246 8	242.05	21 803.81	725.57	3 111.309	6 655.865	6.229
3.2	38	377.137	244.82	18 995.83	733.4	2 708.339	5 793.816	5.391 6
3.2	39	328.820 3	247.58	16 576.1	741.21	2 361.332	5 051.484	4.674 4
3.2	40	287.142 8	250.35	14 487.34	749	2 062.003	4 411.149	4.059 3
3.3	0	101 325	288.15	6 015 615	887.91	773 377	1 648 079	1 376.5
3.3	1	89 876.28	281.65	5 323 446	869.38	686 089.4	1 462 055	1 235.1
3.3	2	79 501.41	275.15	4 697 999	850.79	606 965.2	1 293 432	1 105.4
3.3	3	70 121.14	268.66	4 134 138	832.12	535 406.4	1 140 934	986.73
3.3	4	61 660.42	262.17	3 627 018	813.38	470 845.7	1 003 352	878.39
3.3	5	54 048.26	255.68	3 172 074	794.56	412 746.3	879 540.9	779.69
3.3	6	47 217.62	249.19	2 765 012	775.66	360 600.7	768 419	689.98
3.3	7	41 105.25	242.7	2 401 798	756.69	313 929.6	668 964.4	608.64
3.3	8	35 651.6	236.22	2 078 652	737.63	272 281.2	580 214.1	535.09
3.3	9	30 800.67	229.73	1 792 032	718.49	235 230.5	501 261.6	468.76
3.3	10	26 499.87	223.25	1 538 629	699.27	202 377.8	431 255.5	409.11
3.3	11	22 699.94	216.77	1 315 356	679.96	173 348.5	369 396.9	355.63
3.3	12	19 399.43	216.65	1 124 064	679.6	148 143.9	315 687.2	304.01
3.3	13	16 579.6	216.65	960 675	679.6	126 610.3	269 800.2	259.82
3.3	14	14 170.36	216.65	821 075.7	679.6	108 212.1	230 594.5	222.07
3.3	15	12 111.81	216.65	701 796.6	679.6	92 491.93	197 095.7	189.81
3.3	16	10 352.82	216.65	599 875	679.6	79 059.37	168 471.6	162.24
3.3	17	8 849.716	216.65	512 780.7	679.6	67 580.94	144 011.6	138.69
3.3	18	7 565.221	216.65	438 352.9	679.6	57 771.88	123 109	118.56
3.3	19	6 467.482	216.65	374 746.5	679.6	49 388.99	105 245.5	101.35
3.3	20	5 529.301	216.65	320 385.3	679.6	42 224.56	89 978.41	86.651
3.3	21	4 728.932	217.58	274 087.3	682.38	36 112.87	76 954.67	73.95
3.3	22	4 047.491	218.57	234 662.8	685.34	30 909.28	65 866.04	63.15
3.3	23	3 466.858	219.57	201 060.8	688.3	26 475.42	56 417.7	53.968
3.3	24	2 971.739	220.56	172 399.4	691.26	22 694.53	48 360.79	46.157
3.3	25	2 549.216	221.55	147 933.2	694.21	19 467.96	41 485.14	39.506
3.3	26	2 188.372	222.54	127 032.5	697.16	16 712.37	35 613.11	33.838
3.3	27	1 879.97	223.54	109 164.1	700.11	14 357.23	30 594.44	29.005

续表

Ma	H/km	p/Pa	T/K	p_t/Pa	T_t/K	$\rho v^2/2$/Pa	Φ/A/Pa	$\rho v/$ [kg/(m²·s)]
3.3	28	1 616.193	224.53	93 876.69	703.06	12 342.86	26 301.92	24.88
3.3	29	1 390.418	225.52	80 787.84	706	10 618.68	22 627.77	21.358
3.3	30	1 197.028	226.51	69 573.14	708.94	9 141.8	19 480.63	18.347
3.3	31	1 031.258	227.5	59 957.27	711.88	7 875.84	16 782.94	15.772
3.3	32	889.061 5	228.49	51 706.35	714.81	6 789.897	14 468.85	13.567
3.3	33	767.306 8	230.97	44 661.01	722.16	5 860.089	12 487.48	11.646
3.3	34	663.410 7	233.74	38 648.55	730.34	5 066.642	10 796.69	10.01
3.3	35	574.592 4	236.51	33 504.67	738.51	4 388.323	9 351.238	8.618 6
3.3	36	498.520 9	239.28	29 095.56	746.65	3 807.337	8 113.195	7.434 1
3.3	37	433.246 8	242.05	25 309.29	754.78	3 308.804	7 050.855	6.423 7
3.3	38	377.137	244.82	22 052	762.89	2 880.255	6 137.648	5.56
3.3	39	328.820 3	247.58	19 244.84	770.98	2 511.221	5 351.262	4.820 5
3.3	40	287.142 8	250.35	16 821.45	779.05	2 192.892	4 672.927	4.186 2
3.4	0	101 325	288.15	6 985 617	922.55	820 958.5	1 743 242	1 418.2
3.4	1	89 876.28	281.65	6 180 333	903.37	728 300.5	1 546 477	1 272.5
3.4	2	79 501.41	275.15	5 452 882	884.12	644 308.3	1 368 118	1 138.9
3.4	3	70 121.14	268.66	4 797 250	864.79	568 346.9	1 206 815	1 016.6
3.4	4	61 660.42	262.17	4 207 763	845.38	499 814.1	1 061 289	905.01
3.4	5	54 048.26	255.68	3 679 081	825.9	438 140.3	930328.8	803.32
3.4	6	47 217.62	249.19	3 206 181	806.33	382 786.4	812 790.4	710.89
3.4	7	41 105.25	242.7	2 784 347	786.67	333 243.9	707 593	627.09
3.4	8	35 651.6	236.22	2 409 157	766.93	289 033.2	613 717.9	551.31
3.4	9	30 800.67	229.73	2 076 474	747.11	249 702.9	530 206.4	482.96
3.4	10	26 499.87	223.25	1 782 434	727.2	214 829	456 157.8	421.51
3.4	11	22 699.94	216.77	1 523 433	707.19	184 013.6	390 727.2	366.41
3.4	12	19 399.43	216.65	1 301 875	706.81	157 258.4	333 916.1	313.22
3.4	13	16 579.6	216.65	1 112 640	706.81	134 399.9	285 379.4	267.7
3.4	14	14 170.36	216.65	950 957.7	706.81	114 869.8	243 909.9	228.8
3.4	15	12 111.81	216.65	812 810.5	706.81	98 182.44	208 476.7	195.56
3.4	16	10 352.82	216.65	694 766.4	706.81	83 923.45	178 199.7	167.16
3.4	17	8 849.716	216.65	593 895	706.81	71 738.81	152 327.3	142.89
3.4	18	7 565.221	216.65	507 693.9	706.81	613 26.26	130 217.7	122.15
3.4	19	6 467.482	216.65	434 025.8	706.81	52 427.61	111 322.7	104.42

续表

Ma	H /km	p/Pa	T/K	p_t/Pa	T_t/K	$\rho v^2/2$/Pa	Φ/A/Pa	ρv/ [kg/(m²s)]
3.4	20	5 529.301	216.65	371 065.5	706.81	44 822.39	95 174.09	89.277
3.4	21	4 728.932	217.58	317 454.3	709.69	38 334.69	81 398.31	76.191
3.4	22	4 047.491	218.57	271 801.4	712.76	32 810.95	69 669.39	65.063
3.4	23	3 466.858	219.57	232 889.6	715.83	28 104.3	59 675.47	55.604
3.4	24	2 971.739	220.56	199 698	718.9	24 090.79	51 153.32	47.556
3.4	25	2 549.216	221.55	171 363.8	721.96	20 665.72	43 880.65	40.703
3.4	26	2 188.372	222.54	147 157.8	725.01	17 740.59	37 669.54	34.863
3.4	27	1 879.97	223.54	126 463.1	728.07	15 240.55	32 361.08	29.884
3.4	28	1 616.193	224.53	108 757	731.12	13 102.25	27 820.69	25.634
3.4	29	1 390.418	225.52	93 596.76	734.17	11 271.99	23 934.39	22.005
3.4	30	1 197.028	226.51	80 606.84	737.21	9 704.243	20 605.51	18.903
3.4	31	1 031.258	227.5	69 468.45	740.26	8 360.395	17 752.05	16.25
3.4	32	889.061 5	228.49	59 910.81	743.3	7 207.641	15 304.34	13.979
3.4	33	767.306 8	230.97	51 752.2	750.91	6 220.627	13 208.56	11.999
3.4	34	663.410 7	233.74	44 789.6	759.38	5 378.363	11 420.14	10.313
3.4	35	574.592 4	236.51	38 832.31	767.84	4 658.312	9 891.216	8.879 7
3.4	36	498.520 9	239.28	33 725.54	776.28	4 041.581	8 581.683	7.659 4
3.4	37	433.246 8	242.05	29 339.75	784.7	3 512.376	7 457.999	6.618 3
3.4	38	377.137	244.82	25 566.35	793.1	3 057.461	6 492.06	5.728 5
3.4	39	328.820 3	247.58	22 314.12	801.48	2 665.722	5 660.265	4.966 6
3.4	40	287.142 8	250.35	19 506.23	809.84	2 327.808	4 942.759	4.313
3.5	0	101 325	288.15	8 101 681	958	869 960.3	1 841 246	1 459.9
3.5	1	89 876.28	281.65	7 165 934	938.15	771 771.8	1 633 420	1 309.9
3.5	2	79 501.41	275.15	6 320 876	918.23	682 766.2	1 445 034	1 172.4
3.5	3	70 121.14	268.66	5 559 471	898.22	602 270.7	1 274 663	1 046.5
3.5	4	61 660.42	262.17	4 875 087	878.13	529 647.3	1 120 955	931.63
3.5	5	54 048.26	255.68	4 261 480	857.96	464 292.2	982 632.7	826.94
3.5	6	47 217.62	249.19	3 712 782	837.71	405 634.4	858 486.4	731.8
3.5	7	41 105.25	242.7	3 223 483	817.36	353 134.7	747 374.7	645.53
3.5	8	35 651.6	236.22	2 788 422	796.93	306 285.1	648 221.9	567.52
3.5	9	30 800.67	229.73	2 402 771	776.4	264 607.3	560 015.2	497.17
3.5	10	26 499.87	223.25	2 062 019	755.78	227 651.8	481 803.5	433.9
3.5	11	22 699.94	216.77	1 761 964	735.07	194 997.2	412 694.3	377.19

续表

Ma	H /km	p/Pa	T/K	p_t/Pa	T_t/K	$\rho v^2/2$/Pa	Φ/A/Pa	$\rho v/$ [kg/(m² s)]
3.5	12	19 399.43	216.65	1 505 709	734.68	166 644.9	352 689.2	322.44
3.5	13	16 579.6	216.65	1 286 845	734.68	142 422.1	301 423.7	275.57
3.5	14	14 170.36	216.65	1 099 849	734.68	121 726.2	257 622.7	235.53
3.5	15	12 111.81	216.65	940 072.1	734.68	104 042.8	220 197.4	201.31
3.5	16	10 352.82	216.65	803 545.9	734.68	88 932.72	188 218.2	172.07
3.5	17	8 849.716	216.65	686 881.1	734.68	76 020.8	160 891.3	147.09
3.5	18	7 565.221	216.65	587 183.5	734.68	64 986.73	137 538.7	125.74
3.5	19	6 467.482	216.65	501 981.2	734.68	55 556.94	117 581.4	107.5
3.5	20	5 529.301	216.65	429 163.1	734.68	47 497.78	100 524.9	91.902
3.5	21	4 728.932	217.58	367 170.8	737.66	40 622.83	85 974.59	78.431
3.5	22	4 047.491	218.57	314 379.8	740.84	34 769.39	73 586.26	66.977
3.5	23	3 466.858	219.57	269 382.4	744.01	29 781.81	63 030.48	57.239
3.5	24	2 971.739	220.56	230 998.3	747.19	25 528.74	54 029.21	48.954
3.5	25	2 549.216	221.55	198 230.5	750.36	21 899.22	46 347.66	41.9
3.5	26	2 188.372	222.54	170 235.8	753.52	18 799.5	39 787.36	35.889
3.5	27	1 879.97	223.54	146 301.1	756.69	16 150.24	34 180.45	30.763
3.5	28	1 616.193	224.53	125 822.2	759.85	13 884.3	29 384.8	26.388
3.5	29	1 390.418	225.52	108 287.2	763	11 944.79	25 280.01	22.652
3.5	30	1 197.028	226.51	93 261.94	766.16	10 283.48	21 763.98	19.459
3.5	31	1 031.258	227.5	80 377.87	769.31	8 859.416	18 750.09	16.727
3.5	32	889.061 5	228.49	69 321.89	772.45	7 637.854	16 164.77	14.39
3.5	33	767.306 8	230.97	59 887.35	780.33	6 591.927	13 951.16	12.352
3.5	34	663.410 7	233.74	51 835.76	789.11	5 699.39	12 062.19	10.616
3.5	35	574.592 4	236.51	44 946.07	797.87	4 936.36	10 447.31	9.140 9
3.5	36	498.520 9	239.28	39 039.45	806.6	4 282.817	9 064.155	7.884 7
3.5	37	433.246 8	242.05	33 966.25	815.32	3 722.025	7 877.297	6.813
3.5	38	377.137	244.82	29 601.01	824.01	3 239.957	6 857.051	5.897
3.5	39	328.820 3	247.58	25 838.3	832.69	2 824.836	5 978.491	5.112 7
3.5	40	287.142 8	250.35	22 589.38	841.34	2 466.752	5 220.646	4.439 9
3.6	0	101 325	288.15	9 383 797	994.25	920 382.5	1 942 090	·1 501.6
3.6	1	89 876.28	281.65	8 297 809	973.71	816 503	1 722 882	1 347.3
3.6	2	79 501.41	275.15	7 317 361	953.1	722 338.8	1 524 179	1 205.9
3.6	3	70 121.14	268.66	6 434 235	932.4	637 177.8	1 344 477	1 076.4

续表

Ma	H /km	p/Pa	T/K	p_t/Pa	T_t/K	$\rho v^2/2$/Pa	Φ/A/Pa	ρv/ [kg/(m²s)]
3.6	4	61 660.42	262.17	5 640 684	911.62	560 345.3	1 182 351	958.25
3.6	5	54 048.26	255.68	4 929 419	890.75	491 202.2	1 036 453	850.57
3.6	6	47 217.62	249.19	4 293 591	869.79	429 144.6	905 506.9	752.71
3.6	7	41 105.25	242.7	3 726 772	848.74	373 602.1	788 309.5	663.98
3.6	8	35 651.6	236.22	3 222 942	827.6	324 037.2	683 725.9	583.74
3.6	9	30 800.67	229.73	2 776 474	806.36	279 943.7	590 688.1	511.37
3.6	10	26 499.87	223.25	2 382 111	785.02	240 846.3	508 192.5	446.3
3.6	11	22 699.94	216.77	2 034 960	763.59	206 299	435 298	387.96
3.6	12	19 399.43	216.65	1 738 993	763.18	176 303.5	372 006.4	331.65
3.6	13	16 579.6	216.65	1 486 220	763.18	150 676.7	317 933.1	283.44
3.6	14	14 170.36	216.65	1 270 252	763.18	128 781.3	271 733	242.25
3.6	15	12 111.81	216.65	1 085 720	763.18	110 073	232 257.9	207.06
3.6	16	10 352.82	216.65	928 041.4	763.18	94 087.18	198 527.2	176.99
3.6	17	8 849.716	216.65	793 301.4	763.18	80 426.91	169 703.5	151.29
3.6	18	7 565.221	216.65	678 157.4	763.18	68 753.31	145 071.8	129.33
3.6	19	6 467.482	216.65	579 754.5	763.18	58 776.98	124 021.4	110.57
3.6	20	5 529.301	216.65	495 654.5	763.18	50 250.71	106 030.7	94.528
3.6	21	4 728.932	217.58	424 073	766.26	42 977.3	90 683.53	80.672
3.6	22	4 047.491	218.57	363 114.9	769.55	36 784.59	77 616.68	68.891
3.6	23	3 466.858	219.57	311 154.1	772.84	31 507.94	66 482.74	58.875
3.6	24	2 971.739	220.56	266 828.4	776.13	27 008.36	56 988.46	50.353
3.6	25	2 549.216	221.55	228 986.9	779.41	23 168.48	48 886.18	43.097
3.6	26	2 188.372	222.54	196 656.4	782.68	19 889.1	41 966.57	36.914
3.6	27	1 879.97	223.54	169 013.6	785.96	17 086.29	36 052.56	31.642
3.6	28	1 616.193	224.53	145 361.2	789.23	14 689.03	30 994.24	27.142
3.6	29	1 390.418	225.52	125 108.1	792.49	12 637.1	26 664.63	23.299
3.6	30	1 197.028	226.51	107 753.1	795.76	10 879.5	22 956.02	20.015
3.6	31	1 031.258	227.5	92 870.78	799.02	9 372.9	19 777.06	17.205
3.6	32	889.061 5	228.49	80 099.56	802.27	8 080.538	17 050.14	14.801
3.6	33	767.306 8	230.97	69 205.06	810.43	6 973.99	14 715.29	12.705
3.6	34	663.410 7	233.74	59 907.39	819.51	6 029.722	12 722.86	10.92
3.6	35	574.592 4	236.51	51 950.64	828.57	5 222.467	11 019.53	9.402 1
3.6	36	498.520 9	239.28	45 128.53	837.61	4 531.046	9 560.613	8.11

续表

Ma	H /km	p/Pa	T/K	p_t/Pa	T_t/K	$\rho v^2/2$/Pa	Φ/A/Pa	$\rho v/$ [kg/(m² s)]
3.6	37	433.246 8	242.05	39 268.43	846.63	3 937.75	8 308.748	7.007 7
3.6	38	377.137	244.82	34 225.59	855.62	3 427.742	7 232.621	6.065 5
3.6	39	328.820 3	247.58	29 878.38	864.6	2 988.561	6 305.942	5.258 8
3.6	40	287.142 8	250.35	26 124.37	873.55	2 609.723	5 506.588	4.566 7
3.7	0	101 325	288.15	10 854 400	1031.3	972 225.1	2 045 775	1 543.4
3.7	1	89 876.28	281.65	9 595 658	1010	862 494.3	1 814 865	1 384.8
3.7	2	79 501.41	275.15	8 459 589	988.73	763 026.1	1 605 554	1 239.4
3.7	3	70 121.14	268.66	7 436 601	967.32	673 068.2	1 416 258	1 106.3
3.7	4	61 660.42	262.17	6 517 660	945.83	591 907.9	1 245 476	984.86
3.7	5	54 048.26	255.68	5 694 266	924.25	518 870.3	1 091 789	874.2
3.7	6	47 217.62	249.19	4 958 433	902.57	453 317.1	953 851.9	773.61
3.7	7	41 105.25	242.7	4 302 675	880.8	394 646.1	830 397.4	682.42
3.7	8	35 651.6	236.22	3 719 979	858.93	342 289.3	720 230.1	599.95
3.7	9	30 800.67	229.73	3 203 790	836.97	295 712.1	622 224.9	525.58
3.7	10	26 499.87	223.25	2 747 994	814.9	254 412.5	535 324.9	458.7
3.7	11	22 699.94	216.77	2 346 896	792.73	217 919.3	458 538.5	398.74
3.7	12	19 399.43	216.65	2 005 550	792.3	186 234.2	391 867.7	340.86
3.7	13	16 579.6	216.65	1 714 032	792.3	159 163.9	334 907.4	291.32
3.7	14	14 170.36	216.65	1 464 959	792.3	136 035.2	286 240.8	248.98
3.7	15	12 111.81	216.65	1 252 142	792.3	116 273.1	244 658.1	212.81
3.7	16	10 352.82	216.65	1 070 294	792.3	99 386.85	209 126.5	181.91
3.7	17	8 849.716	216.65	914 900.9	792.3	84 957.12	178 764	155.5
3.7	18	7 565.221	216.65	782 107.2	792.3	72 625.99	152 817.2	132.93
3.7	19	6 467.482	216.65	668 620.8	792.3	62 087.72	130 642.9	113.64
3.7	20	5 529.301	216.65	571 629.8	792.3	53 081.19	111 691.7	97.154
3.7	21	4 728.932	217.58	489 094.7	795.49	45 398.09	95 525.1	82.913
3.7	22	4 047.491	218.57	418 807.2	798.9	38 856.56	81 760.62	70.804
3.7	23	3 466.858	219.57	358 891.7	802.3	33 282.69	70 032.25	60.51
3.7	24	2 971.739	220.56	307 778.1	805.7	28 529.67	60 031.07	51.752
3.7	25	2 549.216	221.55	264 139.9	809.09	24 473.5	51 496.21	44.294
3.7	26	2 188.372	222.54	226 855.5	812.48	21 009.4	44 207.16	37.94
3.7	27	1 879.97	223.54	194 975.8	815.87	18 048.72	37 977.4	32.521
3.7	28	1 616.193	224.53	167 697	819.25	15 516.42	32 649.03	27.896

续表

Ma	H/km	p/Pa	T/K	p_t/Pa	T_t/K	$\rho v^2/2/\mathrm{Pa}$	$\Phi/A/\mathrm{Pa}$	$\rho v/$ $[\mathrm{kg}/(\mathrm{m}^2\,\mathrm{s})]$
3.7	29	1 390.418	225.52	144 337.8	822.63	13 348.92	28 088.25	23.946
3.7	30	1 197.028	226.51	124 320.4	826	11 492.31	24 181.65	20.571
3.7	31	1 031.258	227.5	107 154.2	829.37	9 900.849	20 832.96	17.683
3.7	32	889.061 5	228.49	92 422.6	832.74	8 535.692	17 960.45	15.212
3.7	33	767.306 8	230.97	79 860.27	841.18	7 366.815	15 500.94	13.058
3.7	34	663.410 7	233.74	69 139.06	850.57	6 369.359	13 402.13	11.223
3.7	35	574.592 4	236.51	59 963.12	859.94	5 516.634	11 607.86	9.663 3
3.7	36	498.520 9	239.28	52 094.85	869.29	4 786.267	10 071.05	8.335 3
3.7	37	433.246 8	242.05	45 335.4	878.62	4 159.553	8 752.352	7.202 3
3.7	38	377.137	244.82	39 518.03	887.92	3 620.817	7 618.771	6.234
3.7	39	328.820 3	247.58	34 502.59	897.2	3 156.898	6 642.616	5.404 8
3.7	40	287.142 8	250.35	30 171.08	906.46	2 756.721	5 800.585	4.693 6
3.8	0	101 325	288.15	12 538 629	1 069.1	1 025 488	2 152 301	1 585.1
3.8	1	89 876.28	281.65	11 081 550	1 047.1	909 745.7	1 909 368	1 422.2
3.8	2	79 501.41	275.15	9 766 874	1 025.1	804 828.1	1 689 158	1 272.9
3.8	3	70 121.14	268.66	8 583 424	1 003	709 941.9	1 490 005	1 136.2
3.8	4	61 660.42	262.17	7 520 676	980.76	624 335.3	1 310 331	1 011.5
3.8	5	54 048.26	255.68	6 568 731	958.45	547 296.3	1 148 641	897.82
3.8	6	47 217.62	249.19	5 718 294	936.04	478 151.9	1 003 521	794.52
3.8	7	41 105.25	242.7	4 960 650	913.54	416 266.6	873 638.4	700.86
3.8	8	35 651.6	236.22	4 287 642	890.93	361 041.4	757 734.4	616.17
3.8	9	30 800.67	229.73	3 691 648	868.22	311 912.6	654 625.8	539.78
3.8	10	26 499.87	223.25	3 165 562	845.41	268 350.4	563 200.6	471.1
3.8	11	22 699.94	216.77	2 702 766	822.48	229 857.9	482 415.7	409.52
3.8	12	19 399.43	216.65	2 309 647	822.04	196 436.9	412 273.2	350.07
3.8	13	16 579.6	216.65	1 973 926	822.04	167 883.6	352 346.9	299.19
3.8	14	14 170.36	216.65	1 687 087	822.04	143 487.8	301 146	255.71
3.8	15	12 111.81	216.65	1 442 001	822.04	122 643.1	257 398	218.57
3.8	16	10 352.82	216.65	1 232 580	822.04	104 831.7	220 016.2	186.82
3.8	17	8 849.716	216.65	1 053 625	822.04	89 611.46	188 072.6	159.7
3.8	18	7 565.221	216.65	900 696.2	822.04	76 604.77	160 774.8	136.52
3.8	19	6 467.482	216.65	770 002.2	822.04	65 489.16	137 445.8	116.71
3.8	20	5 529.301	216.65	658 304.7	822.04	55 989.22	117 507.7	99.78

续表

Ma	H /km	p/Pa	T/K	p_t/Pa	T_t/K	$\rho v^2/2$/Pa	Φ/A/Pa	$\rho v/$ $[\text{kg}/(\text{m}^2\text{s})]$
3.8	21	4 728.932	217.58	563 277.4	825.35	47 885.2	100 499.3	85.154
3.8	22	4 047.491	218.57	482 349.6	828.86	40 985.3	86 018.09	72.718
3.8	23	3 466.858	219.57	413 361.1	832.38	35 106.07	73 679	62.145
3.8	24	2 971.739	220.56	354 505	835.89	30 092.65	63 157.04	53.15
3.8	25	2 549.216	221.55	304 254.6	839.4	25 814.27	54177.75	45.491
3.8	26	2 188.372	222.54	261 319	842.91	22 160.39	46 509.14	38.965
3.8	27	1 879.97	223.54	224 605.8	846.41	19 037.51	39 954.98	33.4
3.8	28	1 616.193	224.53	193 189.7	849.9	16 366.48	34 349.15	28.65
3.8	29	1 390.418	225.52	166 286.6	853.4	14 080.23	29 550.88	24.594
3.8	30	1 197.028	226.51	143 231.4	856.89	12 121.91	25 440.85	21.127
3.8	31	1 031.258	227.5	123459.3	860.37	10 443.26	21917.78	18.161
3.8	32	889.061 5	228.49	106 490.6	863.85	9 003.316	18 895.69	15.623
3.8	33	767.306 8	230.97	92 025.96	872.57	7 770.402	16 308.11	13.411
3.8	34	663.410 7	233.74	79 681.05	882.28	6 718.302	14 100.01	11.526
3.8	35	574.592 4	236.51	69 114.3	891.97	5 818.86	12 212.31	9.924 4
3.8	36	498.520 9	239.28	60 052.42	901.64	5 048.48	10 595.48	8.560 5
3.8	37	433.246 8	242.05	52 266.72	911.28	4 387.432	9 208.111	7.397
3.8	38	377.137	244.82	45 565.39	920.89	3 819.182	8 015.501	6.402 5
3.8	39	328.820 3	247.58	39 787.22	930.49	3 329.847	6 988.514	5.550 9
3.8	40	287.142 8	250.35	34 796.42	940.06	2 907.747	6 102.636	4.820 5
3.9	0	101 325	288.15	14 464 615	1 107.7	1 080 171	2 261 667	1 626.8
3.9	1	89 876.28	281.65	12 780 168	1 085	958 257	2 006 390	1 459.6
3.9	2	79 501.41	275.15	11 260 812	1 062.2	847 744.8	1 774 991	1 306.4
3.9	3	70 121.14	268.66	9 893 543	1 039.4	747 799	1 565 719	1 166.1
3.9	4	61 660.42	262.17	8 666 114	1 016.4	657 627.4	1 376 915	1 038.1
3.9	5	54 048.26	255.68	7 567 013	993.35	576 480.4	1 207 009	921.45
3.9	6	47 217.62	249.19	6 585 434	970.19	503 648.9	1 054 515	815.43
3.9	7	41 105.25	242.7	5 711 247	946.94	438 463.6	918 032.5	719.31
3.9	8	35 651.6	236.22	4 934 977	923.58	380 293.6	796 238.8	632.38
3.9	9	30 800.67	229.73	4 247 772	900.11	328 545	687 890.7	553.99
3.9	10	26 499.87	223.25	3 641 381	876.54	282 659.9	591 819.7	483.49
3.9	11	22 699.94	216.77	3 108 124	852.85	242 114.8	506 929.6	420.29
3.9	12	19 399.43	216.65	2 656 033	852.39	206 911.7	433 222.9	359.29

续表

Ma	H /km	p /Pa	T /K	p_t /Pa	T_t /K	$\rho v^2/2$ /Pa	Φ/A /Pa	$\rho v/$ [kg/(m²s)]
3. 9	13	16 579. 6	216. 65	2 269 963	852. 39	176 835. 9	370 251. 4	307. 06
3. 9	14	14 170. 36	216. 65	1 940106	852. 39	151 139. 2	316 448. 7	262. 44
3. 9	15	12 111. 81	216. 65	1 658 263	852. 39	129 182. 9	270 477. 7	224. 32
3. 9	16	10 352. 82	216. 65	141 7434	852. 39	110 421. 8	231 196. 3	191. 74
3. 9	17	8 849. 716	216. 65	121 1641	852. 39	94 389. 91	197 629. 5	163. 9
3. 9	18	7 565. 221	216. 65	103 5777	852. 39	80 689. 65	168 944. 5	140. 11
3. 9	19	6 467. 482	216. 65	885 482	852. 39	68 981. 31	144 430. 1	119. 78
3. 9	20	5 529. 301	216. 65	757 032. 9	852. 39	58 974. 79	123 478. 9	102. 41
3. 9	21	4 728. 932	217. 58	647 780. 7	855. 81	50 438. 63	105 606. 2	87. 395
3. 9	22	4 047. 491	218. 57	554 736. 6	859. 44	43 170. 81	90 389. 1	74. 632
3. 9	23	3 466. 858	219. 57	475 415. 9	863. 08	36 978. 07	77 423	63. 781
3. 9	24	2 971. 739	220. 56	407 742. 2	866. 71	31 697. 31	66 366. 37	54. 549
3. 9	25	2 549. 216	221. 55	349 961	870. 33	27 190. 79	56 930. 8	46. 689
3. 9	26	2 188. 372	222. 54	300 588. 7	873. 95	23 342. 07	48 872. 51	39. 99
3. 9	27	1 879. 97	223. 54	258 369. 8	877. 57	20 052. 67	41 985. 3	34. 279
3. 9	28	1 616. 193	224. 53	222 240. 9	881. 18	17 239. 2	36 094. 6	29. 404
3. 9	29	1 390. 418	225. 52	191 300. 7	884. 79	14 831. 05	31 052. 51	25. 241
3. 9	30	1 197. 028	226. 51	164 784. 6	888. 4	12 768. 3	26 733. 63	21. 683
3. 9	31	1 031. 258	227. 5	142 043. 5	892	11 000. 14	23 031. 54	18. 639
3. 9	32	889. 061 5	228. 49	122 525. 9	895. 6	9 483. 409	19 855. 88	16. 034
3. 9	33	767. 306 8	230. 97	105 895	904. 61	8 184. 752	17 136. 81	13. 764
3. 9	34	663. 410 7	233. 74	91 700. 93	914. 64	7 076. 549	14 816. 51	11. 829
3. 9	35	574. 592 4	236. 51	79 550. 02	924. 65	6 129. 145	12 832. 88	10. 186
3. 9	36	498. 520 9	239. 28	69 128. 42	934. 64	5 317. 686	11 133. 89	8. 785 8
3. 9	37	433. 246 8	242. 05	60 173. 48	944. 6	4 621. 388	9 676. 022	7. 591 6
3. 9	38	377. 137	244. 82	52 464. 86	954. 54	4 022. 836	8 422. 809	6. 571
3. 9	39	328. 820 3	247. 58	45 817. 41	964. 46	3 507. 408	7 343. 636	5. 697
3. 9	40	287. 142 8	250. 35	40 075. 15	974. 35	3 062. 8	6 412. 742	4. 947 3
4. 0	0	101 325	288. 15	16 663 785	1 147. 1	1 136 275	2 373 874	1 668. 5
4. 0	1	89 876. 28	281. 65	14 719 078	1 123. 6	1 008 028	2 105 933	1 497. 1
4. 0	2	79 501. 41	275. 15	1 296 5516	1 100. 1	891 776. 3	1 863 054	1 339. 9
4. 0	3	70 121. 14	268. 66	11 387 981	1 076. 5	786 639. 3	1 643 400	1 196
4. 0	4	61 660. 42	262. 17	9 972 248. 1	1 052. 8	691 784. 3	1 445 229	1 064. 7

续表

Ma	H /km	p/Pa	T/K	p_t/Pa	T_t/K	$\rho v^2/2$/Pa	Φ/A/Pa	$\rho v/$ [kg/(m²s)]
4.0	5	54 048. 26	255. 68	8 704 943. 6	1 028. 9	606 422. 5	1 266 893	945. 08
4.0	6	47 217. 62	249. 19	7 573 520. 7	1 005	529 808. 2	1 106 834	836. 34
4.0	7	41 105. 25	242. 7	6 566 224. 2	981	461 237. 2	963 579. 7	737. 75
4.0	8	35 651. 6	236. 22	5 672 058. 8	956. 87	400 045. 9	835 743. 4	648. 6
4.0	9	30 800. 67	229. 73	4 880 759. 1	932. 63	345 609. 5	722 019. 7	568. 19
4.0	10	26 499. 87	223. 25	4 182 758. 3	908. 28	297 341. 1	621 182. 1	495. 89
4.0	11	22 699. 94	216. 77	3 569 158	883. 81	254 690. 2	532 080. 3	431. 07
4.0	12	19 399. 43	216. 65	3 049 989. 4	883. 34	217 658. 6	454 716. 7	368. 5
4.0	13	16 579. 6	216. 65	2 606 655. 4	883. 34	186 020. 6	388 620. 9	314. 94
4.0	14	14 170. 36	216. 65	2 227 872. 4	883. 34	158 989. 3	332 148. 9	269. 17
4.0	15	12 111. 81	216. 65	1 904 225. 7	883. 34	135 892. 6	283 897. 1	230. 07
4.0	16	10 352. 82	216. 65	1 627 675. 8	883. 34	116 157	242 666. 9	196. 66
4.0	17	8 849. 716	216. 65	1 391 357. 7	883. 34	99 292. 48	207 434. 7	168. 1
4.0	18	7 565. 221	216. 65	1 189 408. 5	883. 34	84 880. 63	177 326. 5	143. 7
4.0	19	6 467. 482	216. 65	1 016 821. 4	883. 34	72 564. 17	151 595. 8	122. 85
4.0	20	5 529. 301	216. 65	869 319. 96	883. 34	62 037. 92	129 605. 1	105. 03
4.0	21	4 728. 932	217. 58	743 894. 78	886. 87	53 058. 39	110 845. 7	89. 636
4.0	22	4 047. 491	218. 57	637 074. 3	890. 63	45 413. 08	94 873. 64	76. 545
4.0	23	3 466. 858	219. 57	546 005. 2	894. 38	38 898. 69	81 264. 24	65. 416
4.0	24	2 971. 739	220. 56	468 304. 73	898. 13	33 343. 66	69 659. 05	55. 948
4.0	25	2 549. 216	221. 55	401 959. 52	901. 87	28 603. 07	59 755. 35	47. 886
4.0	26	2 188. 372	222. 54	345 267. 05	905. 61	24 554. 44	51 297. 26	41. 016
4.0	27	1 879. 97	223. 54	296 786. 43	909. 35	21 094. 19	44 068. 35	35. 157
4.0	28	1 616. 193	224. 53	255 297. 23	913. 08	18 134. 6	37 885. 39	30. 158
4.0	29	1 390. 418	225. 52	219 764. 97	916. 81	15 601. 36	32 593. 15	25. 888
4.0	30	1 197. 028	226. 51	189 312. 07	920. 53	13 431. 48	28 059. 98	22. 238
4.0	31	1 031. 258	227. 5	163 193. 48	924. 26	11 571. 48	24 174. 22	19. 117
4.0	32	889. 061 5	228. 49	140 776. 2	927. 97	9 975. 973	20 841. 01	16. 445
4.0	33	767. 306 8	230. 97	121 681. 96	937. 28	8 609. 864	17 987. 03	14. 117
4.0	34	663. 410 7	233. 74	105 385. 3	947. 64	7 444. 102	15 551. 61	12. 133
4.0	35	574. 592 4	236. 51	91 432. 769	957. 98	6 447. 49	13 469. 57	10. 447
4.0	36	498. 520 9	239. 28	79 464. 545	968. 3	5 593. 884	11 686. 29	9. 011 1
4.0	37	433. 246 8	242. 05	69 179. 423	978. 59	4 861. 42	10 156. 09	7. 786 3

续表

Ma	H /km	p/Pa	T/K	p_t/Pa	T_t/K	$\rho v^2/2$/Pa	Φ/A/Pa	$\rho v/$ [kg/(m^{2}s)]
4. 0	38	377. 137	244. 82	60 324. 728	988. 85	4 231. 78	8 840. 698	6. 739 4
4. 0	39	328. 820 3	247. 58	52 688. 063	999. 09	3 689. 581	7 707. 982	5. 843 1
4. 0	40	287. 142 8	250. 35	46 090. 514	1 009. 3	3 221. 88	6 730. 902	5. 074 2
4. 2	0	101 325	288. 15	22 025 915	1 228. 2	1 252 743	2 606 811	1 751. 9
4. 2	1	89 876. 28	281. 65	19 444 259	1 203. 1	1 111 351	2 312 579	1 571. 9
4. 2	2	79 501. 41	275. 15	17 117 797	1 178	983 183. 3	2 045 868	1 406. 9
4. 2	3	70 121. 14	268. 66	15 026 199	1 152. 9	867 269. 8	1 804 661	1 255. 8
4. 2	4	61 660. 42	262. 17	13 150 339	1 127. 6	762 692. 2	1 587 045	1 118
4. 2	5	54 048. 26	255. 68	11 472 254	1 102. 2	668 580. 8	1 391 210	992. 33
4. 2	6	47 217. 62	249. 19	9 975 100. 5	1 076. 7	584 113. 5	1 215 445	878. 16
4. 2	7	41 105. 25	242. 7	8 643 104. 8	1 051. 1	508 514	1 058 133	774. 64
4. 2	8	35 651. 6	236. 22	7 461 527. 5	1 025. 4	441 050. 6	917 752. 8	681. 03
4. 2	9	30 800. 67	229. 73	6 416 615. 5	999. 54	381 034. 5	792 869. 6	596. 6
4. 2	10	26 499. 87	223. 25	5 495 562. 5	973. 59	327 818. 6	682 137	520. 68
4. 2	11	22 699. 94	216. 77	4 686 466	947. 52	280 795. 9	584 291. 8	452. 63
4. 2	12	19 399. 43	216. 65	4 004 726. 7	947. 02	239 968. 6	499 336. 7	386. 92
4. 2	13	16 579. 6	216. 65	3 422 615. 9	947. 02	205 087. 8	426 755. 1	330. 68
4. 2	14	14 170. 36	216. 65	2 925 262. 6	947. 02	175 285. 7	364 741. 7	282. 63
4. 2	15	12 111. 81	216. 65	2 500 304. 9	947. 02	149 821. 6	311 755. 1	241. 57
4. 2	16	10 352. 82	216. 65	2 137 186. 7	947. 02	128 063. 1	266 479	206. 49
4. 2	17	8 849. 716	216. 65	1 826 894	947. 02	109 470	227 789. 6	176. 51
4. 2	18	7 565. 221	216. 65	1 561 728. 7	947. 02	93 580. 89	194 727	150. 89
4. 2	19	6 467. 482	216. 65	1 335 116. 7	947. 02	80 001. 99	166 471. 5	128. 99
4. 2	20	5 529. 301	216. 65	1 141 442. 9	947. 02	68 396. 8	142 322. 9	110. 28
4. 2	21	4 728. 932	217. 58	976 843. 12	950. 78	58 496. 88	121 722. 7	94. 118
4. 2	22	4 047. 491	218. 57	836 651. 81	954. 78	50 067. 92	104 183. 3	80. 372
4. 2	23	3 466. 858	219. 57	717 121. 59	958. 78	42 885. 81	89 238. 47	68. 687
4. 2	24	2 971. 739	220. 56	615 128. 55	962. 77	36 761. 38	76 494. 5	58. 745
4. 2	25	2 549. 216	221. 55	528 032. 89	966. 76	31 534. 88	65 618. 98	50. 28
4. 2	26	2 188. 372	222. 54	453 602. 11	970. 75	27 071. 28	56 330. 92	43. 067
4. 2	27	1 879. 97	223. 54	389 946. 68	974. 73	23 256. 35	48 392. 66	36. 915
4. 2	28	1 616. 193	224. 53	335 466. 01	978. 71	19 993. 4	41 602. 99	31. 666
4. 2	29	1 390. 418	225. 52	288 803. 26	982. 68	17 200. 5	35 791. 42	27. 182

续表

Ma	H /km	p/Pa	T/K	p_t/Pa	T_t/K	$\rho v^2/2$/Pa	Φ/A/Pa	$\rho v/$ [kg/(m²s)]
4.2	30	1 197.028	226.51	248 807.29	986.65	14 808.2	30 813.44	23.35
4.2	31	1 031.258	227.5	214 500.72	990.61	12 757.56	26 546.37	20.073
4.2	32	889.061 5	228.49	185 053.07	994.57	10 998.51	22 886.08	17.268
4.2	33	767.306 8	230.97	159 991.27	1 004.5	9 492.375	19 752.06	14.823
4.2	34	663.410 7	233.74	138 600.52	1 015.5	8 207.122	17 077.65	12.739
4.2	35	574.592 4	236.51	120 282.16	1 026.6	7 108.358	14 791.31	10.969
4.2	36	498.520 9	239.28	104 565.14	1 037.5	6 167.257	12 833.03	9.461 6
4.2	37	433.246 8	242.05	91 055.112	1 048.5	5 359.716	11 152.68	8.175 6
4.2	38	377.137	244.82	79 421.173	1 059.5	4 665.538	9 708.213	7.076 4
4.2	39	328.820 3	247.58	69 385.113	1070.4	4 067.763	8 464.347	6.1352
4.2	40	287.142 8	250.35	60 712.536	1 081.3	3 552.123	7 391.388	5.3279
4.4	0	101 325	288.15	28 955 921	1 312.3	1 374 892	2 851 110	1 835.3
4.4	1	89 876.28	281.65	25 547 112	1 285.7	1 219 714	2 529 305	1 646.8
4.4	2	79 501.41	275.15	22 477 160	1 258.9	1 079 049	2 237 600	1 473.9
4.4	3	70 121.14	268.66	19 718 875	1 232.1	951 833.5	1 973 788	1 315.6
4.4	4	61 660.42	262.17	17 246 694	1 205.2	837 059	1 735 778	1 171.2
4.4	5	54 048.26	255.68	15 036 619	1 178.2	733 771.2	1 521 591	1 039.6
4.4	6	47 217.62	249.19	13 066 162	1 151	641 067.9	1 329 353	919.97
4.4	7	41 105.25	242.7	11 314 280	1 123.8	558 097	1 157 299	811.53
4.4	8	35 651.6	236.22	9 761 322	1 096.4	484 055.5	1 003 763	713.46
4.4	9	30 800.67	229.73	8 388 963.9	1 068.9	418 187.5	867 175.7	625.01
4.4	10	26 499.87	223.25	7 180 156.8	1 041.3	359 782.8	746 065.4	545.48
4.4	11	22 699.94	216.77	6 119 066.5	1 013.6	308 175.1	639 050.2	474.18
4.4	12	19 399.43	216.65	5 228 862.2	1 013	263 366.9	546 133.3	405.35
4.4	13	16 579.6	216.65	4 468 816.1	1 013	225 085	466 749.6	346.43
4.4	14	14 170.36	216.65	3 819 435.5	1 013	192 377	398 924.4	296.09
4.4	15	12 111.81	216.65	3 264 579.8	1 013	164 430.1	340 972	253.08
4.4	16	10 352.82	216.65	2 790 466.3	1 013	140 550	291 452.8	216.32
4.4	17	8 849.716	216.65	2 385 325.6	1 013	120 143.9	249 137.5	184.91
4.4	18	7 565.221	216.65	2 039 106.6	1 013	102 705.6	212 976.3	158.07
4.4	19	6 467.482	216.65	1 743 225.4	1 013	87 802.64	182 072.8	135.14
4.4	20	5 529.301	216.65	1 490 350.9	1 013	75 065.88	155 661.1	115.53
4.4	21	4 728.932	217.58	1 275 556.7	1 017	64 200.65	133 130.2	98.6

续表

Ma	H /km	p/Pa	T/K	p_t/Pa	T_t/K	$\rho v^2/2$/Pa	Φ/A/Pa	$\rho v/$ [kg/(m² s)]
4.4	22	4 047.491	218.57	1 092 604.5	1 021.3	54 949.82	113 947.1	84.2
4.4	23	3 466.858	219.57	936 600.33	1 025.5	47 067.42	97 601.69	71.958
4.4	24	2 971.739	220.56	803 471.75	1 029.8	40 345.82	83 663.39	61.543
4.4	25	2 549.216	221.55	689 777.26	1 034	34 609.71	71 768.64	52.674
4.4	26	2 188.372	222.54	592 606.07	1 038.3	29 710.88	61 610.13	45.117
4.4	27	1 879.97	223.54	509 494.28	1 042.5	25 523.97	52 927.91	38.673
4.4	28	1 616.193	224.53	438 354.67	1 046.7	21 942.87	45 501.92	33.174
4.4	29	1 390.418	225.52	377 417.62	1 051	18 877.65	39 145.72	28.477
4.4	30	1 197.028	226.51	325 181.7	1 055.2	162 52.09	33 701.21	24.462
4.4	31	1 031.258	227.5	280 371.99	1 059.4	14 001.49	29 034.24	21.029
4.4	32	889.061 5	228.49	241 905.06	1 063.6	12 070.93	25 030.92	18.09
4.4	33	767.306 8	230.97	209 195.37	1 074.2	10 417.94	21 603.18	15.528
4.4	34	663.410 7	233.74	181 275.78	1 085.9	9 007.363	18 678.14	13.346
4.4	35	574.592 4	236.51	157 360.18	1 097.7	7 801.463	16 177.52	11.491
4.4	36	498.520 9	239.28	136 835.51	1 109.4	6 768.599	14 035.72	9.9122
4.4	37	433.246 8	242.05	119 188.38	1 121	5882.319	12 197.88	8.5649
4.4	38	377.137	244.82	103 987.97	1 132.7	5120.454	10 618.05	7.4134
4.4	39	328.820 3	247.58	90 871.924	1 144.3	4464.393	9 257.606	6.4274
4.4	40	287.142 8	250.35	79 534.92	1 155.9	3898.475	8 084.092	5.5816
4.6	0	101 325	288.15	37 862 133	1 399.6	1 502 723	3 106 772	1 918.8
4.6	1	89 876.28	281.65	33 385 314	1 371.2	1 333 118	2 756 111	1 721.6
4.6	2	79 501.41	275.15	29 355 982	1 342.8	1 179 374	2 438 250	1 540.8
4.6	3	70 121.14	268.66	25 737 986	1 314.2	1 040 330	2 150 782	1 375.4
4.6	4	61 660.42	262.17	22 497 341	1 285.6	914 884.7	1 891 430	1 224.4
4.6	5	54 048.26	255.68	19 602 175	1 256.8	801 993.8	1 658 036	1 086.8
4.6	6	47 217.62	249.19	17 022 638	1 228	700 671.3	1 448 560	961.79
4.6	7	41 105.25	242.7	14 730 815	1 199	609 986.2	1 261 078	848.41
4.6	8	35 651.6	236.22	12 700 648	1 169.9	529 060.7	1 093 773	745.89
4.6	9	30 800.67	229.73	10 907 863	1 140.7	457 068.6	944 937.8	653.42
4.6	10	26 499.87	223.25	9 329 887.1	1 111.4	393 233.6	812 967.1	570.27
4.6	11	22 699.94	216.77	7 945 773	1 081.9	336 827.8	696 355.4	495.73
4.6	12	19 399.43	216.65	6 789 730.6	1 081.3	287 853.5	595 106.5	423.77
4.6	13	16 579.6	216.65	5 802 803	1 081.3	246 012.3	508 604.2	362.18

续表

Ma	H /km	p/Pa	T/K	p_t/Pa	T_t/K	$\rho v^2/2$/Pa	Φ/A/Pa	$\rho v/$ [kg/(m²s)]
4.6	14	14 170. 36	216. 65	4 959 575. 7	1 081. 3	210 263. 3	434 697	309. 55
4.6	15	12 111. 81	216. 65	4 239 089. 9	1 081. 3	179 718	371 547. 9	264. 58
4.6	16	10 352. 82	216. 65	3 623 448. 8	1 081. 3	153 617. 7	317 588. 1	226. 15
4.6	17	8 849. 716	216. 65	3 097 369. 4	1 081. 3	131 314. 3	271 478. 3	193. 32
4.6	18	7 565. 221	216. 65	2 647 800. 5	1 081. 3	11 2254. 6	232 074. 5	165. 26
4.6	19	6 467. 482	216. 65	2 263 595. 8	1 081. 3	95 966. 11	198 399. 7	141. 28
4.6	20	5 529. 301	216. 65	1 935 235. 7	1 081. 3	82 045. 14	169 619. 6	120. 79
4.6	21	4 728. 932	217. 58	1 656 483. 6	1 085. 6	70 169. 72	145 068. 4	103. 08
4.6	22	4 047. 491	218. 57	1 419 041. 8	1 090. 1	60 058. 79	124 165. 1	88. 027
4.6	23	3 466. 858	219. 57	1 216 553. 6	1 094. 6	51 443. 52	106 353. 9	75. 229
4.6	24	2 971. 739	220. 56	1 043 739. 7	1 099. 1	44 096. 99	91 165. 71	64. 34
4.6	25	2 549. 216	221. 55	896 138. 35	1 103. 7	37 827. 55	78 204. 33	55. 069
4.6	26	2 188. 372	222. 54	769 975. 32	1 108. 2	32 473. 25	67 134. 88	47. 168
4.6	27	1 879. 97	223. 54	662 055. 61	1 112. 7	27 897. 07	57 674. 11	40. 431
4.6	28	1 616. 193	224. 53	569 672. 37	1 117. 2	23 983. 01	49 582. 21	34. 682
4.6	29	1 390. 418	225. 52	490 530. 47	1 121. 7	20 632. 8	42 656. 02	29. 771
4.6	30	1 197. 028	226. 51	422 682. 34	1 126. 1	17 763. 13	36 723. 29	25. 574
4.6	31	1 031. 258	227. 5	364 474. 16	1 130. 6	15 303. 28	31 637. 83	21. 985
4.6	32	889. 061 5	228. 49	314 500. 34	1 135. 1	13 193. 22	27 275. 51	18. 912
4.6	33	767. 306 8	230. 97	272 043. 49	1 146. 3	11 386. 54	23 540. 4	16. 234
4.6	34	663. 410 7	233. 74	235 802. 5	1 158. 8	9 844. 824	20 353. 06	13. 953
4.6	35	574. 592 4	236. 51	204 750. 59	1 171. 3	8 526. 806	17 628. 2	12. 014
4.6	36	498. 520 9	239. 28	178 094. 35	1 183. 7	7 397. 911	15 294. 34	10. 363
4.6	37	433. 246 8	242. 05	155 169. 23	1 196. 1	6 429. 228	13 291. 7	8. 954 2
4.6	38	377. 137	244. 82	135 417. 38	1 208. 5	5 596. 529	11 570. 2	7. 750 4
4.6	39	328. 820 3	247. 58	118 369. 56	1 220. 8	4 879. 471	10 087. 76	6. 719 5
4.6	40	287. 142 8	250. 35	103 630. 19	1 233. 2	4 260. 936	8 809. 015	5. 835 3
4.8	0	101 325	288. 15	49 245 767	14 90	1 636 236	3 373 796	2 002. 2
4.8	1	89 876. 28	281. 65	43 397 652	1 459. 8	1 451 561	2 992 998	1 796. 5
4.8	2	79 501. 41	275. 15	38 137 255	1 429. 6	1 284 158	2 647 817	1 607. 8
4.8	3	70 121. 14	268. 66	33 416 768	1 399. 2	1 132 761	2 335 642	1 435. 2
4.8	4	61 660. 42	262. 17	29 191 293	1 368. 8	996 169. 4	2 053 999	1 277. 7
4.8	5	54 048. 26	255. 68	25 418 734	1 338. 3	873 248. 4	1 800 545	1 134. 1

续表

Ma	H /km	p/Pa	T/K	p_t/Pa	T_t/K	ρv²/2/Pa	Φ/A/Pa	ρv / [kg/(m²s)]
4.8	6	47 217.62	249.19	22 059 684	1 307.6	762 923.8	1 573 065	1 003.6
4.8	7	41 105.25	242.7	19 077 320	1 276.8	664 181.6	1 369 468	885.3
4.8	8	35 651.6	236.22	16 437 290	1 246	576 066.1	1 187 784	778.32
4.8	9	30 800.67	229.73	14 107 609	1 215	497 677.7	1 026 156	681.83
4.8	10	26 499.87	223.25	12 058 569	1 183.8	428 171.2	882 842.3	595.07
4.8	11	22 699.94	216.77	10 262 598	1 152.5	366 753.8	756 207.6	517.29
4.8	12	19 399.43	216.65	8 769 362.5	1 151.9	313 428.4	646 256.3	442.2
4.8	13	16 579.6	216.65	7 494 683.7	1 151.9	267 869.7	552 319.1	377.92
4.8	14	14 170.36	216.65	6 405 602.8	1 151.9	228 944.6	472 059.5	323.01
4.8	15	12 111.81	216.65	5 475 050.2	1 151.9	195 685.4	403 482.6	276.08
4.8	16	10 352.82	216.65	4 679 911.1	1 151.9	167 266.1	344 885	235.99
4.8	17	8 849.716	216.65	4 000 446.7	1 151.9	142 981.2	294 812	201.72
4.8	18	7 565.221	216.65	3 419 800.3	1 151.9	122 228.1	252 021.4	172.45
4.8	19	6 467.482	216.65	2 923 575.9	1 151.9	104 492.4	215 452.3	147.42
4.8	20	5 529.301	216.65	2 499 478.1	1 151.9	89 334.6	184 198.5	126.04
4.8	21	4 728.932	217.58	2 139 664.7	1 156.4	76 404.08	157 537.1	107.56
4.8	22	4 047.491	218.57	1 833 156.9	1 161.2	65 394.83	13 4837.2	91.854
4.8	23	3 466.858	219.57	1 571 742.8	1 166	56 014.12	115 495.1	78.5
4.8	24	2 971.739	220.56	1 348 615.4	1 170.8	48 014.87	99 001.47	67.137
4.8	25	2 549.216	221.55	1 158 021.3	1 175.6	41 188.41	84 926.05	57.463
4.8	26	2 188.372	222.54	995 093.24	1 180.4	35 358.4	72 905.17	49.219
4.8	27	1 879.97	223.54	855 710.41	1 185.2	30 375.64	62 631.24	42.189
4.8	28	1 616.193	224.53	736 381.35	1 190	26 113.82	53 843.84	36.189
4.8	29	1 390.418	225.52	634 145.3	1 194.7	22 465.96	46 322.35	31.065
4.8	30	1 197.028	226.51	546 489.68	1 199.5	19 341.33	39 879.69	26.686
4.8	31	1 031.258	227.5	471 280.59	1 204.2	16 662.93	34 357.12	22.941
4.8	32	889.061 5	228.49	406 704.32	1 209	14 365.4	29 619.86	19.734
4.8	33	767.306 8	230.97	351 890.93	1 220.9	12 398.2	25 563.71	16.94
4.8	34	663.410 7	233.74	305 100.19	1 234.2	10 719.51	22 102.42	14.559
4.8	35	574.592 4	236.51	264 998.08	1 247.4	9 284.386	19 143.36	12.536
4.8	36	498.520 9	239.28	230 563.42	1 260.6	8 055.193	16 608.91	10.813
4.8	37	433.246 8	242.05	200 940.62	1 273.8	7 000.445	14 434.14	9.343 5
4.8	38	377.137	244.82	1 754 11.28	1 286.9	6 093.764	12 564.66	8.087 3

续表

Ma	H/km	p/Pa	T/K	p_t/Pa	T_t/K	$\rho v^2/2$/Pa	Φ/A/Pa	$\rho v/$ [kg/(m²s)]
4.8	39	328.820 3	247.58	153 370.98	1 300	5 312.997	10 954.81	7.011 7
4.8	40	287.142 8	250.35	134 310.12	1 313.1	4 639.507	9 566.157	6.089
5.0	0	101 325	288.15	63 718 900	1 583.5	1 775 429	3 652 184	2 085.6
5.0	1	89 876.28	281.65	56 119 677	1 551.5	1 575 044	3 239 965	1 871.3
5.0	2	79 501.41	275.15	49 288 163	1 519.4	1 393 400	2 866 302	1 674.8
5.0	3	70 121.14	268.66	43 161 502	1 487.1	1 229 124	2 528 369	1 495
5.0	4	61 660.42	262.17	37 680 707	1 454.8	1 080 913	2 223 486	1 330.9
5.0	5	54 048.26	255.68	32 790 487	1 422.4	947 535.2	1 949 119	1 181.3
5.0	6	47 217.62	249.19	28 439 120	1 389.9	827 825.3	1 702 868	1 045.4
5.0	7	41 105.25	242.7	24 578 301	1 357.3	720 683.1	1 482 472	922.19
5.0	8	35 651.6	236.22	21 162 997	1 324.5	625 071.7	1 285 795	810.75
5.0	9	30 800.67	229.73	18 151 307	1 291.6	540 014.9	1 110 830	710.24
5.0	10	26 499.87	223.25	15 504 318	1 258.6	464 595.5	955 690.9	619.86
5.0	11	22 699.94	216.77	13 185 971	1 225.5	397 953.4	818 606.7	538.84
5.0	12	19 399.43	216.65	11 267 227	1 224.8	340 091.6	699 582.6	460.62
5.0	13	16 579.6	216.65	9 629 469.1	1 224.8	290 657.3	597 894.1	393.67
5.0	14	14 170.36	216.65	8 230 174.5	1 224.8	248 420.8	511 011.9	336.46
5.0	15	12 111.81	216.65	7 034 563.4	1 224.8	212 332.3	436 776.3	287.59
5.0	16	10 352.82	216.65	6 012 936.9	1 224.8	181 495.3	373 343.5	245.82
5.0	17	8 849.716	216.65	5 139 933.8	1 224.8	155 144.5	319 138.7	210.13
5.0	18	7 565.221	216.65	4 393 896.1	1 224.8	132 626	272 817.2	179.63
5.0	19	6 467.482	216.65	3 756 327.1	1 224.8	113 381.5	233 230.5	153.57
5.0	20	5 529.301	216.65	3 211 429.4	1 224.8	96 934.24	199 397.8	131.29
5.0	21	4 728.932	217.58	2 749 403.1	1 229.6	8 2903.74	170 536.4	112.04
5.0	22	4 047.491	218.57	2 355 802.3	1 234.7	7 0957.93	145 963.4	95.682
5.0	23	3 466.858	219.57	2 020 073.2	1 239.8	60 779.21	125 025.3	81.77
5.0	24	2 971.739	220.56	1 733 484.9	1 244.8	52 099.46	107 170.7	69.935
5.0	25	2 549.216	221.55	1 488 657.1	1 249.9	44 692.29	91 933.8	59.857
5.0	26	2 188.372	222.54	1 279 345.7	1 255	38 366.32	78 921.01	51.27
5.0	27	1 879.97	223.54	1 100 263.9	1 260.1	32 959.67	67 799.32	43.947
5.0	28	1 616.193	224.53	946 931.61	1 265.1	28 335.31	58 286.82	37.697
5.0	29	1 390.418	225.52	815 549.39	1 270.2	24 377.13	50 144.68	32.36
5.0	30	1 197.028	226.51	702 892.63	1 275.2	20 986.68	43 170.4	27.798

续表

Ma	H/km	p/Pa	T/K	p_t/Pa	T_t/K	$\rho v^2/2/\text{Pa}$	$\Phi/A/\text{Pa}$	$\rho v/[\text{kg}/(\text{m}^2\text{s})]$
5.0	31	1 031.258	227.5	606 222.43	1 280.3	18 080.44	37 192.14	23.896
5.0	32	889.061 5	228.49	523 210.57	1 285.3	15 587.46	32 063.98	20.557
5.0	33	767.306 8	230.97	452 812.92	1 297.9	13 452.91	27 673.13	17.646
5.0	34	663.410 7	233.74	392 715.88	1 312	11 631.41	23 926.23	15.166
5.0	35	574.592 4	236.51	341 195.28	1 326	10 074.2	20 723	13.058
5.0	36	498.520 9	239.28	296 943.63	1 340	8 740.443	17 979.41	11.264
5.0	37	433.246 8	242.05	258 865.18	1 354	7 595.969	15 625.19	9.732 9
5.0	38	377.137	244.82	226 039.73	1 367.9	6 612.157	13 601.45	8.424 3
5.0	39	328.820 3	247.58	197 692.77	1 381.8	5 764.97	11 858.76	7.303 8
5.0	40	287.142 8	250.35	173 171.2	1 395.7	5 034.187	10 355.52	6.342 7
5.5	0	101 325	288.15	118 690 096	1 831	2 148 269	4 397 864	2 294.2
5.5	1	89 876.28	281.65	104 388 756	1 793.9	1 905 804	3 901 484	2 058.4
5.5	2	79 501.41	275.15	91 550 226	1 756.8	1 686 014	3 451 530	1 842.3
5.5	3	70 121.14	268.66	80 052 919	1 719.6	1 487 240	3 044 601	1 644.6
5.5	4	61 660.42	262.17	69 782 856	1 682.3	1 307 905	2 677 470	1 464
5.5	5	54 048.26	255.68	60 633 369	1 644.9	1 146 518	2 347 083	1 299.5
5.5	6	47 217.62	249.19	52 504 792	1 607.3	100 166 9	2 050 555	1 150
5.5	7	41 105.25	242.7	45 304 182	1 569.7	872026.6	1 785 158	1 014.4
5.5	8	35 651.6	236.22	38 945 013	1 531.9	756 336.7	1 548 325	891.82
5.5	9	30 800.67	229.73	33 346 894	1 494	653 418	1 337 637	781.26
5.5	10	26 499.87	223.25	28 435 287	1 455.9	562 160.6	1 150 821	681.85
5.5	11	22 699.94	216.77	24 141 229	1 417.8	481 523.6	985 747.1	592.72
5.5	12	19 399.43	216.65	20 627 648	1 417	411 510.8	842 421.1	506.69
5.5	13	16 579.6	216.65	17 629 297	1 417	351 695.3	719 970.2	433.04
5.5	14	14 170.36	216.65	15 067 517	1 417	300 589.1	615 348.6	370.11
5.5	15	12 111.81	216.65	12 878 634	1 417	256 922	525 955.9	316.34
5.5	16	10 352.82	216.65	11 008 275	1 417	219 609.4	449 571.5	270.4
5.5	17	8 849.716	216.65	9 410 011.8	1 417	187 724.8	384 299.4	231.14
5.5	18	7 565.221	216.65	8 044 192	1 417	160 477.4	328 520.1	197.59
5.5	19	6 467.482	216.65	6 876 952.9	1 417	137 191.6	280 850.7	168.92
5.5	20	5 529.301	216.65	5 879 373.2	1417	117290.4	240 110.2	144.42
5.5	21	4 728.932	217.58	5 034 784.8	1422.5	100313.5	205 356	123.25
5.5	22	4 047.491	218.57	4 315 173.3	1428.4	85859.1	175 765.7	105.25

续表

Ma	H /km	p/Pa	T/K	p_t/Pa	T_t/K	$\rho v^2/2$/Pa	Φ/A/Pa	$\rho v/$ [kg/(m²s)]
5.5	23	3 466.858	219.57	3 701 203.4	1 434.2	73542.84	150 552.5	89.947
5.5	24	2 971.739	220.56	3 176 961.7	1 440.1	63040.35	129 052.4	76.928
5.5	25	2 549.216	221.55	2 728 992	1 445.9	54077.67	110 704.6	65.843
5.5	26	2 188.372	222.54	2 345 907	1 451.8	46423.25	95 034.87	56.397
5.5	27	1 879.97	223.54	2 018 062.7	1 457.6	39881.21	81 642.38	48.341
5.5	28	1 616.193	224.53	1 737 284.3	1 463.4	34285.73	70 187.65	41.467
5.5	29	1 390.418	225.52	1 496 637.5	1 469.3	29496.33	60 383.07	35.596
5.5	30	1 197.028	226.51	1 290 235.7	1 475.1	25393.89	51 984.81	30.578
5.5	31	1 031.258	227.5	1 113 077.4	1 480.9	21877.33	44 785.92	26.286
5.5	32	889.061 5	228.49	960 910.11	1 486.7	18860.82	38 610.71	22.612
5.5	33	767.306 8	230.97	832 159.56	1 501.2	16278.02	33 323.35	19.411
5.5	34	663.410 7	233.74	722 233.72	1 517.4	14074	28 811.42	16.683
5.5	35	574.592 4	236.51	627 929.3	1 533.6	12 189.79	24 954.16	14.364
5.5	36	498.520 9	239.28	546 874	1 549.8	10 575.94	21 650.39	12.39
5.5	37	433.246 8	242.05	477 078.13	1 565.9	9 191.123	18 815.49	10.706
5.5	38	377.137	244.82	416 869.63	1 582	8 000.71	16 378.56	9.266 7
5.5	39	328.820 3	247.58	364 840.46	1 598	6 975.614	14 280.05	8.034 2
5.5	40	287.142 8	250.35	319 802.35	1 614.1	6 091.367	12 469.88	6.977
6.0	0	101 325	288.15	214 533 174	2 098	2 556 618	5 214 561	2 502.7
6.0	1	89 876.28	281.65	188 433 745	2 055.6	2 268 064	4 626 004	2 245.6
6.0	2	79 501.41	275.15	165 034 649	2 013	2 006 497	4 092 495	2 009.8
6.0	3	70 121.14	268.66	144 108 234	1 970.3	1 769 938	3 609 998	1 794.1
6.0	4	61 660.42	262.17	125 441 438	1 927.5	1 556 515	3 174 690	1 597.1
6.0	5	54 048.26	255.68	108 835 067	1 884.6	1 364 451	2 782 950	1 417.6
6.0	6	47 217.62	249.19	94 103 259	1 841.6	1 192 068	2 431 354	1 254.5
6.0	7	41 105.25	242.7	81 072 921	1 798.4	1 037 784	2 116 673	1 106.6
6.0	8	35 651.6	236.22	69 583 108	1 755.2	900 103.2	1 835 858	972.89
6.0	9	30 800.67	229.73	59 484 540	1 711.7	777 621.4	1 586 043	852.29
6.0	10	26 499.87	223.25	50 638 982	1 668.2	66 9017.5	1 364 535	743.84
6.0	11	22 699.94	216.77	42 918 731	1 624.5	573 052.9	1 168 806	646.61
6.0	12	19 399.43	216.65	36 671 013	1 623.7	489 731.9	998 863.2	552.75
6.0	13	16 579.6	216.65	31 340 664	1 623.7	418 546.5	853 672.5	472.4
6.0	14	14 170.36	216.65	26 786 433	1 623.7	357 725.9	729 622.1	403.76

续表

Ma	H /km	p/Pa	T/K	p_t/Pa	T_t/K	$\rho v^2/2$/Pa	Φ/A/Pa	$\rho v /$ [kg/(m²s)]
6.0	15	12 111.81	216.65	22 895 124	1 623.7	305 758.5	623 628.7	345.1
6.0	16	10 352.82	216.65	19 570 075	1 623.7	261 353.3	533 059.4	294.98
6.0	17	8 849.716	216.65	16 728 745	1 623.7	223 408.1	455 665.9	252.16
6.0	18	7 565.221	216.65	14 300 645	1 623.7	190 981.4	389 528.1	215.56
6.0	19	6 467.482	216.65	12 225 574	1 623.7	163 269.4	333 006.2	184.28
6.0	20	5 529.301	216.65	10 452 116	1 623.7	139 585.3	284 699.9	157.55
6.0	21	4 728.932	217.58	8 952 856.9	1 630	119 381.4	243 491.7	134.45
6.0	22	4 047.491	218.57	7 675 262.9	1 636.7	102 179.4	208 406.3	114.82
6.0	23	3 466.858	219.57	6 584 939.5	1 643.4	87 522.06	178 511	98.124
6.0	24	2 971.739	220.56	5 653 718	1 650.1	75 023.23	153 018.2	83.922
6.0	25	2 549.216	221.55	4 857 773.7	1 656.8	64 356.9	131 263	71.829
6.0	26	2 188.372	222.54	4 176 939.7	1 663.4	55 247.5	112 683.4	61.524
6.0	27	1 879.97	223.54	3 594 131.5	1 670.1	47 461.93	96 803.83	52.736
6.0	28	1 616.193	224.53	3 094 864.5	1 676.8	40 802.85	83 221.89	45.237
6.0	29	1 390.418	225.52	2 666 848.5	1 683.4	35 103.07	71 596.55	38.832
6.0	30	1 197.028	226.51	2 299 647.5	1 690.1	30 220.83	61 638.68	33.358
6.0	31	1 031.258	227.5	1 984 392.6	1 696.8	26 035.83	53 102.92	28.676
6.0	32	889.061 5	228.49	1 713 541.3	1 703.4	22 445.94	45 780.94	24.668
6.0	33	767.306 8	230.97	1 484 879.8	1 720.1	19 372.19	39 511.69	21.175
6.0	34	663.410 7	233.74	1 289 625.7	1 738.6	16 749.23	34 161.87	18.199
6.0	35	574.592 4	236.51	1 122 003.7	1 757.1	14 506.85	29 588.3	15.67
6.0	36	498.520 9	239.28	977 835.23	1 775.6	12 586.24	25 671	13.517
6.0	37	433.246 8	242.05	853 609.27	1 794.1	10 938.2	22 309.64	11.679
6.0	38	377.137	244.82	746 376.26	1 812.5	9 521.506	19 420.15	10.109
6.0	39	328.820 3	247.58	653 649.93	1 830.9	8 301.557	16 931.94	8.764 6
6.0	40	287.142 8	250.35	573 330.91	1 849.3	7 249.23	14 785.6	7.611 2
6.5	0	101 325	288.15	377 030 903	2 384.7	3 000 475	6 102 276	2 711.3
6.5	1	89 876.28	281.65	330 750 587	2 336.3	2 661 825	5413526	2 432.7
6.5	2	79 501.41	275.15	289 309 434	2 287.8	2 354 847	4789195	2 177.3
6.5	3	70 121.14	268.66	252 294 311	2 239.3	2 077 219	4 224 560	1 943.6
6.5	4	61 660.42	262.17	219 318 824	2 190.6	1 826 743	3 715 146	1 730.2
6.5	5	54 048.26	255.68	190 022 234	2 141.7	16 013 34	3 256 717	1 535.8
6.5	6	47 217.62	249.19	164 068 347	2 092.8	1 399 025	2 845 267	1 359.1

续表

Ma	H /km	p/Pa	T/K	p_t/Pa	T_t/K	$\rho v^2/2$/Pa	Φ/A/Pa	$\rho v/$ [kg/(m²s)]
6.5	7	41 105.25	242.7	141 144 379	2 043.7	1 217 955	2477014	1 198.8
6.5	8	35 651.6	236.22	120 960 021	1 994.4	1 056 371	2 148 394	1 054
6.5	9	30 800.67	229.73	103 246 218	1 945	912 625.1	1 856 051	923.31
6.5	10	26 499.87	223.25	87 754 232	1 895.5	785 166.4	1 596 833	805.82
6.5	11	22 699.94	216.77	74 254 601	1 845.9	672 541.2	136 7782	700.49
6.5	12	19 399.43	216.65	63 443 285	1 844.9	574 754.8	1 168 909	598.81
6.5	13	16 579.6	216.65	54 221 428	1 844.9	491 210.8	999 001.2	511.77
6.5	14	14 170.36	216.65	46 342 307	1 844.9	419 831.1	853 832.5	437.4
6.5	15	12 111.81	216.65	39 610 083	1 844.9	358 841.5	729 794.8	373.86
6.5	16	10 352.82	216.65	33 857 528	1 844.9	306 727.1	623 807.1	319.57
6.5	17	8 849.716	216.65	28 941 839	1 844.9	262 194.2	533 238.1	273.17
6.5	18	7 565.221	216.65	24 741 065	1 844.9	224 137.9	455 841	233.52
6.5	19	6 467.482	216.65	21 151 054	1 844.9	191 614.8	389 697	199.64
6.5	20	5 529.301	216.65	18 082 854	1 844.9	163 818.9	333 167	170.68
6.5	21	4 728.932	217.58	15 492 707	1 852.1	140 107.3	284 943.6	145.66
6.5	22	4 047.491	218.57	13 285 203	1 859.7	119 918.9	243 885.3	124.39
6.5	23	3 466.858	219.57	11 400 803	1 867.3	102 716.9	208 900.6	106.3
6.5	24	2 971.739	220.56	9 790 977.5	1 874.9	88 048.09	179 067.9	90.915
6.5	25	2 549.216	221.55	8 414 666.4	1 882.5	75 529.97	153 609.2	77.814
6.5	26	2 188.372	222.54	7 237 108.3	1 890.1	64 839.08	131 866.5	66.651
6.5	27	1 879.97	223.54	6 228 845.5	1 897.7	55 701.85	113 283.7	57.131
6.5	28	1 616.193	224.53	5 364 897.9	1 905.3	47 886.68	97 389.55	49.006
6.5	29	1 390.418	225.52	4 624 064.5	1 912.9	41 197.35	83 785.12	42.068
6.5	30	1 197.028	226.51	3 988 338.8	1 920.4	35 467.5	72 132.02	36.138
6.5	31	1 031.258	227.5	3 442 414.2	1 928	30 555.94	62 143.14	31.065
6.5	32	889.061 5	228.49	2 973 270	1 935.6	26 342.8	53 574.67	26.724
6.5	33	767.306 8	230.97	2 578 045.4	1 954.5	22 735.42	46 238.15	22.94
6.5	34	663.410 7	233.74	2 240 522	1 975.6	19 657.08	39 977.57	19.716
6.5	35	574.592 4	236.51	1 950 576.1	1 996.7	17 025.4	34 625.4	16.976
6.5	36	498.520 9	239.28	1 701 035.2	2 017.7	14 771.35	30 041.22	14.643
6.5	37	433.246 8	242.05	1 485 876.3	2 038.7	12 837.19	26 107.62	12.653
6.5	38	377.137	244.82	1 300 031.8	2 059.7	11 174.54	22 726.23	10.952
6.5	39	328.820 3	247.58	1 139 228.2	2 080.6	9 742.8	19 814.42	9.495

续表

Ma	H /km	p/Pa	T/K	p_t/Pa	T_t/K	$\rho v^2/2$/Pa	Φ/A/Pa	$\rho v/$ [kg/(m² s)]
6. 5	40	287. 142 8	250. 35	999 854. 92	2 101. 5	8 507. 776	17 302. 7	8. 245 5
7. 0	0	101 325	288. 15	645 556 171	2 690. 8	3 479 841	7 061 008	2 919. 9
7. 0	1	89 876. 28	281. 65	565 656 012	2 636. 1	3 087 087	6 264 050	2 619. 8
7. 0	2	79 501. 41	275. 15	494 191 595	2 581. 3	2 731 065	5 541 631	2 344. 8
7. 0	3	70 121. 14	268. 66	430 434 410	2 526. 4	2 409 083	4 888 287	2 093. 1
7. 0	4	61 660. 42	262. 17	373 703 797	2 471. 3	2 118 589	4 298 839	1 863. 3
7. 0	5	54 048. 26	255. 68	323 364 902	2 416. 1	1 857 169	3 768 386	1 653. 9
7. 0	6	47 217. 62	249. 19	278 826 674	2 360. 7	1 622 538	3 292 293	1 463. 6
7. 0	7	41 105. 25	242. 7	239 539 863	2 305. 3	1 412 539	2 866 183	1 291. 1
7. 0	8	35 651. 6	236. 22	204 995 145	2 249. 6	1 225 141	2 485 933	1 135
7. 0	9	30 800. 67	229. 73	174 721 229	2 193. 9	1 058 429	2147659	994. 34
7. 0	10	26 499. 87	223. 25	148 282 963	2 137. 9	910 607. 2	1847714	867. 81
7. 0	11	22 699. 94	216. 77	125 278 791	2 081. 9	779 988. 7	1 582 677	754. 38
7. 0	12	19 399. 43	216. 65	107 035 308	2 080. 8	666 579. 5	1 352 558	644. 87
7. 0	13	16 579. 6	216. 65	91 477 091	2 080. 8	569 688. 2	1 155 956	551. 14
7. 0	14	14 170. 36	216. 65	78 184 209	2 080. 8	486 904. 7	987 979. 7	471. 05
7. 0	15	12 111. 81	216. 65	66 826 259	2 080. 8	416 171. 2	844 454. 3	402. 62
7. 0	16	10 352. 82	216. 65	57 121 111	2 080. 8	355 730. 9	721 814. 6	344. 15
7. 0	17	8 849. 716	216. 65	48 827 842	2 080. 8	304 083. 2	617 016. 1	294. 18
7. 0	18	7 565. 221	216. 65	41 740 706	2 080. 8	259 946. 9	527 459. 1	251. 48
7. 0	19	6 467. 482	216. 65	35 683 990	2 080. 8	222 227. 8	450 923	214. 99
7. 0	20	5 529. 301	216. 65	30 507 624	2 080. 8	189 991. 1	385 511. 5	183. 8
7. 0	21	4 728. 932	217. 58	26 143 633	2 088. 9	162 491. 3	329 711. 6	156. 86
7. 0	22	4 047. 491	218. 57	22 423 853	2 097. 5	139 077. 5	282 202. 6	133. 95
7. 0	23	3 466. 858	219. 57	19 247 769	2 106. 1	11 9127. 2	241 721. 3	114. 48
7. 0	24	2 971. 739	220. 56	16 533 826	2 114. 7	102 114. 9	207 201. 6	97. 909
7. 0	25	2 549. 216	221. 55	14 213 013	2 123. 2	87 596. 89	177 743	83. 8
7. 0	26	2 188. 372	222. 54	12 226 880	2 131. 8	75 197. 99	152 584. 3	71. 778
7. 0	27	1 879. 97	223. 54	10 525 894	2 140. 4	64 600. 96	131 081. 9	61. 526
7. 0	28	1 616. 193	224. 53	9 068 037. 1	2 149	55 537. 21	112 690. 6	52. 776
7. 0	29	1 390. 418	225. 52	7 817 639. 4	2 157. 5	47 779. 18	96 948. 77	45. 304
7. 0	30	1 197. 028	226. 51	6 744 398. 2	2 166. 1	41 133. 9	83 464. 83	38. 917
7. 0	31	1 031. 258	227. 5	5 822 549. 9	2 174. 6	35 437. 66	71 906. 58	33. 455

续表

Ma	H /km	p/Pa	T/K	p_t/Pa	T_t/K	$\rho v^2/2$/Pa	Φ/A/Pa	$\rho v/$ [kg/(m² s)]
7.0	32	889. 061 5	228. 49	5 030 172. 8	2 183. 2	30 551. 42	61 991. 9	28. 779
7.0	33	767. 306 8	230. 97	4 363 993. 3	2 204. 6	26 367. 71	53 502. 72	24. 704
7.0	34	663. 410 7	233. 74	3 795 009. 3	2 228. 4	22 797. 56	46 258. 53	21. 232
7.0	35	574. 592 4	236. 51	3 305 926. 7	2 252. 2	19 745. 44	40 065. 47	18. 282
7.0	36	498. 520 9	239. 28	2 884 741. 6	2 276	17 131. 27	34 761. 06	15. 769
7.0	37	433. 246 8	242. 05	2 521 368. 4	2 299. 7	14 888. 1	30 209. 45	13. 626
7.0	38	377. 137	244. 82	2 207 315. 4	2 323. 4	12 959. 83	26 296. 79	11. 794
7.0	39	328. 820 3	247. 58	1 935 417. 8	2 347. 1	11 299. 34	22 927. 5	10. 225
7.0	40	287. 142 8	250. 35	1 699 618. 6	2 370. 7	9 867. 007	20 021. 16	8. 879 8
7.5	0	101 325	288. 15	1. 079E+09	3016. 6	3 994 716	8 090 757	3128. 4
7.5	1	89 876. 28	281. 65	944 365 895	2 955. 1	3 543 850	7 177 576	2 807
7.5	2	79 501. 41	275. 15	824 139 576	2 893. 5	3 135 151	6 349 803	2 512. 2
7.5	3	70 121. 14	268. 66	716 994 673	2 831. 7	2 765 529	5 601 178	2 242. 6
7.5	4	61 660. 42	262. 17	621 763 776	2 769. 8	2 432 054	4 925 769	1 996. 3
7.5	5	54 048. 26	255. 68	537 359 108	2 707. 8	2 131 954	4 317 957	1 772
7.5	6	47 217. 62	249. 19	462 768 885	2 645. 6	1 862 607	3 772 431	1 568. 1
7.5	7	41 105. 25	242. 7	397 053 897	2 583. 3	1 621 537	3 284 179	1 383. 3
7.5	8	35 651. 6	236. 22	339 343 990	2 520. 8	1 406 411	2 848 474	1 216. 1
7.5	9	30 800. 67	229. 73	288 834 803	2 458. 2	1 215 033	2 460 868	1 065. 4
7.5	10	26 499. 87	223. 25	244 784 264	2 395. 4	1 045 340	2 117 180	929. 79
7.5	11	22 699. 94	216. 77	206 509 620	2 332. 5	895 395. 1	1 813 490	808. 26
7.5	12	19 399. 43	216. 65	176 432 068	2 331. 3	765 206. 1	1 549 812	690. 94
7.5	13	16 579. 6	216. 65	150 786 621	2 331. 3	653 978. 8	1 324 537	590. 51
7.5	14	14 170. 36	216. 65	128 875 246	2 331. 3	558946. 7	1 132 064	504. 7
7.5	15	12 111. 81	216. 65	110 153 325	2 331. 3	477 747. 6	967 607	431. 38
7.5	16	10 352. 82	216. 65	94 155 806	2 331. 3	408 364. 5	827 081. 9	368. 73
7.5	17	8 849. 716	216. 65	80 485 564	2 331. 3	349 075. 1	706 999. 9	315. 19
7.5	18	7 565. 221	216. 65	68 803 455	2 331. 3	298 408. 5	604 382. 2	269. 45
7.5	19	6 467. 482	216. 65	58 819 844	2 331. 3	255 108. 4	516 684. 3	230. 35
7.5	20	5 529. 301	216. 65	50 287 361	2 331. 3	218 102	441 733. 4	196. 93
7.5	21	4 728. 932	217. 58	43 103 074	2 340. 3	186 533. 4	377 795. 7	168. 07
7.5	22	4 047. 491	218. 57	36 978 563	2 350	159 655. 3	323 358. 2	143. 52
7.5	23	3 466. 858	219. 57	31 748 061	2 359. 6	136 753. 2	276 973. 3	122. 66

续表

Ma	H /km	p/Pa	T/K	p_t/Pa	T_t/K	$\rho v^2/2$/Pa	Φ/A/Pa	ρv/ $[\mathrm{kg}/(\mathrm{m}^2\mathrm{s})]$
7.5	24	2 971.739	220.56	27 277 634	2 369.3	117 223.8	237 419.3	104.9
7.5	25	2 549.216	221.55	23 453 921	2 378.9	100 557.7	203 664.5	89.786
7.5	26	2 188.372	222.54	20 180 900	2 388.5	86 324.22	174 836.8	76.905
7.5	27	1 879.97	223.54	17 377 166	2 398.2	74 159.27	150 198.5	65.92
7.5	28	1 616.193	224.53	14 973 655	2 407.8	63 754.45	129 125.1	56.546
7.5	29	1 390.418	225.52	1 2911 725	2 417.4	54 848.54	111 087.5	48.54
7.5	30	1 197.028	226.51	11 141 545	2 427	47 220.04	95 637.11	41.697
7.5	31	1 031.258	227.5	9 620 743	2 436.6	40 680.99	82 393.24	35.845
7.5	32	889.061 5	228.49	8 313 253	2 446.2	35 071.78	71 032.62	30.835
7.5	33	767.306 8	230.97	7 216 102.3	2 470.2	30 269.05	61305.41	26.469
7.5	34	663.410 7	233.74	6 278 927.8	2 496.9	26 170.67	53 004.75	22.749
7.5	35	574.592 4	236.51	5 472 888	2 523.7	22 666.96	45 908.51	19.588
7.5	36	498.520 9	239.28	4 778 346.5	2 550.4	19 666	39 830.52	16.896
7.5	37	433.246 8	242.05	4 178 795.6	2 577	17 090.93	34 615.11	14.599
7.5	38	377.137	244.82	3 660 329.2	2 603.6	14 877.35	30 131.84	12.636
7.5	39	328.820 3	247.58	3 211 206.4	2 630.2	12 971.18	262 71.19	10.956
7.5	40	287.142 8	250.35	2 821 497.2	2 656.7	11 326.92	22 940.99	9.5141
8.0	0	101 325	288.15	1.763E+09	3 362	4 545 099	9 191 523	3 337
8.0	1	89 876.28	281.65	1.542E+09	3 293.3	4 032 114	8 154 104	2 994.1
8.0	2	79 501.41	275.15	1.344E+09	3 224.4	3 567 105	7 213 711	2 679.7
8.0	3	70 121.14	268.66	1.168E+09	3 155.4	3 146 557	6363235	2 392.1
8.0	4	61 660.42	262.17	1.012E+09	3 086.2	2 767 137	5 595 935	2 129.4
8.0	5	54 048.26	255.68	873 540 032	3 016.9	2 425 690	4 905 428	1 890.2
8.0	6	47 217.62	249.19	751 411 930	2 947.4	2 119 233	4 285 683	1 672.7
8.0	7	41 105.25	242.7	643 936 677	2 877.8	1 844 949	3 731 003	1 475.5
8.0	8	35 651.6	236.22	549 663 519	2 808	1 600 184	3236019	1 297.2
8.0	9	30 800.67	229.73	467 252 663	2 738	1 382 438	2 795 677	1 136.4
8.0	10	26 499.87	223.25	395 469 564	2 667.9	1 189 364	2 405 229	991.78
8.0	11	22 699.94	216.77	333 179 352	2 597.7	1 018 761	2 060 221	862.14
8.0	12	19 399.43	216.65	284 645 180	2 596.3	870 634.5	1 760 668	737
8.0	13	16 579.6	216.65	243 270 315	2 596.3	744 082.6	1 504 745	629.87
8.0	14	14 170.36	216.65	207 919 784	2 596.3	635 957.1	1 286 085	538.34
8.0	15	12 111.81	216.65	177 714 932	2 596.3	543 570.6	1 099 253	460.14

续表

Ma	H /km	p/Pa	T/K	p_t/Pa	T_t/K	$\rho v^2/2$/Pa	Φ/A/Pa	$\rho v/$ $[\text{kg}/(\text{m}^2\text{s})]$
8.0	16	10 352.82	216.65	151 905 471	2 596.3	464 628.1	939 609	393.31
8.0	17	8 849.716	216.65	129 850 701	2 596.3	397 169.9	803 189.5	336.21
8.0	18	7 565.221	216.65	111 003 470	2 596.3	339 522.5	686 610.3	287.41
8.0	19	6 467.482	216.65	94 896 496	2 596.3	290 256.7	586 980.8	245.7
8.0	20	5 529.301	216.65	81 130 687	2 596.3	248 151.7	501 832.6	210.06
8.0	21	4 728.932	217.58	69 553 797	2 606.4	212 233.6	429 196.1	179.27
8.0	22	4 047.491	218.57	59 683 495	2 617.2	181 652.3	367 352.1	153.09
8.0	23	3 466.858	219.57	51 252 207	2 628	155 594.8	314 656.4	130.83
8.0	24	2 971.739	220.56	44 044 603	2 638.8	133 374.6	269 721	111.9
8.0	25	2 549.216	221.55	37 878 399	2 649.5	114 412.3	231 373.7	95.771
8.0	26	2 188.372	222.54	32 599 157	2 660.3	98 217.78	198 623.9	82.032
8.0	27	1 879.97	223.54	28 075 919	2 671	84 376.76	170 633.5	70.315
8.0	28	1 616.193	224.53	24 197 559	2 681.7	72 538.4	146 693	60.316
8.0	29	1 390.418	225.52	20 869 701	2 692.5	62 405.45	126 201.3	51.776
8.0	30	1 197.028	226.51	18 012 135	2 703.2	53 725.91	108 648.9	44.477
8.0	31	1 031.258	227.5	155 566 33	2 713.9	46 285.93	93 603.11	38.234
8.0	32	889.061 5	228.49	13 445 126	2 724.6	39 903.89	80 696.85	32.891
8.0	33	767.306 8	230.97	11 676 493	2 751.4	34 439.46	69 646.22	28.234
8.0	34	663.410 7	233.74	10 165 599	2 781.3	29 776.41	60 216.22	24.266
8.0	35	574.592 4	236.51	8 865 400.5	2 811.2	25 789.96	52 154.51	20.894
8.0	36	498.520 9	239.28	7 744 448.3	2 841	22 375.54	45 249.59	18.022
8.0	37	433.246 8	242.05	6 776 287.6	2 870.8	19 445.68	39 324.61	15.573
8.0	38	377.13 7	244.82	5 938 618.6	2 900.5	16 927.12	34 231.38	13.479
8.0	39	328.820 3	247.58	5 212 606.6	2 930.2	14 758.32	29 845.47	11.686
8.0	40	287.142 8	250.35	4 582 316.6	2 959.9	12 887.52	26 062.18	10.148

附表 4a 斜激波参数表 ($\gamma = 1.4$)

Ma_1	$\theta/(°)$	弱激波				强激波			
		$\beta/(°)$	p_2/p_1	p_{t2}/p_{t1}	Ma_2	$\beta/(°)$	p_2/p_1	p_{t2}/p_{t1}	Ma_2
1.05	0.0	72.25	1.000	1.000	1.050	90.00	1.120	1.000	0.953
1.05	0.56	79.94	1.080	1.000	0.984	79.94	1.080	1.000	0.984
1.10	0.0	65.38	1.000	1.000	1.100	90.00	1.245	0.999	0.912
1.10	1.0	69.80	1.077	1.000	1.039	83.57	1.227	0.999	0.925
1.10	1.52	76.30	1.166	1.000	0.971	76.30	1.166	1.000	0.971
1.15	0.0	60.41	1.000	1.000	1.150	90.00	1.376	0.997	0.875
1.15	1.0	63.16	1.062	1.000	1.102	85.98	1.369	0.997	0.880
1.15	2.0	67.00	1.141	1.000	1.043	81.17	1.340	0.997	0.901
1.15	2.67	73.82	1.256	0.999	0.960	73.82	1.256	0.999	0.960
1.20	0.0	56.44	1.000	1.000	1.200	90.00	1.513	0.993	0.842
1.20	1.0	58.55	1.056	1.000	1.158	87.04	1.509	0.993	0.845
1.20	2.0	61.05	1.120	1.000	1.111	83.86	1.494	0.993	0.855
1.20	3.0	64.34	1.198	0.999	1.056	80.03	1.463	0.994	0.876
1.20	3.94	71.98	1.353	0.997	0.950	71.98	1.353	0.997	0.950
1.25	0.0	53.13	1.000	1.000	1.250	90.00	1.656	0.987	0.813
1.25	1.0	54.88	1.053	1.000	1.211	87.65	1.653	0.987	0.815
1.25	2.0	56.84	1.111	1.000	1.170	85.21	1.644	0.988	0.821
1.25	3.0	59.13	1.176	1.000	1.124	82.54	1.626	0.988	0.832
1.25	4.0	61.99	1.254	0.999	1.072	79.38	1.594	0.990	0.852
1.25	5.0	66.50	1.366	0.997	0.999	74.63	1.528	0.992	0.895
1.25	5.29	70.54	1.454	0.995	0.942	70.54	1.454	0.995	0.942
1.30	0.0	50.28	1.000	1.000	1.300	90.00	1.805	0.979	0.786
1.30	1.0	51.81	1.051	1.000	1.263	88.05	1.803	0.980	0.787
1.30	2.0	53.47	1.107	1.000	1.224	86.06	1.796	0.980	0.792
1.30	3.0	55.32	1.167	1.000	1.184	83.95	1.783	0.981	0.800
1.30	4.0	57.42	1.233	0.999	1.140	81.65	1.763	0.982	0.812
1.30	5.0	59.96	1.311	0.998	1.090	78.97	1.733	0.983	0.831
1.30	6.0	63.46	1.411	0.996	1.027	75.37	1.679	0.986	0.864
1.30	6.66	69.40	1.561	0.991	0.936	69.40	1.561	0.991	0.936

续表

Ma_1	$\theta/(°)$	弱激波				强激波			
		$\beta/(°)$	p_2/p_1	p_{t2}/p_{t1}	Ma_2	$\beta/(°)$	p_2/p_1	p_{t2}/p_{t1}	Ma_2
1.35	0.0	47.79	1.000	1.000	1.350	90.00	1.960	0.970	0.762
1.35	1.0	49.17	1.051	1.000	1.314	88.34	1.958	0.970	0.763
1.35	2.0	50.63	1.104	1.000	1.277	86.64	1.952	0.970	0.766
1.35	3.0	52.22	1.162	1.000	1.239	84.89	1.943	0.971	0.772
1.35	4.0	53.97	1.224	0.999	1.199	83.03	1.928	0.972	0.781
1.35	5.0	55.93	1.292	0.998	1.156	80.99	1.907	0.973	0.793
1.35	6.0	58.23	1.370	0.997	1.109	78.66	1.877	0.975	0.811
1.35	7.0	61.18	1.466	0.994	1.052	75.72	1.830	0.978	0.839
1.35	8.0	66.91	1.633	0.988	0.954	70.02	1.711	0.984	0.908
1.35	8.05	68.47	1.673	0.986	0.931	68.47	1.673	0.986	0.931
1.40	0.0	45.58	1.000	1.000	1.400	90.00	2.120	0.958	0.740
1.40	1.0	46.84	1.050	1.000	1.365	88.55	2.119	0.958	0.741
1.40	2.0	48.17	1.103	1.000	1.329	87.08	2.114	0.959	0.743
1.40	3.0	49.59	1.159	1.000	1.293	85.56	2.106	0.959	0.748
1.40	4.0	51.12	1.219	0.999	1.255	83.99	2.095	0.960	0.754
1.40	5.0	52.78	1.283	0.998	1.216	82.31	2.079	0.961	0.764
1.40	6.0	54.63	1.354	0.997	1.174	80.48	2.058	0.963	0.776
1.40	7.0	56.76	1.433	0.995	1.128	78.41	2.028	0.965	0.793
1.40	8.0	59.37	1.526	0.992	1.074	75.89	1.984	0.968	0.818
1.40	9.0	63.19	1.655	0.987	1.002	72.19	1.906	0.973	0.863
1.40	9.43	67.72	1.791	0.980	0.927	67.72	1.791	0.980	0.927
1.45	0.0	43.60	1.000	1.000	1.450	90.00	2.286	0.945	0.720
1.45	1.0	44.77	1.050	1.000	1.416	88.71	2.285	0.945	0.720
1.45	2.0	46.00	1.103	1.000	1.381	87.41	2.281	0.945	0.722
1.45	3.0	47.30	1.158	1.000	1.345	86.08	2.275	0.946	0.726
1.45	4.0	48.68	1.217	0.999	1.309	84.70	2.265	0.947	0.732
1.45	5.0	50.16	1.279	0.998	1.272	83.26	2.252	0.948	0.739
1.45	6.0	51.76	1.346	0.997	1.232	81.73	2.236	0.949	0.749
1.45	7.0	53.52	1.419	0.996	1.191	80.07	2.213	0.951	0.761
1.45	8.0	55.52	1.500	0.993	1.146	78.20	2.184	0.953	0.778
1.45	9.0	57.89	1.593	0.990	1.095	75.98	2.142	0.956	0.801
1.45	10.0	61.05	1.711	0.984	1.032	72.99	2.076	0.961	0.837
1.45	10.79	67.10	1.915	0.973	0.924	67.10	1.915	0.973	0.924
1.50	0.0	41.81	1.000	1.000	1.500	90.00	2.458	0.930	0.701

续表

Ma_1	$\theta/(°)$	弱激波				强激波			
		$\beta/(°)$	p_2/p_1	p_{t2}/p_{t1}	Ma_2	$\beta/(°)$	p_2/p_1	p_{t2}/p_{t1}	Ma_2
1.50	1.0	42.91	1.050	1.000	1.466	88.84	2.457	0.930	0.702
1.50	2.0	44.06	1.103	1.000	1.432	87.67	2.454	0.930	0.704
1.50	3.0	45.27	1.158	1.000	1.397	86.48	2.448	0.931	0.707
1.50	4.0	46.54	1.216	0.999	1.362	85.26	2.440	0.931	0.711
1.50	5.0	47.89	1.278	0.998	1.325	83.99	2.430	0.932	0.717
1.50	6.0	49.33	1.343	0.997	1.288	82.66	2.416	0.934	0.725
1.50	7.0	50.88	1.413	0.996	1.249	81.25	2.398	0.935	0.735
1.50	8.0	52.57	1.489	0.994	1.208	79.71	2.375	0.937	0.748
1.50	9.0	54.47	1.572	0.991	1.164	78.00	2.345	0.940	0.764
1.50	10.0	56.68	1.666	0.987	1.114	75.99	2.305	0.943	0.785
1.50	11.0	59.47	1.781	0.981	1.055	73.44	2.245	0.948	0.817
1.50	12.0	64.36	1.967	0.969	0.961	68.79	2.115	0.959	0.885
1.50	12.11	66.59	2.044	0.964	0.921	66.59	2.044	0.964	0.921
1.55	0.0	40.18	1.000	1.000	1.550	90.00	2.636	0.913	0.684
1.55	1.0	41.23	1.051	1.000	1.516	88.94	2.635	0.913	0.685
1.55	2.0	42.32	1.104	1.000	1.482	87.88	2.632	0.914	0.686
1.55	3.0	43.45	1.159	1.000	1.448	86.80	2.628	0.914	0.689
1.55	4.0	44.64	1.217	0.999	1.413	85.70	2.620	0.915	0.693
1.55	5.0	45.89	1.278	0.998	1.378	84.56	2.611	0.916	0.698
1.55	6.0	47.21	1.343	0.997	1.341	83.38	2.599	0.917	0.705
1.55	7.0	48.62	1.411	0.996	1.304	82.15	2.584	0.918	0.713
1.55	8.0	50.13	1.484	0.994	1.265	80.83	2.565	0.920	0.723
1.55	9.0	51.77	1.563	0.991	1.224	79.39	2.541	0.922	0.736
1.55	10.0	53.60	1.649	0.987	1.180	77.80	2.511	0.925	0.752
1.55	11.0	55.69	1.746	0.983	1.132	75.97	2.471	0.929	0.772
1.55	12.0	58.24	1.860	0.976	1.076	73.69	2.415	0.934	0.801
1.55	13.0	61.98	2.018	0.966	0.999	70.24	2.316	0.942	0.852
1.55	13.40	66.17	2.179	0.954	0.920	66.17	2.179	0.954	0.920
1.60	0.0	38.68	1.000	1.000	1.600	90.00	2.820	0.895	0.668
1.60	1.0	39.68	1.051	1.000	1.566	89.03	2.819	0.895	0.669
1.60	2.0	40.72	1.105	1.000	1.532	88.05	2.817	0.896	0.670
1.60	3.0	41.80	1.160	1.000	1.498	87.07	2.812	0.896	0.673
1.60	4.0	42.93	1.219	0.999	1.464	86.06	2.806	0.897	0.676
1.60	5.0	44.11	1.280	0.998	1.429	85.03	2.798	0.897	0.681
1.60	6.0	45.34	1.345	0.997	1.393	83.97	2.787	0.898	0.686

续表

Ma_1	$\theta/(°)$	弱激波				强激波			
		$\beta/(°)$	p_2/p_1	p_{t2}/p_{t1}	Ma_2	$\beta/(°)$	p_2/p_1	p_{t2}/p_{t1}	Ma_2
1.60	7.0	46.65	1.412	0.996	1.357	82.86	2.774	0.900	0.693
1.60	8.0	48.03	1.484	0.994	1.320	81.69	2.758	0.901	0.702
1.60	9.0	49.51	1.561	0.991	1.281	80.45	2.738	0.903	0.712
1.60	10.0	51.12	1.643	0.988	1.240	79.10	2.713	0.906	0.725
1.60	11.0	52.88	1.732	0.983	1.196	77.61	2.682	0.909	0.741
1.60	12.0	54.89	1.832	0.978	1.148	75.90	2.643	0.913	0.761
1.60	13.0	57.28	1.947	0.971	1.094	73.82	2.588	0.918	0.789
1.60	14.0	60.54	2.097	0.960	1.023	70.89	2.500	0.926	0.832
1.60	14.65	65.83	2.319	0.942	0.919	65.83	2.319	0.942	0.919
1.65	0.0	37.31	1.000	1.000	1.650	90.00	3.010	0.876	0.654
1.65	1.0	38.27	1.052	1.000	1.616	89.10	3.009	0.876	0.654
1.65	2.0	39.27	1.106	1.000	1.582	88.20	3.006	0.876	0.656
1.65	3.0	40.30	1.162	1.000	1.548	87.29	3.002	0.877	0.658
1.65	4.0	41.38	1.221	0.999	1.514	86.36	2.997	0.877	0.661
1.65	5.0	42.50	1.283	0.998	1.479	85.42	2.989	0.878	0.665
1.65	6.0	43.67	1.348	0.997	1.444	84.45	2.980	0.879	0.670
1.65	7.0	44.89	1.415	0.996	1.409	83.44	2.968	0.880	0.676
1.65	8.0	46.18	1.487	0.994	1.372	82.39	2.954	0.882	0.683
1.65	9.0	47.55	1.563	0.991	1.334	81.28	2.937	0.883	0.692
1.65	10.0	49.01	1.643	0.988	1.295	80.10	2.916	0.886	0.703
1.65	11.0	50.58	1.729	0.984	1.254	78.82	2.890	0.888	0.716
1.65	12.0	52.31	1.822	0.978	1.210	77.41	2.859	0.891	0.732
1.65	13.0	54.26	1.926	0.972	1.163	75.80	2.818	0.895	0.752
1.65	14.0	56.54	2.044	0.964	1.109	73.86	2.764	0.901	0.778
1.65	15.0	59.52	2.192	0.953	1.042	71.25	2.681	0.909	0.818
1.65	15.86	65.55	2.465	0.929	0.918	65.55	2.465	0.929	0.918
1.70	0.0	36.03	1.000	1.000	1.700	90.00	3.205	0.856	0.641
1.70	1.0	36.96	1.052	1.000	1.666	89.16	3.204	0.856	0.641
1.70	2.0	37.93	1.107	1.000	1.632	88.33	3.202	0.856	0.642
1.70	3.0	38.92	1.164	1.000	1.598	87.48	3.198	0.856	0.644
1.70	4.0	39.96	1.224	0.999	1.564	86.62	3.193	0.857	0.647
1.70	5.0	41.03	1.286	0.998	1.529	85.74	3.186	0.858	0.650
1.70	6.0	42.14	1.351	0.997	1.495	84.85	3.178	0.859	0.655
1.70	7.0	43.31	1.420	0.996	1.459	83.92	3.167	0.860	0.660
1.70	8.0	44.53	1.491	0.994	1.423	82.97	3.154	0.861	0.667

续表

Ma_1	$\theta/(°)$	弱激波				强激波			
		$\beta/(°)$	p_2/p_1	p_{t2}/p_{t1}	Ma_2	$\beta/(°)$	p_2/p_1	p_{t2}/p_{t1}	Ma_2
1.70	9.0	45.81	1.567	0.991	1.386	81.96	3.139	0.863	0.675
1.70	10.0	47.17	1.647	0.987	1.348	80.91	3.121	0.865	0.684
1.70	11.0	48.61	1.731	0.983	1.309	79.78	3.099	0.867	0.695
1.70	12.0	50.17	1.822	0.978	1.267	78.55	3.072	0.870	0.708
1.70	13.0	51.87	1.920	0.972	1.223	77.20	3.040	0.873	0.724
1.70	14.0	53.77	2.027	0.965	1.176	75.67	2.998	0.877	0.744
1.70	15.0	55.98	2.150	0.956	1.122	73.84	2.944	0.883	0.770
1.70	16.0	58.79	2.300	0.944	1.057	71.43	2.863	0.891	0.808
1.70	17.0	64.63	2.586	0.918	0.932	66.00	2.647	0.912	0.905
1.70	17.01	65.32	2.617	0.915	0.918	65.32	2.617	0.915	0.918
1.75	0.0	34.85	1.000	1.000	1.750	90.00	3.406	0.835	0.628
1.75	1.0	35.75	1.053	1.000	1.716	89.22	3.406	0.835	0.628
1.75	2.0	36.69	1.109	1.000	1.682	88.43	3.404	0.835	0.629
1.75	3.0	37.65	1.167	1.000	1.648	87.64	3.400	0.835	0.631
1.75	4.0	38.65	1.227	0.999	1.613	86.84	3.395	0.836	0.634
1.75	5.0	39.68	1.290	0.998	1.579	86.02	3.389	0.836	0.637
1.75	6.0	40.76	1.356	0.997	1.544	85.19	3.381	0.837	0.641
1.75	7.0	41.87	1.425	0.995	1.509	84.33	3.371	0.838	0.646
1.75	8.0	43.03	1.497	0.993	1.473	83.45	3.360	0.839	0.652
1.75	9.0	44.25	1.573	0.991	1.437	82.53	3.346	0.841	0.659
1.75	10.0	45.53	1.653	0.987	1.399	81.57	3.329	0.843	0.667
1.75	11.0	46.88	1.737	0.983	1.361	80.55	3.310	0.845	0.677
1.75	12.0	48.32	1.826	0.978	1.321	79.47	3.287	0.847	0.688
1.75	13.0	49.86	1.922	0.972	1.279	78.29	3.259	0.850	0.701
1.75	14.0	51.55	2.024	0.965	1.235	76.99	3.225	0.854	0.718
1.75	15.0	53.42	2.137	0.957	1.187	75.51	3.183	0.858	0.738
1.75	16.0	55.59	2.265	0.947	1.133	73.76	3.127	0.864	0.763
1.75	17.0	58.30	2.420	0.933	1.068	71.48	3.046	0.872	0.800
1.75	18.0	62.94	2.667	0.910	0.965	67.27	2.873	0.890	0.877
1.75	18.12	65.13	2.775	0.900	0.919	65.13	2.775	0.900	0.919
1.80	0.0	33.75	1.000	1.000	1.800	90.00	3.613	0.813	0.617
1.80	1.0	34.63	1.054	1.000	1.766	89.26	3.613	0.813	0.617
1.80	2.0	35.54	1.110	1.000	1.731	88.52	3.611	0.813	0.618
1.80	3.0	36.48	1.169	1.000	1.697	87.78	3.608	0.813	0.619
1.80	4.0	37.44	1.231	0.999	1.662	87.03	3.603	0.814	0.622

续表

Ma_1	$\theta/(°)$	弱激波				强激波			
		$\beta/(°)$	p_2/p_1	p_{t2}/p_{t1}	Ma_2	$\beta/(°)$	p_2/p_1	p_{t2}/p_{t1}	Ma_2
1.80	5.0	38.44	1.295	0.998	1.628	86.26	3.597	0.814	0.625
1.80	6.0	39.48	1.361	0.997	1.593	85.48	3.590	0.815	0.628
1.80	7.0	40.56	1.431	0.995	1.558	84.69	3.581	0.816	0.633
1.80	8.0	41.67	1.504	0.993	1.523	83.86	3.570	0.817	0.638
1.80	9.0	42.84	1.581	0.990	1.486	83.01	3.557	0.819	0.644
1.80	10.0	44.06	1.661	0.987	1.449	82.13	3.542	0.820	0.652
1.80	11.0	45.34	1.745	0.983	1.412	81.20	3.525	0.822	0.660
1.80	12.0	46.69	1.835	0.978	1.373	80.21	3.504	0.824	0.670
1.80	13.0	48.12	1.929	0.972	1.332	79.16	3.480	0.827	0.682
1.80	14.0	49.66	2.029	0.965	1.290	78.02	3.450	0.830	0.696
1.80	15.0	51.34	2.138	0.957	1.245	76.76	3.415	0.834	0.712
1.80	16.0	53.20	2.257	0.947	1.196	75.32	3.371	0.838	0.733
1.80	17.0	55.34	2.391	0.936	1.141	73.62	3.313	0.844	0.759
1.80	18.0	57.99	2.552	0.921	1.077	71.42	3.230	0.853	0.796
1.80	19.0	62.31	2.797	0.897	0.977	67.58	3.063	0.870	0.867
1.80	19.18	64.99	2.938	0.883	0.920	64.99	2.938	0.883	0.920
1.85	0.0	32.72	1.000	1.000	1.850	90.00	3.826	0.790	0.606
1.85	1.0	33.58	1.055	1.000	1.815	89.30	3.826	0.790	0.606
1.85	2.0	34.47	1.112	1.000	1.781	88.61	3.824	0.790	0.607
1.85	3.0	35.38	1.172	1.000	1.746	87.90	3.821	0.791	0.608
1.85	4.0	36.32	1.234	0.999	1.711	87.19	3.817	0.791	0.610
1.85	5.0	37.30	1.299	0.998	1.677	86.47	3.811	0.792	0.613
1.85	6.0	38.30	1.367	0.997	1.642	85.74	3.804	0.793	0.617
1.85	7.0	39.34	1.438	0.995	1.607	84.99	3.796	0.793	0.621
1.85	8.0	40.42	1.512	0.993	1.571	84.22	3.786	0.794	0.626
1.85	9.0	41.55	1.590	0.990	1.535	83.43	3.774	0.796	0.631
1.85	10.0	42.72	1.671	0.986	1.498	82.61	3.760	0.797	0.638
1.85	11.0	43.94	1.756	0.982	1.461	81.75	3.744	0.799	0.646
1.85	12.0	45.22	1.845	0.977	1.422	80.84	3.725	0.801	0.655
1.85	13.0	46.58	1.940	0.971	1.383	79.89	3.703	0.803	0.665
1.85	14.0	48.01	2.039	0.964	1.341	78.86	3.677	0.806	0.677
1.85	15.0	49.56	2.146	0.956	1.298	77.75	3.646	0.809	0.692
1.85	16.0	51.23	2.261	0.947	1.252	76.51	3.609	0.813	0.709
1.85	17.0	53.09	2.386	0.936	1.203	75.11	3.563	0.818	0.729
1.85	18.0	55.23	2.527	0.923	1.148	73.44	3.502	0.824	0.756

续表

Ma_1	$\theta/(°)$	弱激波				强激波			
		$\beta/(°)$	p_2/p_1	p_{t2}/p_{t1}	Ma_2	$\beta/(°)$	p_2/p_1	p_{t2}/p_{t1}	Ma_2
1.85	19.0	57.87	2.697	0.907	1.082	71.28	3.415	0.834	0.793
1.85	20.0	62.10	2.952	0.882	0.982	67.54	3.244	0.852	0.865
1.85	20.20	64.87	3.106	0.866	0.920	64.87	3.106	0.866	0.920
1.90	0.0	31.76	1.000	1.000	1.900	90.00	4.045	0.767	0.596
1.90	1.0	32.60	1.056	1.000	1.865	89.34	4.044	0.767	0.596
1.90	2.0	33.47	1.114	1.000	1.830	88.68	4.043	0.768	0.597
1.90	3.0	34.36	1.175	1.000	1.795	88.01	4.040	0.768	0.598
1.90	4.0	35.28	1.238	0.999	1.760	87.34	4.036	0.768	0.600
1.90	5.0	36.23	1.304	0.998	1.725	86.66	4.031	0.769	0.603
1.90	6.0	37.21	1.374	0.997	1.690	85.96	4.024	0.770	0.606
1.90	7.0	38.22	1.446	0.995	1.655	85.26	4.016	0.770	0.610
1.90	8.0	39.27	1.521	0.993	1.619	84.53	4.007	0.771	0.614
1.90	9.0	40.36	1.600	0.990	1.583	83.79	3.996	0.772	0.620
1.90	10.0	41.49	1.682	0.986	1.546	83.02	3.983	0.774	0.626
1.90	11.0	42.67	1.768	0.981	1.509	82.22	3.968	0.775	0.633
1.90	12.0	43.90	1.858	0.976	1.471	81.38	3.950	0.777	0.641
1.90	13.0	45.19	1.953	0.970	1.432	80.50	3.930	0.779	0.650
1.90	14.0	46.55	2.053	0.963	1.391	79.56	3.907	0.782	0.661
1.90	15.0	48.00	2.159	0.955	1.349	78.56	3.879	0.785	0.674
1.90	16.0	49.54	2.272	0.946	1.305	77.46	3.847	0.788	0.688
1.90	17.0	51.23	2.393	0.936	1.258	76.25	3.807	0.792	0.706
1.90	18.0	53.10	2.526	0.924	1.208	74.86	3.758	0.797	0.727
1.90	19.0	55.24	2.676	0.909	1.151	73.21	3.694	0.804	0.755
1.90	20.0	57.90	2.856	0.892	1.083	71.06	3.601	0.814	0.793
1.90	21.0	62.25	3.132	0.863	0.979	67.22	3.414	0.834	0.869
1.90	21.17	64.78	3.280	0.848	0.922	64.78	3.280	0.848	0.922
1.95	0.0	30.85	1.000	1.000	1.950	90.00	4.270	0.744	0.586
1.95	1.0	31.68	1.057	1.000	1.914	89.37	4.269	0.744	0.586
1.95	2.0	32.53	1.116	1.000	1.879	88.74	4.267	0.744	0.587
1.95	3.0	33.40	1.178	1.000	1.844	88.11	4.265	0.745	0.589
1.95	4.0	34.30	1.242	0.999	1.809	87.47	4.261	0.745	0.590
1.95	5.0	35.23	1.310	0.998	1.773	86.82	4.256	0.746	0.593
1.95	6.0	36.19	1.380	0.997	1.738	86.16	4.250	0.746	0.596
1.95	7.0	37.18	1.454	0.995	1.702	85.49	4.242	0.747	0.599
1.95	8.0	38.20	1.530	0.992	1.667	84.81	4.233	0.748	0.604

续表

Ma_1	$\theta/(°)$	弱激波				强激波			
		$\beta/(°)$	p_2/p_1	p_{t2}/p_{t1}	Ma_2	$\beta/(°)$	p_2/p_1	p_{t2}/p_{t1}	Ma_2
1.95	9.0	39.26	1.610	0.989	1.630	84.11	4.223	0.749	0.609
1.95	10.0	40.36	1.694	0.985	1.594	83.38	4.211	0.750	0.614
1.95	11.0	41.50	1.781	0.981	1.556	82.63	4.197	0.752	0.621
1.95	12.0	42.69	1.873	0.975	1.518	81.85	4.180	0.753	0.628
1.95	13.0	43.93	1.969	0.969	1.480	81.03	4.162	0.755	0.637
1.95	14.0	45.23	2.069	0.962	1.440	80.17	4.140	0.757	0.647
1.95	15.0	46.60	2.175	0.954	1.398	79.24	4.115	0.760	0.658
1.95	16.0	48.06	2.288	0.945	1.355	78.25	4.086	0.763	0.671
1.95	17.0	49.62	2.408	0.934	1.310	77.17	4.051	0.767	0.686
1.95	18.0	51.32	2.537	0.923	1.262	75.96	4.009	0.771	0.705
1.95	19.0	53.21	2.678	0.909	1.210	74.58	3.956	0.777	0.727
1.95	20.0	55.38	2.838	0.893	1.152	72.93	3.887	0.784	0.756
1.95	21.0	58.10	3.030	0.874	1.082	70.74	3.787	0.794	0.796
1.95	22.0	62.86	3.346	0.841	0.966	66.52	3.565	0.818	0.883
1.95	22.09	64.72	3.460	0.829	0.923	64.72	3.460	0.829	0.923
2.00	0.0	30.00	1.000	1.000	2.000	90.00	4.500	0.721	0.577
2.00	1.0	30.81	1.058	1.000	1.964	89.40	4.499	0.721	0.578
2.00	2.0	31.65	1.118	1.000	1.928	88.80	4.498	0.721	0.578
2.00	3.0	32.51	1.181	1.000	1.892	88.19	4.495	0.721	0.580
2.00	4.0	33.39	1.247	0.999	1.857	87.58	4.492	0.722	0.581
2.00	5.0	34.30	1.315	0.998	1.821	86.97	4.487	0.722	0.584
2.00	6.0	35.24	1.387	0.996	1.786	86.34	4.481	0.723	0.586
2.00	7.0	36.21	1.462	0.994	1.750	85.70	4.474	0.724	0.590
2.00	8.0	37.21	1.540	0.992	1.714	85.05	4.465	0.724	0.594
2.00	9.0	38.24	1.621	0.989	1.677	84.39	4.455	0.725	0.598
2.00	10.0	39.31	1.707	0.985	1.641	83.70	4.444	0.727	0.604
2.00	11.0	40.42	1.795	0.980	1.603	82.99	4.431	0.728	0.610
2.00	12.0	41.58	1.888	0.974	1.565	82.26	4.415	0.729	0.617
2.00	13.0	42.78	1.986	0.968	1.526	81.49	4.398	0.731	0.625
2.00	14.0	44.03	2.088	0.961	1.487	80.68	4.378	0.733	0.634
2.00	15.0	45.34	2.195	0.952	1.446	79.83	4.355	0.736	0.644
2.00	16.0	46.73	2.308	0.943	1.403	78.92	4.328	0.738	0.656
2.00	17.0	48.20	2.427	0.933	1.359	77.94	4.296	0.741	0.669
2.00	18.0	49.79	2.555	0.921	1.313	76.86	4.259	0.745	0.685
2.00	19.0	51.51	2.692	0.908	1.264	75.66	4.214	0.750	0.704

续表

Ma₁	θ/(°)	弱激波				强激波			
		$\beta/(°)$	p_2/p_1	p_{t2}/p_{t1}	Ma₂	$\beta/(°)$	p_2/p_1	p_{t2}/p_{t1}	Ma₂
2.00	20.0	53.42	2.843	0.893	1.210	74.27	4.157	0.756	0.728
2.00	21.0	55.64	3.014	0.876	1.150	72.59	4.082	0.763	0.758
2.00	22.0	58.46	3.223	0.854	1.076	70.33	3.971	0.775	0.802
2.00	22.97	64.67	3.646	0.809	0.924	64.67	3.646	0.809	0.924
2.10	0.0	28.44	1.000	1.000	2.100	90.00	4.978	0.674	0.561
2.10	2.0	30.03	1.122	1.000	2.026	88.89	4.976	0.674	0.562
2.10	4.0	31.72	1.256	0.999	1.953	87.78	4.971	0.675	0.565
2.10	6.0	33.51	1.402	0.996	1.880	86.64	4.961	0.676	0.569
2.10	8.0	35.41	1.561	0.991	1.807	85.46	4.946	0.677	0.576
2.10	10.0	37.43	1.734	0.983	1.733	84.24	4.926	0.679	0.585
2.10	12.0	39.59	1.923	0.972	1.656	82.94	4.901	0.682	0.596
2.10	14.0	41.91	2.129	0.958	1.578	81.54	4.867	0.685	0.611
2.10	16.0	44.43	2.355	0.939	1.495	80.00	4.823	0.689	0.630
2.10	18.0	47.21	2.604	0.916	1.408	78.26	4.765	0.695	0.654
2.10	20.0	50.36	2.885	0.889	1.312	76.19	4.685	0.703	0.687
2.10	22.0	54.17	3.215	0.855	1.202	73.52	4.564	0.714	0.735
2.10	24.0	59.77	3.674	0.806	1.049	69.10	4.324	0.739	0.824
2.10	24.61	64.62	4.033	0.769	0.927	64.62	4.033	0.769	0.927
2.20	0.0	27.04	1.000	1.000	2.200	90.00	5.480	0.628	0.547
2.20	2.0	28.59	1.127	1.000	2.124	88.97	5.478	0.628	0.548
2.20	4.0	30.24	1.265	0.999	2.049	87.94	5.473	0.629	0.550
2.20	6.0	31.98	1.417	0.996	1.974	86.88	5.463	0.630	0.554
2.20	8.0	33.83	1.583	0.990	1.899	85.80	5.450	0.631	0.561
2.20	10.0	35.79	1.764	0.982	1.823	84.67	5.431	0.632	0.569
2.20	12.0	37.87	1.961	0.970	1.745	83.48	5.407	0.635	0.579
2.20	14.0	40.09	2.176	0.954	1.666	82.22	5.376	0.637	0.592
2.20	16.0	42.49	2.410	0.934	1.583	80.84	5.337	0.641	0.609
2.20	18.0	45.09	2.666	0.910	1.496	79.31	5.286	0.646	0.630
2.20	20.0	47.98	2.949	0.882	1.404	77.55	5.218	0.652	0.657
2.20	22.0	51.28	3.270	0.849	1.301	75.42	5.122	0.661	0.694
2.20	24.0	55.36	3.655	0.808	1.181	72.56	4.973	0.675	0.749
2.20	26.0	62.70	4.292	0.742	0.979	66.48	4.581	0.713	0.885
2.20	26.10	64.62	4.443	0.727	0.931	64.62	4.443	0.727	0.931
2.30	0.0	25.77	1.000	1.000	2.300	90.00	6.005	0.583	0.534

续表

Ma_1	$\theta/(°)$	弱激波				强激波			
		$\beta/(°)$	p_2/p_1	p_{t2}/p_{t1}	Ma_2	$\beta/(°)$	p_2/p_1	p_{t2}/p_{t1}	Ma_2
2.30	2.0	27.29	1.131	1.000	2.221	89.04	6.003	0.583	0.535
2.30	4.0	28.91	1.275	0.999	2.144	88.07	5.998	0.584	0.537
2.30	6.0	30.61	1.434	0.995	2.067	87.09	5.989	0.585	0.541
2.30	8.0	32.42	1.607	0.989	1.990	86.07	5.976	0.586	0.547
2.30	10.0	34.33	1.796	0.980	1.912	85.03	5.959	0.587	0.554
2.30	12.0	36.35	2.002	0.967	1.832	83.93	5.936	0.589	0.564
2.30	14.0	38.51	2.226	0.950	1.751	82.76	5.907	0.591	0.576
2.30	16.0	40.82	2.470	0.929	1.668	81.51	5.870	0.594	0.591
2.30	18.0	43.30	2.736	0.904	1.580	80.13	5.824	0.598	0.609
2.30	20.0	46.01	3.028	0.874	1.488	78.58	5.763	0.604	0.633
2.30	22.0	49.03	3.351	0.840	1.389	76.77	5.682	0.610	0.663
2.30	24.0	52.54	3.722	0.801	1.279	74.51	5.565	0.621	0.706
2.30	26.0	57.08	4.182	0.753	1.143	71.26	5.368	0.638	0.774
2.30	27.45	64.65	4.874	0.684	0.934	64.65	4.874	0.684	0.934
2.40	0.0	24.62	1.000	1.000	2.400	90.00	6.553	0.540	0.523
2.40	2.0	26.12	1.136	1.000	2.318	89.09	6.552	0.540	0.524
2.40	4.0	27.70	1.286	0.998	2.238	88.18	6.547	0.541	0.526
2.40	6.0	29.38	1.450	0.995	2.159	87.26	6.538	0.541	0.530
2.40	8.0	31.15	1.631	0.988	2.079	86.31	6.525	0.542	0.535
2.40	10.0	33.02	1.829	0.978	1.999	85.32	6.509	0.544	0.542
2.40	12.0	35.01	2.045	0.964	1.918	84.30	6.487	0.545	0.550
2.40	14.0	37.11	2.280	0.945	1.835	83.22	6.460	0.547	0.561
2.40	16.0	39.35	2.535	0.923	1.750	82.06	6.425	0.550	0.575
2.40	18.0	41.75	2.813	0.896	1.661	80.80	6.382	0.553	0.592
2.40	20.0	44.34	3.115	0.865	1.569	79.40	6.326	0.558	0.613
2.40	22.0	47.17	3.448	0.830	1.471	77.80	6.253	0.563	0.640
2.40	24.0	50.37	3.820	0.791	1.364	75.89	6.154	0.571	0.675
2.40	26.0	54.18	4.252	0.746	1.243	73.40	6.005	0.583	0.726
2.40	28.0	59.66	4.838	0.688	1.078	69.29	5.713	0.608	0.820
2.40	28.68	64.71	5.327	0.642	0.937	64.71	5.327	0.642	0.937
2.50	0.0	23.58	1.000	1.000	2.500	90.00	7.125	0.499	0.513
2.50	2.0	25.05	1.141	1.000	2.415	89.14	7.123	0.499	0.514
2.50	4.0	26.61	1.296	0.998	2.333	88.28	7.118	0.499	0.516
2.50	6.0	28.26	1.468	0.994	2.251	87.40	7.110	0.500	0.519
2.50	8.0	30.01	1.657	0.987	2.169	86.50	7.098	0.501	0.524

续表

Ma_1	$\theta/(°)$	弱激波				强激波			
		$\beta/(°)$	p_2/p_1	p_{t2}/p_{t1}	Ma_2	$\beta/(°)$	p_2/p_1	p_{t2}/p_{t1}	Ma_2
2.50	10.0	31.85	1.864	0.976	2.086	85.58	7.082	0.502	0.530
2.50	12.0	33.80	2.090	0.960	2.002	84.61	7.061	0.503	0.539
2.50	14.0	35.87	2.336	0.941	1.917	83.60	7.034	0.505	0.549
2.50	16.0	38.06	2.604	0.916	1.830	82.52	7.001	0.508	0.562
2.50	18.0	40.39	2.895	0.888	1.739	81.35	6.960	0.510	0.577
2.50	20.0	42.89	3.211	0.855	1.646	80.07	6.908	0.514	0.596
2.50	22.0	45.60	3.556	0.819	1.548	78.63	6.841	0.519	0.620
2.50	24.0	48.60	3.936	0.779	1.443	76.94	6.753	0.525	0.651
2.50	26.0	52.04	4.366	0.734	1.327	74.86	6.627	0.535	0.693
2.50	28.0	56.33	4.884	0.683	1.189	71.95	6.425	0.550	0.757
2.50	29.80	64.78	5.801	0.600	0.940	64.78	5.801	0.600	0.940
2.60	0.0	22.62	1.000	1.000	2.600	90.00	7.720	0.460	0.504
2.60	2.0	24.07	1.145	1.000	2.512	89.18	7.718	0.460	0.505
2.60	4.0	25.61	1.307	0.998	2.427	88.36	7.714	0.461	0.506
2.60	6.0	27.24	1.486	0.994	2.342	87.52	7.705	0.461	0.510
2.60	8.0	28.97	1.683	0.986	2.257	86.67	7.693	0.462	0.514
2.60	10.0	30.79	1.900	0.974	2.172	85.79	7.678	0.463	0.520
2.60	12.0	32.71	2.137	0.957	2.085	84.88	7.657	0.464	0.528
2.60	14.0	34.75	2.395	0.935	1.997	83.92	7.632	0.466	0.538
2.60	16.0	36.90	2.677	0.909	1.908	82.91	7.600	0.468	0.550
2.60	18.0	39.19	2.982	0.879	1.815	81.82	7.560	0.470	0.564
2.60	20.0	41.62	3.313	0.844	1.720	80.63	7.511	0.473	0.582
2.60	22.0	44.24	3.672	0.806	1.621	79.30	7.448	0.477	0.604
2.60	24.0	47.10	4.066	0.765	1.516	77.78	7.367	0.483	0.631
2.60	26.0	50.31	4.503	0.721	1.402	75.96	7.256	0.490	0.667
2.60	28.0	54.09	5.007	0.672	1.274	73.59	7.091	0.501	0.719
2.60	30.0	59.35	5.671	0.611	1.106	69.78	6.778	0.524	0.811
2.60	30.81	64.87	6.297	0.560	0.943	64.87	6.297	0.560	0.943
2.70	0.0	21.74	1.000	1.000	2.700	90.00	8.338	0.424	0.496
2.70	2.0	23.17	1.150	1.000	2.609	89.22	8.337	0.424	0.496
2.70	4.0	24.70	1.318	0.998	2.520	88.43	8.332	0.424	0.498
2.70	6.0	26.31	1.504	0.993	2.432	87.63	8.324	0.424	0.501
2.70	8.0	28.02	1.710	0.984	2.344	86.82	8.312	0.425	0.506
2.70	10.0	29.82	1.937	0.971	2.256	85.98	8.296	0.426	0.511
2.70	12.0	31.73	2.186	0.953	2.167	85.11	8.277	0.427	0.519

续表

Ma₁	θ/(°)	弱激波				强激波			
		β/(°)	p_2/p_1	p_{t2}/p_{t1}	Ma₂	β/(°)	p_2/p_1	p_{t2}/p_{t1}	Ma₂
2.70	14.0	33.74	2.457	0.930	2.076	84.20	8.251	0.428	0.528
2.70	16.0	35.86	2.752	0.902	1.984	83.24	8.220	0.430	0.539
2.70	18.0	38.11	3.073	0.869	1.889	82.21	8.182	0.432	0.553
2.70	20.0	40.50	3.420	0.833	1.792	81.09	8.135	0.435	0.569
2.70	22.0	43.05	3.796	0.793	1.690	79.86	8.075	0.439	0.589
2.70	24.0	45.81	4.206	0.751	1.585	78.47	7.998	0.443	0.614
2.70	26.0	48.85	4.656	0.705	1.472	76.83	7.897	0.449	0.647
2.70	28.0	52.33	5.163	0.657	1.349	74.79	7.753	0.458	0.691
2.70	30.0	56.69	5.773	0.603	1.202	71.91	7.519	0.473	0.759
2.70	31.74	64.96	6.814	0.521	0.946	64.96	6.814	0.521	0.946
2.80	0.0	20.92	1.000	1.000	2.800	90.00	8.980	0.389	0.488
2.80	2.0	22.34	1.155	1.000	2.706	89.25	8.978	0.390	0.489
2.80	4.0	23.85	1.329	0.998	2.613	88.49	8.974	0.390	0.491
2.80	6.0	25.45	1.523	0.992	2.522	87.73	8.966	0.390	0.493
2.80	8.0	27.15	1.738	0.983	2.431	86.94	8.954	0.391	0.498
2.80	10.0	28.94	1.975	0.969	2.340	86.14	8.939	0.392	0.503
2.80	12.0	30.83	2.236	0.949	2.248	85.31	8.919	0.393	0.510
2.80	14.0	32.82	2.521	0.924	2.154	84.44	8.894	0.394	0.519
2.80	16.0	34.92	2.831	0.894	2.059	83.53	8.864	0.395	0.530
2.80	18.0	37.14	3.168	0.860	1.961	82.55	8.826	0.397	0.543
2.80	20.0	39.49	3.532	0.821	1.861	81.50	8.780	0.400	0.558
2.80	22.0	41.99	3.927	0.780	1.758	80.34	8.722	0.403	0.577
2.80	24.0	44.68	4.355	0.735	1.651	79.04	8.650	0.407	0.600
2.80	26.0	47.60	4.822	0.689	1.538	77.54	8.554	0.412	0.630
2.80	28.0	50.89	5.340	0.641	1.416	75.73	8.424	0.419	0.668
2.80	30.0	54.79	5.939	0.589	1.278	73.33	8.227	0.430	0.724
2.80	32.0	60.43	6.753	0.525	1.091	69.21	7.828	0.453	0.831
2.80	32.59	65.05	7.352	0.484	0.949	65.05	7.352	0.484	0.949
2.90	0.0	20.17	1.000	1.000	2.900	90.00	9.645	0.358	0.481
2.90	2.0	21.58	1.160	1.000	2.802	89.28	9.643	0.358	0.482
2.90	4.0	23.08	1.341	0.997	2.706	88.55	9.639	0.358	0.484
2.90	6.0	24.67	1.542	0.992	2.612	87.81	9.631	0.358	0.486
2.90	8.0	26.35	1.766	0.982	2.517	87.06	9.619	0.359	0.491
2.90	10.0	28.13	2.014	0.966	2.423	86.28	9.604	0.360	0.496
2.90	12.0	30.01	2.287	0.945	2.327	85.48	9.584	0.360	0.503

续表

Ma_1	$\theta/(°)$	弱激波				强激波			
		$\beta/(°)$	p_2/p_1	p_{t2}/p_{t1}	Ma_2	$\beta/(°)$	p_2/p_1	p_{t2}/p_{t1}	Ma_2
2. 90	14. 0	31. 99	2. 586	0. 918	2. 230	84. 65	9. 560	0. 362	0. 511
2. 90	16. 0	34. 07	2. 912	0. 886	2. 132	83. 78	9. 530	0. 363	0. 521
2. 90	18. 0	36. 26	3. 266	0. 849	2. 031	82. 84	9. 493	0. 365	0. 533
2. 90	20. 0	38. 58	3. 650	0. 809	1. 928	81. 84	9. 448	0. 367	0. 548
2. 90	22. 0	41. 04	4. 064	0. 765	1. 823	80. 75	9. 391	0. 369	0. 566
2. 90	24. 0	43. 67	4. 512	0. 720	1. 714	79. 53	9. 321	0. 373	0. 588
2. 90	26. 0	46. 51	4. 998	0. 672	1. 600	78. 14	9. 231	0. 377	0. 615
2. 90	28. 0	49. 65	5. 533	0. 623	1. 479	76. 49	9. 110	0. 383	0. 650
2. 90	30. 0	53. 27	6. 136	0. 573	1. 345	74. 39	8. 935	0. 392	0. 699
2. 90	32. 0	57. 93	6. 879	0. 516	1. 183	71. 29	8. 635	0. 407	0. 777
2. 90	33. 36	65. 15	7. 912	0. 448	0. 952	65. 15	7. 912	0. 448	0. 952
3. 00	0. 0	19. 47	1. 000	1. 000	3. 000	90. 00	10. 333	0. 328	0. 475
3. 00	2. 0	20. 87	1. 166	1. 000	2. 898	89. 30	10. 332	0. 328	0. 476
3. 00	4. 0	22. 35	1. 352	0. 997	2. 799	88. 59	10. 327	0. 329	0. 477
3. 00	6. 0	23. 94	1. 562	0. 991	2. 701	87. 88	10. 319	0. 329	0. 480
3. 00	8. 0	25. 61	1. 795	0. 980	2. 603	87. 15	10. 307	0. 329	0. 484
3. 00	10. 0	27. 38	2. 054	0. 963	2. 505	86. 41	10. 292	0. 330	0. 489
3. 00	12. 0	29. 25	2. 340	0. 940	2. 406	85. 64	10. 273	0. 331	0. 496
3. 00	14. 0	31. 22	2. 654	0. 911	2. 306	84. 84	10. 248	0. 332	0. 504
3. 00	16. 0	33. 29	2. 996	0. 877	2. 204	84. 00	10. 218	0. 333	0. 514
3. 00	18. 0	35. 47	3. 368	0. 839	2. 100	83. 10	10. 182	0. 335	0. 525
3. 00	20. 0	37. 76	3. 771	0. 796	1. 994	82. 15	10. 137	0. 336	0. 539
3. 00	22. 0	40. 19	4. 206	0. 751	1. 886	81. 11	10. 082	0. 339	0. 556
3. 00	24. 0	42. 78	4. 676	0. 703	1. 774	79. 96	10. 014	0. 342	0. 577
3. 00	26. 0	45. 55	5. 184	0. 655	1. 659	78. 65	9. 927	0. 345	0. 602
3. 00	28. 0	48. 59	5. 739	0. 606	1. 537	77. 13	9. 812	0. 350	0. 635
3. 00	30. 0	52. 01	6. 356	0. 555	1. 406	75. 24	9. 652	0. 357	0. 678
3. 00	32. 0	56. 18	7. 081	0. 502	1. 254	72. 64	9. 399	0. 369	0. 743
3. 00	34. 0	63. 67	8. 268	0. 428	1. 003	66. 75	8. 697	0. 404	0. 908
3. 00	34. 07	65. 24	8. 492	0. 415	0. 954	65. 24	8. 492	0. 415	0. 954
3. 10	0. 0	18. 82	1. 000	1. 000	3. 100	90. 00	11. 045	0. 301	0. 470
3. 10	2. 0	20. 20	1. 171	1. 000	2. 994	89. 32	11. 043	0. 301	0. 470
3. 10	4. 0	21. 68	1. 364	0. 997	2. 891	88. 64	11. 039	0. 301	0. 472
3. 10	6. 0	23. 26	1. 581	0. 990	2. 789	87. 95	11. 031	0. 302	0. 474
3. 10	8. 0	24. 93	1. 825	0. 978	2. 688	87. 24	11. 019	0. 302	0. 478

续表

Ma_1	$\theta/(°)$	弱激波				强激波			
		$\beta/(°)$	p_2/p_1	p_{t2}/p_{t1}	Ma_2	$\beta/(°)$	p_2/p_1	p_{t2}/p_{t1}	Ma_2
3.10	10.0	26.69	2.096	0.960	2.586	86.52	11.004	0.303	0.483
3.10	12.0	28.55	2.395	0.935	2.484	85.78	10.984	0.303	0.489
3.10	14.0	30.51	2.724	0.905	2.380	85.00	10.960	0.304	0.497
3.10	16.0	32.57	3.083	0.868	2.274	84.19	10.930	0.305	0.507
3.10	18.0	34.74	3.474	0.827	2.167	83.33	10.894	0.307	0.518
3.10	20.0	37.02	3.897	0.783	2.058	82.41	10.850	0.308	0.531
3.10	22.0	39.42	4.354	0.736	1.947	81.42	10.795	0.310	0.548
3.10	24.0	41.97	4.847	0.687	1.833	80.32	10.728	0.313	0.567
3.10	26.0	44.69	5.379	0.637	1.715	79.09	10.643	0.316	0.591
3.10	28.0	47.65	5.956	0.587	1.593	77.67	10.533	0.320	0.621
3.10	30.0	50.93	6.592	0.537	1.462	75.94	10.383	0.326	0.661
3.10	32.0	54.80	7.320	0.486	1.316	73.66	10.158	0.336	0.717
3.10	34.0	60.21	8.277	0.427	1.124	69.87	9.717	0.354	0.820
3.10	34.73	65.34	9.093	0.384	0.956	65.34	9.093	0.384	0.956
3.20	0.0	18.21	1.000	1.000	3.200	90.00	11.780	0.276	0.464
3.20	2.0	19.59	1.176	1.000	3.090	89.34	11.778	0.276	0.465
3.20	4.0	21.06	1.376	0.997	2.983	88.68	11.774	0.276	0.466
3.20	6.0	22.63	1.602	0.989	2.878	88.00	11.766	0.277	0.469
3.20	8.0	24.29	1.855	0.976	2.772	87.32	11.754	0.277	0.473
3.20	10.0	26.05	2.138	0.957	2.667	86.62	11.738	0.278	0.478
3.20	12.0	27.91	2.451	0.930	2.561	85.90	11.719	0.278	0.484
3.20	14.0	29.86	2.795	0.898	2.453	85.15	11.695	0.279	0.491
3.20	16.0	31.92	3.172	0.859	2.344	84.36	11.665	0.280	0.500
3.20	18.0	34.07	3.583	0.816	2.233	83.53	11.628	0.281	0.511
3.20	20.0	36.34	4.027	0.769	2.120	82.65	11.584	0.283	0.524
3.20	22.0	38.72	4.507	0.720	2.006	81.69	11.531	0.284	0.540
3.20	24.0	41.24	5.024	0.670	1.889	80.65	11.464	0.287	0.558
3.20	26.0	43.92	5.582	0.619	1.769	79.47	11.381	0.289	0.581
3.20	28.0	46.81	6.184	0.569	1.645	78.13	11.275	0.293	0.610
3.20	30.0	49.99	6.843	0.519	1.514	76.53	11.131	0.298	0.646
3.20	32.0	53.65	7.583	0.469	1.371	74.48	10.924	0.306	0.697
3.20	34.0	58.35	8.491	0.415	1.198	71.41	10.566	0.319	0.779
3.20	35.33	65.43	9.714	0.355	0.959	65.43	9.714	0.355	0.959
3.30	0.0	17.64	1.000	1.000	3.300	90.00	12.538	0.253	0.460
3.30	2.0	19.01	1.181	1.000	3.186	89.36	12.537	0.253	0.460

续表

Ma_1	$\theta/(°)$	弱激波				强激波			
		$\beta/(°)$	p_2/p_1	p_{t2}/p_{t1}	Ma_2	$\beta/(°)$	p_2/p_1	p_{t2}/p_{t1}	Ma_2
3.30	4.0	20.48	1.388	0.996	3.075	88.71	12.532	0.253	0.462
3.30	6.0	22.04	1.622	0.989	2.965	88.06	12.524	0.254	0.464
3.30	8.0	23.70	1.886	0.975	2.856	87.39	12.512	0.254	0.468
3.30	10.0	25.46	2.181	0.953	2.747	86.71	12.496	0.254	0.472
3.30	12.0	27.31	2.508	0.925	2.636	86.01	12.477	0.255	0.478
3.30	14.0	29.26	2.869	0.890	2.525	85.28	12.452	0.256	0.486
3.30	16.0	31.31	3.264	0.850	2.412	84.52	12.422	0.257	0.495
3.30	18.0	33.46	3.695	0.804	2.297	83.71	12.386	0.258	0.505
3.30	20.0	35.71	4.162	0.755	2.181	82.86	12.342	0.259	0.518
3.30	22.0	38.08	4.666	0.704	2.064	81.94	12.288	0.261	0.533
3.30	24.0	40.57	5.208	0.653	1.944	80.93	12.223	0.263	0.551
3.30	26.0	43.22	5.792	0.601	1.822	79.81	12.141	0.265	0.572
3.30	28.0	46.06	6.421	0.550	1.696	78.54	12.036	0.268	0.599
3.30	30.0	49.16	7.106	0.500	1.564	77.03	11.898	0.272	0.634
3.30	32.0	52.67	7.866	0.451	1.422	75.15	11.704	0.279	0.680
3.30	34.0	56.96	8.762	0.401	1.257	72.50	11.390	0.289	0.750
3.30	35.88	65.52	10.356	0.327	0.961	65.52	10.356	0.327	0.961
3.40	0.0	17.10	1.000	1.000	3.400	90.00	13.320	0.232	0.455
3.40	2.0	18.47	1.187	0.999	3.281	89.37	13.318	0.232	0.456
3.40	4.0	19.93	1.400	0.996	3.166	88.74	13.313	0.232	0.457
3.40	6.0	21.49	1.643	0.988	3.053	88.10	13.305	0.233	0.460
3.40	8.0	23.15	1.917	0.973	2.940	87.45	13.293	0.233	0.463
3.40	10.0	24.90	2.225	0.950	2.826	86.79	13.278	0.233	0.468
3.40	12.0	26.75	2.566	0.920	2.711	86.11	13.258	0.234	0.474
3.40	14.0	28.70	2.944	0.883	2.596	85.40	13.233	0.234	0.481
3.40	16.0	30.75	3.358	0.840	2.479	84.66	13.203	0.235	0.489
3.40	18.0	32.89	3.810	0.792	2.360	83.88	13.167	0.236	0.500
3.40	20.0	35.13	4.300	0.741	2.241	83.05	13.122	0.237	0.512
3.40	22.0	37.49	4.829	0.689	2.119	82.16	13.069	0.239	0.526
3.40	24.0	39.97	5.398	0.635	1.997	81.19	13.003	0.240	0.544
3.40	26.0	42.59	6.010	0.583	1.872	80.11	12.922	0.243	0.565
3.40	28.0	45.39	6.668	0.532	1.743	78.89	12.819	0.245	0.590
3.40	30.0	48.42	7.380	0.482	1.610	77.47	12.685	0.249	0.623
3.40	32.0	51.81	8.165	0.433	1.469	75.72	12.499	0.254	0.665
3.40	34.0	55.84	9.067	0.385	1.310	73.35	12.213	0.263	0.728

续表

Ma_1	$\theta/(°)$	弱激波				强激波			
		$\beta/(°)$	p_2/p_1	p_{t2}/p_{t1}	Ma_2	$\beta/(°)$	p_2/p_1	p_{t2}/p_{t1}	Ma_2
3.40	36.0	61.91	10.331	0.328	1.087	68.96	11.582	0.283	0.856
3.40	36.39	65.60	11.019	0.302	0.962	65.60	11.019	0.302	0.962
3.50	0.0	16.60	1.000	1.000	3.500	90.00	14.125	0.213	0.451
3.50	2.0	17.96	1.192	0.999	3.377	89.39	14.123	0.213	0.452
3.50	4.0	19.42	1.413	0.996	3.257	88.77	14.118	0.213	0.453
3.50	6.0	20.97	1.664	0.987	3.140	88.14	14.110	0.213	0.455
3.50	8.0	22.63	1.949	0.970	3.022	87.51	14.098	0.214	0.459
3.50	10.0	24.38	2.269	0.946	2.904	86.86	14.082	0.214	0.463
3.50	12.0	26.24	2.626	0.914	2.786	86.19	14.062	0.214	0.469
3.50	14.0	28.18	3.021	0.875	2.666	85.50	14.037	0.215	0.476
3.50	16.0	30.22	3.455	0.829	2.545	84.78	14.007	0.216	0.485
3.50	18.0	32.36	3.928	0.780	2.422	84.02	13.970	0.216	0.495
3.50	20.0	34.60	4.442	0.727	2.299	83.22	13.926	0.218	0.506
3.50	22.0	36.95	4.997	0.672	2.174	82.35	13.872	0.219	0.521
3.50	24.0	39.41	5.594	0.618	2.048	81.41	13.806	0.220	0.537
3.50	26.0	42.01	6.234	0.565	1.920	80.38	13.726	0.222	0.557
3.50	28.0	44.77	6.923	0.513	1.789	79.21	13.624	0.225	0.582
3.50	30.0	47.76	7.665	0.464	1.655	77.85	13.492	0.228	0.613
3.50	32.0	51.05	8.478	0.416	1.513	76.21	13.313	0.232	0.653
3.50	34.0	54.89	9.397	0.369	1.357	74.05	13.046	0.239	0.710
3.50	36.0	60.09	10.572	0.319	1.159	70.54	12.540	0.253	0.810
3.50	36.87	65.69	11.703	0.279	0.964	65.69	11.703	0.279	0.964
3.60	0.0	16.13	1.000	1.000	3.600	90.00	14.953	0.195	0.447
3.60	2.0	17.48	1.197	0.999	3.472	89.40	14.952	0.195	0.448
3.60	4.0	18.93	1.425	0.995	3.348	88.79	14.947	0.195	0.449
3.60	6.0	20.49	1.686	0.986	3.226	88.18	14.938	0.196	0.452
3.60	8.0	22.14	1.982	0.968	3.104	87.56	14.926	0.196	0.455
3.60	10.0	23.90	2.315	0.942	2.982	86.93	14.910	0.196	0.460
3.60	12.0	25.75	2.687	0.908	2.859	86.27	14.890	0.197	0.465
3.60	14.0	27.70	3.100	0.867	2.735	85.60	14.864	0.197	0.472
3.60	16.0	29.74	3.554	0.819	2.609	84.89	14.834	0.198	0.480
3.60	18.0	31.88	4.050	0.767	2.483	84.15	14.796	0.198	0.490
3.60	20.0	34.11	4.588	0.712	2.355	83.37	14.752	0.199	0.501
3.60	22.0	36.45	5.170	0.656	2.227	82.53	14.698	0.201	0.515
3.60	24.0	38.90	5.795	0.601	2.097	81.62	14.632	0.202	0.531

续表

Ma₁	θ/(°)	弱激波				强激波			
		β/(°)	p_2/p_1	p_{t2}/p_{t1}	Ma₂	β/(°)	p_2/p_1	p_{t2}/p_{t1}	Ma₂
3. 60	26. 0	41. 48	6. 466	0. 547	1. 966	80. 61	14. 551	0. 204	0. 551
3. 60	28. 0	44. 21	7. 186	0. 495	1. 833	79. 49	14. 450	0. 206	0. 575
3. 60	30. 0	47. 15	7. 961	0. 445	1. 697	78. 19	14. 320	0. 209	0. 604
3. 60	32. 0	50. 38	8. 804	0. 398	1. 555	76. 63	14. 145	0. 212	0. 642
3. 60	34. 0	54. 07	9. 746	0. 353	1. 400	74. 63	13. 892	0. 218	0. 695
3. 60	36. 0	58. 79	10. 894	0. 307	1. 215	71. 62	13. 450	0. 229	0. 780
3. 60	37. 31	65. 77	12. 407	0. 257	0. 966	65. 77	12. 407	0. 257	0. 966
3. 70	0. 0	15. 68	1. 000	1. 000	3. 700	90. 00	15. 805	0. 179	0. 444
3. 70	2. 0	17. 03	1. 203	0. 999	3. 567	89. 41	15. 803	0. 179	0. 444
3. 70	4. 0	18. 48	1. 438	0. 995	3. 439	88. 82	15. 798	0. 179	0. 446
3. 70	6. 0	20. 03	1. 707	0. 985	3. 312	88. 22	15. 790	0. 179	0. 448
3. 70	8. 0	21. 69	2. 015	0. 966	3. 186	87. 61	15. 777	0. 180	0. 451
3. 70	10. 0	23. 44	2. 361	0. 938	3. 059	86. 99	15. 761	0. 180	0. 456
3. 70	12. 0	25. 30	2. 750	0. 902	2. 931	86. 35	15. 740	0. 180	0. 461
3. 70	14. 0	27. 25	3. 181	0. 858	2. 803	85. 69	15. 715	0. 181	0. 468
3. 70	16. 0	29. 29	3. 655	0. 808	2. 673	85. 00	15. 684	0. 181	0. 476
3. 70	18. 0	31. 42	4. 174	0. 754	2. 542	84. 27	15. 646	0. 182	0. 486
3. 70	20. 0	33. 65	4. 738	0. 697	2. 410	83. 51	15. 601	0. 183	0. 497
3. 70	22. 0	35. 99	5. 348	0. 640	2. 278	82. 69	15. 546	0. 184	0. 510
3. 70	24. 0	38. 43	6. 003	0. 583	2. 145	81. 80	15. 480	0. 185	0. 526
3. 70	26. 0	40. 99	6. 705	0. 529	2. 011	80. 83	15. 399	0. 187	0. 545
3. 70	28. 0	43. 70	7. 458	0. 477	1. 876	79. 74	15. 298	0. 189	0. 568
3. 70	30. 0	46. 61	8. 266	0. 428	1. 738	78. 49	15. 169	0. 191	0. 596
3. 70	32. 0	49. 77	9. 142	0. 381	1. 594	77. 01	14. 998	0. 194	0. 632
3. 70	34. 0	53. 34	10. 112	0. 337	1. 440	75. 14	14. 754	0. 199	0. 681
3. 70	36. 0	57. 76	11. 260	0. 294	1. 262	72. 44	14. 352	0. 208	0. 758
3. 70	37. 71	65. 85	13. 131	0. 237	0. 968	65. 85	13. 131	0. 237	0. 968
3. 80	0. 0	15. 26	1. 000	1. 000	3. 800	90. 00	16. 680	0. 164	0. 441
3. 80	2. 0	16. 60	1. 208	0. 999	3. 662	89. 42	16. 678	0. 164	0. 441
3. 80	4. 0	18. 05	1. 450	0. 995	3. 529	88. 84	16. 673	0. 165	0. 443
3. 80	6. 0	19. 60	1. 729	0. 983	3. 398	88. 25	16. 664	0. 165	0. 445
3. 80	8. 0	21. 26	2. 048	0. 964	3. 267	87. 65	16. 652	0. 165	0. 448
3. 80	10. 0	23. 02	2. 409	0. 934	3. 135	87. 04	16. 635	0. 165	0. 452
3. 80	12. 0	24. 87	2. 813	0. 896	3. 003	86. 42	16. 614	0. 166	0. 458
3. 80	14. 0	26. 82	3. 263	0. 850	2. 870	85. 77	16. 588	0. 166	0. 464

续表

Ma_1	$\theta/(°)$	弱激波				强激波			
		$\beta/(°)$	p_2/p_1	p_{t2}/p_{t1}	Ma_2	$\beta/(°)$	p_2/p_1	p_{t2}/p_{t1}	Ma_2
3. 80	16. 0	28. 86	3. 759	0. 797	2. 735	85. 09	16. 557	0. 166	0. 472
3. 80	18. 0	31. 00	4. 302	0. 741	2. 600	84. 38	16. 519	0. 167	0. 482
3. 80	20. 0	33. 23	4. 892	0. 682	2. 464	83. 63	16. 473	0. 168	0. 493
3. 80	22. 0	35. 56	5. 530	0. 624	2. 328	82. 83	16. 418	0. 169	0. 506
3. 80	24. 0	37. 99	6. 216	0. 566	2. 192	81. 97	16. 351	0. 170	0. 521
3. 80	26. 0	40. 54	6. 951	0. 511	2. 055	81. 02	16. 270	0. 171	0. 540
3. 80	28. 0	43. 23	7. 738	0. 459	1. 917	79. 97	16. 169	0. 173	0. 562
3. 80	30. 0	46. 10	8. 581	0. 410	1. 776	78. 76	16. 040	0. 175	0. 589
3. 80	32. 0	49. 22	9. 492	0. 365	1. 631	77. 34	15. 871	0. 178	0. 624
3. 80	34. 0	52. 70	10. 494	0. 322	1. 478	75. 57	15. 634	0. 182	0. 670
3. 80	36. 0	56. 89	11. 654	0. 280	1. 304	73. 11	15. 259	0. 189	0. 739
3. 80	38. 0	64. 19	13. 487	0. 228	1. 029	67. 57	14. 227	0. 211	0. 913
3. 80	38. 09	65. 92	13. 876	0. 219	0. 969	65. 92	13. 876	0. 219	0. 969
3. 90	0. 0	14. 86	1. 000	1. 000	3. 900	90. 00	17. 578	0. 151	0. 438
3. 90	2. 0	16. 20	1. 214	0. 999	3. 757	89. 43	17. 577	0. 151	0. 438
3. 90	4. 0	17. 64	1. 463	0. 994	3. 619	88. 86	17. 571	0. 151	0. 440
3. 90	6. 0	19. 20	1. 752	0. 982	3. 483	88. 28	17. 562	0. 151	0. 442
3. 90	8. 0	20. 85	2. 082	0. 961	3. 347	87. 69	17. 550	0. 151	0. 445
3. 90	10. 0	22. 61	2. 457	0. 930	3. 211	87. 09	17. 533	0. 152	0. 449
3. 90	12. 0	24. 47	2. 878	0. 889	3. 074	86. 48	17. 511	0. 152	0. 455
3. 90	14. 0	26. 42	3. 347	0. 841	2. 936	85. 84	17. 485	0. 152	0. 461
3. 90	16. 0	28. 47	3. 865	0. 786	2. 797	85. 18	17. 453	0. 153	0. 469
3. 90	18. 0	30. 61	4. 433	0. 728	2. 657	84. 48	17. 414	0. 153	0. 478
3. 90	20. 0	32. 83	5. 050	0. 667	2. 517	83. 75	17. 368	0. 154	0. 489
3. 90	22. 0	35. 16	5. 717	0. 607	2. 377	82. 97	17. 312	0. 155	0. 502
3. 90	24. 0	37. 58	6. 435	0. 549	2. 237	82. 12	17. 245	0. 156	0. 517
3. 90	26. 0	40. 13	7. 203	0. 494	2. 097	81. 20	17. 163	0. 157	0. 535
3. 90	28. 0	42. 80	8. 026	0. 442	1. 956	80. 17	17. 061	0. 159	0. 556
3. 90	30. 0	45. 65	8. 906	0. 393	1. 813	79. 01	16. 933	0. 161	0. 583
3. 90	32. 0	48. 72	9. 854	0. 348	1. 667	77. 64	16. 765	0. 163	0. 616
3. 90	34. 0	52. 13	10. 890	0. 307	1. 513	75. 96	16. 533	0. 167	0. 660
3. 90	36. 0	56. 15	12. 072	0. 267	1. 343	73. 68	16. 177	0. 173	0. 724
3. 90	38. 0	62. 09	13. 690	0. 223	1. 111	69. 50	15. 402	0. 187	0. 853
3. 90	38. 44	65. 99	14. 641	0. 202	0. 970	65. 99	14. 641	0. 202	0. 970
4. 00	0. 0	14. 48	1. 000	1. 000	4. 000	90. 00	18. 500	0. 139	0. 435

续表

Ma_1	$\theta/(°)$	弱激波				强激波			
		$\beta/(°)$	p_2/p_1	p_{t2}/p_{t1}	Ma_2	$\beta/(°)$	p_2/p_1	p_{t2}/p_{t1}	Ma_2
4.00	2.0	15.81	1.219	0.999	3.852	89.44	18.498	0.139	0.435
4.00	4.0	17.26	1.476	0.994	3.709	88.88	18.493	0.139	0.437
4.00	6.0	18.81	1.774	0.981	3.568	88.31	18.484	0.139	0.439
4.00	8.0	20.47	2.117	0.958	3.427	87.73	18.471	0.139	0.442
4.00	10.0	22.23	2.506	0.925	3.286	87.14	18.454	0.139	0.446
4.00	12.0	24.09	2.944	0.883	3.144	86.53	18.432	0.140	0.452
4.00	14.0	26.05	3.433	0.832	3.001	85.91	18.405	0.140	0.458
4.00	16.0	28.10	3.974	0.775	2.857	85.26	18.372	0.140	0.466
4.00	18.0	30.24	4.567	0.714	2.713	84.57	18.333	0.141	0.475
4.00	20.0	32.46	5.212	0.652	2.569	83.85	18.286	0.141	0.485
4.00	22.0	34.79	5.909	0.591	2.425	83.09	18.230	0.142	0.498
4.00	24.0	37.21	6.659	0.532	2.281	82.26	18.161	0.143	0.513
4.00	26.0	39.74	7.463	0.476	2.137	81.36	18.079	0.144	0.530
4.00	28.0	42.40	8.321	0.425	1.994	80.36	17.976	0.146	0.551
4.00	30.0	45.22	9.240	0.377	1.849	79.23	17.848	0.147	0.577
4.00	32.0	48.26	10.226	0.333	1.701	77.91	17.681	0.150	0.609
4.00	34.0	51.61	11.300	0.292	1.546	76.30	17.452	0.153	0.651
4.00	36.0	55.50	12.510	0.254	1.378	74.16	17.109	0.158	0.711
4.00	38.0	60.83	14.065	0.214	1.164	70.60	16.441	0.168	0.820
4.00	38.77	66.06	15.426	0.186	0.972	66.06	15.426	0.186	0.972
4.50	0.0	12.84	1.000	1.000	4.500	90.00	23.458	0.092	0.424
4.50	2.0	14.16	1.248	0.999	4.324	89.47	23.456	0.092	0.424
4.50	4.0	15.61	1.543	0.992	4.154	88.95	23.450	0.092	0.425
4.50	6.0	17.17	1.892	0.974	3.986	88.41	23.440	0.092	0.427
4.50	8.0	18.84	2.297	0.944	3.819	87.87	23.426	0.092	0.430
4.50	10.0	20.62	2.764	0.901	3.651	87.32	23.407	0.092	0.434
4.50	12.0	22.50	3.295	0.846	3.482	86.76	23.383	0.092	0.439
4.50	14.0	24.48	3.890	0.783	3.313	86.17	23.353	0.092	0.445
4.50	16.0	26.55	4.553	0.716	3.144	85.57	23.317	0.093	0.452
4.50	18.0	28.70	5.281	0.646	2.975	84.94	23.274	0.093	0.461
4.50	20.0	30.94	6.077	0.577	2.809	84.27	23.223	0.093	0.471
4.50	22.0	33.26	6.938	0.512	2.644	83.56	23.161	0.094	0.482
4.50	24.0	35.67	7.865	0.451	2.482	82.81	23.088	0.094	0.496
4.50	26.0	38.17	8.858	0.396	2.321	81.99	22.999	0.095	0.512
4.50	28.0	40.79	9.916	0.346	2.163	81.08	22.891	0.096	0.531

续表

Ma_1	$\theta/(°)$	弱激波				强激波			
		$\beta/(°)$	p_2/p_1	p_{t2}/p_{t1}	Ma_2	$\beta/(°)$	p_2/p_1	p_{t2}/p_{t1}	Ma_2
4.50	30.0	43.54	11.043	0.301	2.006	80.08	22.757	0.097	0.554
4.50	32.0	46.45	12.245	0.262	1.848	78.92	22.586	0.098	0.582
4.50	34.0	49.60	13.535	0.227	1.688	77.56	22.361	0.100	0.618
4.50	36.0	53.10	14.943	0.196	1.521	75.85	22.046	0.103	0.665
4.50	38.0	57.29	16.560	0.166	1.335	73.47	21.547	0.107	0.736
4.50	40.0	64.34	19.028	0.132	1.052	68.25	20.214	0.119	0.909
4.50	40.13	66.35	19.657	0.125	0.977	66.35	19.657	0.125	0.977
5.00	0.0	11.54	1.000	1.000	5.000	90.00	29.000	0.062	0.415
5.00	2.0	12.85	1.277	0.999	4.792	89.50	28.998	0.062	0.416
5.00	4.0	14.30	1.613	0.989	4.592	89.00	28.991	0.062	0.417
5.00	6.0	15.88	2.016	0.966	4.395	88.49	28.980	0.062	0.419
5.00	8.0	17.57	2.491	0.927	4.197	87.97	28.964	0.062	0.422
5.00	10.0	19.38	3.044	0.872	3.999	87.45	28.942	0.062	0.425
5.00	12.0	21.28	3.677	0.806	3.801	86.91	28.915	0.062	0.430
5.00	14.0	23.29	4.392	0.732	3.603	86.36	28.882	0.062	0.436
5.00	16.0	25.38	5.191	0.654	3.406	85.78	28.842	0.062	0.443
5.00	18.0	27.55	6.073	0.578	3.212	85.19	28.795	0.063	0.451
5.00	20.0	29.80	7.037	0.505	3.022	84.56	28.738	0.063	0.460
5.00	22.0	32.13	8.084	0.438	2.836	83.89	28.670	0.063	0.471
5.00	24.0	34.54	9.210	0.378	2.655	83.18	28.589	0.063	0.484
5.00	26.0	37.04	10.416	0.325	2.478	82.41	28.491	0.064	0.499
5.00	28.0	39.63	11.701	0.279	2.305	81.57	28.374	0.064	0.517
5.00	30.0	42.34	13.067	0.239	2.136	80.64	28.229	0.065	0.538
5.00	32.0	45.20	14.517	0.204	1.968	79.59	28.048	0.066	0.564
5.00	34.0	48.24	16.062	0.175	1.801	78.36	27.813	0.067	0.596
5.00	36.0	51.56	17.726	0.149	1.630	76.87	27.496	0.068	0.637
5.00	38.0	55.35	19.571	0.126	1.449	74.93	27.027	0.071	0.695
5.00	40.0	60.26	21.822	0.104	1.232	71.87	26.175	0.075	0.794
5.00	41.12	66.58	24.394	0.085	0.981	66.58	24.394	0.085	0.981
5.50	0.0	10.48	1.000	1.000	5.500	90.00	35.125	0.042	0.409
5.50	2.0	11.79	1.306	0.998	5.257	89.52	35.122	0.042	0.409
5.50	4.0	13.24	1.686	0.986	5.024	89.03	35.115	0.042	0.411
5.50	6.0	14.84	2.147	0.956	4.793	88.54	35.102	0.042	0.412
5.50	8.0	16.55	2.698	0.907	4.563	88.05	35.084	0.042	0.415
5.50	10.0	18.39	3.345	0.841	4.331	87.54	35.060	0.043	0.419

续表

Ma_1	$\theta/(°)$	弱激波				强激波			
		$\beta/(°)$	p_2/p_1	p_{t2}/p_{t1}	Ma_2	$\beta/(°)$	p_2/p_1	p_{t2}/p_{t1}	Ma_2
5.50	12.0	20.32	4.091	0.763	4.100	87.03	35.030	0.043	0.423
5.50	14.0	22.35	4.939	0.678	3.871	86.49	34.993	0.043	0.429
5.50	16.0	24.47	5.889	0.593	3.646	85.94	34.948	0.043	0.436
5.50	18.0	26.66	6.941	0.512	3.426	85.37	34.895	0.043	0.443
5.50	20.0	28.93	8.094	0.438	3.212	84.76	34.831	0.043	0.452
5.50	22.0	31.28	9.345	0.372	3.005	84.13	34.755	0.043	0.463
5.50	24.0	33.69	10.694	0.314	2.805	83.45	34.666	0.043	0.475
5.50	26.0	36.19	12.138	0.265	2.612	82.72	34.558	0.044	0.490
5.50	28.0	38.77	13.675	0.223	2.425	81.92	34.428	0.044	0.507
5.50	30.0	41.46	15.306	0.188	2.244	81.05	34.270	0.045	0.527
5.50	32.0	44.28	17.034	0.159	2.067	80.06	34.073	0.045	0.551
5.50	34.0	47.26	18.869	0.134	1.892	78.92	33.822	0.046	0.581
5.50	36.0	50.47	20.829	0.113	1.716	77.56	33.488	0.047	0.619
5.50	38.0	54.06	22.967	0.095	1.534	75.84	33.014	0.048	0.670
5.50	40.0	58.40	25.434	0.079	1.331	73.38	32.238	0.050	0.748
5.50	41.86	66.77	29.634	0.059	0.984	66.77	29.634	0.059	0.984
6.00	0.0	9.59	1.000	1.000	6.000	90.00	41.833	0.030	0.404
6.00	2.0	10.91	1.337	0.998	5.719	89.53	41.831	0.030	0.405
6.00	4.0	12.37	1.761	0.982	5.449	89.06	41.822	0.030	0.406
6.00	6.0	13.98	2.285	0.945	5.182	88.58	41.808	0.030	0.408
6.00	8.0	15.73	2.918	0.885	4.915	88.10	41.787	0.030	0.410
6.00	10.0	17.59	3.668	0.807	4.648	87.61	41.760	0.030	0.414
6.00	12.0	19.55	4.538	0.717	4.382	87.11	41.727	0.030	0.418
6.00	14.0	21.61	5.531	0.624	4.120	86.59	41.685	0.030	0.424
6.00	16.0	23.75	6.647	0.533	3.865	86.06	41.635	0.030	0.430
6.00	18.0	25.97	7.886	0.450	3.618	85.50	41.575	0.030	0.438
6.00	20.0	28.26	9.246	0.376	3.380	84.92	41.504	0.030	0.446
6.00	22.0	30.61	10.723	0.313	3.153	84.30	41.419	0.030	0.457
6.00	24.0	33.04	12.316	0.260	2.935	83.65	41.319	0.030	0.469
6.00	26.0	35.54	14.021	0.215	2.726	82.95	41.200	0.031	0.483
6.00	28.0	38.12	15.836	0.179	2.527	82.18	41.056	0.031	0.499
6.00	30.0	40.79	17.760	0.148	2.335	81.34	40.882	0.031	0.518
6.00	32.0	43.58	19.796	0.124	2.149	80.40	40.666	0.031	0.541
6.00	34.0	46.52	21.950	0.103	1.967	79.33	40.392	0.032	0.570
6.00	36.0	49.67	24.243	0.086	1.786	78.06	40.034	0.032	0.605

续表

Ma_1	$\theta/(°)$	弱激波				强激波			
		$\beta/(°)$	p_2/p_1	p_{t2}/p_{t1}	Ma_2	$\beta/(°)$	p_2/p_1	p_{t2}/p_{t1}	Ma_2
6.00	38.0	53.14	26.718	0.072	1.602	76.48	39.537	0.033	0.652
6.00	40.0	57.19	29.501	0.060	1.403	74.32	38.765	0.035	0.720
6.00	42.0	63.10	33.239	0.047	1.140	70.30	37.063	0.038	0.859
6.00	42.44	66.91	35.376	0.042	0.987	66.91	35.376	0.042	0.987
6.50	0.0	8.85	1.000	1.000	6.500	90.00	49.125	0.021	0.400
6.50	2.0	10.16	1.368	0.997	6.178	89.54	49.122	0.021	0.401
6.50	4.0	11.64	1.840	0.977	5.868	89.08	49.112	0.021	0.402
6.50	6.0	13.27	2.431	0.932	5.562	88.62	49.096	0.021	0.404
6.50	8.0	15.04	3.152	0.861	5.255	88.15	49.073	0.021	0.406
6.50	10.0	16.93	4.013	0.771	4.949	87.67	49.043	0.021	0.410
6.50	12.0	18.92	5.018	0.670	4.646	87.17	49.005	0.021	0.414
6.50	14.0	21.01	6.169	0.570	4.350	86.67	48.959	0.021	0.419
6.50	16.0	23.17	7.467	0.476	4.065	86.15	48.903	0.021	0.426
6.50	18.0	25.41	8.909	0.393	3.791	85.61	48.836	0.021	0.433
6.50	20.0	27.71	10.494	0.322	3.530	85.04	48.756	0.021	0.442
6.50	22.0	30.08	12.218	0.263	3.282	84.44	48.662	0.022	0.452
6.50	24.0	32.52	14.077	0.214	3.048	83.80	48.550	0.022	0.464
6.50	26.0	35.02	16.067	0.175	2.825	83.12	48.417	0.022	0.477
6.50	28.0	37.60	18.184	0.143	2.613	82.38	48.258	0.022	0.493
6.50	30.0	40.27	20.428	0.117	2.411	81.57	48.065	0.022	0.512
6.50	32.0	43.05	22.799	0.097	2.217	80.66	47.827	0.022	0.534
6.50	34.0	45.96	25.304	0.080	2.029	79.63	47.528	0.023	0.561
6.50	36.0	49.06	27.961	0.066	1.843	78.42	47.139	0.023	0.595
6.50	38.0	52.44	30.812	0.055	1.656	76.94	46.608	0.024	0.639
6.50	40.0	56.32	33.970	0.045	1.459	74.97	45.810	0.025	0.701
6.50	42.0	61.48	37.887	0.036	1.220	71.73	44.280	0.026	0.812
6.50	42.89	67.03	41.620	0.030	0.989	67.03	41.620	0.030	0.989
7.00	0.0	8.21	1.000	1.000	7.000	90.00	57.000	0.015	0.397
7.00	2.0	9.53	1.400	0.996	6.633	89.55	56.996	0.015	0.398
7.00	4.0	11.02	1.921	0.972	6.281	89.10	56.986	0.015	0.399
7.00	6.0	12.67	2.583	0.918	5.931	88.64	56.968	0.015	0.401
7.00	8.0	14.46	3.400	0.835	5.582	88.18	56.942	0.015	0.403
7.00	10.0	16.38	4.381	0.733	5.234	87.71	56.909	0.015	0.407
7.00	12.0	18.40	5.531	0.624	4.893	87.23	56.866	0.015	0.411
7.00	14.0	20.51	6.853	0.518	4.563	86.73	56.814	0.015	0.416

续表

Ma_1	$\theta/(°)$	弱激波				强激波			
		$\beta/(°)$	p_2/p_1	p_{t2}/p_{t1}	Ma_2	$\beta/(°)$	p_2/p_1	p_{t2}/p_{t1}	Ma_2
7.00	16.0	22.70	8.347	0.423	4.247	86.22	56.751	0.015	0.422
7.00	18.0	24.96	10.011	0.342	3.946	85.69	56.677	0.016	0.430
7.00	20.0	27.28	11.840	0.274	3.663	85.13	56.588	0.016	0.438
7.00	22.0	29.66	13.830	0.220	3.396	84.54	56.483	0.016	0.448
7.00	24.0	32.10	15.977	0.176	3.146	83.92	56.359	0.016	0.459
7.00	26.0	34.61	18.275	0.142	2.910	83.25	56.211	0.016	0.473
7.00	28.0	37.19	20.720	0.114	2.688	82.53	56.035	0.016	0.488
7.00	30.0	39.85	23.310	0.093	2.477	81.74	55.821	0.016	0.507
7.00	32.0	42.62	26.044	0.076	2.275	80.86	55.559	0.016	0.528
7.00	34.0	45.51	28.929	0.062	2.081	79.87	55.230	0.016	0.554
7.00	36.0	48.58	31.982	0.051	1.891	78.70	54.806	0.017	0.587
7.00	38.0	51.91	35.245	0.042	1.701	77.29	54.233	0.017	0.629
7.00	40.0	55.67	38.823	0.035	1.503	75.45	53.390	0.018	0.687
7.00	42.0	60.45	43.095	0.028	1.275	72.60	51.886	0.019	0.784
7.00	43.25	67.13	48.365	0.022	0.990	67.13	48.365	0.022	0.990
7.50	0.0	7.66	1.000	1.000	7.500	90.00	65.458	0.011	0.395
7.50	2.0	8.98	1.432	0.995	7.085	89.56	65.454	0.011	0.395
7.50	4.0	10.48	2.006	0.967	6.687	89.11	65.443	0.011	0.396
7.50	6.0	12.16	2.743	0.903	6.292	88.66	65.422	0.011	0.398
7.50	8.0	13.98	3.662	0.808	5.896	88.21	65.394	0.011	0.401
7.50	10.0	15.92	4.771	0.694	5.506	87.74	65.356	0.011	0.404
7.50	12.0	17.97	6.078	0.577	5.125	87.27	65.309	0.011	0.408
7.50	14.0	20.10	7.585	0.469	4.759	86.78	65.251	0.011	0.413
7.50	16.0	22.31	9.290	0.374	4.412	86.28	65.181	0.011	0.420
7.50	18.0	24.58	11.191	0.296	4.086	85.75	65.098	0.011	0.427
7.50	20.0	26.92	13.283	0.233	3.781	85.20	65.000	0.012	0.435
7.50	22.0	29.31	15.560	0.184	3.497	84.63	64.883	0.012	0.445
7.50	24.0	31.76	18.016	0.145	3.232	84.02	64.745	0.012	0.456
7.50	26.0	34.27	20.645	0.115	2.984	83.36	64.582	0.012	0.469
7.50	28.0	36.86	23.443	0.092	2.751	82.66	64.386	0.012	0.484
7.50	30.0	39.52	26.404	0.074	2.532	81.88	64.150	0.012	0.502
7.50	32.0	42.28	29.530	0.060	2.324	81.02	63.861	0.012	0.524
7.50	34.0	45.16	32.824	0.048	2.125	80.05	63.500	0.012	0.549
7.50	36.0	48.20	36.305	0.040	1.931	78.93	63.037	0.012	0.581
7.50	38.0	51.49	40.012	0.033	1.738	77.56	62.415	0.013	0.621

续表

Ma_1	$\theta/(°)$	弱激波				强激波			
		$\beta/(°)$	p_2/p_1	p_{t2}/p_{t1}	Ma_2	$\beta/(°)$	p_2/p_1	p_{t2}/p_{t1}	Ma_2
7.50	40.0	55.17	44.051	0.027	1.540	75.81	61.515	0.013	0.677
7.50	42.0	59.71	48.765	0.021	1.317	73.20	59.978	0.014	0.765
7.50	43.55	67.21	55.611	0.016	0.991	67.21	55.611	0.016	0.991
8.00	0.0	7.18	1.000	1.000	8.000	90.00	74.500	0.008	0.393
8.00	2.0	8.50	1.465	0.994	7.534	89.56	74.496	0.008	0.393
8.00	4.0	10.02	2.093	0.960	7.087	89.12	74.482	0.008	0.394
8.00	6.0	11.71	2.911	0.886	6.642	88.68	74.460	0.008	0.396
8.00	8.0	13.56	3.937	0.779	6.199	88.23	74.429	0.008	0.399
8.00	10.0	15.53	5.185	0.655	5.762	87.77	74.387	0.009	0.402
8.00	12.0	17.60	6.660	0.532	5.340	87.30	74.334	0.009	0.406
8.00	14.0	19.76	8.364	0.422	4.939	86.82	74.270	0.009	0.411
8.00	16.0	21.98	10.295	0.330	4.563	86.32	74.193	0.009	0.417
8.00	18.0	24.27	12.450	0.256	4.212	85.81	74.101	0.009	0.424
8.00	20.0	26.62	14.823	0.198	3.887	85.27	73.991	0.009	0.433
8.00	22.0	29.02	17.406	0.153	3.586	84.70	73.862	0.009	0.442
8.00	24.0	31.48	20.194	0.120	3.307	84.10	73.710	0.009	0.453
8.00	26.0	34.00	23.178	0.094	3.048	83.45	73.529	0.009	0.466
8.00	28.0	36.58	26.353	0.074	2.807	82.76	73.313	0.009	0.481
8.00	30.0	39.24	29.713	0.059	2.580	82.00	73.052	0.009	0.499
8.00	32.0	41.99	33.257	0.047	2.366	81.15	72.734	0.009	0.520
8.00	34.0	44.86	36.990	0.038	2.162	80.20	72.338	0.009	0.545
8.00	36.0	47.89	40.928	0.031	1.964	79.10	71.832	0.009	0.576
8.00	38.0	51.15	45.114	0.025	1.769	77.78	71.156	0.009	0.615
8.00	40.0	54.77	49.651	0.021	1.570	76.10	70.189	0.010	0.668
8.00	42.0	59.15	54.868	0.017	1.350	73.66	68.587	0.010	0.751
8.00	43.79	67.28	63.357	0.012	0.992	67.28	63.357	0.012	0.992

附表 4b 斜激波参数表 ($\gamma = 1.33$)

Ma_1	$\theta/(°)$	弱激波				强激波			
		$\beta/(°)$	p_2/p_1	p_{t2}/p_{t1}	Ma_2	$\beta/(°)$	p_2/p_1	p_{t2}/p_{t1}	Ma_2
1.05	0.0	72.25	1.000	1.000	1.050	90.00	1.117	1.000	0.953
1.05	0.58	79.94	1.079	1.000	0.984	79.94	1.079	1.000	0.984
1.10	0.0	65.38	1.000	1.000	1.100	90.00	1.240	0.999	0.911
1.10	1.0	69.62	1.072	1.000	1.042	83.83	1.224	0.999	0.924
1.10	1.57	76.31	1.162	1.000	0.971	76.31	1.162	1.000	0.971
1.15	0.0	60.41	1.000	1.000	1.150	90.00	1.368	0.997	0.874
1.15	1.0	63.07	1.058	1.000	1.104	86.14	1.361	0.997	0.879
1.15	2.0	66.70	1.132	1.000	1.048	81.58	1.336	0.997	0.898
1.15	2.76	73.85	1.251	0.999	0.960	73.85	1.251	0.999	0.960
1.20	0.0	56.44	1.000	1.000	1.200	90.00	1.502	0.993	0.841
1.20	1.0	58.48	1.053	1.000	1.160	87.16	1.498	0.993	0.844
1.20	2.0	60.88	1.113	1.000	1.115	84.12	1.485	0.993	0.853
1.20	3.0	63.96	1.186	0.999	1.062	80.53	1.458	0.994	0.872
1.20	4.0	69.71	1.305	0.998	0.979	74.37	1.383	0.996	0.924
1.20	4.09	72.02	1.346	0.997	0.950	72.02	1.346	0.997	0.950
1.25	0.0	53.13	1.000	1.000	1.250	90.00	1.642	0.987	0.811
1.25	1.0	54.83	1.050	1.000	1.213	87.75	1.639	0.987	0.813
1.25	2.0	56.72	1.105	1.000	1.173	85.42	1.631	0.987	0.819
1.25	3.0	58.89	1.166	1.000	1.130	82.89	1.615	0.988	0.829
1.25	4.0	61.56	1.238	0.999	1.081	79.95	1.588	0.989	0.847
1.25	5.0	65.43	1.334	0.997	1.016	75.86	1.536	0.991	0.882
1.25	5.49	70.61	1.445	0.995	0.942	70.61	1.445	0.995	0.942
1.30	0.0	50.28	1.000	1.000	1.300	90.00	1.788	0.979	0.784
1.30	1.0	51.76	1.049	1.000	1.265	88.14	1.786	0.979	0.785
1.30	2.0	53.37	1.101	1.000	1.228	86.24	1.779	0.979	0.789
1.30	3.0	55.13	1.157	1.000	1.189	84.24	1.768	0.980	0.796
1.30	4.0	57.13	1.220	0.999	1.147	82.07	1.751	0.981	0.808
1.30	5.0	59.50	1.291	0.998	1.101	79.58	1.725	0.982	0.825
1.30	6.0	62.59	1.379	0.996	1.044	76.41	1.681	0.985	0.852

续表

Ma_1	$\theta/(°)$	弱激波				强激波			
		$\beta/(°)$	p_2/p_1	p_{t2}/p_{t1}	Ma_2	$\beta/(°)$	p_2/p_1	p_{t2}/p_{t1}	Ma_2
1.30	6.92	69.48	1.551	0.991	0.935	69.48	1.551	0.991	0.935
1.35	0.0	47.79	1.000	1.000	1.350	90.00	1.939	0.969	0.759
1.35	1.0	49.12	1.048	1.000	1.316	88.41	1.937	0.969	0.760
1.35	2.0	50.54	1.099	1.000	1.281	86.80	1.933	0.969	0.763
1.35	3.0	52.07	1.153	1.000	1.244	85.14	1.924	0.970	0.768
1.35	4.0	53.73	1.211	0.999	1.206	83.38	1.911	0.971	0.776
1.35	5.0	55.59	1.275	0.998	1.166	81.47	1.893	0.972	0.788
1.35	6.0	57.73	1.346	0.997	1.121	79.32	1.868	0.974	0.804
1.35	7.0	60.37	1.430	0.995	1.069	76.71	1.829	0.976	0.828
1.35	8.0	64.32	1.548	0.991	0.998	72.82	1.757	0.981	0.872
1.35	8.38	68.58	1.661	0.986	0.930	68.58	1.661	0.986	0.930
1.40	0.0	45.58	1.000	1.000	1.400	90.00	2.096	0.957	0.736
1.40	1.0	46.80	1.048	1.000	1.367	88.62	2.095	0.957	0.737
1.40	2.0	48.09	1.098	1.000	1.333	87.22	2.091	0.957	0.739
1.40	3.0	49.46	1.150	1.000	1.298	85.79	2.084	0.958	0.744
1.40	4.0	50.92	1.207	0.999	1.262	84.30	2.074	0.959	0.750
1.40	5.0	52.50	1.267	0.999	1.225	82.73	2.060	0.960	0.758
1.40	6.0	54.25	1.332	0.997	1.185	81.02	2.041	0.961	0.770
1.40	7.0	56.22	1.404	0.996	1.142	79.12	2.016	0.963	0.785
1.40	8.0	58.56	1.487	0.993	1.093	76.88	1.981	0.966	0.807
1.40	9.0	61.66	1.592	0.989	1.033	73.91	1.924	0.970	0.840
1.40	9.82	67.85	1.778	0.979	0.926	67.85	1.778	0.979	0.926
1.45	0.0	43.60	1.000	1.000	1.450	90.00	2.259	0.943	0.715
1.45	1.0	44.74	1.048	1.000	1.417	88.78	2.258	0.943	0.716
1.45	2.0	45.93	1.097	1.000	1.384	87.54	2.254	0.943	0.718
1.45	3.0	47.18	1.150	1.000	1.351	86.28	2.249	0.944	0.722
1.45	4.0	48.50	1.205	0.999	1.316	84.99	2.240	0.945	0.727
1.45	5.0	49.91	1.263	0.999	1.281	83.64	2.229	0.946	0.733
1.45	6.0	51.43	1.326	0.998	1.244	82.20	2.214	0.947	0.742
1.45	7.0	53.09	1.393	0.996	1.204	80.66	2.195	0.949	0.754
1.45	8.0	54.94	1.467	0.994	1.162	78.95	2.171	0.951	0.768
1.45	9.0	57.08	1.550	0.991	1.116	76.98	2.137	0.954	0.788
1.45	10.0	59.73	1.649	0.986	1.061	74.51	2.088	0.958	0.817
1.45	11.0	63.93	1.795	0.978	0.980	70.52	1.992	0.965	0.871

续表

Ma_1	$\theta/(°)$	弱激波				强激波			
		$\beta/(°)$	p_2/p_1	p_{t2}/p_{t1}	Ma_2	$\beta/(°)$	p_2/p_1	p_{t2}/p_{t1}	Ma_2
1. 45	11. 25	67. 26	1. 900	0. 972	0. 923	67. 26	1. 900	0. 972	0. 923
1. 50	0. 0	41. 81	1. 000	1. 000	1. 500	90. 00	2. 427	0. 927	0. 696
1. 50	1. 0	42. 88	1. 048	1. 000	1. 468	88. 90	2. 426	0. 927	0. 697
1. 50	2. 0	43. 99	1. 098	1. 000	1. 435	87. 79	2. 423	0. 928	0. 699
1. 50	3. 0	45. 16	1. 150	1. 000	1. 402	86. 67	2. 418	0. 928	0. 702
1. 50	4. 0	46. 38	1. 205	0. 999	1. 369	85. 52	2. 411	0. 929	0. 706
1. 50	5. 0	47. 67	1. 262	0. 999	1. 334	84. 33	2. 402	0. 930	0. 711
1. 50	6. 0	49. 04	1. 323	0. 998	1. 299	83. 09	2. 390	0. 931	0. 719
1. 50	7. 0	50. 51	1. 388	0. 996	1. 262	81. 78	2. 374	0. 932	0. 728
1. 50	8. 0	52. 10	1. 458	0. 994	1. 224	80. 36	2. 355	0. 934	0. 739
1. 50	9. 0	53. 85	1. 533	0. 991	1. 182	78. 80	2. 330	0. 936	0. 753
1. 50	10. 0	55. 84	1. 617	0. 988	1. 137	77. 03	2. 298	0. 939	0. 772
1. 50	11. 0	58. 23	1. 715	0. 983	1. 086	74. 89	2. 252	0. 944	0. 798
1. 50	12. 0	61. 48	1. 841	0. 975	1. 019	71. 89	2. 179	0. 950	0. 838
1. 50	12. 65	66. 77	2. 028	0. 962	0. 920	66. 77	2. 028	0. 962	0. 920
1. 55	0. 0	40. 18	1. 000	1. 000	1. 550	90. 00	2. 601	0. 910	0. 679
1. 55	1. 0	41. 19	1. 048	1. 000	1. 518	89. 00	2. 600	0. 910	0. 679
1. 55	2. 0	42. 25	1. 098	1. 000	1. 486	88. 00	2. 598	0. 910	0. 681
1. 55	3. 0	43. 35	1. 151	1. 000	1. 453	86. 98	2. 594	0. 911	0. 683
1. 55	4. 0	44. 49	1. 205	0. 999	1. 420	85. 95	2. 587	0. 911	0. 687
1. 55	5. 0	45. 69	1. 263	0. 999	1. 387	84. 88	2. 579	0. 912	0. 692
1. 55	6. 0	46. 95	1. 323	0. 998	1. 353	83. 78	2. 569	0. 913	0. 698
1. 55	7. 0	48. 29	1. 387	0. 996	1. 317	82. 63	2. 556	0. 914	0. 705
1. 55	8. 0	49. 72	1. 454	0. 994	1. 281	81. 41	2. 540	0. 916	0. 715
1. 55	9. 0	51. 25	1. 527	0. 992	1. 242	80. 10	2. 520	0. 918	0. 726
1. 55	10. 0	52. 93	1. 605	0. 988	1. 202	78. 66	2. 495	0. 921	0. 740
1. 55	11. 0	54. 82	1. 691	0. 984	1. 157	77. 04	2. 463	0. 924	0. 758
1. 55	12. 0	57. 02	1. 788	0. 979	1. 108	75. 12	2. 420	0. 928	0. 782
1. 55	13. 0	59. 82	1. 908	0. 971	1. 047	72. 62	2. 356	0. 934	0. 816
1. 55	14. 0	65. 75	2. 138	0. 953	0. 930	67. 02	2. 183	0. 950	0. 907
1. 55	14. 01	66. 38	2. 161	0. 951	0. 919	66. 38	2. 161	0. 951	0. 919
1. 60	0. 0	38. 68	1. 000	1. 000	1. 600	90. 00	2. 781	0. 891	0. 663
1. 60	1. 0	39. 65	1. 049	1. 000	1. 568	89. 09	2. 780	0. 891	0. 663
1. 60	2. 0	40. 66	1. 099	1. 000	1. 536	88. 17	2. 778	0. 891	0. 664

续表

Ma_1	$\theta/(°)$	弱激波				强激波			
		$\beta/(°)$	p_2/p_1	p_{t2}/p_{t1}	Ma_2	$\beta/(°)$	p_2/p_1	p_{t2}/p_{t1}	Ma_2
1.60	3.0	41.70	1.152	1.000	1.504	87.24	2.774	0.892	0.667
1.60	4.0	42.79	1.207	0.999	1.472	86.30	2.769	0.892	0.670
1.60	5.0	43.92	1.265	0.999	1.439	85.33	2.762	0.893	0.674
1.60	6.0	45.10	1.325	0.998	1.405	84.34	2.753	0.894	0.679
1.60	7.0	46.34	1.388	0.996	1.371	83.31	2.741	0.895	0.686
1.60	8.0	47.66	1.455	0.994	1.335	82.23	2.728	0.897	0.693
1.60	9.0	49.05	1.526	0.992	1.299	81.09	2.711	0.898	0.703
1.60	10.0	50.55	1.601	0.989	1.260	79.86	2.690	0.901	0.714
1.60	11.0	52.17	1.682	0.985	1.220	78.52	2.665	0.903	0.728
1.60	12.0	53.98	1.770	0.980	1.176	77.02	2.634	0.907	0.746
1.60	13.0	56.05	1.869	0.974	1.128	75.27	2.592	0.911	0.768
1.60	14.0	58.59	1.987	0.965	1.071	73.07	2.533	0.917	0.799
1.60	15.0	62.41	2.154	0.952	0.989	69.60	2.426	0.927	0.854
1.60	15.33	66.07	2.300	0.939	0.918	66.07	2.300	0.939	0.918
1.65	0.0	37.31	1.000	1.000	1.650	90.00	2.966	0.871	0.648
1.65	1.0	38.24	1.049	1.000	1.618	89.16	2.966	0.871	0.648
1.65	2.0	39.21	1.100	1.000	1.586	88.31	2.964	0.871	0.649
1.65	3.0	40.21	1.154	1.000	1.554	87.46	2.960	0.871	0.651
1.65	4.0	41.24	1.209	0.999	1.522	86.59	2.955	0.872	0.654
1.65	5.0	42.32	1.267	0.999	1.489	85.71	2.949	0.873	0.658
1.65	6.0	43.44	1.328	0.998	1.456	84.80	2.941	0.874	0.662
1.65	7.0	44.61	1.391	0.996	1.423	83.87	2.931	0.875	0.668
1.65	8.0	45.84	1.458	0.994	1.388	82.89	2.919	0.876	0.675
1.65	9.0	47.13	1.528	0.992	1.353	81.88	2.904	0.878	0.683
1.65	10.0	48.50	1.602	0.989	1.316	80.80	2.887	0.880	0.692
1.65	11.0	49.96	1.680	0.985	1.278	79.64	2.866	0.882	0.704
1.65	12.0	51.55	1.765	0.980	1.237	78.38	2.840	0.885	0.718
1.65	13.0	53.30	1.856	0.975	1.194	76.97	2.809	0.888	0.735
1.65	14.0	55.28	1.958	0.967	1.146	75.35	2.768	0.892	0.756
1.65	15.0	57.64	2.076	0.958	1.091	73.36	2.711	0.898	0.785
1.65	16.0	60.89	2.231	0.945	1.019	70.50	2.620	0.908	0.832
1.65	16.60	65.81	2.445	0.926	0.917	65.81	2.445	0.926	0.917
1.70	0.0	36.03	1.000	1.000	1.700	90.00	3.158	0.849	0.634
1.70	1.0	36.94	1.050	1.000	1.668	89.22	3.157	0.850	0.634
1.70	2.0	37.87	1.102	1.000	1.636	88.43	3.155	0.850	0.635

续表

Ma_1	$\theta/(°)$	弱激波				强激波			
		$\beta/(°)$	p_2/p_1	p_{t2}/p_{t1}	Ma_2	$\beta/(°)$	p_2/p_1	p_{t2}/p_{t1}	Ma_2
1.70	3.0	38.83	1.156	1.000	1.604	87.64	3.152	0.850	0.637
1.70	4.0	39.83	1.212	0.999	1.572	86.84	3.148	0.851	0.639
1.70	5.0	40.86	1.270	0.998	1.540	86.02	3.142	0.851	0.643
1.70	6.0	41.93	1.332	0.997	1.507	85.19	3.134	0.852	0.647
1.70	7.0	43.04	1.395	0.996	1.474	84.33	3.125	0.853	0.652
1.70	8.0	44.20	1.462	0.994	1.440	83.44	3.115	0.854	0.658
1.70	9.0	45.42	1.532	0.992	1.405	82.52	3.102	0.856	0.665
1.70	10.0	46.70	1.606	0.988	1.369	81.55	3.086	0.857	0.673
1.70	11.0	48.05	1.683	0.985	1.332	80.53	3.068	0.860	0.683
1.70	12.0	49.50	1.766	0.980	1.294	79.43	3.047	0.862	0.695
1.70	13.0	51.05	1.854	0.975	1.253	78.23	3.020	0.865	0.709
1.70	14.0	52.76	1.949	0.968	1.210	76.90	2.988	0.868	0.726
1.70	15.0	54.67	2.054	0.960	1.162	75.38	2.947	0.873	0.747
1.70	16.0	56.92	2.175	0.950	1.108	73.53	2.892	0.879	0.774
1.70	17.0	59.86	2.326	0.937	1.040	71.01	2.808	0.888	0.816
1.70	17.83	65.61	2.595	0.910	0.917	65.61	2.595	0.910	0.917
1.75	0.0	34.85	1.000	1.000	1.750	90.00	3.355	0.827	0.621
1.75	1.0	35.73	1.051	1.000	1.718	89.27	3.354	0.827	0.621
1.75	2.0	36.63	1.103	1.000	1.686	88.54	3.352	0.827	0.622
1.75	3.0	37.56	1.158	1.000	1.654	87.80	3.349	0.828	0.624
1.75	4.0	38.53	1.215	0.999	1.622	87.05	3.345	0.828	0.626
1.75	5.0	39.52	1.274	0.998	1.590	86.29	3.340	0.829	0.629
1.75	6.0	40.55	1.336	0.997	1.557	85.52	3.333	0.830	0.633
1.75	7.0	41.62	1.401	0.996	1.524	84.73	3.325	0.831	0.637
1.75	8.0	42.73	1.468	0.994	1.490	83.91	3.315	0.832	0.642
1.75	9.0	43.88	1.538	0.991	1.456	83.06	3.304	0.833	0.649
1.75	10.0	45.09	1.612	0.988	1.421	82.18	3.290	0.835	0.656
1.75	11.0	46.37	1.690	0.984	1.385	81.26	3.274	0.836	0.665
1.75	12.0	47.71	1.771	0.980	1.348	80.27	3.255	0.839	0.675
1.75	13.0	49.14	1.858	0.974	1.309	79.22	3.232	0.841	0.687
1.75	14.0	50.67	1.950	0.968	1.268	78.08	3.205	0.844	0.701
1.75	15.0	52.35	2.050	0.961	1.224	76.81	3.172	0.848	0.718
1.75	16.0	54.22	2.159	0.952	1.177	75.36	3.131	0.852	0.739
1.75	17.0	56.39	2.283	0.941	1.123	73.62	3.077	0.859	0.766
1.75	18.0	59.14	2.435	0.927	1.057	71.31	2.996	0.868	0.805

续表

Ma_1	$\theta/(°)$	弱激波				强激波			
		$\beta/(°)$	p_2/p_1	p_{t2}/p_{t1}	Ma_2	$\beta/(°)$	p_2/p_1	p_{t2}/p_{t1}	Ma_2
1.75	19.0	64.96	2.729	0.897	0.928	65.95	2.774	0.892	0.908
1.75	19.01	65.46	2.751	0.894	0.918	65.46	2.751	0.894	0.918
1.80	0.0	33.75	1.000	1.000	1.800	90.00	3.557	0.804	0.609
1.80	1.0	34.60	1.051	1.000	1.768	89.31	3.557	0.804	0.609
1.80	2.0	35.48	1.105	1.000	1.736	88.63	3.555	0.804	0.610
1.80	3.0	36.39	1.160	1.000	1.704	87.93	3.552	0.805	0.611
1.80	4.0	37.32	1.218	0.999	1.671	87.23	3.549	0.805	0.613
1.80	5.0	38.29	1.278	0.998	1.639	86.52	3.544	0.806	0.616
1.80	6.0	39.28	1.341	0.997	1.606	85.80	3.537	0.806	0.619
1.80	7.0	40.31	1.407	0.996	1.574	85.06	3.530	0.807	0.624
1.80	8.0	41.38	1.475	0.994	1.540	84.31	3.521	0.808	0.628
1.80	9.0	42.49	1.546	0.991	1.506	83.52	3.510	0.809	0.634
1.80	10.0	43.65	1.620	0.988	1.471	82.71	3.498	0.811	0.641
1.80	11.0	44.85	1.698	0.984	1.436	81.87	3.483	0.813	0.649
1.80	12.0	46.12	1.780	0.979	1.399	80.97	3.466	0.814	0.658
1.80	13.0	47.46	1.866	0.974	1.362	80.03	3.446	0.817	0.668
1.80	14.0	48.87	1.957	0.968	1.322	79.02	3.423	0.819	0.680
1.80	15.0	50.40	2.054	0.960	1.281	77.91	3.395	0.823	0.694
1.80	16.0	52.05	2.159	0.952	1.237	76.69	3.361	0.826	0.711
1.80	17.0	53.89	2.273	0.942	1.189	75.30	3.319	0.831	0.732
1.80	18.0	56.01	2.401	0.930	1.135	73.64	3.264	0.838	0.759
1.80	19.0	58.65	2.556	0.914	1.071	71.47	3.184	0.847	0.797
1.80	20.0	63.10	2.800	0.889	0.967	67.51	3.016	0.865	0.873
1.80	20.13	65.34	2.913	0.877	0.918	65.34	2.913	0.877	0.918
1.85	0.0	32.72	1.000	1.000	1.850	90.00	3.766	0.780	0.597
1.85	1.0	33.55	1.052	1.000	1.818	89.35	3.765	0.780	0.597
1.85	2.0	34.41	1.106	1.000	1.785	88.71	3.764	0.781	0.598
1.85	3.0	35.30	1.163	1.000	1.753	88.05	3.761	0.781	0.600
1.85	4.0	36.21	1.222	0.999	1.721	87.39	3.758	0.781	0.602
1.85	5.0	37.14	1.283	0.998	1.688	86.73	3.753	0.782	0.604
1.85	6.0	38.11	1.347	0.997	1.656	86.05	3.747	0.782	0.607
1.85	7.0	39.11	1.413	0.995	1.623	85.36	3.740	0.783	0.611
1.85	8.0	40.14	1.482	0.993	1.589	84.65	3.732	0.784	0.616
1.85	9.0	41.21	1.555	0.991	1.555	83.92	3.722	0.785	0.621
1.85	10.0	42.33	1.630	0.987	1.521	83.17	3.710	0.787	0.627

续表

Ma_1	$\theta/(°)$	弱激波				强激波			
		$\beta/(°)$	p_2/p_1	p_{t2}/p_{t1}	Ma_2	$\beta/(°)$	p_2/p_1	p_{t2}/p_{t1}	Ma_2
1.85	11.0	43.48	1.709	0.983	1.486	82.39	3.697	0.788	0.634
1.85	12.0	44.69	1.791	0.979	1.450	81.57	3.682	0.790	0.642
1.85	13.0	45.96	1.877	0.973	1.413	80.71	3.664	0.792	0.651
1.85	14.0	47.29	1.968	0.967	1.374	79.79	3.643	0.794	0.662
1.85	15.0	48.71	2.064	0.959	1.334	78.81	3.618	0.797	0.674
1.85	16.0	50.22	2.166	0.951	1.293	77.74	3.589	0.800	0.689
1.85	17.0	51.87	2.276	0.941	1.248	76.55	3.554	0.804	0.706
1.85	18.0	53.69	2.396	0.930	1.199	75.20	3.511	0.809	0.727
1.85	19.0	55.78	2.530	0.917	1.145	73.60	3.454	0.816	0.754
1.85	20.0	58.36	2.690	0.901	1.081	71.52	3.373	0.825	0.791
1.85	21.0	62.43	2.929	0.875	0.983	67.96	3.215	0.843	0.862
1.85	21.21	65.25	3.081	0.858	0.919	65.25	3.081	0.858	0.919
1.90	0.0	31.76	1.000	1.000	1.900	90.00	3.980	0.756	0.587
1.90	1.0	32.57	1.053	1.000	1.867	89.39	3.979	0.756	0.587
1.90	2.0	33.41	1.108	1.000	1.835	88.77	3.978	0.756	0.588
1.90	3.0	34.28	1.166	1.000	1.802	88.16	3.975	0.757	0.589
1.90	4.0	35.17	1.225	0.999	1.770	87.54	3.972	0.757	0.591
1.90	5.0	36.08	1.288	0.998	1.737	86.91	3.968	0.758	0.593
1.90	6.0	37.02	1.353	0.997	1.704	86.27	3.962	0.758	0.596
1.90	7.0	38.00	1.420	0.995	1.671	85.62	3.956	0.759	0.600
1.90	8.0	39.00	1.491	0.993	1.638	84.95	3.948	0.760	0.604
1.90	9.0	40.04	1.564	0.990	1.604	84.27	3.939	0.761	0.609
1.90	10.0	41.11	1.640	0.987	1.570	83.56	3.928	0.762	0.614
1.90	11.0	42.23	1.720	0.983	1.535	82.83	3.916	0.763	0.621
1.90	12.0	43.39	1.803	0.978	1.499	82.08	3.901	0.765	0.628
1.90	13.0	44.60	1.890	0.972	1.463	81.28	3.885	0.767	0.636
1.90	14.0	45.87	1.982	0.966	1.425	80.44	3.866	0.769	0.646
1.90	15.0	47.21	2.078	0.958	1.386	79.55	3.844	0.771	0.657
1.90	16.0	48.63	2.179	0.950	1.345	78.60	3.819	0.774	0.670
1.90	17.0	50.14	2.287	0.940	1.302	77.55	3.788	0.778	0.685
1.90	18.0	51.79	2.403	0.930	1.257	76.39	3.752	0.782	0.702
1.90	19.0	53.60	2.529	0.917	1.208	75.07	3.706	0.787	0.724
1.90	20.0	55.68	2.670	0.903	1.153	73.50	3.647	0.794	0.751
1.90	21.0	58.23	2.837	0.885	1.087	71.48	3.564	0.803	0.788
1.90	22.0	62.18	3.082	0.858	0.990	68.06	3.404	0.822	0.858

续表

Ma_1	$\theta/(°)$	弱激波				强激波			
		$\beta/(°)$	p_2/p_1	p_{t2}/p_{t1}	Ma_2	$\beta/(°)$	p_2/p_1	p_{t2}/p_{t1}	Ma_2
1.90	22.25	65.19	3.254	0.839	0.921	65.19	3.254	0.839	0.921
1.95	0.0	30.85	1.000	1.000	1.950	90.00	4.199	0.732	0.577
1.95	1.0	31.65	1.054	1.000	1.917	89.42	4.199	0.732	0.577
1.95	2.0	32.48	1.110	1.000	1.884	88.84	4.198	0.732	0.578
1.95	3.0	33.32	1.168	1.000	1.851	88.25	4.195	0.732	0.579
1.95	4.0	34.19	1.229	0.999	1.819	87.66	4.192	0.732	0.581
1.95	5.0	35.09	1.293	0.998	1.786	87.06	4.188	0.733	0.583
1.95	6.0	36.01	1.359	0.997	1.753	86.46	4.183	0.734	0.586
1.95	7.0	36.96	1.428	0.995	1.720	85.84	4.177	0.734	0.589
1.95	8.0	37.94	1.499	0.993	1.686	85.21	4.169	0.735	0.593
1.95	9.0	38.95	1.574	0.990	1.652	84.57	4.161	0.736	0.597
1.95	10.0	40.00	1.652	0.986	1.618	83.91	4.151	0.737	0.602
1.95	11.0	41.08	1.733	0.982	1.583	83.23	4.139	0.738	0.608
1.95	12.0	42.20	1.817	0.977	1.548	82.52	4.126	0.740	0.615
1.95	13.0	43.37	1.905	0.971	1.511	81.78	4.111	0.742	0.623
1.95	14.0	44.59	1.998	0.965	1.474	81.00	4.093	0.743	0.632
1.95	15.0	45.86	2.094	0.957	1.435	80.19	4.073	0.746	0.642
1.95	16.0	47.21	2.196	0.948	1.396	79.31	4.050	0.748	0.653
1.95	17.0	48.63	2.303	0.939	1.354	78.38	4.023	0.751	0.666
1.95	18.0	50.15	2.417	0.928	1.311	77.35	3.991	0.755	0.681
1.95	19.0	51.80	2.539	0.916	1.264	76.21	3.953	0.759	0.699
1.95	20.0	53.62	2.672	0.902	1.214	74.91	3.905	0.765	0.721
1.95	21.0	55.71	2.821	0.887	1.158	73.36	3.843	0.772	0.749
1.95	22.0	58.26	2.998	0.867	1.091	71.35	3.755	0.782	0.788
1.95	23.0	62.25	3.258	0.838	0.991	67.92	3.586	0.801	0.859
1.95	23.23	65.15	3.433	0.818	0.922	65.15	3.433	0.818	0.922
2.00	0.0	30.00	1.000	1.000	2.000	90.00	4.425	0.707	0.567
2.00	1.0	30.79	1.055	1.000	1.967	89.45	4.424	0.707	0.568
2.00	2.0	31.60	1.112	1.000	1.934	88.89	4.423	0.707	0.568
2.00	3.0	32.43	1.171	1.000	1.900	88.33	4.421	0.707	0.570
2.00	4.0	33.28	1.233	0.999	1.867	87.77	4.418	0.708	0.571
2.00	5.0	34.16	1.298	0.998	1.834	87.20	4.414	0.708	0.573
2.00	6.0	35.06	1.365	0.997	1.801	86.63	4.409	0.709	0.576
2.00	7.0	35.99	1.436	0.995	1.768	86.04	4.403	0.709	0.579
2.00	8.0	36.95	1.509	0.992	1.734	85.45	4.396	0.710	0.583

续表

Ma_1	$\theta/(°)$	弱激波				强激波			
		$\beta/(°)$	p_2/p_1	p_{t2}/p_{t1}	Ma_2	$\beta/(°)$	p_2/p_1	p_{t2}/p_{t1}	Ma_2
2.00	9.0	37.94	1.585	0.989	1.700	84.84	4.388	0.711	0.587
2.00	10.0	38.96	1.664	0.986	1.666	84.21	4.378	0.712	0.592
2.00	11.0	40.02	1.746	0.981	1.631	83.57	4.368	0.713	0.597
2.00	12.0	41.11	1.832	0.976	1.595	82.90	4.355	0.715	0.603
2.00	13.0	42.24	1.922	0.970	1.559	82.21	4.341	0.716	0.611
2.00	14.0	43.42	2.015	0.963	1.522	81.49	4.325	0.718	0.619
2.00	15.0	44.64	2.113	0.955	1.484	80.73	4.306	0.720	0.628
2.00	16.0	45.93	2.216	0.947	1.444	79.93	4.285	0.722	0.638
2.00	17.0	47.28	2.323	0.937	1.404	79.07	4.261	0.725	0.650
2.00	18.0	48.72	2.437	0.926	1.361	78.15	4.232	0.728	0.663
2.00	19.0	50.25	2.558	0.914	1.317	77.14	4.199	0.732	0.679
2.00	20.0	51.91	2.687	0.901	1.269	76.01	4.158	0.736	0.698
2.00	21.0	53.75	2.828	0.886	1.218	74.71	4.107	0.742	0.721
2.00	22.0	55.85	2.986	0.869	1.160	73.16	4.042	0.749	0.749
2.00	23.0	58.44	3.174	0.848	1.091	71.14	3.948	0.760	0.790
2.00	24.0	62.64	3.461	0.815	0.983	67.52	3.757	0.781	0.868
2.00	24.17	65.13	3.617	0.797	0.923	65.13	3.617	0.797	0.923
2.10	0.0	28.44	1.000	1.000	2.100	90.00	4.893	0.658	0.551
2.10	2.0	29.98	1.116	1.000	2.032	88.99	4.891	0.658	0.551
2.10	4.0	31.62	1.242	0.999	1.964	87.96	4.887	0.658	0.554
2.10	6.0	33.34	1.379	0.996	1.897	86.92	4.878	0.659	0.558
2.10	8.0	35.17	1.528	0.992	1.829	85.84	4.867	0.660	0.564
2.10	10.0	37.10	1.690	0.984	1.759	84.73	4.850	0.662	0.572
2.10	12.0	39.15	1.865	0.974	1.688	83.55	4.829	0.664	0.583
2.10	14.0	41.34	2.055	0.960	1.615	82.30	4.803	0.667	0.596
2.10	16.0	43.70	2.262	0.943	1.538	80.93	4.768	0.671	0.612
2.10	18.0	46.27	2.487	0.921	1.457	79.41	4.723	0.675	0.634
2.10	20.0	49.11	2.736	0.896	1.370	77.66	4.663	0.682	0.661
2.10	22.0	52.39	3.018	0.865	1.272	75.52	4.578	0.691	0.698
2.10	24.0	56.48	3.358	0.827	1.155	72.61	4.443	0.705	0.755
2.10	25.93	65.14	4.003	0.754	0.926	65.14	4.003	0.754	0.926
2.20	0.0	27.04	1.000	1.000	2.200	90.00	5.384	0.609	0.535
2.20	2.0	28.54	1.120	1.000	2.130	89.06	5.382	0.609	0.536
2.20	4.0	30.14	1.251	0.999	2.061	88.12	5.378	0.609	0.539
2.20	6.0	31.82	1.394	0.996	1.992	87.15	5.370	0.610	0.542

续表

Ma_1	$\theta/(°)$	弱激波				强激波			
		$\beta/(°)$	p_2/p_1	p_{t2}/p_{t1}	Ma_2	$\beta/(°)$	p_2/p_1	p_{t2}/p_{t1}	Ma_2
2.20	8.0	33.59	1.550	0.991	1.922	86.17	5.359	0.611	0.548
2.20	10.0	35.46	1.718	0.983	1.852	85.14	5.344	0.613	0.555
2.20	12.0	37.45	1.901	0.971	1.780	84.07	5.325	0.615	0.565
2.20	14.0	39.56	2.099	0.957	1.705	82.94	5.300	0.617	0.576
2.20	16.0	41.81	2.314	0.938	1.628	81.71	5.269	0.620	0.591
2.20	18.0	44.23	2.547	0.915	1.548	80.37	5.229	0.624	0.609
2.20	20.0	46.87	2.801	0.889	1.462	78.86	5.178	0.629	0.633
2.20	22.0	49.81	3.082	0.858	1.370	77.10	5.109	0.636	0.663
2.20	24.0	53.21	3.403	0.822	1.265	74.91	5.010	0.646	0.704
2.20	26.0	57.60	3.797	0.777	1.137	71.79	4.844	0.663	0.770
2.20	27.52	65.19	4.411	0.709	0.930	65.19	4.411	0.709	0.930
2.30	0.0	25.77	1.000	1.000	2.300	90.00	5.898	0.562	0.522
2.30	2.0	27.25	1.124	1.000	2.228	89.13	5.896	0.562	0.523
2.30	4.0	28.81	1.261	0.999	2.157	88.24	5.892	0.562	0.525
2.30	6.0	30.45	1.409	0.996	2.086	87.35	5.885	0.563	0.528
2.30	8.0	32.18	1.572	0.990	2.015	86.43	5.874	0.564	0.533
2.30	10.0	34.01	1.748	0.981	1.943	85.49	5.860	0.565	0.540
2.30	12.0	35.95	1.940	0.969	1.869	84.50	5.842	0.567	0.549
2.30	14.0	37.99	2.147	0.953	1.794	83.46	5.819	0.569	0.560
2.30	16.0	40.17	2.371	0.933	1.716	82.35	5.790	0.571	0.573
2.30	20.0	44.99	2.877	0.881	1.549	79.80	5.708	0.579	0.610
2.30	22.0	47.72	3.165	0.849	1.459	78.28	5.648	0.584	0.635
2.30	24.0	50.79	3.484	0.812	1.360	76.47	5.567	0.592	0.669
2.30	26.0	54.40	3.851	0.771	1.247	74.15	5.447	0.603	0.717
2.30	28.0	59.32	4.325	0.718	1.099	70.56	5.228	0.624	0.798
2.30	28.97	65.27	4.840	0.663	0.933	65.27	4.841	0.663	0.933
2.40	0.0	24.62	1.000	1.000	2.400	90.00	6.434	0.516	0.510
2.40	2.0	26.07	1.129	1.000	2.326	89.18	6.433	0.516	0.511
2.40	4.0	27.60	1.270	0.999	2.253	88.35	6.429	0.517	0.513
2.40	6.0	29.22	1.425	0.995	2.180	87.51	6.422	0.517	0.516
2.40	8.0	30.92	1.595	0.989	2.107	86.66	6.412	0.518	0.521
2.40	10.0	32.72	1.780	0.979	2.033	85.77	6.398	0.519	0.527
2.40	12.0	34.61	1.980	0.966	1.957	84.86	6.381	0.520	0.535
2.40	14.0	36.61	2.197	0.948	1.880	83.89	6.360	0.522	0.545
2.40	16.0	38.73	2.432	0.927	1.801	82.86	6.333	0.524	0.557

续表

Ma_1	$\theta/(°)$	弱激波				强激波			
		$\beta/(°)$	p_2/p_1	p_{t2}/p_{t1}	Ma_2	$\beta/(°)$	p_2/p_1	p_{t2}/p_{t1}	Ma_2
2.40	18.0	40.98	2.686	0.901	1.719	81.76	6.299	0.527	0.572
2.40	20.0	43.38	2.961	0.871	1.633	80.55	6.257	0.531	0.590
2.40	22.0	45.98	3.258	0.838	1.542	79.20	6.203	0.535	0.613
2.40	24.0	48.83	3.584	0.801	1.446	77.63	6.132	0.541	0.642
2.40	26.0	52.06	3.948	0.760	1.339	75.72	6.034	0.550	0.680
2.40	28.0	55.97	4.375	0.712	1.214	73.17	5.883	0.563	0.737
2.40	30.0	62.23	5.006	0.646	1.025	68.31	5.536	0.594	0.857
2.40	30.29	65.37	5.292	0.618	0.936	65.37	5.292	0.618	0.936
2.50	0.0	23.58	1.000	1.000	2.500	90.00	6.994	0.473	0.499
2.50	2.0	25.00	1.133	1.000	2.423	89.23	6.992	0.473	0.500
2.50	4.0	26.51	1.280	0.998	2.348	88.45	6.988	0.473	0.502
2.50	6.0	28.10	1.442	0.995	2.273	87.65	6.982	0.474	0.505
2.50	8.0	29.78	1.619	0.988	2.198	86.85	6.972	0.475	0.509
2.50	10.0	31.55	1.812	0.977	2.122	86.02	6.959	0.476	0.515
2.50	12.0	33.42	2.022	0.963	2.044	85.15	6.943	0.477	0.523
2.50	14.0	35.38	2.250	0.944	1.965	84.25	6.922	0.478	0.532
2.50	16.0	37.45	2.497	0.920	1.884	83.30	6.896	0.480	0.543
2.50	18.0	39.65	2.763	0.893	1.800	82.28	6.865	0.483	0.557
2.50	20.0	41.98	3.051	0.861	1.713	81.17	6.825	0.486	0.573
2.50	22.0	44.48	3.361	0.826	1.622	79.94	6.776	0.489	0.594
2.50	24.0	47.19	3.698	0.788	1.526	78.54	6.712	0.494	0.619
2.50	26.0	50.19	4.068	0.746	1.422	76.89	6.627	0.501	0.652
2.50	28.0	53.65	4.486	0.700	1.306	74.83	6.505	0.510	0.697
2.50	30.0	58.07	4.997	0.647	1.163	71.83	6.300	0.527	0.769
2.50	31.49	65.49	5.765	0.573	0.940	65.49	5.765	0.573	0.940
2.60	0.0	22.62	1.000	1.000	2.600	90.00	7.576	0.432	0.490
2.60	2.0	24.03	1.138	1.000	2.521	89.26	7.575	0.432	0.490
2.60	4.0	25.52	1.290	0.998	2.443	88.52	7.571	0.433	0.492
2.60	6.0	27.09	1.459	0.994	2.366	87.77	7.564	0.433	0.495
2.60	8.0	28.75	1.644	0.987	2.288	87.01	7.555	0.434	0.499
2.60	10.0	30.50	1.846	0.975	2.210	86.22	7.542	0.435	0.505
2.60	12.0	32.34	2.066	0.959	2.130	85.41	7.526	0.436	0.512
2.60	14.0	34.27	2.306	0.939	2.049	84.56	7.506	0.437	0.520
2.60	16.0	36.31	2.565	0.914	1.965	83.67	7.482	0.439	0.531
2.60	18.0	38.47	2.845	0.884	1.880	82.71	7.452	0.441	0.544

续表

Ma_1	$\theta/(°)$	弱激波				强激波			
		$\beta/(°)$	p_2/p_1	p_{t2}/p_{t1}	Ma_2	$\beta/(°)$	p_2/p_1	p_{t2}/p_{t1}	Ma_2
2.60	20.0	40.75	3.146	0.851	1.791	81.68	7.414	0.443	0.559
2.60	22.0	43.17	3.471	0.814	1.699	80.55	7.368	0.446	0.578
2.60	24.0	45.78	3.822	0.774	1.602	79.28	7.309	0.450	0.601
2.60	26.0	48.63	4.204	0.731	1.499	77.82	7.232	0.456	0.630
2.60	28.0	51.82	4.627	0.685	1.386	76.04	7.127	0.463	0.668
2.60	30.0	55.61	5.114	0.635	1.257	73.70	6.968	0.475	0.723
2.60	32.0	61.12	5.775	0.573	1.079	69.67	6.645	0.499	0.828
2.60	32.59	65.61	6.260	0.530	0.943	65.61	6.260	0.530	0.943
2.70	0.0	21.74	1.000	1.000	2.700	90.00	8.181	0.394	0.481
2.70	2.0	23.13	1.142	1.000	2.618	89.30	8.180	0.395	0.481
2.70	4.0	24.60	1.301	0.998	2.538	88.59	8.176	0.395	0.483
2.70	6.0	26.16	1.476	0.994	2.458	87.88	8.169	0.395	0.486
2.70	8.0	27.80	1.669	0.985	2.378	87.15	8.160	0.396	0.490
2.70	10.0	29.53	1.881	0.973	2.297	86.40	8.148	0.396	0.495
2.70	12.0	31.36	2.112	0.956	2.215	85.63	8.133	0.397	0.502
2.70	14.0	33.27	2.363	0.933	2.131	84.83	8.113	0.398	0.510
2.70	16.0	35.29	2.636	0.906	2.045	83.98	8.089	0.400	0.520
2.70	18.0	37.41	2.930	0.875	1.957	83.08	8.060	0.402	0.532
2.70	20.0	39.65	3.247	0.839	1.866	82.12	8.024	0.404	0.546
2.70	22.0	42.02	3.588	0.801	1.772	81.07	7.980	0.407	0.564
2.70	24.0	44.55	3.955	0.759	1.674	79.90	7.925	0.410	0.585
2.70	26.0	47.29	4.352	0.715	1.571	78.57	7.854	0.414	0.611
2.70	28.0	50.30	4.786	0.669	1.460	76.99	7.759	0.420	0.645
2.70	30.0	53.76	5.272	0.620	1.337	75.01	7.624	0.429	0.691
2.70	32.0	58.11	5.858	0.565	1.188	72.16	7.400	0.444	0.763
2.70	33.59	65.74	6.776	0.489	0.946	65.74	6.776	0.489	0.946
2.80	0.0	20.92	1.000	1.000	2.800	90.00	8.809	0.359	0.473
2.80	2.0	22.30	1.147	1.000	2.715	89.33	8.808	0.359	0.473
2.80	4.0	23.76	1.311	0.998	2.632	88.65	8.804	0.359	0.475
2.80	6.0	25.31	1.494	0.993	2.550	87.97	8.798	0.360	0.478
2.80	8.0	26.94	1.695	0.984	2.467	87.27	8.789	0.360	0.481
2.80	10.0	28.65	1.916	0.970	2.383	86.56	8.777	0.361	0.486
2.80	12.0	30.46	2.159	0.952	2.299	85.82	8.761	0.362	0.493
2.80	14.0	32.36	2.423	0.928	2.212	85.06	8.742	0.363	0.501
2.80	16.0	34.36	2.709	0.899	2.124	84.26	8.719	0.364	0.510

续表

Ma_1	$\theta/(°)$	弱激波				强激波			
		$\beta/(°)$	p_2/p_1	p_{t2}/p_{t1}	Ma_2	$\beta/(°)$	p_2/p_1	p_{t2}/p_{t1}	Ma_2
2.80	18.0	36.45	3.018	0.865	2.033	83.41	8.691	0.366	0.521
2.80	20.0	38.66	3.352	0.828	1.940	82.50	8.656	0.367	0.535
2.80	22.0	40.99	3.710	0.787	1.844	81.51	8.614	0.370	0.551
2.80	24.0	43.47	4.095	0.743	1.744	80.42	8.561	0.373	0.571
2.80	26.0	46.13	4.509	0.698	1.640	79.19	8.494	0.376	0.595
2.80	28.0	49.01	4.959	0.651	1.529	77.77	8.407	0.381	0.626
2.80	30.0	52.25	5.454	0.602	1.409	76.03	8.287	0.388	0.666
2.80	32.0	56.09	6.024	0.551	1.272	73.71	8.104	0.399	0.724
2.80	34.0	61.76	6.805	0.487	1.079	69.60	7.721	0.423	0.837
2.80	34.50	65.88	7.314	0.450	0.948	65.88	7.314	0.450	0.948
2.90	0.0	20.17	1.000	1.000	2.900	90.00	9.459	0.327	0.465
2.90	2.0	21.54	1.152	1.000	2.812	89.35	9.458	0.327	0.466
2.90	4.0	22.98	1.322	0.998	2.726	88.71	9.455	0.327	0.468
2.90	6.0	24.52	1.512	0.992	2.641	88.05	9.448	0.327	0.470
2.90	8.0	26.14	1.722	0.983	2.555	87.38	9.439	0.328	0.474
2.90	10.0	27.85	1.953	0.968	2.469	86.70	9.428	0.328	0.479
2.90	12.0	29.64	2.207	0.948	2.381	85.99	9.413	0.329	0.485
2.90	14.0	31.53	2.484	0.922	2.292	85.26	9.394	0.330	0.492
2.90	16.0	33.51	2.785	0.891	2.201	84.49	9.371	0.331	0.501
2.90	18.0	35.59	3.110	0.855	2.108	83.68	9.343	0.332	0.512
2.90	20.0	37.77	3.461	0.815	2.012	82.82	9.310	0.334	0.525
2.90	22.0	40.07	3.837	0.772	1.913	81.89	9.268	0.336	0.540
2.90	24.0	42.51	4.242	0.727	1.811	80.87	9.217	0.338	0.559
2.90	26.0	45.10	4.675	0.680	1.706	79.72	9.154	0.341	0.581
2.90	28.0	47.89	5.143	0.632	1.594	78.41	9.072	0.346	0.609
2.90	30.0	50.98	5.653	0.584	1.475	76.85	8.962	0.351	0.646
2.90	32.0	54.52	6.225	0.533	1.343	74.85	8.804	0.359	0.695
2.90	34.0	59.08	6.924	0.478	1.181	71.87	8.529	0.374	0.776
2.90	35.34	66.01	7.872	0.413	0.951	66.01	7.872	0.413	0.951
3.00	0.0	19.47	1.000	1.000	3.000	90.00	10.133	0.297	0.459
3.00	2.0	20.82	1.157	1.000	2.909	89.38	10.132	0.297	0.459
3.00	4.0	22.26	1.333	0.997	2.820	88.75	10.128	0.297	0.461
3.00	6.0	23.79	1.530	0.992	2.732	88.12	10.122	0.297	0.463
3.00	8.0	25.40	1.749	0.981	2.643	87.48	10.113	0.297	0.467
3.00	10.0	27.10	1.991	0.965	2.554	86.82	10.101	0.298	0.472

续表

Ma_1	$\theta/(°)$	弱激波				强激波			
		$\beta/(°)$	p_2/p_1	p_{t2}/p_{t1}	Ma_2	$\beta/(°)$	p_2/p_1	p_{t2}/p_{t1}	Ma_2
3.00	12.0	28.89	2.257	0.943	2.463	86.14	10.087	0.299	0.477
3.00	14.0	30.77	2.547	0.915	2.371	85.44	10.068	0.299	0.485
3.00	16.0	32.74	2.863	0.882	2.277	84.70	10.045	0.300	0.493
3.00	18.0	34.80	3.205	0.844	2.181	83.93	10.018	0.301	0.504
3.00	20.0	36.97	3.574	0.802	2.082	83.11	9.985	0.303	0.516
3.00	22.0	39.24	3.970	0.757	1.981	82.22	9.945	0.305	0.531
3.00	24.0	41.64	4.395	0.710	1.877	81.25	9.895	0.307	0.548
3.00	26.0	44.18	4.849	0.662	1.769	80.18	9.834	0.309	0.569
3.00	28.0	46.91	5.338	0.613	1.656	78.96	9.756	0.313	0.595
3.00	30.0	49.88	5.867	0.564	1.537	77.52	9.653	0.318	0.628
3.00	32.0	53.23	6.451	0.515	1.408	75.75	9.510	0.324	0.672
3.00	34.0	57.27	7.129	0.463	1.258	73.29	9.284	0.335	0.738
3.00	36.0	64.27	8.196	0.394	1.015	67.91	8.681	0.366	0.897
3.00	36.11	66.14	8.451	0.379	0.954	66.14	8.451	0.379	0.954
3.10	0.0	18.82	1.000	1.000	3.100	90.00	10.829	0.269	0.453
3.10	2.0	20.16	1.162	1.000	3.006	89.40	10.828	0.269	0.453
3.10	4.0	21.59	1.344	0.997	2.914	88.79	10.825	0.269	0.455
3.10	6.0	23.11	1.549	0.991	2.822	88.18	10.818	0.270	0.457
3.10	8.0	24.72	1.777	0.979	2.731	87.56	10.810	0.270	0.460
3.10	10.0	26.41	2.029	0.962	2.638	86.93	10.798	0.270	0.465
3.10	12.0	28.19	2.307	0.939	2.545	86.27	10.783	0.271	0.471
3.10	14.0	30.07	2.612	0.909	2.449	85.60	10.765	0.272	0.478
3.10	16.0	32.03	2.944	0.873	2.352	84.89	10.742	0.272	0.486
3.10	18.0	34.08	3.303	0.833	2.252	84.15	10.715	0.273	0.496
3.10	20.0	36.23	3.691	0.789	2.151	83.36	10.683	0.275	0.508
3.10	22.0	38.49	4.107	0.742	2.046	82.51	10.643	0.276	0.522
3.10	24.0	40.86	4.554	0.693	1.940	81.59	10.595	0.278	0.539
3.10	26.0	43.36	5.031	0.644	1.830	80.57	10.535	0.280	0.559
3.10	28.0	46.04	5.542	0.594	1.716	79.43	10.460	0.283	0.583
3.10	30.0	48.92	6.093	0.545	1.596	78.10	10.363	0.287	0.614
3.10	32.0	52.12	6.694	0.496	1.468	76.48	10.230	0.293	0.654
3.10	34.0	55.86	7.374	0.446	1.324	74.36	10.032	0.301	0.710
3.10	36.0	60.98	8.247	0.391	1.137	70.87	9.652	0.318	0.811
3.10	36.82	66.26	9.052	0.347	0.956	66.26	9.052	0.347	0.956
3.20	0.0	18.21	1.000	1.000	3.200	90.00	11.549	0.244	0.447

续表

Ma_1	$\theta/(°)$	弱激波				强激波			
		$\beta/(°)$	p_2/p_1	p_{t2}/p_{t1}	Ma_2	$\beta/(°)$	p_2/p_1	p_{t2}/p_{t1}	Ma_2
3.20	2.0	19.55	1.167	1.000	3.103	89.42	11.547	0.244	0.448
3.20	4.0	20.97	1.355	0.997	3.007	88.83	11.544	0.244	0.449
3.20	6.0	22.48	1.568	0.990	2.913	88.24	11.538	0.244	0.451
3.20	8.0	24.08	1.805	0.978	2.818	87.64	11.529	0.245	0.455
3.20	10.0	25.77	2.069	0.959	2.722	87.02	11.517	0.245	0.459
3.20	12.0	27.55	2.360	0.934	2.625	86.39	11.502	0.246	0.465
3.20	14.0	29.42	2.679	0.902	2.526	85.74	11.484	0.246	0.471
3.20	16.0	31.37	3.027	0.864	2.425	85.05	11.462	0.247	0.479
3.20	18.0	33.42	3.404	0.822	2.323	84.34	11.435	0.248	0.489
3.20	20.0	35.56	3.812	0.775	2.218	83.58	11.402	0.249	0.500
3.20	22.0	37.80	4.250	0.726	2.111	82.77	11.363	0.250	0.514
3.20	24.0	40.15	4.718	0.676	2.001	81.89	11.316	0.252	0.530
3.20	26.0	42.62	5.219	0.625	1.888	80.92	11.257	0.254	0.549
3.20	28.0	45.25	5.755	0.574	1.772	79.83	11.184	0.256	0.572
3.20	30.0	48.07	6.329	0.525	1.651	78.59	11.091	0.260	0.601
3.20	32.0	51.16	6.952	0.476	1.523	77.10	10.966	0.264	0.638
3.20	34.0	54.69	7.643	0.428	1.383	75.20	10.786	0.271	0.688
3.20	36.0	59.14	8.474	0.377	1.213	72.40	10.479	0.283	0.768
3.20	37.47	66.38	9.673	0.317	0.958	66.38	9.673	0.317	0.958
3.30	0.0	17.64	1.000	1.000	3.300	90.00	12.291	0.221	0.442
3.30	2.0	18.97	1.172	1.000	3.199	89.43	12.290	0.221	0.442
3.30	4.0	20.39	1.367	0.997	3.100	88.86	12.286	0.221	0.444
3.30	6.0	21.89	1.587	0.989	3.002	88.29	12.280	0.222	0.446
3.30	8.0	23.49	1.834	0.976	2.904	87.71	12.271	0.222	0.449
3.30	10.0	25.18	2.109	0.956	2.805	87.11	12.259	0.222	0.454
3.30	12.0	26.95	2.413	0.929	2.704	86.50	12.244	0.223	0.459
3.30	14.0	28.82	2.747	0.895	2.602	85.86	12.226	0.223	0.466
3.30	16.0	30.77	3.112	0.855	2.498	85.20	12.204	0.224	0.473
3.30	18.0	32.81	3.508	0.810	2.392	84.51	12.177	0.225	0.483
3.30	20.0	34.94	3.936	0.761	2.283	83.78	12.145	0.226	0.494
3.30	22.0	37.17	4.396	0.710	2.173	82.99	12.106	0.227	0.507
3.30	24.0	39.50	4.889	0.658	2.060	82.15	12.059	0.228	0.522
3.30	26.0	41.95	5.415	0.606	1.945	81.22	12.001	0.230	0.540
3.30	28.0	44.54	5.976	0.555	1.827	80.19	11.930	0.232	0.562
3.30	30.0	47.31	6.576	0.505	1.704	79.01	11.839	0.235	0.590

续表

Ma_1	$\theta/(°)$	弱激波				强激波			
		$\beta/(°)$	p_2/p_1	p_{t2}/p_{t1}	Ma_2	$\beta/(°)$	p_2/p_1	p_{t2}/p_{t1}	Ma_2
3.30	32.0	50.32	7.223	0.457	1.576	77.62	11.720	0.239	0.624
3.30	34.0	53.70	7.933	0.410	1.437	75.89	11.552	0.244	0.670
3.30	36.0	57.77	8.755	0.362	1.276	73.49	11.286	0.253	0.738
3.30	38.0	65.00	10.070	0.299	1.012	67.95	10.538	0.280	0.912
3.30	38.07	66.50	10.314	0.289	0.960	66.50	10.314	0.289	0.960
3.40	0.0	17.10	1.000	1.000	3.400	90.00	13.056	0.200	0.437
3.40	2.0	18.43	1.177	1.000	3.296	89.45	13.054	0.201	0.438
3.40	4.0	19.84	1.378	0.996	3.193	88.89	13.051	0.201	0.439
3.40	6.0	21.34	1.607	0.988	3.092	88.34	13.044	0.201	0.441
3.40	8.0	22.94	1.863	0.974	2.990	87.77	13.036	0.201	0.444
3.40	10.0	24.63	2.150	0.952	2.887	87.19	13.024	0.201	0.449
3.40	12.0	26.40	2.467	0.923	2.783	86.59	13.009	0.202	0.454
3.40	14.0	28.26	2.817	0.887	2.677	85.97	12.991	0.202	0.460
3.40	16.0	30.21	3.200	0.845	2.569	85.33	12.968	0.203	0.468
3.40	18.0	32.25	3.615	0.797	2.460	84.66	12.941	0.203	0.477
3.40	20.0	34.37	4.065	0.747	2.348	83.95	12.909	0.204	0.488
3.40	22.0	36.59	4.548	0.694	2.234	83.20	12.871	0.205	0.500
3.40	24.0	38.91	5.065	0.640	2.118	82.38	12.824	0.207	0.515
3.40	26.0	41.34	5.616	0.587	2.000	81.49	12.767	0.208	0.533
3.40	28.0	43.90	6.205	0.535	1.879	80.51	12.697	0.210	0.554
3.40	30.0	46.63	6.832	0.485	1.755	79.39	12.608	0.212	0.579
3.40	32.0	49.57	7.505	0.437	1.625	78.08	12.493	0.216	0.612
3.40	34.0	52.83	8.238	0.391	1.487	76.48	12.334	0.220	0.654
3.40	36.0	56.65	9.068	0.346	1.332	74.34	12.094	0.227	0.715
3.40	38.0	62.05	10.156	0.296	1.125	70.64	11.606	0.242	0.828
3.40	38.63	66.62	10.977	0.264	0.962	66.62	10.977	0.264	0.962
3.50	0.0	16.60	1.000	1.000	3.500	90.00	13.843	0.182	0.433
3.50	2.0	17.92	1.182	0.999	3.392	89.46	13.842	0.182	0.433
3.50	4.0	19.33	1.390	0.996	3.286	88.92	13.838	0.182	0.435
3.50	6.0	20.83	1.626	0.987	3.181	88.38	13.832	0.182	0.437
3.50	8.0	22.42	1.893	0.972	3.076	87.82	13.823	0.182	0.440
3.50	10.0	24.11	2.192	0.949	2.969	87.26	13.811	0.182	0.444
3.50	12.0	25.88	2.523	0.918	2.861	86.68	13.796	0.183	0.449
3.50	14.0	27.74	2.889	0.879	2.751	86.08	13.778	0.183	0.455
3.50	16.0	29.69	3.289	0.835	2.640	85.45	13.755	0.184	0.463

续表

Ma_1	$\theta/(°)$	弱激波				强激波			
		$\beta/(°)$	p_2/p_1	p_{t2}/p_{t1}	Ma_2	$\beta/(°)$	p_2/p_1	p_{t2}/p_{t1}	Ma_2
3.50	18.0	31.72	3.725	0.785	2.526	84.80	13.729	0.184	0.472
3.50	20.0	33.84	4.196	0.732	2.411	84.11	13.696	0.185	0.482
3.50	22.0	36.06	4.703	0.677	2.294	83.38	13.658	0.186	0.494
3.50	24.0	38.36	5.246	0.622	2.175	82.59	13.611	0.187	0.509
3.50	26.0	40.78	5.825	0.568	2.054	81.74	13.555	0.188	0.526
3.50	28.0	43.32	6.441	0.516	1.930	80.79	13.485	0.190	0.546
3.50	30.0	46.01	7.097	0.465	1.804	79.72	13.398	0.192	0.571
3.50	32.0	48.90	7.800	0.418	1.673	78.48	13.286	0.195	0.601
3.50	34.0	52.07	8.559	0.373	1.534	76.98	13.134	0.199	0.641
3.50	36.0	55.71	9.404	0.329	1.382	75.04	12.911	0.204	0.696
3.50	38.0	60.44	10.440	0.284	1.195	72.02	12.510	0.215	0.787
3.50	39.15	66.72	11.660	0.240	0.964	66.72	11.660	0.240	0.964
3.60	0.0	16.13	1.000	1.000	3.600	90.00	14.654	0.165	0.429
3.60	2.0	17.44	1.187	0.999	3.488	89.47	14.653	0.165	0.429
3.60	4.0	18.84	1.402	0.996	3.378	88.95	14.649	0.165	0.430
3.60	6.0	20.34	1.647	0.987	3.270	88.41	14.643	0.165	0.433
3.60	8.0	21.94	1.923	0.970	3.160	87.87	14.634	0.165	0.436
3.60	10.0	23.62	2.234	0.945	3.050	87.32	14.622	0.165	0.440
3.60	12.0	25.40	2.580	0.912	2.938	86.75	14.606	0.166	0.445
3.60	14.0	27.26	2.962	0.871	2.825	86.17	14.588	0.166	0.451
3.60	16.0	29.21	3.381	0.824	2.709	85.56	14.565	0.166	0.458
3.60	18.0	31.24	3.838	0.772	2.592	84.93	14.538	0.167	0.467
3.60	20.0	33.36	4.332	0.717	2.472	84.26	14.506	0.168	0.477
3.60	22.0	35.56	4.863	0.661	2.352	83.55	14.467	0.168	0.489
3.60	24.0	37.86	5.432	0.604	2.229	82.78	14.420	0.169	0.503
3.60	26.0	40.27	6.039	0.549	2.105	81.96	14.364	0.170	0.519
3.60	28.0	42.79	6.685	0.496	1.979	81.04	14.295	0.172	0.539
3.60	30.0	45.45	7.372	0.446	1.850	80.02	14.209	0.174	0.562
3.60	32.0	48.29	8.104	0.399	1.718	78.83	14.099	0.176	0.592
3.60	34.0	51.39	8.892	0.355	1.579	77.42	13.952	0.179	0.629
3.60	36.0	54.89	9.760	0.313	1.428	75.62	13.742	0.184	0.680
3.60	38.0	59.24	10.783	0.271	1.251	73.00	13.390	0.192	0.759
3.60	39.63	66.83	12.363	0.219	0.966	66.83	12.363	0.219	0.966
3.70	0.0	15.68	1.000	1.000	3.700	90.00	15.487	0.149	0.425
3.70	2.0	16.99	1.192	0.999	3.584	89.49	15.486	0.149	0.425

续表

Ma_1	$\theta/(°)$	弱激波				强激波			
		$\beta/(°)$	p_2/p_1	p_{t2}/p_{t1}	Ma_2	$\beta/(°)$	p_2/p_1	p_{t2}/p_{t1}	Ma_2
3.70	4.0	18.39	1.414	0.995	3.470	88.97	15.482	0.149	0.427
3.70	6.0	19.89	1.667	0.986	3.358	88.45	15.476	0.149	0.429
3.70	8.0	21.48	1.954	0.968	3.245	87.92	15.467	0.149	0.432
3.70	10.0	23.17	2.278	0.941	3.131	87.38	15.455	0.150	0.436
3.70	12.0	24.94	2.638	0.906	3.015	86.82	15.439	0.150	0.441
3.70	14.0	26.81	3.037	0.863	2.897	86.25	15.421	0.150	0.447
3.70	16.0	28.76	3.476	0.813	2.777	85.66	15.398	0.151	0.454
3.70	18.0	30.79	3.953	0.759	2.656	85.04	15.371	0.151	0.462
3.70	20.0	32.90	4.471	0.702	2.533	84.39	15.338	0.152	0.472
3.70	22.0	35.11	5.028	0.644	2.408	83.70	15.299	0.152	0.484
3.70	24.0	37.40	5.624	0.586	2.283	82.96	15.252	0.153	0.497
3.70	26.0	39.79	6.260	0.530	2.155	82.15	15.196	0.154	0.513
3.70	28.0	42.30	6.936	0.477	2.026	81.27	15.127	0.156	0.532
3.70	30.0	44.93	7.655	0.427	1.895	80.28	15.042	0.157	0.555
3.70	32.0	47.74	8.419	0.381	1.761	79.15	14.933	0.159	0.583
3.70	34.0	50.78	9.239	0.337	1.621	77.81	14.790	0.162	0.618
3.70	36.0	54.18	10.133	0.297	1.471	76.13	14.589	0.166	0.666
3.70	38.0	58.26	11.162	0.257	1.300	73.78	14.268	0.172	0.736
3.70	40.0	65.48	12.796	0.207	1.020	68.31	13.353	0.193	0.918
3.70	40.07	66.93	13.087	0.200	0.967	66.93	13.087	0.200	0.967
3.80	0.0	15.26	1.000	1.000	3.800	90.00	16.344	0.135	0.421
3.80	2.0	16.56	1.197	0.999	3.680	89.50	16.342	0.135	0.422
3.80	4.0	17.96	1.426	0.995	3.562	88.99	16.338	0.135	0.423
3.80	6.0	19.46	1.688	0.984	3.446	88.48	16.332	0.135	0.425
3.80	8.0	21.05	1.986	0.965	3.329	87.96	16.323	0.135	0.428
3.80	10.0	22.74	2.322	0.937	3.211	87.43	16.310	0.136	0.432
3.80	12.0	24.52	2.697	0.900	3.091	86.89	16.295	0.136	0.437
3.80	14.0	26.38	3.114	0.854	2.969	86.33	16.276	0.136	0.443
3.80	16.0	28.33	3.572	0.802	2.845	85.75	16.253	0.137	0.450
3.80	18.0	30.37	4.072	0.746	2.719	85.15	16.225	0.137	0.458
3.80	20.0	32.48	4.613	0.687	2.592	84.51	16.193	0.138	0.468
3.80	22.0	34.68	5.196	0.627	2.464	83.83	16.153	0.138	0.479
3.80	24.0	36.97	5.821	0.568	2.334	83.11	16.106	0.139	0.492
3.80	26.0	39.35	6.487	0.512	2.204	82.33	16.050	0.140	0.508
3.80	28.0	41.84	7.195	0.459	2.072	81.47	15.981	0.141	0.526

续表

Ma_1	$\theta/(°)$	弱激波				强激波			
		$\beta/(°)$	p_2/p_1	p_{t2}/p_{t1}	Ma_2	$\beta/(°)$	p_2/p_1	p_{t2}/p_{t1}	Ma_2
3.80	30.0	44.46	7.946	0.409	1.938	80.52	15.896	0.142	0.548
3.80	32.0	47.24	8.744	0.363	1.802	79.43	15.789	0.144	0.575
3.80	34.0	50.23	9.597	0.320	1.661	78.15	15.648	0.146	0.609
3.80	36.0	53.54	10.522	0.281	1.511	76.57	15.454	0.150	0.654
3.80	38.0	57.43	11.566	0.244	1.344	74.42	15.155	0.155	0.718
3.80	40.0	63.09	12.967	0.203	1.116	70.53	14.511	0.167	0.845
3.80	40.48	67.02	13.832	0.182	0.969	67.02	13.832	0.182	0.969
3.90	0.0	14.86	1.000	1.000	3.900	90.00	17.223	0.123	0.418
3.90	2.0	16.15	1.203	0.999	3.776	89.51	17.221	0.123	0.419
3.90	4.0	17.55	1.438	0.995	3.654	89.01	17.217	0.123	0.420
3.90	6.0	19.05	1.709	0.983	3.533	88.51	17.211	0.123	0.422
3.90	8.0	20.65	2.017	0.963	3.412	88.00	17.201	0.123	0.425
3.90	10.0	22.34	2.367	0.933	3.290	87.48	17.189	0.123	0.429
3.90	12.0	24.12	2.758	0.893	3.166	86.95	17.173	0.123	0.433
3.90	14.0	25.99	3.192	0.846	3.039	86.40	17.154	0.123	0.439
3.90	16.0	27.94	3.670	0.791	2.911	85.83	17.131	0.124	0.446
3.90	18.0	29.97	4.193	0.732	2.781	85.24	17.103	0.124	0.454
3.90	20.0	32.09	4.759	0.671	2.650	84.62	17.070	0.125	0.464
3.90	22.0	34.29	5.369	0.610	2.518	83.96	17.030	0.125	0.475
3.90	24.0	36.57	6.023	0.551	2.385	83.25	16.983	0.126	0.488
3.90	26.0	38.95	6.720	0.494	2.251	82.49	16.926	0.127	0.503
3.90	28.0	41.43	7.461	0.440	2.116	81.66	16.857	0.128	0.521
3.90	30.0	44.03	8.246	0.391	1.980	80.73	16.772	0.129	0.542
3.90	32.0	46.78	9.079	0.345	1.841	79.68	16.666	0.130	0.568
3.90	34.0	49.73	9.966	0.304	1.699	78.46	16.527	0.132	0.601
3.90	36.0	52.97	10.924	0.266	1.549	76.95	16.338	0.135	0.643
3.90	38.0	56.71	11.992	0.230	1.384	74.97	16.054	0.140	0.703
3.90	40.0	61.75	13.332	0.194	1.176	71.71	15.512	0.149	0.808
3.90	40.87	67.11	14.596	0.166	0.970	67.11	14.596	0.166	0.970
4.00	0.0	14.48	1.000	1.000	4.000	90.00	18.124	0.111	0.415
4.00	2.0	15.77	1.208	0.999	3.871	89.51	18.123	0.111	0.416
4.00	4.0	17.17	1.450	0.994	3.746	89.03	18.119	0.111	0.417
4.00	6.0	18.67	1.730	0.982	3.621	88.53	18.113	0.111	0.419
4.00	8.0	20.27	2.050	0.961	3.495	88.03	18.103	0.111	0.422
4.00	10.0	21.96	2.412	0.929	3.369	87.52	18.090	0.112	0.425

续表

Ma_1	$\theta/(°)$	弱激波				强激波			
		$\beta/(°)$	p_2/p_1	p_{t2}/p_{t1}	Ma_2	$\beta/(°)$	p_2/p_1	p_{t2}/p_{t1}	Ma_2
4.00	12.0	23.74	2.819	0.887	3.240	87.00	18.075	0.112	0.430
4.00	14.0	25.61	3.272	0.837	3.109	86.47	18.055	0.112	0.436
4.00	16.0	27.57	3.771	0.780	2.977	85.91	18.031	0.112	0.442
4.00	18.0	29.61	4.316	0.719	2.842	85.33	18.003	0.113	0.450
4.00	20.0	31.72	4.908	0.656	2.707	84.72	17.970	0.113	0.460
4.00	22.0	33.92	5.546	0.594	2.571	84.07	17.930	0.113	0.471
4.00	24.0	36.20	6.230	0.533	2.434	83.38	17.882	0.114	0.483
4.00	26.0	38.57	6.959	0.476	2.297	82.64	17.825	0.115	0.498
4.00	28.0	41.04	7.733	0.422	2.159	81.83	17.756	0.116	0.516
4.00	30.0	43.63	8.554	0.373	2.020	80.93	17.671	0.117	0.537
4.00	32.0	46.35	9.423	0.328	1.879	79.91	17.564	0.118	0.562
4.00	34.0	49.27	10.347	0.288	1.735	78.73	17.427	0.120	0.593
4.00	36.0	52.45	11.340	0.251	1.584	77.30	17.241	0.122	0.634
4.00	38.0	56.08	12.436	0.217	1.421	75.44	16.969	0.126	0.690
4.00	40.0	60.73	13.758	0.184	1.224	72.57	16.485	0.133	0.782
4.00	41.23	67.20	15.381	0.151	0.972	67.20	15.381	0.151	0.972
4.50	0.0	12.84	1.000	1.000	4.500	90.00	22.976	0.069	0.403
4.50	2.0	14.12	1.235	0.999	4.348	89.55	22.975	0.069	0.403
4.50	4.0	15.52	1.513	0.992	4.199	89.10	22.971	0.069	0.404
4.50	6.0	17.02	1.840	0.976	4.052	88.64	22.963	0.069	0.406
4.50	8.0	18.63	2.219	0.947	3.904	88.17	22.953	0.069	0.409
4.50	10.0	20.35	2.653	0.905	3.753	87.70	22.939	0.069	0.412
4.50	12.0	22.15	3.145	0.851	3.600	87.22	22.922	0.069	0.417
4.50	14.0	24.04	3.696	0.788	3.446	86.72	22.901	0.069	0.422
4.50	16.0	26.02	4.307	0.720	3.289	86.21	22.875	0.069	0.428
4.50	18.0	28.07	4.978	0.649	3.132	85.67	22.845	0.070	0.436
4.50	20.0	30.20	5.708	0.579	2.975	85.11	22.809	0.070	0.444
4.50	22.0	32.40	6.497	0.511	2.818	84.52	22.766	0.070	0.454
4.50	24.0	34.68	7.343	0.448	2.662	83.89	22.715	0.070	0.466
4.50	26.0	37.04	8.245	0.391	2.507	83.22	22.654	0.071	0.480
4.50	28.0	39.48	9.203	0.339	2.353	82.49	22.581	0.071	0.496
4.50	30.0	42.02	10.215	0.293	2.200	81.69	22.493	0.072	0.515
4.50	32.0	44.67	11.284	0.253	2.048	80.79	22.384	0.073	0.537
4.50	34.0	47.47	12.412	0.218	1.894	79.77	22.247	0.074	0.564
4.50	36.0	50.46	13.608	0.187	1.738	78.57	22.068	0.075	0.598

续表

Ma_1	$\theta/(°)$	弱激波				强激波			
		$\beta/(°)$	p_2/p_1	p_{t2}/p_{t1}	Ma_2	$\beta/(°)$	p_2/p_1	p_{t2}/p_{t1}	Ma_2
4.50	38.0	53.75	14.894	0.160	1.575	77.09	21.822	0.077	0.643
4.50	40.0	57.56	16.325	0.135	1.397	75.10	21.447	0.079	0.706
4.50	42.0	62.80	18.145	0.111	1.169	71.69	20.696	0.085	0.823
4.50	42.71	67.57	19.612	0.095	0.977	67.57	19.612	0.095	0.977
5.00	0.0	11.54	1.000	1.000	5.000	90.00	28.399	0.043	0.394
5.00	2.0	12.81	1.262	0.999	4.822	89.57	28.398	0.043	0.394
5.00	4.0	14.21	1.579	0.990	4.648	89.14	28.393	0.043	0.395
5.00	6.0	15.73	1.956	0.968	4.475	88.71	28.385	0.043	0.397
5.00	8.0	17.36	2.399	0.930	4.300	88.27	28.373	0.043	0.399
5.00	10.0	19.10	2.913	0.877	4.123	87.83	28.358	0.044	0.403
5.00	12.0	20.93	3.499	0.811	3.943	87.37	28.339	0.044	0.407
5.00	14.0	22.85	4.161	0.736	3.761	86.90	28.316	0.044	0.412
5.00	16.0	24.85	4.897	0.657	3.579	86.41	28.288	0.044	0.418
5.00	18.0	26.92	5.709	0.579	3.397	85.91	28.254	0.044	0.425
5.00	20.0	29.07	6.595	0.503	3.216	85.38	28.214	0.044	0.433
5.00	22.0	31.28	7.553	0.434	3.038	84.83	28.168	0.044	0.443
5.00	24.0	33.56	8.583	0.371	2.862	84.24	28.112	0.044	0.454
5.00	26.0	35.92	9.680	0.316	2.689	83.62	28.046	0.045	0.467
5.00	28.0	38.35	10.845	0.269	2.519	82.94	27.968	0.045	0.482
5.00	30.0	40.86	12.076	0.228	2.352	82.20	27.873	0.045	0.499
5.00	32.0	43.48	13.371	0.193	2.188	81.38	27.758	0.046	0.520
5.00	34.0	46.22	14.735	0.163	2.024	80.45	27.614	0.046	0.545
5.00	36.0	49.11	16.171	0.138	1.861	79.38	27.430	0.047	0.575
5.00	38.0	52.24	17.697	0.116	1.694	78.10	27.185	0.048	0.614
5.00	40.0	55.73	19.349	0.098	1.518	76.46	26.834	0.049	0.666
5.00	42.0	59.96	21.247	0.081	1.318	74.09	26.254	0.052	0.747
5.00	43.80	67.86	24.347	0.061	0.981	67.86	24.347	0.061	0.981
5.50	0.0	10.48	1.000	1.000	5.500	90.00	34.393	0.028	0.387
5.50	2.0	11.75	1.290	0.998	5.293	89.59	34.391	0.028	0.387
5.50	4.0	13.15	1.647	0.987	5.091	89.18	34.386	0.028	0.388
5.50	6.0	14.69	2.079	0.958	4.889	88.76	34.377	0.028	0.390
5.50	8.0	16.34	2.592	0.911	4.685	88.34	34.364	0.028	0.392
5.50	10.0	18.10	3.193	0.846	4.478	87.91	34.347	0.028	0.395
5.50	12.0	19.96	3.884	0.767	4.268	87.48	34.326	0.028	0.400
5.50	14.0	21.91	4.667	0.681	4.058	87.03	34.300	0.028	0.404

续表

Ma_1	$\theta/(°)$	弱激波				强激波			
		$\beta/(°)$	p_2/p_1	p_{t2}/p_{t1}	Ma_2	$\beta/(°)$	p_2/p_1	p_{t2}/p_{t1}	Ma_2
5.50	16.0	23.94	5.543	0.594	3.847	86.57	34.269	0.028	0.410
5.50	18.0	26.03	6.511	0.510	3.639	86.08	34.232	0.028	0.417
5.50	20.0	28.20	7.569	0.433	3.434	85.58	34.188	0.028	0.425
5.50	22.0	30.43	8.716	0.364	3.233	85.05	34.136	0.028	0.434
5.50	24.0	32.72	9.949	0.304	3.037	84.50	34.075	0.029	0.445
5.50	26.0	35.08	11.264	0.254	2.847	83.90	34.003	0.029	0.457
5.50	28.0	37.51	12.660	0.211	2.662	83.26	33.917	0.029	0.471
5.50	30.0	40.01	14.133	0.175	2.481	82.56	33.814	0.029	0.488
5.50	32.0	42.60	15.683	0.146	2.305	81.80	33.689	0.029	0.507
5.50	34.0	45.30	17.309	0.121	2.132	80.93	33.535	0.030	0.530
5.50	36.0	48.14	19.017	0.101	1.961	79.95	33.340	0.030	0.559
5.50	38.0	51.18	20.819	0.084	1.788	78.78	33.085	0.031	0.594
5.50	40.0	54.50	22.745	0.070	1.611	77.33	32.731	0.031	0.640
5.50	42.0	58.34	24.879	0.058	1.418	75.37	32.189	0.033	0.707
5.50	44.0	63.69	27.609	0.046	1.171	71.91	31.062	0.035	0.834
5.50	44.62	68.10	29.586	0.040	0.984	68.10	29.586	0.040	0.984
6.00	0.0	9.59	1.000	1.000	6.000	90.00	40.957	0.018	0.381
6.00	2.0	10.87	1.319	0.998	5.761	89.60	40.955	0.018	0.382
6.00	4.0	12.28	1.718	0.983	5.528	89.20	40.949	0.018	0.383
6.00	6.0	13.83	2.208	0.947	5.295	88.80	40.939	0.018	0.384
6.00	8.0	15.51	2.797	0.889	5.059	88.40	40.925	0.018	0.387
6.00	10.0	17.30	3.493	0.811	4.819	87.98	40.906	0.018	0.390
6.00	12.0	19.19	4.298	0.721	4.577	87.56	40.883	0.018	0.394
6.00	14.0	21.16	5.214	0.625	4.335	87.13	40.854	0.018	0.399
6.00	16.0	23.21	6.243	0.532	4.095	86.68	40.819	0.018	0.404
6.00	18.0	25.33	7.383	0.445	3.859	86.21	40.778	0.019	0.411
6.00	20.0	27.52	8.632	0.369	3.630	85.73	40.729	0.019	0.419
6.00	22.0	29.76	9.986	0.303	3.407	85.22	40.672	0.019	0.427
6.00	24.0	32.07	11.442	0.248	3.192	84.68	40.604	0.019	0.438
6.00	26.0	34.43	12.997	0.202	2.984	84.11	40.525	0.019	0.450
6.00	28.0	36.86	14.646	0.165	2.784	83.50	40.430	0.019	0.463
6.00	30.0	39.36	16.387	0.135	2.591	82.83	40.317	0.019	0.479
6.00	32.0	41.94	18.215	0.110	2.404	82.10	40.181	0.019	0.498
6.00	34.0	44.62	20.132	0.090	2.222	81.28	40.013	0.019	0.520
6.00	36.0	47.42	22.141	0.074	2.043	80.35	39.803	0.020	0.547

续表

Ma_1	$\theta/(°)$	弱激波				强激波			
		$\beta/(°)$	p_2/p_1	p_{t2}/p_{t1}	Ma_2	$\beta/(°)$	p_2/p_1	p_{t2}/p_{t1}	Ma_2
6.00	38.0	50.39	24.251	0.061	1.865	79.27	39.532	0.020	0.580
6.00	40.0	53.61	26.490	0.051	1.685	77.94	39.163	0.020	0.622
6.00	42.0	57.25	28.927	0.042	1.494	76.20	38.619	0.021	0.681
6.00	44.0	61.85	31.808	0.033	1.270	73.51	37.644	0.022	0.779
6.00	45.26	68.28	35.328	0.026	0.987	68.28	35.328	0.026	0.987
6.50	0.0	8.85	1.000	1.000	6.500	90.00	48.092	0.012	0.377
6.50	2.0	10.12	1.348	0.997	6.226	89.61	48.090	0.012	0.378
6.50	4.0	11.55	1.792	0.979	5.960	89.22	48.083	0.012	0.379
6.50	6.0	13.12	2.344	0.935	5.692	88.83	48.072	0.012	0.380
6.50	8.0	14.82	3.015	0.865	5.421	88.44	48.056	0.012	0.383
6.50	10.0	16.64	3.813	0.775	5.145	88.03	48.036	0.012	0.386
6.50	12.0	18.55	4.742	0.673	4.869	87.62	48.009	0.012	0.389
6.50	14.0	20.55	5.804	0.570	4.594	87.20	47.977	0.012	0.394
6.50	16.0	22.63	7.000	0.473	4.323	86.76	47.939	0.012	0.400
6.50	18.0	24.77	8.327	0.386	4.060	86.31	47.893	0.012	0.406
6.50	20.0	26.98	9.783	0.312	3.806	85.84	47.839	0.012	0.414
6.50	22.0	29.23	11.363	0.250	3.562	85.35	47.775	0.012	0.422
6.50	24.0	31.55	13.063	0.200	3.328	84.83	47.700	0.013	0.432
6.50	26.0	33.92	14.879	0.160	3.104	84.28	47.612	0.013	0.444
6.50	28.0	36.35	16.804	0.128	2.890	83.68	47.508	0.013	0.457
6.50	30.0	38.85	18.836	0.103	2.685	83.04	47.384	0.013	0.473
6.50	32.0	41.42	20.969	0.083	2.488	82.33	47.234	0.013	0.491
6.50	34.0	44.08	23.204	0.067	2.298	81.55	47.051	0.013	0.512
6.50	36.0	46.86	25.541	0.055	2.112	80.66	46.823	0.013	0.538
6.50	38.0	49.79	27.990	0.045	1.929	79.63	46.530	0.013	0.569
6.50	40.0	52.94	30.576	0.037	1.745	78.39	46.138	0.014	0.609
6.50	42.0	56.45	33.360	0.030	1.554	76.79	45.574	0.014	0.663
6.50	44.0	60.70	36.538	0.024	1.339	74.46	44.632	0.015	0.748
6.50	45.76	68.43	41.571	0.018	0.989	68.43	41.571	0.018	0.989
7.00	0.0	8.21	1.000	1.000	7.000	90.00	55.798	0.008	0.374
7.00	2.0	9.49	1.378	0.996	6.689	89.62	55.796	0.008	0.374
7.00	4.0	10.93	1.868	0.974	6.386	89.24	55.788	0.008	0.375
7.00	6.0	12.52	2.486	0.921	6.081	88.86	55.776	0.008	0.377
7.00	8.0	14.24	3.245	0.840	5.771	88.47	55.758	0.008	0.379
7.00	10.0	16.09	4.154	0.737	5.458	88.07	55.735	0.008	0.382

续表

Ma_1	$\theta/(°)$	弱激波				强激波			
		$\beta/(°)$	p_2/p_1	p_{t2}/p_{t1}	Ma_2	$\beta/(°)$	p_2/p_1	p_{t2}/p_{t1}	Ma_2
7.00	12.0	18.03	5.217	0.625	5.144	87.67	55.706	0.008	0.386
7.00	14.0	20.06	6.437	0.516	4.835	87.26	55.670	0.008	0.390
7.00	16.0	22.15	7.813	0.417	4.533	86.83	55.627	0.008	0.396
7.00	18.0	24.32	9.343	0.332	4.242	86.39	55.577	0.008	0.402
7.00	20.0	26.53	11.023	0.262	3.964	85.93	55.517	0.009	0.410
7.00	22.0	28.81	12.847	0.206	3.699	85.45	55.446	0.009	0.418
7.00	24.0	31.13	14.811	0.162	3.447	84.94	55.364	0.009	0.428
7.00	26.0	33.51	16.909	0.127	3.208	84.40	55.266	0.009	0.439
7.00	28.0	35.94	19.134	0.100	2.982	83.82	55.151	0.009	0.452
7.00	30.0	38.44	21.480	0.079	2.766	83.20	55.014	0.009	0.467
7.00	32.0	41.01	23.944	0.063	2.560	82.52	54.849	0.009	0.485
7.00	34.0	43.66	26.522	0.051	2.362	81.76	54.649	0.009	0.506
7.00	36.0	46.42	29.215	0.041	2.170	80.90	54.399	0.009	0.530
7.00	38.0	49.32	32.033	0.033	1.982	79.91	54.082	0.009	0.561
7.00	40.0	52.43	34.997	0.027	1.795	78.73	53.661	0.009	0.599
7.00	42.0	55.85	38.166	0.022	1.602	77.23	53.066	0.010	0.650
7.00	44.0	59.88	41.713	0.018	1.392	75.13	52.112	0.010	0.726
7.00	46.0	66.41	46.841	0.013	1.083	70.53	49.583	0.011	0.907
7.00	46.16	68.55	48.316	0.012	0.990	68.55	48.316	0.012	0.990
7.50	0.0	7.66	1.000	1.000	7.500	90.00	64.075	0.006	0.371
7.50	2.0	8.94	1.409	0.996	7.149	89.63	64.072	0.006	0.371
7.50	4.0	10.39	1.947	0.968	6.807	89.25	64.064	0.006	0.372
7.50	6.0	12.00	2.635	0.906	6.462	88.88	64.050	0.006	0.374
7.50	8.0	13.75	3.488	0.812	6.111	88.50	64.031	0.006	0.376
7.50	10.0	15.62	4.515	0.697	5.756	88.11	64.005	0.006	0.379
7.50	12.0	17.59	5.723	0.577	5.404	87.71	63.973	0.006	0.383
7.50	14.0	19.64	7.113	0.464	5.059	87.31	63.933	0.006	0.387
7.50	16.0	21.76	8.683	0.366	4.726	86.89	63.886	0.006	0.393
7.50	18.0	23.94	10.431	0.284	4.408	86.45	63.829	0.006	0.399
7.50	20.0	26.17	12.352	0.219	4.106	86.00	63.763	0.006	0.406
7.50	22.0	28.46	14.440	0.169	3.821	85.53	63.685	0.006	0.415
7.50	24.0	30.79	16.687	0.130	3.553	85.03	63.594	0.006	0.424
7.50	26.0	33.18	19.088	0.100	3.300	84.50	63.486	0.006	0.435
7.50	28.0	35.61	21.635	0.078	3.061	83.94	63.359	0.006	0.448
7.50	30.0	38.11	24.320	0.061	2.836	83.33	63.208	0.006	0.463

续表

Ma_1	$\theta/(°)$	弱激波				强激波			
		$\beta/(°)$	p_2/p_1	p_{t2}/p_{t1}	Ma_2	$\beta/(°)$	p_2/p_1	p_{t2}/p_{t1}	Ma_2
7.50	32.0	40.68	27.139	0.048	2.621	82.66	63.027	0.006	0.480
7.50	34.0	43.32	30.086	0.038	2.416	81.92	62.807	0.006	0.501
7.50	36.0	46.07	33.164	0.030	2.219	81.09	62.535	0.006	0.525
7.50	38.0	48.95	36.378	0.024	2.027	80.13	62.189	0.006	0.554
7.50	40.0	52.02	39.751	0.020	1.836	78.99	61.734	0.006	0.591
7.50	42.0	55.37	43.340	0.016	1.642	77.57	61.099	0.007	0.640
7.50	44.0	59.27	47.305	0.013	1.434	75.61	60.110	0.007	0.710
7.50	46.0	64.83	52.463	0.010	1.162	71.99	57.935	0.008	0.851
7.50	46.49	68.65	55.562	0.008	0.991	68.65	55.562	0.008	0.991
8.00	0.0	7.18	1.000	1.000	8.000	90.00	72.923	0.004	0.369
8.00	2.0	8.46	1.440	0.995	7.606	89.63	72.920	0.004	0.369
8.00	4.0	9.92	2.029	0.962	7.222	89.26	72.911	0.004	0.370
8.00	6.0	11.56	2.791	0.890	6.834	88.89	72.895	0.004	0.372
8.00	8.0	13.33	3.744	0.783	6.439	88.52	72.874	0.004	0.374
8.00	10.0	15.23	4.898	0.657	6.042	88.13	72.845	0.004	0.377
8.00	12.0	17.22	6.260	0.530	5.649	87.74	72.810	0.004	0.381
8.00	14.0	19.29	7.832	0.416	5.268	87.34	72.766	0.004	0.385
8.00	16.0	21.43	9.610	0.320	4.904	86.93	72.713	0.004	0.390
8.00	18.0	23.62	11.592	0.243	4.559	86.50	72.651	0.004	0.397
8.00	20.0	25.87	13.771	0.183	4.234	86.06	72.578	0.004	0.404
8.00	22.0	28.17	16.140	0.138	3.930	85.60	72.492	0.004	0.412
8.00	24.0	30.51	18.691	0.105	3.646	85.11	72.391	0.004	0.421
8.00	26.0	32.90	21.417	0.080	3.380	84.59	72.272	0.004	0.432
8.00	28.0	35.34	24.308	0.061	3.131	84.03	72.133	0.004	0.445
8.00	30.0	37.84	27.356	0.047	2.896	83.43	71.967	0.004	0.460
8.00	32.0	40.40	30.554	0.037	2.674	82.78	71.768	0.004	0.476
8.00	34.0	43.04	33.897	0.029	2.463	82.05	71.527	0.004	0.496
8.00	36.0	45.78	37.386	0.023	2.261	81.24	71.229	0.004	0.520
8.00	38.0	48.64	41.025	0.018	2.065	80.31	70.853	0.004	0.549
8.00	40.0	51.68	44.838	0.015	1.871	79.21	70.360	0.005	0.585
8.00	42.0	54.99	48.879	0.012	1.676	77.84	69.679	0.005	0.631
8.00	44.0	58.79	53.305	0.009	1.468	75.99	68.638	0.005	0.698
8.00	46.0	63.91	58.792	0.007	1.212	72.81	66.544	0.005	0.821
8.00	46.76	68.73	63.309	0.006	0.992	68.73	63.309	0.006	0.992

附图 1　干空气变比热气动函数

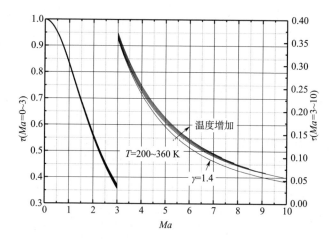

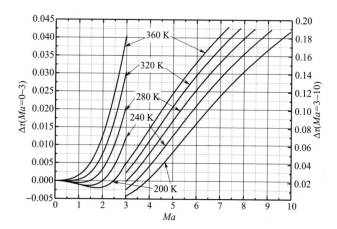

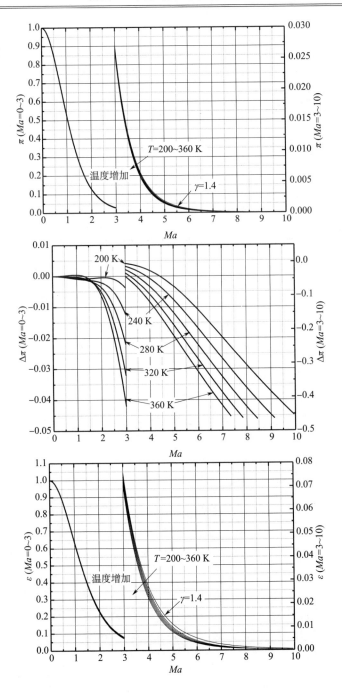

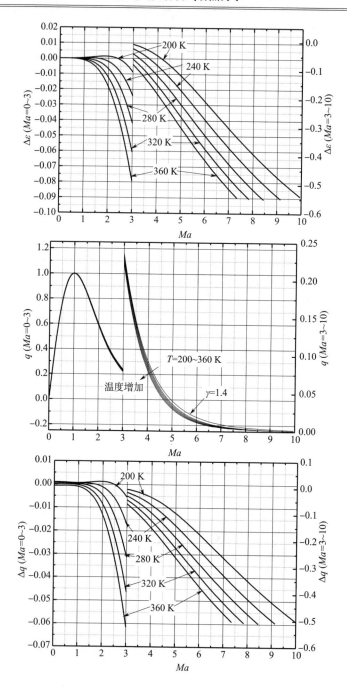

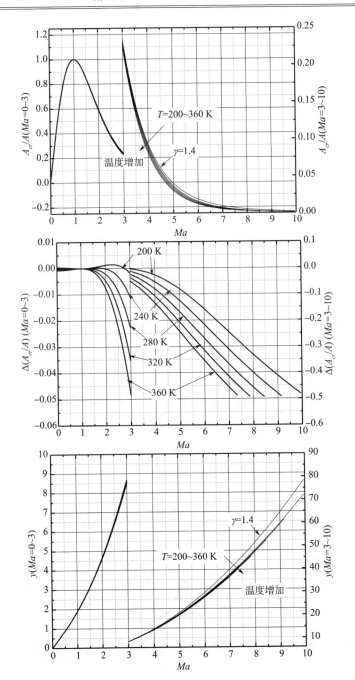

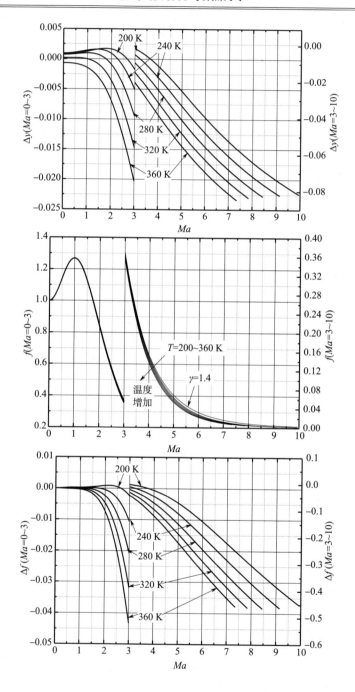

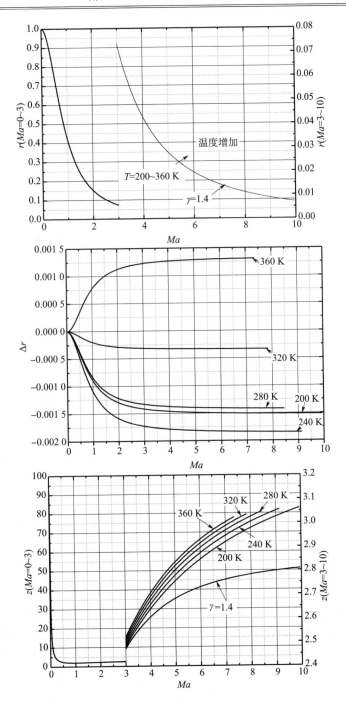

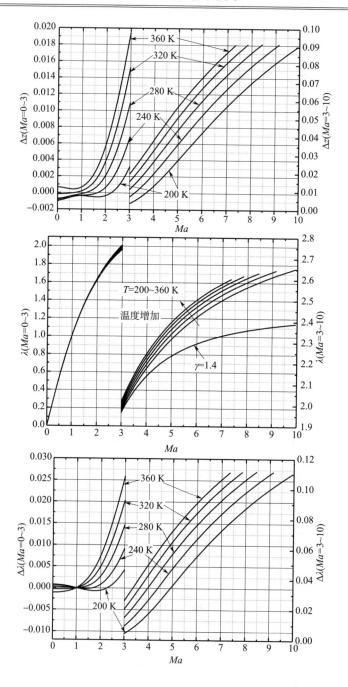

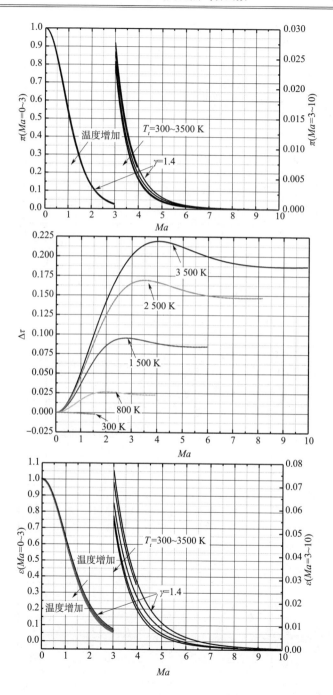

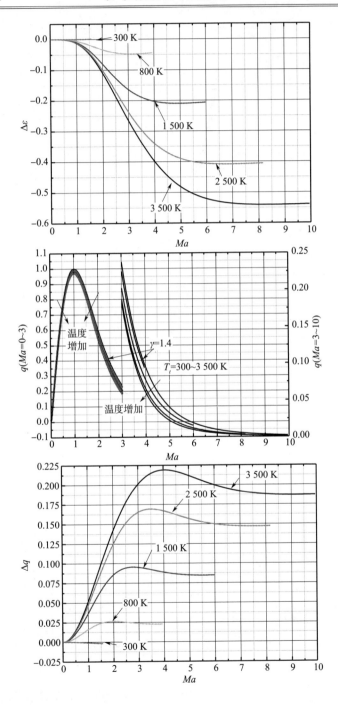

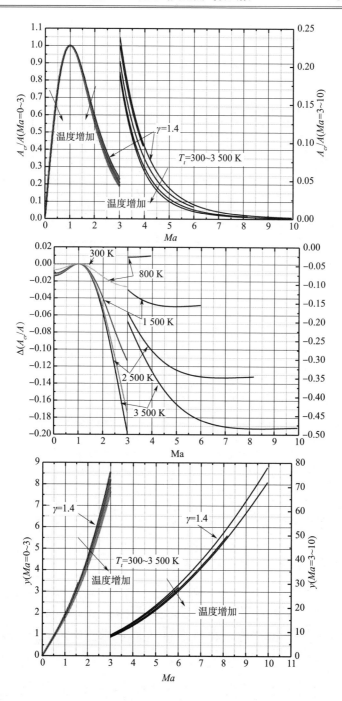

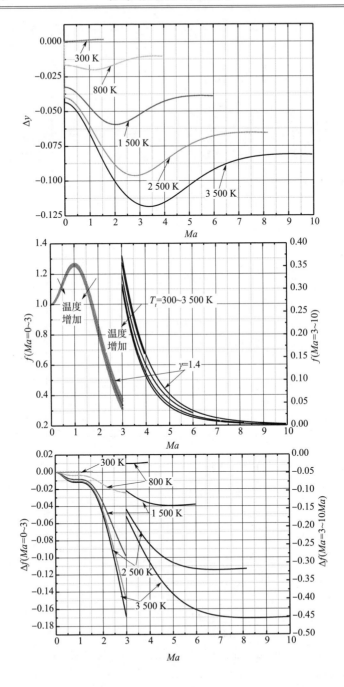

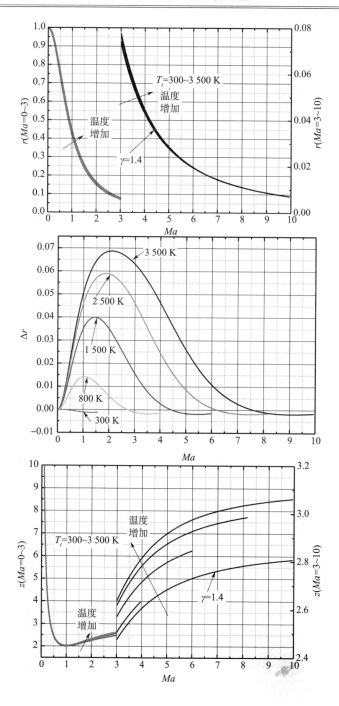

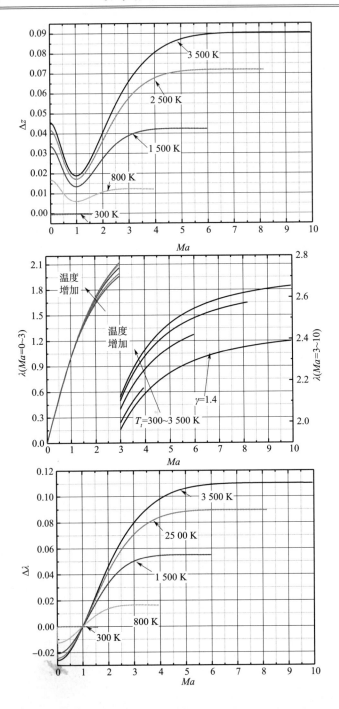

附图 2　干空气正激波变比热气动函数 ($T-Ma$)

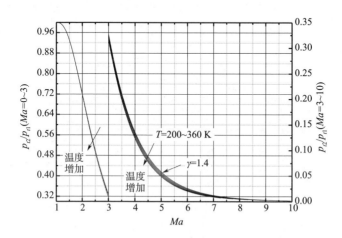

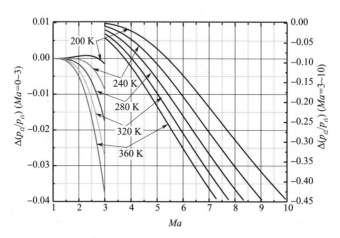

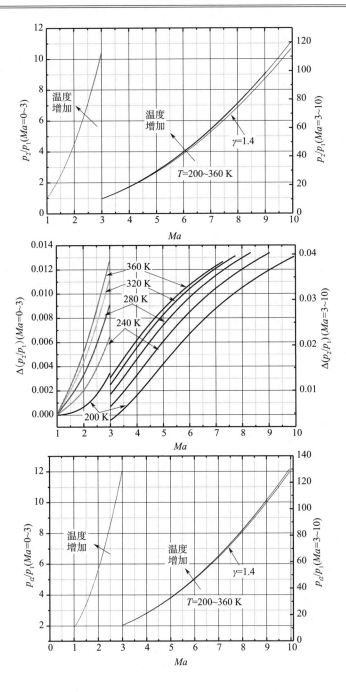

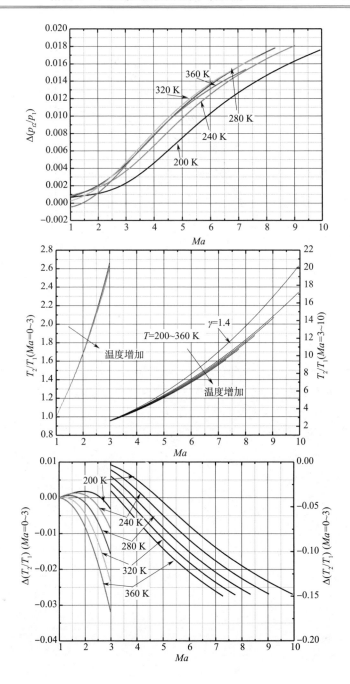

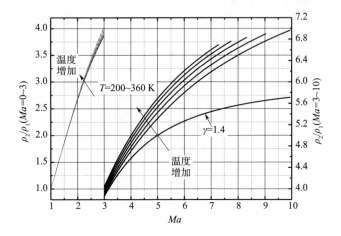

附图3 干空气正激波变比热气动函数 ($T_t - Ma$)

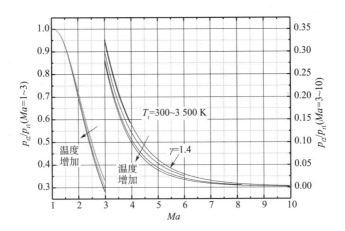

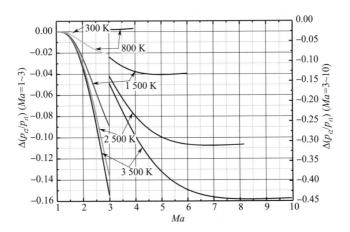

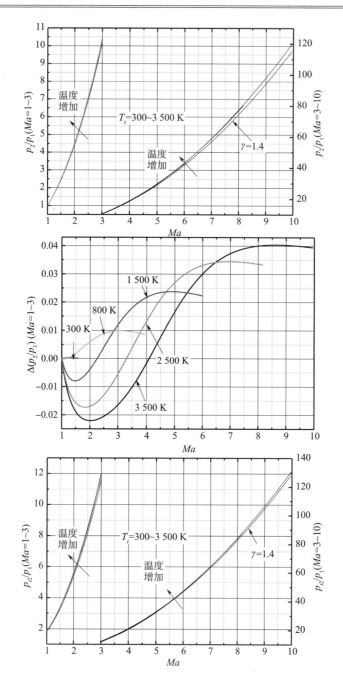

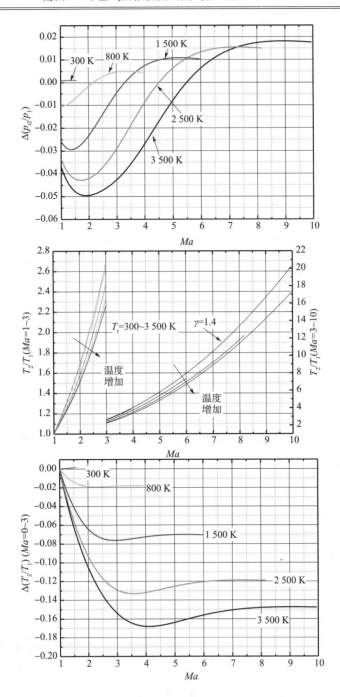

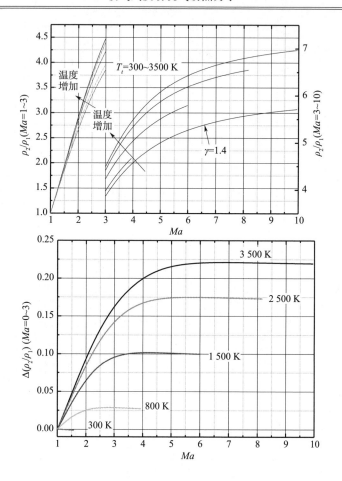

参 考 文 献

［1］ A·H·夏皮罗.可压缩流的动力学与热力学（上，下册）［M］.陈立子，等译.北京：科学出版社，1977.

［2］ 王保国，刘淑艳，黄伟光.气体动力学［M］.北京：北京理工大学出版社，2005.

［3］ 高执棣.化学热力学基础［M］.北京：北京大学出版社，2006.

［4］ 朱明善，刘颖，林兆庄.工程热力学［M］.北京：清华大学出版社，1995.

［5］ 孙淮清，王建中.流量测量节流装置设计手册（第二版）［M］.北京：化学工业出版社，2005.

［6］ 李华昌，符斌.实用化学手册［M］.北京：化学工业出版社，2006.

［7］ Stanford Gordon and Bonnie J. McBride. Computer Program for Calculation of Complex Chemical Equilibrium Compositions and Applications［M］. NASA Reference Publication 1311，1994.

［8］ 华绍曾，杨学林，等.实用流体阻力手册［M］.北京：国防工业出版社，1985.

［9］ 董师颜，张兆良.固体火箭发动机原理［M］.北京：北京理工大学出版社，1996.

［10］ 刘世兴.气体动力学原理［M］.航空专业教材编审组，1983.

［11］ 时爱民，刘季念，苏铭德.气体动力学基础［M］.北京：科学出版社，1988.

［12］ 刘陵，刘敬华，张榛.超音速燃烧和超音速冲压发动机［M］.西安：西北工业大学出版社，1993.

［13］ 北京动力机械研究所.AIAA 高超声速吸气式推进技术［M］.北京：北京动力机械研究所，2004.

［14］ 杨世铭，陶文铨.传热学［M］.北京：高等教育出版社，1998.

［15］ 国际标准 ISO 2533，标准大气.

［16］ GJB 365.1—87，北半球标准大气.

［17］ GJB 1172—1991，军用设备气候极值.

［18］ GJB 1172.5—1991，军用设备气候极值 地面降水强度.

［19］ GJB 1172.15—1991，军用设备气候极值 空中降水强度.